Kryptogamenflora
für Anfänger

Eine Einführung
in das Studium der blütenlosen Gewächse
für Studierende und Liebhaber

Begründet von
Prof. Dr. Gustav Lindau †

Fortgesetzt von
Prof. Dr. R. Pilger

Sechster Band

**Die Torf- und Lebermoose
und Farnpflanzen**

Berlin
Verlag von Julius Springer
1926

Die Torf- und Lebermoose

Von

Prof. Dr. Wilhelm Lorch

Mit 296 Figuren im Text

Die Farnpflanzen

(Pteridophyta)

Von **G. Brause** †

Neu bearbeitet von

H. Andres

Mit 75 Figuren im Text

Zweite, verbesserte
und stark vermehrte Auflage

Berlin
Verlag von Julius Springer
1926

ISBN-13:978-3-642-88914-1 e-ISBN-13:978-3-642-90769-2
DOI: 10.1007/978-3-642-90769-2

Softcover reprint of the hardcover 2nd edition 1926

Aus dem Vorwort zur ersten Auflage.

Ganz unabhängig voneinander haben die beiden Unterzeichneten ihren Anteil an diesem Buche verfaßt, es kann also von der Ausführung eines einheitlichen Planes, nach dem gearbeitet worden wäre, nicht die Rede sein.

Damit der Anfänger bei Benutzung der in dem Literaturverzeichnis aufgeführten größeren sphagnologischen und hepatikologischen Werke sich zurechtfinde, hat die Synonymik weitgehendste Berücksichtigung gefunden. Gerade bei den Torf- und Lebermoosen ist die Nomenklatur eine so verwickelte, daß sich die möglichst vollständige Aufführung der wichtigsten Synonyma als eine unumgängliche Notwendigkeit erwies.

Auch bei der Abfassung der Bestimmungstabellen des ersten Teiles ist aus rein praktischen Gründen von der strengen Durchführung der analytisch-dichotomischen Methode abgesehen worden, denn die Erfahrung lehrt, daß die Bestimmung, besonders wenn es sich um eine größere Anzahl von Arten handelt, sehr erschwert wird, falls jene Methode zur Anwendung gelangt. Nicht minder schwierig würde sich die Artbestimmung gestaltet haben, wenn bei der Bearbeitung der Tabellen rein systematische Grundsätze zur Geltung gelangt wären, es folgen deshalb die einzelnen Arten der Sphagna und Hepaticae ganz „systemlos“ aufeinander. Wer die systematische Stellung einer Art zu erfahren wünscht, sei auf die dem Register vorangehende „Systematische Übersicht“ verwiesen.

Im zweiten Teile dagegen wurden die Gattungen und Arten in streng systematischer Folge aufgeführt. In der Durchführung der Bestimmungstabellen wurde die Dichotomie, wenn auch in etwas anderer Form wie in den früheren Bänden, angewendet. Es wird auch dem Anfänger lieb sein, wenn er alle wichtigen Varietäten Monstrositäten und Bastarde der Farne behandelt findet.

Das Gebiet der Flora erstreckt sich auf das Deutsche Reich, die Schweiz und die österreichischen Alpenländer. Alle häufigen und auch die meisten seltenen Formen haben Aufnahme gefunden.

Es ist uns eine angenehme Pflicht, Herrn F. Pohl, der mit Sachkenntnis und Meisterschaft die zahlreichen Figuren nach guten Vorlagen entworfen, gezeichnet und mit größter Sorgfalt zu Tafeln zusammengestellt hat, hierfür zu danken. Besonderen Dank schuldet der Verfasser des ersten Teils Herrn L. Loeske, der ihm mit seiner reichen Erfahrung auf bryologischem Gebiete stets in liebenswürdigster Weise hilfreich zur Seite stand.

Berlin-Schöneberg u. -Steglitz, im Januar 1914.

Dr. Wilhelm Lorch. Guido Brause.

Vorwort zur zweiten Auflage.

Die zweite Auflage hat in der Bearbeitung der einzelnen Gruppen keine wesentlichen Veränderungen erforderlich gemacht. Soweit die Torf- und Lebermoose in Betracht kommen, unterscheidet sie sich von der ersten in folgenden Punkten. Die Zahl der beschriebenen Arten ist von 210 auf 279 gestiegen und die Flora enthält jetzt, von verschwindend wenigen Spezies abgesehen, alle „guten" Arten, die innerhalb der Grenzen des Deutschen Reiches (von 1914), Deutsch-Österreichs (einschl. Südtirols) und der Deutschen Schweiz bisher nachgewiesen worden sind. Bei den selteneren Arten wurde überall die allgemeine Verbreitung angegeben. In der erweiterten systematischen Übersicht wurden an entsprechender Stelle die zu jeder Gattung gehörigen Arten in alphabetischer Reihenfolge hinzugefügt. Die fetten Zahlen verweisen auf die fortlaufenden Nummern des speziellen Teils, Abschnitt III. Neu ist ferner das Verzeichnis der Gattungsnamen und die Erklärung der Abkürzung der Autornamen. Um das Auffinden der Figuren zu erleichtern, wurden die entsprechenden Seitenzahlen hinzugefügt. Das Literaturverzeichnis wurde, besonders nach der floristischen Seite hin, sehr stark erweitert. Schließlich sei darauf hingewiesen, daß durch Mitteilungen über die Größe der Zellen, Sporen, Elateren und Brutkörper die Einzelbeschreibungen wesentlich vervollkommnet wurden. Diese Angaben sind fast ausnahmslos der vortrefflichen Bearbeitung der Lebermoose in Rabenhorsts Kryptogamen-Flora von Dr. Karl Müller-Freiburg entlehnt. Besonderer Dank für die wertvolle Unterstützung bei der Zusammenstellung der floristischen Literatur gebührt den Herren Regierungsrat Köhler-Kassel, Dr. Kopp-Kiel, L. Loeske-Berlin, Garteninspektor Mönkemeyer Leipzig, Direktor Dr. Carl Müller-Freiburg, Regierungsrat Dr. Paul-München, Dr. Schade-Dresden, Prof. Dr. Timm-Hamburg und Gymnasiallehrer Torka-Zeisigsmühle (O.-S.).

Bei den Farnpflanzen konnten die Beschreibungen der Arten, wie sie von G. Brause in der ersten Auflage gegeben waren, im großen und ganzen beibehalten werden, doch erwiesen sich einige Änderungen in der Gruppierung der Familien und Abteilungen als notwendig. So wurden die Ophioglossales vor die Eufilicineae gestellt, die wiederum mit den Osmundaceae beginnen.

Besondere Berücksichtigung wurde der Nomenklatur der Arten und Varietäten unter Berücksichtigung der Autoren geschenkt. Die häufigen und in den Gruppen wiederkehrenden Abnormitäten wurden in einem besonderen Kapitel zusammengestellt.

Juli 1926.

Berlin-Dahlem, Berlin-Schöneberg, Bonn.

R. Pilger **W. Lorch** **H. Andres.**

Inhaltsverzeichnis.

Die Torf- und Lebermoose (Dr. W. Lorch).

A. Allgemeiner Teil.

B. Spezieller Teil.

Die Farnpflanzen (Pteridophyta) (G. Brause †, H. Andres).

A. Allgemeiner Teil.

B. Spezieller Teil.

A. Allgemeiner Teil.

I. Einleitung.

a) Allgemeine (geschichtliche, morphologische usw.) Bemerkungen.

Die Einteilung der Musci in frondosi (Laubmoose) und hepatici (Lebermoose) ist wohl auf Johannes Hedwig[1]), den scharfsichtigen Begründer der wissenschaftlichen Bryologie, zurückzuführen. Mit Schmidel[2]), der zuerst die Spermatozoiden bei einem Lebermoose, der Fossombronia pusilla, beobachtete, vermutete er in den Antheridien und Archegonien die Geschlechtsorgane der Moose, blieb jedoch zeitlebens, wie so viele Botaniker nach ihm, über die wahre Bedeutung der Moosfrucht, des Sporogoniums, völlig im unklaren. Ein und ein halbes Jahrhundert nach dem Erscheinen der für die Begründung der pflanzlichen Sexualitätslehre so hochbedeutsamen Schrift von Rudolf Jakob Camerarius „De sexu plantarum epistola" (1694) und fünfzig Jahre nach Hedwigs Tode wurde endlich das Dunkel verscheucht, welches so lange über der Sexualität der Kryptogamen, mithin auch der Moose, ausgebreitet dalag. So ist die Zeit um die Mitte des vorigen Jahrhunderts eine wahre Glanzepoche der kryptogamischen Forschung[3]) gewesen, aber alle Arbeiten aus jenen Jahren werden übertroffen durch die klassischen und mit Recht zu den wissenschaftlichen Grundlagen[4]) des 19. Jahrhunderts gerechneten Untersuchungen Wilhelm Hofmeisters[5]) über die Embryologie, Entwicklungsgeschichte und den Generationswechsel bei Farnen, Moosen und höheren Pflanzen. Eins der wichtigsten Resultate der Forschungen Hofmeisters, mit dem auch jeder sich mit Moosen Beschäftigende vertraut sein muß, läßt sich kurz in folgende Worte kleiden: Das Prothallium der Gefäßkryptogamen (Farne, Bärlappe, Schachtelhalme) ist morphologisch gleichbedeutend (homolog) mit der beblätterten Moospflanze; das, was man einen Farn, einen Bärlapp oder Schachtelhalm nennt, ist seinem morphologischen Werte entsprechend dem so ganz unähnlichen Sporogon der Moose gleichzusetzen.

---

[1]) Theoria generationis et fructificationis plantarum cryptogamicarum. Petropoli 1784.

[2]) Icones plantarum et analyses partium 1747.

[3]) Sachs, Geschichte der Botanik. München 1875.

[4]) Chamberlain, H. St., Die Grundlagen des 19. Jahrhunderts.

[5]) v. Göbel, K., Wilhelm Hofmeister, Arbeit und Leben eines Botanikers des 19. Jahrhunderts. Leipzig 1924.

Vergleicht man eine größere Anzahl Laub- und Lebermoose[1]) hinsichtlich ihrer Symmetrieverhältnisse miteinander, so ergibt sich folgender fundamentale Unterschied. Bei den Laubmoosen begegnen wir zahlreichen Formen von radiärem, dorsoventralem, seltener bilateralem oder bisymmetrischem Bau, bei den Lebermoosen dagegen tritt, von verschwindend wenigen Ausnahmen, z. B. dem auch bei uns vorkommenden, aber sehr seltenen Haplomitrium Hookeri (Taf. XIII, Fig. 276) abgesehen, ausnahmslos der dorsoventrale Typus in die Erscheinung.

Nur sehr wenige Lebermoose (Haplomitrium und die tropischen Calobryum-Arten) besitzen in Übereinstimmung mit sehr zahlreichen Laubmoosen und den auch in diesem Buche behandelten Sphagna einen aufrechten, orthotropen (Sachs) Wuchs, und es besteht zwischen ihnen und den höheren Pflanzen insofern Übereinstimmung, als die orthotropen Organe meist eine radiäre Anordnung der Blätter an der Achse erkennen lassen. Die weitaus größte Menge der Hepaticae zeigt jedoch plagiotropes (Sachs) Wachstum, d. h. der stets nach den Gesetzen der dorsoventralen Symmetrie aufgeführte Vegetationskörper wächst in einer zur Horizontalen schiefen Richtung oder ist dem Substrat angedrückt, wie wir es in höchster Vollendung bei den Ricciaceen, Marchantiaceen und Anthocerotaceen beobachten. Schließlich wäre noch auf die sehr bemerkenswerte Erscheinung der Anisophyllie, der Ausbildung ungleichgroßer und oft abweichend gestalteter Blätter an einem und demselben Stämmchen hinzuweisen. Bei der Mehrzahl der beblätterten Lebermoose, den Akrogynae, gelangen an der dem Licht abgewendeten Seite fast stets kleinere und in der Regel von den an der Lichtseite befindlichen Oberblättern recht verschiedene Blätter, die sogenannten Unterblätter oder Amphigastrien zur Ausbildung. So sind bei den foliosen Hepaticae Dorsoventralität, Plagiotropismus und Anisophyllie, wie bei vielen höheren Pflanzen, innig miteinander verkettet.

Altem Herkommen gemäß vereinigt man Laub- und Lebermoose unter dem Sammelnamen „Moose“ oder „Bryophyten“. Übergänge zwischen beiden Gruppen sind bisher noch nicht nachgewiesen worden, können wohl auch nicht existieren, wenn man mit Göbel (G. O., 1. Aufl., S. 235) annimmt, „daß die Entwicklung von sehr einfachen, einander nahe verwandten Formen ausging und in bestimmter, nach verschiedenen Richtungen hin auseinandergehender Weise erfolgte“. Große Übereinstimmung zwischen beiden Gruppen besteht indessen in der Entwicklung, und man würde dem System großen Zwang antun, wollte man eine der beiden Klassen an einer anderen als der jetzt allgemein anerkannten Stelle unterbringen. Nach oben schließen sich den Bryophyten die Gefäßkryptogamen oder Pteridophyten (Farne, Bärlappe, Schachtelhalme) an, mit denen sie hin-

[1]) Die Bezeichnung „Hepatica“ (Lebermoos) rührt von Micheli her, zu dessen Zeit Marchantia und Fegatella noch nicht als Arten unterschieden wurden. Sie dienten als Heilmittel gegen Leberkrankheiten.

sichtlich des scharf ausgeprägten Generationswechsels und des Baues des weiblichen Geschlechtsorganes, des Archegoniums, übereinstimmen, letzterer Umstand gab Veranlassung zur Aufstellung einer größeren systematischen Einheit, nämlich der „Archegoniaten". Zwischen den Moosen und Gefäßkryptogamen einerseits und den großen Abteilungen der niederen Kryptogamen anderseits fehlt jegliche Brücke. Man hat versucht, die Moose von algenähnlichen Formen (Coleochaete) abzuleiten, ist aber damit um keinen Schritt vorwärts gekommen.

Die Fortpflanzung der Lebermoose, der den Laubmoosen zuzurechnenden Sphagna und der gleichfalls in diesem Buche behandelten Gefäßkryptogamen erfolgt durch stets einzellige Organe, Sporen genannt, die in einem höchst eigenartigen Behälter, dem Sporogon[1]) oder Sporangium, zur Entwicklung gelangen. Sie stimmen hinsichtlich der Fortpflanzung mit allen übrigen Laubmoosen und Kryptogamen überein und bilden mit diesen eine der größten Abteilungen des Pflanzenreichs, die der Sporenpflanzen oder Sporophyten. Den Sporen fehlt im Gegensatz zum Samen der höheren Pflanzen, Samenpflanzen oder Spermatophyten, jegliche Andeutung eines Keimlings, der die wichtigsten Teile der höheren Pflanzen in kleinstem Zustande (Wurzel, Sproß, ein oder mehrere Cotyledonen oder Keimblätter) vorgebildet enthält.

Die Größe aller Sporen, die im Inneren des Sporogons der Bärlappe (Lycopodiaceae), Schachtelhalme (Equisetaceae) und der Bryophyten aus dem sporenerzeugenden (sporogenen) Gewebe, dem Archespor, hervorgehen, schwankt im allgemeinen nur zwischen unbedeutenden Grenzen. Alle hierher gehörigen Formen könnte man demnach als gleichsporig (isospor) bezeichnen, doch wendet man diesen Terminus nur bei den Vertretern der beiden erstgenannten Gruppen und bei einer größeren Abteilung der echten Farne (Filicales) an. Zwei Familien dieser Klasse und ebenfalls zwei aus der Klasse der Lycopodiales, die Marsiliaceen und Salviniaceen einerseits und die Selaginellaceen und Isoëtaceen anderseits nämlich, sind heterospor, d. h. sie bringen zweierlei Sporen hervor, und zwar im Makrosporangium größere oder Makrosporen und im Mikrosporangium kleinere oder Mikrosporen. Den Makrosporen entspricht bei den höheren Pflanzen der in der Samenanlage oder Samenknospe des Fruchtknotens eingeschlossene Embryosack, den Mikrosporen die in den Antheren der Staubblätter sich bildenden Pollenkörner. Hieraus ergibt sich die wichtige Tatsache, daß wir die Samenanlage einer höheren Pflanze als ein Makrosporangium, den Staubbeutel eines Staubblattes dagegen als ein Mikrosporangium auffassen müssen. Diese klare und zugleich tiefe Einsicht in die Beziehungen zwischen Phanerogamen und Kryptogamen verdanken wir den glänzenden Leistungen Hofmeisters auf dem Gebiete der Entwicklungs-

[1]) In dem von mir verfaßten Teil dieses Buches findet nur die Bezeichnung „Sporogon" Verwendung. Lorch.

geschichte, deren hohe wissenschaftliche Bedeutung sich nur dem offenbart, der weiß, daß über jenen Zusammenhang vor Hofmeister überhaupt nichts bekannt war. Auch der mit den Pteridophyten und Bryophyten sich Beschäftigende muß sich, falls ihm nicht der tote Name die Hauptsache ist, bemühen, über jene Beziehungen völlige Klarheit zu erlangen.

Aus der keimenden Spore aller in diesem Buche verzeichneten Arten geht ein Vorkeim hervor. Er ist entweder flächenförmig (thalloidisch) ausgebildet und dann meist dorsoventral, oder er besitzt fädige (confervoide) Gestalt[1]). Im ersteren Falle nennt man den Vorkeim ein Prothallium, im letzteren ein Protonema. Thalloidische Ausbildung ist für die Gefäßkryptogamen und Torfmoose (Sphagna) (Taf. I, Fig. 1) charakteristisch, die fädige für die meisten Bryophyten. Bei ersteren ist das Prothallium der Träger der Geschlechtsorgane, bei letzteren dagegen das am Vorkeim entstehende beblätterte Stämmchen oder der Thallus. Pteridophyten und Bryophyten unterscheiden sich also hinsichtlich der Entwicklung in folgendem, wichtigen Punkte: Während bei den Pteridophyten Antheridien (die männlichen Geschlechtsorgane) und Archegonien (die weiblichen Geschlechtswerkzeuge) unmittelbar am Prothallium, und zwar meist an dessen Unterseite entstehen, geschieht dies bei den Moosen (einschl. Torfmoosen) erst bei einem späteren Entwicklungszustand, dem beblätterten Stämmchen oder dem Thallus; es wird also hier ein Glied in die Entwicklung eingeschoben, das bei den Pteridophyten fehlt. In jedem der beiden Fälle tritt uns die geschlechtliche, proembryonale Generation, der Gametophyt, entgegen, der sich in der Entwicklung die ganz unähnliche, ungeschlechtliche oder embryonale Generation, der Sporophyt, anschließt. Diese beiden Generationen sind auch „innerlich" verschieden, und zwar hinsichtlich der Struktur der Zellkerne, die allerdings nur auf umständlichem Wege und bei Anwendung stärkster Vergrößerungen erkannt werden kann. Die Zellkerne des Sporophyten verfügen nämlich über die doppelte Chromosomenzahl der Gametophytenzellkerne, erstere sind diploid, letztere haploid. Wir können demzufolge im Entwicklungsgang eines Torf- oder Lebermooses eine diploide und haploide Generation unterscheiden. Wenn die haploiden Zellkerne der Eizelle und eines Spermatozoids, beides Organe, die dem Gametophyten angehören, zusammentreten, so muß die befruchtete Eizelle, die Zygote, die doppelte Chromosonenzahl aufweisen. Die Zellkerne des aus der befruchteten Eizelle hervorgehenden Sporophyten bleiben diploid, kurz vor der Bildung der Sporen tritt aber bei diesen eine Reduktionsteilung ein, wir erhalten wieder haploide Sporen, aus denen sich der Gametophyt oder die haploide Generation entwickelt.

Im Gegensatz zu den Laubmoosen, bei denen „ein und derselbe Typus der Gliederung des Vegetationskörpers, der des beblätterten

[1]) Ausnahmefälle können hier nicht berücksichtigt werden.

Stämmchens, im wesentlichen überall wiederkehrt" (G. O. 1. Aufl. S. 235), beobachten wir bei den Lebermoosen „eine viel größere Mannigfaltigkeit: ausgehend von einfachen, thallosen Formen, die in ihrer Gliederung hinter der mancher „Thallophyten" (z. B. Sargassum) erheblich zurückbleiben, sehen wir hier eine reiche Mannigfaltigkeit im Aufbau des Vegetationskörpers und seiner Anpassung an äußere Verhältnisse auftreten" (G. O. 1. Aufl. S. 235). Ein weiterer Unterschied gegenüber der durch keine Übergänge verbundenen großen Abteilungen der Laubmoose besteht darin, daß die Hepaticae infolge jener größeren Mannigfaltigkeit der vegetativen Organe eine Reihe bilden, die an keiner Stelle Lücken zeigt, die nicht durch passende Verbindungsglieder ausgefüllt werden könnten. So vermitteln z. B. Blasia und Fossombronia in vortrefflicher Weise den Übergang der anakrogynen Jungermanniaceen zu den beblätterten, akrogynen Formen dieser großen Reihe, denn einen stichhaltigen Grund, in den Randlappen des Blasiathallus (Taf. VI, Fig. 125) etwas anderes als Blätter zu sehen, gibt es nicht. In erhöhtem Maße gilt dies von der deutlich beblätterten Fossombronia (Taf. XIII, Fig. 274), und während Blasia die Reihe der thallosen Jungermanniaceen beschließt, können wir Fossombronia einen Platz an der Spitze der foliosen Lebermoose anweisen.

Über die systematische Stellung der Anthocerotaceen gehen die Ansichten der Forscher noch auseinander. Während Lindberg, Leitgeb und Schiffner sie als eine selbständige Klasse auffassen, stellt sie Göbel aus hier nicht näher darzulegenden Gründen in die Jungermanniaceenreihe. Nach diesem Forscher würden also die Lebermoose in die beiden großen Klassen der Marchantiales und Jungermanniales zerfallen.

b) Der Gametophyt, die proëmbryonale, geschlechtliche, haploide Generation (Haplophase).

A. Der Thallus. Die geringste anatomische Differenzierung zeigt der Thallus der Aneura-Arten (Fig. I). An seinem Aufbau beteiligen sich mehrere Schichten, die aus durchweg gleichartigen, reich mit Chloroplasten erfüllten Zellen bestehen. Nach den Rändern hin nimmt die Zahl der Schichten allmählich ab, oft ist auch an den beiden Außenflächen eine Lage kleinerer Zellen vorhanden, in denen wir die ersten Anzeichen einer Epidermis sehen. Einen höheren Grad der Organisation besitzt der Thallus von Pellia, Blasia, Moerckia und Blyttia. Bei diesen kommt es zur

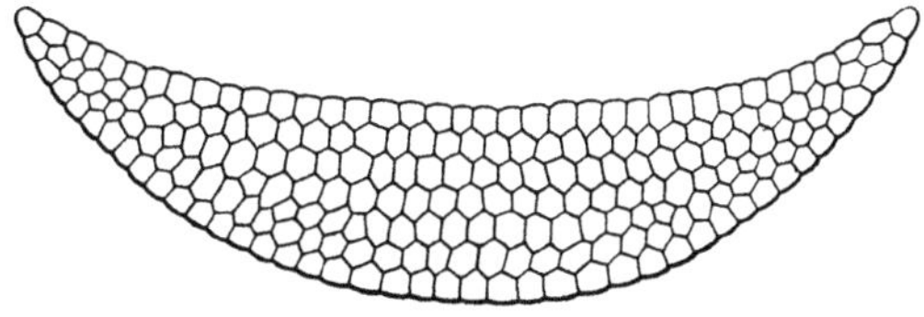

Fig. I. Querschnitt durch den Thallus einer Aneura-Art.

Ausgestaltung einer aus zahlreichen Schichten aufgeführten Mittelrippe, die nach den Seiten hin in an Schichten weniger reiche, flügelartige Laminarpartien übergeht. Wenn auch die Außenschichten des Pellia-Thallus keinen ausgesprochenen epidermalen Charakter tragen, so kommt doch im Vergleich zu Aneura eine stärkere Sonderung des Gewebes deutlich zur Geltung. Eine noch höhere Stufe der Organisation erreicht der Blyttia-Thallus insofern, als hier die kräftige Rippe noch von einem gefäßbündelartigen Strang englumiger Zellen durchzogen wird. Am deutlichsten tritt die Rippenbildung (Fig. II) bei Metzgeria hervor, weil sich hier ganz unvermittelt breite einschichtige Seitenflügel an die mehrschichtige Rippe ansetzen.

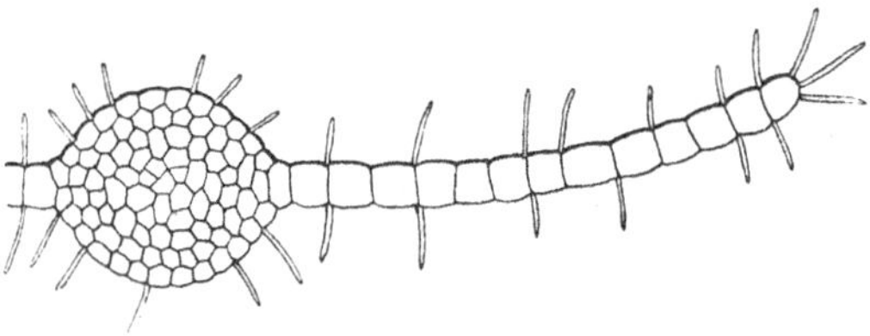

Fig. II. Querschnitt durch den Thallus von Metzgeria pubescens.

Viel komplizierter ist der anatomische Bau des Ricciaceenthallus (Fig. III). Bei der Mehrzahl der Arten finden wir ein parenchymatisches Grundgewebe (Fig. III *G*), dem an der Thallusbauchseite eine deutliche Rindenschicht (Fig. III *u*) aus kleineren Zellen aufgelagert ist, die wir als ventrale Epidermis auffassen können. Die eigenartigen Bauch- oder Ventralschuppen (Fig. III *b*), die bei den anakrogynen Jungermanniaceen fehlen, nehmen samt den glatten (Fig. III *g*) und Zäpfchen-Rhizoiden (Fig. III *z*) ihren Ursprung aus jener Rindenschicht. Über dem Grundgewebe erheben sich zahlreiche Zellfäden (Fig. III *p*), die seitlich miteinander verwachsen sind, zwischen sich aber röhrige, vierseitige Lufträume lassen. Die Endzellen dieser Pfeiler sind meist größer und von abweichender Gestalt, sie repräsentieren die obere oder dorsale Epidermis (Fig. III *o*). Stellen wir uns nun vor, daß die Luftkanäle oben geschlossen sind, und denken wir uns diese durch Querschichten in mehrere Teilkanäle zerlegt, die sich nach allen Seiten hin erweitern, so entsteht der Thallus von Riccia fluitans. Kommt gar das Grundgewebe in Fortfall, so daß nur die ventrale Epidermis erhalten bleibt, so haben wir den Thallus von Ricciocarpus natans. Die verschiedenen Thallusformen der Ricciaceen lassen sich also zwanglos voneinander ableiten.

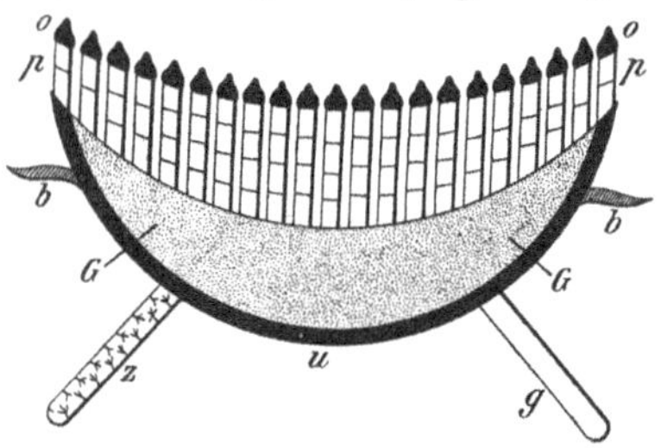

Fig. III. Schematischer Querschnitt durch den Thallus von Riccia. — *u* untere Epidermis, *o* obere Epidermis, *g* glattes Rhizoid, *z* Zäpfchenrhizoid, *G* Grundgewebe, *b* Bauchschuppen, *p* Pfeiler.

Der Thallus der Marchantiaceen setzt sich aus vier Schichten zusammen: einer unteren und einer oberen Epidermis, dem Grundgewebe und der Luftkammerschicht, die stets an der dem Lichte zugewendeten Seite gelegen ist. Auf einer verhältnismäßig niedrigen Stufe anatomischer Differenzierung steht der Thallus von Clevea, Peltolepis, Sauteria und Neesiella insofern, als hier Zellsprossungen in den Luftkammern vollständig fehlen, bei Fimbriaria kommen sie nur vereinzelt vor, alle übrigen Marchantiaceen (vgl. Taf. IV, Fig. 83, Taf. V, Fig. 103) dagegen verfügen über ein meist kräftig entwickeltes System einfacher oder oft confervenartig verzweigter Assimilationsfäden, deren Zellen reichlich mit Chloroplasten ausgestattet sind.

Wie entstehen nun diese Lufträume? Es handelt sich nicht, wie man annehmen könnte, um Interzellularräume oder um Vertiefungen, die durch Spaltung des Thallus von oben nach unten zustande gekommen sind, sondern um Höhlungen, die dadurch hervorgerufen werden, daß zahlreiche Stellen der Thallusoberfläche im Wachstum zurückbleiben und so von den benachbarten Teilen überwachsen werden (G. O. 1. Aufl. S. 296). Diese dorsalen Luftkammern kommunizieren durch sehr enge Atemöffnungen (vgl. Taf. IV, Fig. 77, 82, 89; Taf. V, Fig. 100, 102, 104, 106; Taf. VI, Fig. 118) mit der Außenwelt, ein Eindringen von Wasser in die mit Gasen erfüllten Hohlräume ist unmöglich. Sind die Öffnungen frei, so kann durch sie der Austausch der Gase ungehindert vonstatten gehen. Bemerkenswert ist die Tatsache, daß die Öffnungen xerophiler Marchantiaceen kleiner sind, als die der feuchtigkeitsliebenden Formen, die Abgabe von Wasserdampf erfolgt also im ersteren Falle viel langsamer als bei Arten, die an hinreichend befeuchteten Stellen vorkommen. Die Zellsprossungen fungieren wohl in erster Linie als Assimilationsorgane; da aber bei vielen Arten, besonders hygrophilen, durch starke Verzweigung der Fäden eine große Oberfläche erzeugt wird, so erscheint die Annahme gerechtfertigt, daß dadurch die Transpiration eine beträchtliche Förderung erfährt.

Alle Marchantiaceen besitzen an der Thallusunterseite sogenannte Bauchschuppen. Wie die Entwicklungsgeschichte lehrt, entstehen sie hinter dem Vegetationspunkt, der in einer flachen Thallusmulde liegt. Anfänglich haben sie die Aufgabe, das zarte Gewebe des Vegetationspunktes, über den sie sich nach oben überbiegen, zu schützen. Bei weiterem Wachstum des Thallus entfernen sie sich immer mehr von dem Vegetationspunkt, es kommen so zwischen ihnen und dem Thallus zahlreiche flache Hohlräume zustande, in denen größere Wassermengen gespeichert werden können. Bei Marchantia polymorpha, das drei Reihen von Bauchschuppen aufweist, von denen die äußerste sich in der Nähe des Randes befindet, legen sie sich schützend über die Rhizoidenstränge, die im Bogen von den Randschuppen über die Intermediärschuppen zu den Medianschuppen verlaufen und sich hier mit dem in der Thallusmittellinie verlaufenden Hauptrhizoidenstrang vereinigen. „Es kommt so ein Strangsystem zustande, das wir einer Berieselungseinrichtung vergleichen können.“ (G. O., 1. Aufl. S. 259, über Rhizoidbildung außerdem 2. Aufl. S. 607—612). Infolge ihrer Lage an der Thallusunterseite spielen die Bauchschuppen in assimilatorischer Beziehung wohl nur eine untergeordnete Rolle.

Über den morphologischen Wert der Bauchschuppen ist noch kein Einverständnis unter den Forschern erzielt. Der Blattgestalt am meisten nähern sich die langen, ins Wasser hinabhängenden, chlorophyllreichen Ventralschuppen (Taf. V, Fig. 115) von Ricciocarpus natans, so daß man auf diese wohl die Bezeichnung „Blätter“ anwenden kann.

Ölkörpern[1]), die in wechselnder Größe, Gestalt und Zahl vor allem in den Zellen der Jungermanniaceenblätter angetroffen werden und, rein chemisch betrachtet, im wesentlichen aus schwerflüchtigen ätherischen Ölen bestehen, begegnet man auch in den Bauchschuppen. Manche Lebermoose, wie Fegatella conica, Grimaldia fragrans u. a., entsenden einen von den Ölkörpern ausgehenden, charakteristischen Duft, der zur Erkennung einer Art führen kann. Physiologisch stellen die Ölkörper Exkrete dar, also Stoffe, die aus dem Stoffwechsel ausgeschieden und in besonderen Zellen abgelegt werden. Über ihre biologische Bedeutung herrscht noch keine völlige Klarheit. Sehr viel Wahrscheinlichkeit hat die Ansicht Stahls für sich, wonach die Ölkörper die Lebermoose vor Tierfraß schützen.

Mit den Ricciaceen stimmen die Marchantiaceen hinsichtlich des Besitzes der eigenartigen Zäpfchenrhizoiden[2]) (Taf. IV, Fig. 85) überein, die sich von den glatten (Taf. IV, Fig. 86) vornehmlich durch geringere Breite unterscheiden. Sie sind von Göbel, Haberlandt und Kammerling genauer untersucht worden. Neben der Aufgabe, die Pflanze am Boden zu befestigen, dienen beide Rhizoidenformen dem Wassertransport. Dicht aneinanderliegend (Marchantia polymorpha) vermögen sie Wasser kapillar festzuhalten und fortzuleiten, in erster Linie kommt aber wohl die Leitung im Innern der Rhizoiden in Betracht. Die Zäpfchenrhizoiden sollen, da sie auf die entstehenden Dampfblasen zerteilend einwirken und diese mehr seitlich festhalten, eine Kommunikation des Wassers über und unter den Blasen ermöglichen, sodaß, besonders zu Zeiten größeren Wasserverbrauchs, die Leitung nicht unterbrochen wird. Die in

[1]) Pfeffer, Die Ölkörper der Lebermoose. Flora 1874. — Stahl, Pflanzen und Schnecken. Jenaische Zeitschr. f. Nat. u. Med. 1888. — v. Küster, Die Ölkörper der Lebermoose usw. Basel 1894. — Garjeanne, Die Ölkörper der Jungermanniales, Flora 1903.

[2]) Göbel, C., Zur vergleichenden Anatomie der Marchantien. Leipzig 1882. — Ders., Organographie der Pflanzen, 2. Aufl. S. 608ff. — Haberlandt, G., Über das Längenwachstum und den Geotropismus der Rhizoiden von Marchantia und Lunularia. Österr. Bot. Zeitschr. 1889. — Kammerling, Zur Biologie und Physiologie der Marchantiaceen. Flora 1897.

das Rhizoidenlumen vorspringenden, oft mehrere Male geteilten Zäpfchen vergrößern außerdem die wasseraufnehmende Oberfläche. Es sei auch darauf hingewiesen, daß die Lebermoosrhizoiden stets einzellig sind, während die entsprechenden Organe der Laubmoose gegliederte Zellfäden darstellen. Riccia fluitans und Ricciocarpus natans entbehren der Rhizoiden, sie bedürfen ihrer nicht, da sie echte Wasserpflanzen sind.

Viele Lebermoose verfügen über besondere schleimabsondernde Organe[1]) (G. O. 2. Aufl. S. 553, 554) mannigfacher Art, deren Sekret die direkte Berührung der jugendlichen Zellen des Vegetationspunktes mit dem Wasser verhindert. Der Schleim vermag viel Feuchtigkeit aufzunehmen, und es unterliegt keinem Zweifel, daß er z. B. Formen, die an dauernd feuchten Plätzen wachsen, lange Zeit hindurch vor dem völligen Wasserverlust zu schützen vermag. Für Riccia und manche Marchantiaceen sind bisher Schleimorgane noch nicht nachgewiesen worden, Anthoceros hat Werkzeuge eigener Art, die „Schleimspalten", bei manchen Jungermanniaceen, wie Metzgeria, Blyttia, Mörckia, Aneura u. a. wird der Schleim von Papillen geliefert, Blasia besitzt an beiden Thallusflächen Papillen, außerdem je eine Papille an den Unterblättern und je eine innere und äußere Papille an den „Blattohren". Auch die in der Längsrichtung der Rippen von Fegatella conica verlaufenden, mit Schleim erfüllten Gänge — der Schleim entsteht durch Verquellung der dicken Wände langgestreckter Zellen — dürfen wir mit Göbel, der sie zuerst nachwies, als Wasserspeicher betrachten.

Es wurde bereits hervorgehoben, daß der Vegetationspunkt in einer Einbuchtung am vorderen Ende des Thallus gelegen ist. Der wichtigste Teil des teilungsfähigen Gewebes ist die Scheitelzelle, die in gesetzmäßiger Weise Segmente abschneidet. Für die thallosen Lebermoose kommen zwei Formen der Scheitelzelle in Betracht. Die Segmentierung erfolgt entweder durch eine zweischneidige, keilförmige Scheitelzelle oder durch eine Scheitelkante, die von mehreren, in der Gestalt durchaus ähnlichen Zellen gebildet wird. Als ein Spezialfall der zweischneidigen Scheitelzelle kann die vierseitig-pyramidale gelten. Während bei der ersteren abwechselnd nur nach rechts und links Segmente abgeschnitten werden, führt letztere auch solche nach oben und unten auf. Kräftigere Thalli, z. B. der von Marchantia polymorpha, wachsen mit vierseitig-pyramidaler Scheitelzelle; die zarteren Keimpflanzen dagegen besitzen eine zweischneidige und keilförmige. Die Beziehungen zwischen der Zahl der den Thallus aufbauenden Schichten und der Form der Scheitelzelle sind unverkennbar. Eine allgemein gültige Regel läßt sich aber nicht aufstellen, Ausnahmen sind nicht selten und verwandtschaftliche Momente ebenfalls oft ausschlaggebend (vgl. G. O. 1. Aufl. S. 247, 248, 2. Aufl. S. 560, 561).

[1]) Vgl. auch Prescher, Die Schleimorgane der Marchantiaceen. Akad. d. Wiss., Math.-phys. Klasse. Wien 1882.

Noch ein kurzes Wort über die Verzweigung des Thallus. Sie vollzieht sich entweder in der Ebene des Thallus selbst, dann handelt es sich immer um eine dichotomische Endverzweigung; oder aber es entstehen die Äste an der Bauchseite des Thallus, eine solche Verzweigung nennt man interkalar. Ersterer Art der Verästelung begegnen wir bei den meisten Marchantiaceen und vielen anakrogynen Jungermanniaceen. Die eigentümlichen kleinen Geschlechtsäste an der Unterseite des Metzgeriathallus sind interkalare Sprosse, die Endverzweigung ist aber eine dichotomische.

B. Das beblätterte Stämmchen. Wie bei der Mehrzahl der Laubmoose wächst auch das beblätterte Stämmchen der Lebermoose mit einer tetraëdrischen Scheitelzelle, deren obere, freie Wand nach außen uhrglasförmig vorgewölbt ist. Aus jedem Segment geht ein Blatt hervor, es herrscht also in diesem Punkte vollkommene Übereinstimmung mit den Laubmoosen. Anscheinend vollzieht sich die Entwicklung des Lebermoosblattes aus dem Scheitelzellensegment immer in der Weise, daß in diesem zunächst durch Aufführung zweier Membranen drei Zellen entstehen, von denen die untere durch weitere Teilungen Stengelgewebe liefert, während die beiden anderen durch Zellenvermehrung das Blatt selbst aufbauen, das wohl physiologisch, nicht aber morphologisch den Blättern der Pteridophyten und höheren Pflanzen entspricht, weil, wie bereits hervorgehoben wurde, die beblätterte Farnpflanze dem Sporophyten der Moose, der keine Blätter trägt, homolog, d. h. morphologisch gleichwertig ist.

Was die Verzweigung bei den foliosen Lebermoosen betrifft, so kommen nach Leitgebs Untersuchungen zwei Arten, die Endverzweigung und die interkalare Verzweigung in Betracht. Die Äste entstehen entweder seitlich am Stämmchen und stehen dann nach rechts und links von diesem ab, oder sie sind ventralen Ursprungs. Die Endverzweigung ist niemals eine axilläre, d. h. die Äste gehen nie aus der Blattachsel hervor, wie dies bei den höheren Pflanzen meist der Fall ist. Vielmehr entspricht ein Ast immer der Hälfte eines Blattes, also einem Blattlappen. Bei Madotheca und Frullania fehlt z. B. den Blättern, an deren Grund sich ein Zweig befindet, stets der eine Blattlappen, der bei den Arten dieser beiden Gattungen immer in Form eines Öhrchens ausgebildet ist. An Stelle des Öhrchens tritt also hier immer ein Zweig.

Sehr auffällige Sproßbildungen interkalarer Art lernen wir bei einem unserer häufigsten und kräftigsten Lebermoose, dem Mastigobryum trilobatum (Taf. VIII, Fig. 155), kennen. In der Achsel der sehr deutlichen Unterblätter beobachten wir langgestreckte, peitschenförmige Zweige, sogenannte Flagellen, die mit reduzierten Blättern besetzt sind. Sie entstehen endogen — aus einer einzigen unter der Epidermiszelle gelegenen Zelle — und durchbrechen die Oberhaut.

Die Geschlechtsorgane der Lebermoose.

A. Die Antheridien oder männlichen Gametangien. Der wesentliche Teil des männlichen Geschlechtsorgans, des Antheridiums (Fig. IV), hat eine kugelige oder ellipsoidische Gestalt (Fig. IV*a*) und wird immer von einem meist mehrzelligen Stiele getragen. Von sehr wenigen Ausnahmen, wie Haplomitrium, Blasia und Fossombronia abgesehen, deren Antheridien eine gelbe oder orangegelbe Färbung besitzen, herrscht bei allen übrigen die grüne Farbe vor. Eine stets einschichtige Wand umschließt das die Spermatozoiden erzeugende Gewebe. Dieses besteht aus einer ungemein großen Zahl sehr kleiner, würfelförmiger Zellen, die als Spermatozoid-Mutterzellen bezeichnet werden. Innerhalb einer jeden dieser Zellen entstehen ein oder zwei Samenfäden (Fig. IV*b*), die durch eine an der Spitze des Antheridiums auftretende Öffnung ins Freie gelangen und sich vermittels zweier an dem zugespitzten Ende des sonst keuligen Samenfadens befindlichen Cilien oder Geißelfäden selbständig im Wasser fortbewegen können.

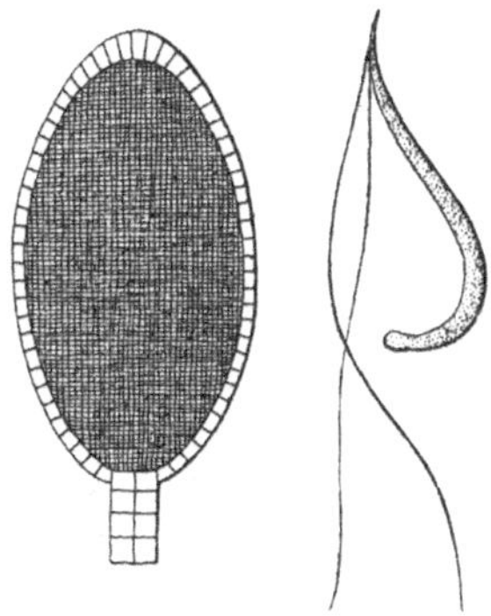

Fig. IV. *a* Antheridium von Marchantia polymorpha. — *b* Spermatozoid von Fegatella conica.

Bei den beblätterten Jungermanniaceen stehen die in der Regel mit langem Stiele ausgestatteten Antheridien einzeln oder zu Gruppen vereinigt frei in den Winkeln oft abweichend gestalteter Blätter, die infolge ihrer dichten Stellung und sonstigen Eigenschaften Schutz gegen Kälte und Nässe zu gewähren imstande sind. Das Aufsuchen der Antheridien bei den foliosen Lebermoosen bietet keine besonderen Schwierigkeiten dar, weil die dem Stengel mehr oder weniger dicht anliegenden und auch von den Laubblättern durch ihre Gestalt oft verschiedenen Deck- oder Hüllblätter bei sehr zahlreichen Arten einen leicht wahrnehmbaren, ährenartigen oder knospenförmigen Gametangienstand darstellen. In unmittelbarer Nähe der Antheridien findet man eigenartige Organe von blatt- oder haarähnlicher Form, die Paraphysen[1]), deren biologische Bedeutung noch nicht genügend geklärt ist. Da die Scheitelzelle nicht an der Bildung des Antheridiums beteiligt ist, dieses vielmehr aus einer Zelle der Oberfläche des Stämmchens seinen Ursprung nimmt, so können sich die männlichen Ähren in einen mit Laubblättern versehenen Abschnitt verlängern, und dieser kann unter Umständen wieder durch ein fertiles Stück abgelöst werden, wie man bei Plagiochila asplenioides zu beobachten Gelegenheit hat.

---

[1]) Kienitz-Gerloff, Über die Bedeutung der Paraphysen. Bot. Zeitg. 1886.

Bei den anakrogynen Jungermanniaceen, Ricciaceen, Marchantiaceen und Anthocerotaceen liegen die Antheridien in Vertiefungen (Taf. IV, Fig. 84, 91) des Thallusgewebes, und es macht keinen wesentlichen Unterschied, ob sich nun diese Einsenkungen im Thallus selbst (Riccia, Aneura u. a.) oder in scheiben- oder warzenförmigen Auftreibungen (z. B. Reboulia, Fegatella u. a.) an der Thallusoberfläche oder in besonderen Gametangienständen (Marchantia, Preissia) befinden, die auf mehr oder weniger hohen Trägern über den Thallus emporgehoben werden (Taf. IV, Fig. 78, 79).

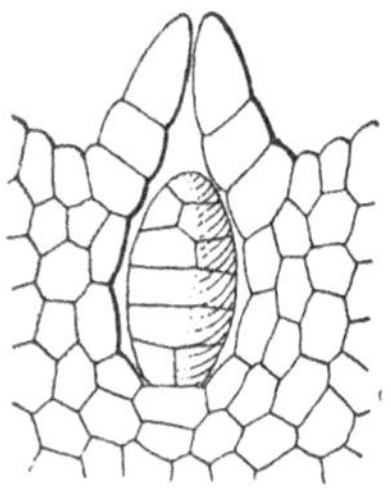

Fig. V. Jugendliches Antheridium von Riccia.

Den einfachsten Zustand in der Verteilung der Antheridien, deren Entstehung auch hier stets an eine an der Rückenseite des Thallusscheitels gelegene und nach oben sich vorwölbende Zelle gebunden ist, repräsentiert Riccia. (Fig. V führt ein noch auf jugendlicher Entwicklungsstufe stehendes Antheridium von Riccia vor.) In fertigem Zustand sehen wir das Antheridium vom Gewebe des Thallus schützend umhüllt. Durch eine enge Röhre — Fig. V zeigt die ersten Anfänge des Antheridienstiftes —, die bis zur Thallusoberfläche reicht und hier in Gestalt eines von den angrenzenden Epidermiszellen gebildeten stiftförmigen Ansatzes (Fig. VI) (Antheridienstifte) ihre Fortsetzung findet, können die Spermatozoiden ihren Weg ins Freie nehmen. Die anfänglich dichter beieinander stehenden Antheridien rücken, da der Thallus in die Länge und Breite wächst, ausein-

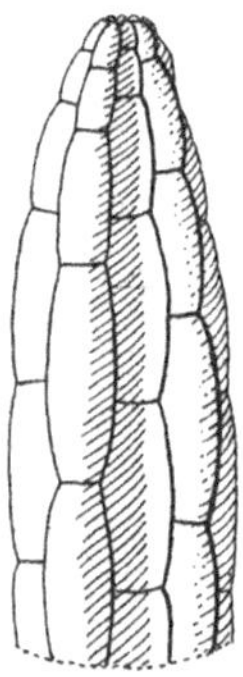

Fig. VI. Antheridienstift von Riccia. Die mittlere Schraffierung deutet den Ausführungskanal der Spermatozoiden an.

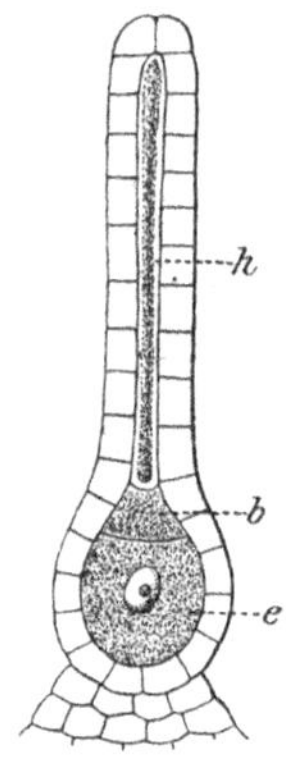

Fig. VII. Archegonium von Marchantia polymorpha. — *e* Eizelle mit dem Zellkern. *b* Bauchkanalzelle. *h* Verschleimte Halskanalzellen.

ander, so daß von einer irgendwie gearteten Regelmäßigkeit in der Anordnung der Antheridien nicht die Rede sein kann. Bei Ricciocarpus, Peltolepis, Fimbriaria sehen wir insofern einen Fortschritt, als hier die Antheridien gruppenbildend auftreten, und noch deutlicher kommt diese Gruppenanordnung bei Reboulia und Grimaldia zur Geltung, denn bei diesen Gattungen liegen die über die Thallusoberfläche etwas hervorragenden Öffnungen der Antheridienhöhlen so dicht beieinander, daß dadurch eine fest umschriebene, scheibenförmige Auftreibung entsteht, die genau dem Umfang des tiefer gelegenen Antheridienstandes entspricht. Lunularia und Neesiella vermitteln den Übergang von den einfachen zu den verzweigten „Blütenständen" von Fegatella, Marchantia und Preissia. Bevor die Anlegung der scheibenförmigen Antheridienstände erfolgt, teilen sie sich bei Lunularia und Neesiella in zwei Gabeläste. Lunularia bringt nur an einem dieser Zweige einen Antheridienstand hervor, wogegen der andere das vegetative Wachstum fortsetzt, bei Neesiella wird dagegen jeder Ast zum Sexualsproß. Stellen wir uns nun vor, daß am Vegetationspunkt eine mehrmalige Gabelung vor sich geht, so kommen schließlich jene später auf Trägern emporgehobenen, männlichen Gametangienstände zustande, wie sie Marchantia und Preissia besitzen. Ein derartiger Stand ist also seinem morphologischen Werte nach ein Sproßsystem begrenzten Wachstums. (Vgl. G. O. 1. Aufl., S. 309—312 und Warnstorf, Krypt.-Fl. d. Mark Brandenbg. Bd. I § 53—56.)

B. Die Archegonien oder weiblichen Gametangien (Fig. VII). Sie besitzen eine annähernd flaschenförmige Gestalt und bestehen immer aus zwei Teilen, dem kräftigeren Bauchteil, der die Eizelle (Fig. VII *e*) umschließt, und dem Halsteil, dessen Innenzellen (Fig. VII *h*) später verschleimen, wodurch die Spermatozoiden in die Möglichkeit versetzt werden, zur Eizelle zu gelangen. Zur Befruchtung der letzteren genügt ein einziges Spermatozoid, und es darf heute als sicher ausgemacht gelten, daß der Samenfaden, wenn er in die Nähe der Öffnung des Halskanals gelangt, durch besondere Stoffe zur Eizelle hingezogen wird (Chemotaxis). Aus der befruchteten Eizelle geht die ungeschlechtliche Generation, der Sporophyt oder das Sporogonium (inkl. Stiel und Fuß) hervor.

Je nachdem bei den Jungermanniaceen die Scheitelzelle beim Aufbau des Archegoniums Verwendung findet oder nicht, unterscheidet man zwei sehr gut charakterisierte Gruppen, die akrogynen oder beblätterten und die anakrogynen oder thallosen Jungermanniaceen. Im ersteren Falle schließt das Stämmchen naturgemäß sein Wachstum mit der Archegonentwicklung ab, eine Verzweigung kann also nur von älteren Abschnitten des Stämmchens ausgehen. Enthält der weibliche Gametangienstand nur ein Archegonium, so nimmt dieses aus der Scheitelzelle selbst seinen Ursprung, gelangen aber mehrere Archegonien zur Entwicklung, so gehen die ersten drei aus den jüngsten Scheitelzellsegmenten, das vierte dagegen aus der Scheitelzelle selbst hervor. Haplomitrium Hookeri, ein beblättertes Lebermoos, nimmt eine Sonderstellung ein, die Scheitelzelle gibt hier nicht den Ausgangspunkt für die Archegonien ab, dieser liegt vielmehr in einiger Entfernung von der Scheitelzelle, es ähnelt also in dieser Beziehung einer thallosen Jungermanniacee.

Als Schutzorgane für die Archegonien der beblätterten Lebermoose kommen zunächst die Hüll-, Involukral- oder Perichätialblätter in Betracht. Sie unterscheiden sich von den Laubblättern meist durch ihre Gestalt und bedeutendere Größe, auch fehlen ihnen die Anpassungen der vegetativen Blätter, z. B. die Öhrchen (G. O. 1. Aufl. S. 313). Von den Hüllblättern ganz oder zum Teil eingeschlossen, sie aber meist mehr oder weniger überragend, begegnen wir bei der Mehrzahl der foliosen Hepaticae einer im Querschnitt kantigen oder kreisförmigen, vielgestaltigen Hülle, dem Perianth, einem Organ, das, nach seiner ganzen Einrichtung zu urteilen, wohl imstande ist, einerseits das Eindringen von Wasser in seinen Innenraum, also die direkte Berührung der Archegonien mit Feuchtigkeit zu verhindern, anderseits die weiblichen Organe vor Wasserverlust zu schützen. In der Jugend stellt das Perianth einen ringförmigen Wall dar, und es fehlt bisher noch der entwicklungsgeschichtliche Nachweis, daß es aus zwei oder drei Hüllblättern (Fig. VIII) gebildet wird, wie die meisten Forscher annehmen, und es kann nicht bestritten werden, daß diese Ansicht viel Wahrscheinlichkeit für sich hat. Bei Plagiochila und Scapania wären dann zwei, bei der Mehrzahl der übrigen Arten drei Hüllblätter an der Bildung des Perianths beteiligt. Aus den Einzelbeschreibungen ergibt sich, daß das Perianth in systematischer und diagnostischer Beziehung von größter Bedeutung ist, es sei außerdem darauf hingewiesen, daß die Perianthbildung sich bei fast allen Formen vollzieht, auch wenn keine Befruchtung der Archegonien eintritt. Bei Trichocolea (S. 101), Gymnomitrium und den geocalyceen Jungermannien (Geocalyx, Calypogeia) fehlt das Perianth (S. 143, 153). Als Schutzwerkzeuge für die weiblichen Geschlechtsorgane und wohl auch für den heranwachsenden Sporophyten fungieren bei den beiden zuletzt angeführten Gattungen sogenannte Marsupien, Fruchtsäcke oder Fruchtbeutel (Taf. XI, Fig. 219, 235) von röhrenförmiger Gestalt, die sich mehr oder weniger tief in die Erde einbohren. Morphologisch betrachtet sind die Marsupien von Geocalyx graveolens und Calypogeia trichomanis modifizierte Teile eines kurzen ventralen Astes. Ein Archegonium gelangt durch eigenartige Wachstumsvorgänge bei der Entwicklung des Fruchtbeutels an dessen tiefste Stelle und ist dann in denkbar vollkommenster Weise gegen Wasserverlust geschützt.

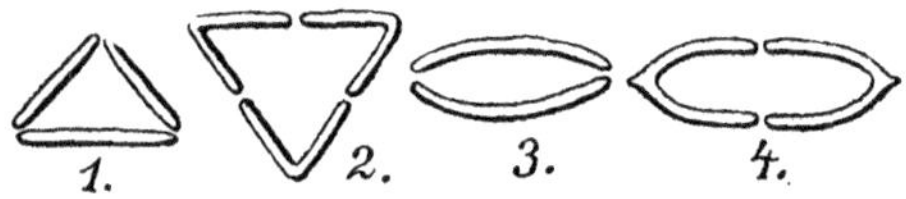

Fig. VIII. Perianthien von Jungermanniaceen im Querschnitt. — *1.* Lophocolea. *2.* Cephalozia. *3.* Plagiochila. *4.* Scapania.

(Näheres über marsupifere Lebermoose bei G. O. 2. Aufl., S. 723—731, Göbel, Archegoniatenstudien, Flora 1906, S. 124—168 und K. M. S. 847—852.) Weniger vollkommen ist die Fruchtsackbildung bie Alicularia geoscypha, Breidleri und scalaris, auch finden wir hier stets ein Perianth. Früher vereinigte man alle marsupiferen Jungermanniaceen in der Familie der Geocalyceen, es hat sich aber herausgestellt, daß Marsupien in den verschiedenartigsten Familien auftreten.

Bei den thallosen, anakrogynen Jungermanniaceen gehen die Archegonien stets aus dorsal gelegenen Zellen von Haupt- und Seitensprossen hervor, und da die Scheitelzelle, wie bereits hervorgehoben wurde, an der Archegonbildung nicht teilnimmt, so ist der Thallus in seinem Wachstum nicht beschränkt. Zum Schutze der weiblichen Geschlechtsorgane sind mannigfaltige Einrichtungen vorhanden, die aber aus Raummangel an dieser Stelle nicht besprochen werden können. Es sei auf die Artenbeschreibungen hingewiesen, die darüber Aufschluß erteilen.

Die Archegonien der Riccien, ihrer Entstehung und Verteilung nach vollkommen mit den Antheridien übereinstimmend, sind mit ihrem unteren Teil in das Thallusgewebe versenkt, der obere Abschnitt des Halses ragt dagegen stiftartig über die Oberfläche des Lagers hervor.

Bei allen in diese Flora aufgenommenen Marchantiaceen finden wir auch die weiblichen Geschlechtsorgane stets zu sehr deutlich abgegrenzten Gametangienständen vereinigt, im fortgeschritteneren Zustand sehen wir diese immer auf einem Träger über den Thallus emporgehoben. Diese Träger können sehr verschiedener Herkunft sein, und es lassen sich zunächst folgende zwei Fälle unterscheiden. Als Beispiel für den ersten Fall sei Clevea gewählt. Die Archegonien stehen hier immer hinter der Sproßspitze auf einer an der Thallusoberfläche gelegenen Anschwellung, in deren Gewebe sie versenkt sind. Der untere Abschnitt dieser thallosen Vorwölbung wächst später stark in die Länge, es kommt auf diese Weise ein Stiel zustande, der die weiblichen Geschlechtsorgane trägt. Der Träger ist also bei Clevea nichts anderes als die stielförmige Umwandlung des unteren Höckerteils; damit hängt es zusammen, daß eine Bauchrinne fehlt. Anders bei den übrigen Marchantiaceen. Reboulia, Fimbriaria, Grimaldia, Neesiella und Sauteria bringen die Archegonien in akropetaler Folge an der Oberseite der Spitze eines sich nicht gabelnden, also einfachen Sprosses hervor. Der Träger stellt hier die unmittelbare Verlängerung des Sprosses dar, wir finden an ihm infolgedessen nur eine Bauchrinne (Fig. IX), die dadurch zustande kommt, daß der Thallus sich nach der Bauchseite einrollt. Die Archegonien, die anfänglich an der Oberfläche des Thallus standen, sehen wir später an dessen Unterseite gerückt; dies hat seinen Grund in eigentümlichen Wachstumsvorgängen, die hier nicht weiter dargelegt werden können. Leitgeb stellt alle hierher gehörigen Formen in die Reihe der Simplices. Auch Peltolepis, dessen

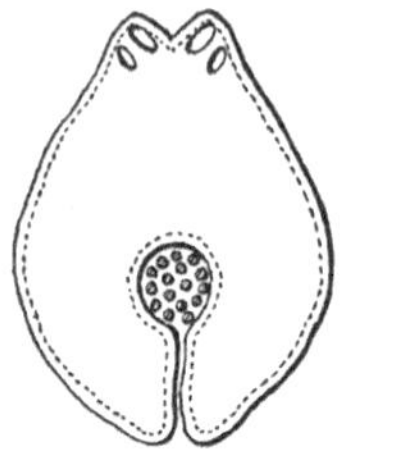

Fig. IX. Querschnitt (schematisch) durch den Träger von Reboulia hemisphaerica. Eine Bauchrinne, von Rhizoiden durchzogen.

Fig. X. Querschnitt durch einen Träger von Marchantia polymorpha. Zwei Bauchrinnen, von Rhizoiden erfüllt (schematisch).

Träger zwei Bauchrinnen besitzt, bringt er bei den Simplices unter — der Träger ist durch Verwachsung zweier Sprosse entstanden! —, weil die Archegonien wie bei Reboulia, Fimbriaria usw. ebenfalls eine akropetale Entstehungsweise zeigen.

Die weiblichen Gametangienstände der übrigen Marchantiaceen (Lunularia, Fegatella, Marchantia, Preissia) bilden ein System von Zweigen (Leitgebs Reihe der Compositae), an denen die Archegonien in zentripetaler Folge zur Entwicklung gelangen, so daß die jüngsten in die Nähe des Trägers, die ältesten an das Ende der Einzelstände zu stehen kommen. Am bekanntesten sind die einem aufgespannten Schirmgestell ähnlichen Träger von Marchantia polymorpha (Taf. IV, Fig. 78, 79). Wir finden in der Regel zwischen je zwei längeren, wagerecht ausgebreiteten Strahlen eine mehrere Archegonien einschließende Hülle von annähernd muschelförmiger Gestalt. Die Zahl der Hüllen beträgt acht; da nun das zwischen je zwei weiblichen Einzelständen liegende, vegetativ gebliebene Gewebe des Gametangienstandes[1]) zu

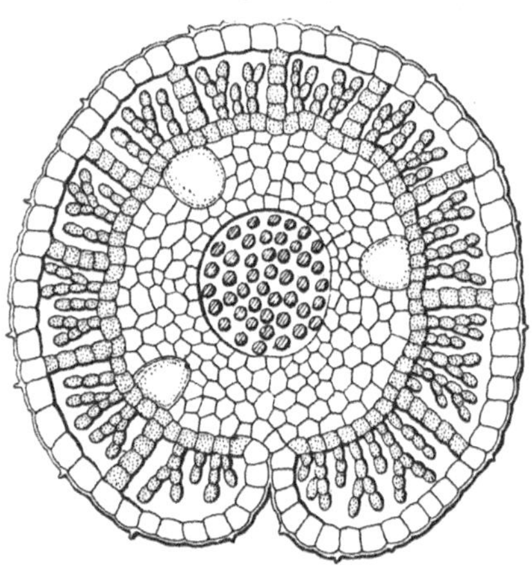

Fig. XI. Schematischer Querschnitt durch einen Strahl des weiblichen Receptaculums von Marchantia polymorpha. — An der Peripherie die einschichtige, obere Epidermis. Unter dieser zahlreiche, durch radiale einschichtige Wände voneinander getrennte, mit chlorophyllösen Assimilationsfäden erfüllte Luftkammern. Weiter nach innen das parenchymatische Grundgewebe mit 3 Schleimzellen. In der Mitte ein Kanal, von zahlreichen Zäpfchenrhizoiden durchzogen. Die an den Kanal anstoßenden Zellschichten bilden die untere Epidermis.

[1]) Näheres über die biolog. Bedeutung der männl. und weibl. Infloreszenzen von March. polym. bei G. O., 1. Aufl., S. 309—311 und K. Gehrmann, Ber. d. Deutsch. Bot. Ges., S. 341—348.

einem Strahle heranwächst, so muß die Zahl der Strahlen um eine Einheit größer sein. Mit Ausnahme von Lunularia, bei der die Bauchrinne fehlt, haben alle übrigen zwei Bauchrinnen (Fig. X), denn der Träger ist hier aus zwei miteinander verwachsenen Gabelästen des Thallus aufgebaut.

Innerhalb der Bauchrinnen verläuft bei vielen Marchantiaceen ein Strang von Zäpfchenrhizoiden (Fig. IX, X), der z. B. bei Marchantia polymorpha auch in die Strahlen (Fig. XI) des Gametangienstandes übertritt. Das Vorhandensein dieser Rhizoiden deutet auch darauf hin, daß die Stände metamorphosierte Thallusteile sind. Sie dienen dem Transport von Wasser, das sie ähnlich wie ein Lampendocht kapillar den oberen Teilen des Standes zuführen.

c) Der Sporophyt, die embryonale, ungeschlechtliche, diploide Generation (Diplophase).

Hinsichtlich der Organisation bedeutet das beblätterte Lebermoosstämmchen gegenüber dem Thallus zweifellos einen Fortschritt. Berücksichtigt man den höheren oder niederen Grad der Differenzierung des Thallusgewebes, so müßten im System auf die thallosen Jungermanniaceen die Anthocerotaceen und Ricciaceen folgen und sich diesen die Marchantiaceen anschließen. Eine solche Anordnung entspräche aber sehr wenig den Anforderungen der Gruppierung nach den Grundsätzen der Verwandtschaft, denn die akrogynen Lebermoose, die in der Entwicklung und dem Bau des Sporophyten die größte Übereinstimmung zeigen, würden durch die Ricciaceen, Anthocerotaceen und Marchantiaceen gewaltsam auseinander gerissen. Allgemeine Anerkennung hat heute das System gefunden, das sich auf die Verhältnisse des Sporophyten, in erster Linie auf dessen embryologische Eigentümlichkeiten stützt, und da die Ricciaceen in dieser Beziehung auf der niedrigsten Entwicklungsstufe stehen, so hat man ihnen mit Recht die tiefste Stelle im System angewiesen. Was die systematische Stellung der Anthocerotaceen anbelangt, so war man bisweilen geneigt, sie zu einer selbständigen Klasse zu stempeln und ihnen einen Platz zwischen Leber- und Laubmoosen anzuweisen, denn ihr Sporophyt besitzt eine Columella, die sonst bei keinem Lebermoos vorkommt, auch ist er mit Spaltöffnungen versehen, die bisher nur an Sporogonien der Laubmoose nachgewiesen wurden, den Hepaticae aber vollständig fehlen. Notothylas indessen schlägt eine Brücke zwischen den Anthocerotaceen und Jungermanniaceen, und so darf deshalb die Reihenfolge Ricciaceen — Marchantiaceen — Jungermanniaceen — Anthocerotaceen als eine der natürlichen Verwandtschaft am meisten entsprechende bezeichnet werden.

Ein Beispiel genüge, um die Entwicklung des Sporophyten aus der befruchteten Eizelle des Archegoniums zu zeigen. Die Eizelle (Fig. XII, 1) zerfällt zunächst durch eine senkrecht zur Längsachse des Archegoniums auftretende Wand in eine obere (Fig. XII, 2*a*) und eine untere Zelle (b). Aus der ersteren geht durch weitere Teilungen der Sporenbehälter und der Stiel hervor, die letztere dagegen teilt sich nicht mehr, sie übernimmt wahrscheinlich die Rolle eines Saugwerkzeugs, eines Haustoriums (Fig. XII, 3, 4, 5*h*). In seinem fortgeschritteneren Zustande läßt der Embryo im oberen Abschnitte mehrere, aus je vier Zylinderquadrantzellen bestehende Scheiben (Fig. XII*s*) erkennen, die zum Stiele werden. Am Scheitel des Embryos treten vier Zellen in Form von Kugeloktanten (Fig. XII, 3*o*) auf. Bei Pellia z. B. werden diese Kugeloktanten durch perikline Wände in vier äußere Sporogonwandzellen (Fig. XII, 4*w*) und in vier innere Zellen (Fig. XII, 4*a*) — das Archespor — gespalten, aus denen sich das sporenerzeugende oder sporogene Gewebe, die Sporenmutterzellen (Fig. XII, 5*sp*) bilden.

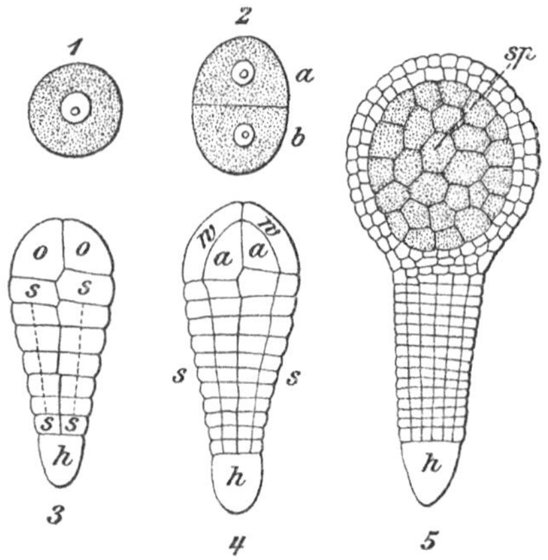

Fig. XII. Entwicklung des Sporophyten aus der Eizelle.

Der zum Sporophyten heranwachsende Embryo bricht schließlich infolge Streckung des Stiels an der Spitze des Archegoniumbauches hervor, ohne aber, wie es bei den Laubmoosen der Fall ist, den oberen Teil des Archegoniumbauches als Haube mit in die Höhe zu heben. Letztere bleibt am Grunde des Sporophyten als Hülle zurück.

Der Stiel des Sporogoniums der Jungermanniaceen (fehlt bei den Ricciaceen und Anthocerotaceen) ist ein zarter, aus dünnwandigen, gestreckt-sechsseitigen Zellen zusammengesetztes Gebilde von sehr kurzer Lebensdauer. Er ist meist sehr lichtempfindlich, wendet sich aber, wenn die Intensität der Belichtung einen gewissen Grad erreicht, von der Lichtquelle ab. Wie es scheint, streckt sich der Stiel in allen seinen Abschnitten nicht gleichmäßig, anscheinend ist bei vielen Arten eine Zone stärksten Wachstums vorhanden.

Bei den Ricciaceen, die wir mit Recht wegen der geringen Anzahl verhältnismäßig großer Sporen und des Mangels jeglicher Einrichtung zur Sporenverbreitung mit den kleistokarpischen Laubmoosen in eine Parallele stellen dürfen, kommt die einschichtige Wand des Sporogons frühzeitig in Wegfall und die Sporen gelangen durch Verwitterung des Thallus ins Freie.

Viel abwechselungsreicher gestalten sich die Verhältnisse bei den Marchantiaceen. Soweit bis jetzt bekannt, öffnet sich in den allermeisten Fällen das Sporogon an seinem Scheitel mit einem Deckelstück. Nachdem dieses abgehoben, pflegt der stehengebliebene urnen-, glocken- oder scheibenförmige Kapselrest vom Rande her in vier bis acht, mehr oder weniger regelmäßige, bei manchen Arten sich zurückrollende Zähne oder Lappen einzureißen.

Bei fast allen Jungermanniaceen öffnet sich das Sporogon mit vier Klappen. Die Risse treten an der Kapselspitze auf und setzen sich mehr oder weniger tief nach der Basis hin fort. Außer den Sporen enthält das Sporogon sterile, langgestreckte Elateren[1]), die bei vielen Formen als wirkliche Schleuderer (Plagiochila, Chiloscyphus, Cephalozia bicuspidata, Blepharostoma trichophyllum, Frullania u. a.) die ihnen anhängenden Sporen mit Kraft in kurzer Zeit aus der Kapsel fortschleudern. Die Elaterenträger von Pellia haben wohl die Aufgabe, die Sporenmasse aufzulockern und eine allmähliche Aussaat der Sporen zu bewirken, bei Aneura dagegen findet, nachdem sich die Sporen- und Elaterenmasse in vier Teile gespalten und diese eine Drehung um ca. 90° nach oben ausgeführt haben, eine innerhalb weniger Minuten sich vollziehende Fortschleuderung der Sporen statt. Welche Rolle die Elateren bzw. Elaterenträger während der Entwicklung des Sporogons spielen, bedarf noch der Aufklärung; die Annahme, daß ihnen eine ernährungsphysiologische Aufgabe zukommt, daß sie den Sporenmutterzellen Nahrung zuführen, hat sehr viel für sich, denn die langgestreckte Form spricht durchaus dafür, daß man es mit Leitungsbahnen für Nährstoffe zu tun hat. (G. O. 2. Aufl., S. 740, § 37 und S. 746, § 38.)

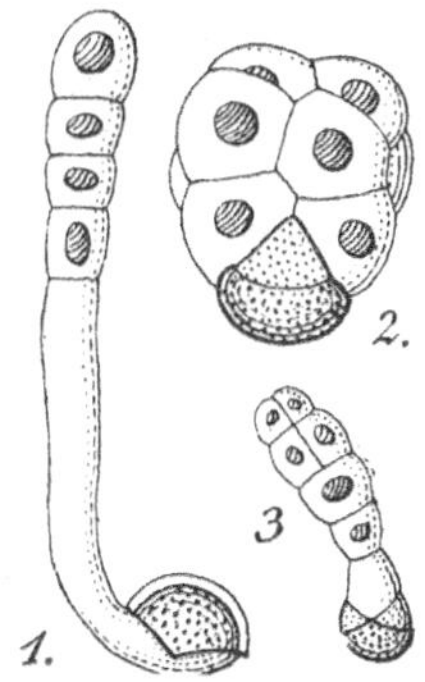

Fig. XIII. Keimung von Anthoceros. Bei *1* ist aus der Spore ein fadenförmiger Vorkeim, bei *2* und *3* ein Zellkörper hervorgegangen.

Die Sporen entstehen durch Vierteilung aus den Sporenmutterzellen, sie bilden, wie man zu sagen pflegt, Tetraden. Meist löst sich die Tetrade, sobald die Sporenaussaat erfolgt, in ihre Einzelbestandteile, die Sporen, auf, nur Sphaerocarpus terrestris (Taf. VI, Fig. 130) von den einheimischen Arten macht eine Ausnahme. — Mehrzellige Sporen gibt es nicht, und wenn, wie bei Pellia (Taf. VI, Fig. 137) und Fegatella, im Sporogonium „mehrzellige Sporen" auftreten, so ist dies damit zu erklären, daß die ursprünglich einzelligen Sporen bereits in der Kapsel zu einem mehrzelligen Keimkörper herangewachsen sind.

Die Entwicklung der Lebermoose ist eine heteroblastische, weil der zunächst aus der Spore hervorgehende Vorkeim, die Jugendform, seiner ganzen Ausbildung nach von der Folgeform, dem be-

[1]) Auch die Marchantiaceen besitzen Elateren.

blätterten Stämmchen oder dem fertigen Thallus ganz erheblich abweicht (G. O. 2. Aufl., S. 360, § 3). Bei den Laubmoosen tritt die heteroblastische Entwicklung noch deutlicher hervor, denn hier sind Vorkeim und beblättertes Stämmchen noch schärfer voneinander abgesetzt.

Bei einer nicht unbeträchtlichen Anzahl von Lebermoosen kann aus der keimenden Spore ein fädiger Vorkeim oder ein Zellkörper hervorgehen. Man hat noch keine Gewißheit darüber, welche äußeren Einflüsse dabei im Spiele sind; es ist wahrscheinlich, denn auch die Ergebnisse von Versuchen deuten darauf hin, daß dem Lichte ein bestimmender Einfluß zukommt. Bei der Keimung von Anthoceros-Sporen treten, wie aus Fig. XIII ersichtlich ist, beiderlei Vorkeimformen auf.

II. Die Bestimmungstabellen.

Bei der Abfassung der Bestimmungstabellen habe ich dieselben Grundsätze befolgt, die ich bei den Laubmoosen (Band V) in Anwendung brachte. In erster Linie sind, vor allem aber bei den größeren Kategorien, die vegetativen Merkmale berücksichtigt worden. Da die Zahl der beschriebenen Torf- und Lebermoose bei weitem nicht an die der Laubmoose heranreicht, so trat gegen Band V eine Vereinfachung nach der Richtung hin ein, daß verhältnismäßig sehr wenige Arten in mehreren Tabellen untergebracht zu werden brauchten. Der Sporophyt gibt aber bei sehr zahlreichen Lebermoosen — die Torfmoose zeigen in der Beschaffenheit der Sporogonien große Übereinstimmung — so vortreffliche Unterscheidungsmerkmale ab, daß es nicht ratsam erschien, ihn unberücksichtigt zu lassen. Die Bestimmungstabellen enthalten alle wichtigen Angaben über den Bau des Sporogons, die Größe und Zeichnung der Sporen u. a. m., sodaß durch die Aufnahme derartiger Einzelheiten die Bestimmung der Art wesentlich gefördert und erleichtert werden dürfte.

Die analytisch-dichotomische Methode ist nur dann in den Tabellen streng durchgeführt worden, wenn ich die Überzeugung haben durfte, daß die Bestimmung dadurch nicht erschwert werde. In zahlreichen Fällen folgen aber drei und mehr koordinierte Kategorien aufeinander. Dadurch wurden die den Überblick störenden „Einschachtelungen“ auf ein Minimum reduziert und außerdem der Weg zur leichteren und sichereren Bestimmung geebnet. Es bereitet oft die größten Schwierigkeiten, bei einer größeren Zahl habituell ähnlicher Arten zwei Punkte herauszufinden, die gute Unterscheidungsmerkmale abgeben und von denen das eine gleichsam der feindliche Bruder des anderen ist; der Anfänger wird also stets schneller zum Ziele gelangen, wenn ihm die ausführliche Beschreibung mehrerer Arten hintereinander dargeboten wird. Bei einem Werke, das wie dieses als Einführung dienen soll, konnten in den Bestimmungstabellen irgendwelche Rücksichten auf das natürliche System erst recht nicht in Frage kommen, da die Gruppierung der Pflanzen nach ihrer Verwandtschaft mit rein praktischen Gesichtspunkten sich nicht vereinigen läßt.

Um Irrtümer und Verwechslungen zu vermeiden, sind die in den größeren Kategorien verwendeten Zahlen und Buchstaben derart angeordnet, daß auf einen Buchstaben eine Zahl und auf diese wieder ein Buchstabe folgt. So wechseln A, I, α, 1 und a miteinander ab. Ist die Zahl gleichartiger Kategorien größer als zwei, so weist eine in Klammern gesetzte arabische Zahl hinter dem Zeichen der ersten Kategorie darauf hin, wie viele Kategorien noch berücksichtigt werden müssen. So bedeutet A (4), daß noch B, C und D zu berücksichtigen sind.

Vor einem Blättern im Buche und Nachlesen an verschiedenen Stellen kann nicht genug gewarnt werden, höchst selten führt diese verkehrte Bestimmungsmethode zum Ziele. In manchen Fällen, besonders wenn es sich um leicht erkennbare, größere Arten handelt und wenn eine der vielen Figuren zu Hilfe kommt, mag der Anfänger mit seinen Bemühungen, den Namen einer Art zu ermitteln, Glück haben, niemals aber dürfte er auf diesem Wege richtig bestimmen lernen und eine sichere Kenntnis der Arten erlangen. Er wähle den Bestimmungsweg, den dieses Buch bietet, und beginne seine Arbeit mit der „Hauptbestimmungstabelle“. Diese ist so eingerichtet, daß in kürzester Zeit eine Stelle erreicht wird, von der aus dann nur langsamere Fortschritte gemacht werden können.

Viele Lebermoose kommen nur im Hochgebirge vor. Diese sind durch ein fettes, der Beschreibung vorangehendes **A** kenntlich gemacht und können von dem im Flachland und Mittelgebirge Sammelnden außer acht gelassen werden.

III. Hilfsmittel für die Untersuchung der Torf- und Lebermoose und Anweisung zu ihrer Bestimmung. Herstellung von mikroskopischen Präparaten.

Wer mit Erfolg und Befriedigung das Studium der Leber- und Torfmoose betreiben will, wem daran gelegen ist, einen Einblick in den anatomischen Bau dieser Pflanzen zu gewinnen, kann des Mikroskopes nicht entraten. Leute, die behaupten, eine gute Lupe reiche für die Bestimmung der Torf- und Lebermoose vollkommen aus, sind und bleiben Stümper, mit ihnen sollte auch der Anfänger keine Beziehungen anknüpfen, da er durch sie von gewissenhaften Untersuchungen abgehalten und in die Irre geführt wird.

Bei der Wahl eines Mikroskopes nehme man darauf Bedacht, daß es hinreichende Vergrößerungen gewährt, da viele Feinheiten nur bei Anwendung stärkerer Systeme deutlich wahrgenommen werden können. Die Gestalt der Zellen, die Beschaffenheit ihres Inhalts (Größe, Zahl, Lagerung der Chloroplasten, Ölkörper), die Stärke der Membranverdickungserscheinungen (Eckverdickung), die Form der Atemöffnungen und der sie umgebenden Zellen bei den

Marchantiaceen, Größe, Gestalt, Oberflächenbeschaffenheit der Sporen (z. B. der Ricciaceen), die an zarten Blattquerschnitten von Sphagnumastblättern festzustellende Gestalt der Chlorophyllzellen und ihre Lage zu den Wasserzellen und zahlreiche andere Punkte bleiben der Untersuchung durch das Mikroskop vorbehalten. Dieses muß eine 400- bis 600fache Vergrößerung ermöglichen und mit einem Okularmikrometer ausgestattet sein, mit dessen Hilfe man die für die Bestimmung mancher Arten wichtige Sporen- und Elaterenbreite sowie die Dimensionen der Blattzellen ermittelt. Die Bequemlichkeiten, welche ein durch Zahn und Trieb verschiebbarer Tubus und ein dreh- und zentrierbarer Objekttisch gewähren, sind so groß, daß ich vor dem Ankauf eines diese Vorzüge nicht aufweisenden Mikroskopes nicht genug warnen kann. Weitere für die mikroskopische Untersuchung unentbehrliche Gegenstände sind ein an der Unterseite plangeschliffenes, sehr scharfes Rasiermesser[1]), eine feine Pinzette, mehrere Präpariernadeln und Präpariermesserchen, darunter eines mit doppelter Schneide, ein feiner Marderhaarpinsel, Uhrschälchen, Objektträger und Deckgläser, eine Spirituslampe, ferner Hollundermark, hochprozentiger Alkohol und mehrere aufhellende und färbende Flüssigkeiten, wie Kalilauge, Chloralhydrat, Karbolsäure, Milchsäure, Schwefelsäure, Essigsäure, Eau de Javelle, Methylviolett oder ein anderer Farbstoff[2]).

Bei den beblätterten Lebermoosen kommt man nur selten in die Lage, Quer- oder Längsschnitte durch das Stämmchen ausführen zu müssen, weil die geringe anatomische Differenzierung des Gewebes nur sehr wenige Anhaltspunkte für die Bestimmung abgibt. Anders bei den Torfmoosen. Hier ist die Feststellung, ob die Außenrinde deutlich oder undeutlich ausgebildet, ob sie ein zwei- oder mehrschichtig ist, welche Farbe die Membranen des Stereoms besitzen, von weitgehendster Bedeutung. Um über die Beschaffenheit der peripherischen Membranen der Außenrinde (Zahl, Größe und Lage der Poren und Wandverdünnungen, Vorhandensein oder Fehlen von Fasern) Klarheit zu erlangen, bedarf es der Herstellung zarter Längsschnitte an der Stämmchenoberfläche. Will man Querschnitte anfertigen, so schlage man folgenden Weg ein. Das zuvor von Blättern und Ästen befreite Stengelstückchen bringe man zum Zwecke der Härtung in absoluten oder hochprozentigen Alkohol und lasse es einige Zeit darin liegen. Mittlerweile halbiert man ein starkes, ausgereiftes Säulchen von Hollundermark derart, daß beide Hälften noch im Zusammenhang bleiben[3]). Dann führt man das gehärtete Objekt

[1]) Ein Rasiermesser ist scharf, wenn es ein frei zwischen den Fingern gehaltenes Menschenhaar, ohne daran abzugleiten, glatt durchschneidet.

[2]) Strasburgers „Kleines botanisches Praktikum", Jena, Fischer, ist als Einführung in die mikroskopische Technik zu empfehlen.

[3]) Um das Stumpfwerden des Messers zu verhüten, beseitige man vor dem Schneiden die an der Peripherie des Hollundermarks liegenden schwarzen Sklerenchymfasern.

mit der Pinzette in den Spalt ein, achtet, um schiefe Schnitte zu vermeiden, auf eine gute Orientierung und versucht nun mit dem zuvor mit Alkohol angefeuchteten Rasiermesser zarte Querschnitte auszuführen, indem man die plane Fläche wagerecht ohne Druck über das Objekt hinwegführt. Die an der konkaven Fläche des Rasiermessers haftenden Schnitte überträgt man samt den Hollundermarklamellen[1]) vermittels eines feinhaarigen Pinsels oder einer Nadel[1]) auf den in die Mitte des sauber gereinigten Objektträgers vorher übergeführten Wassertropfen und bedeckt das Ganze schließlich mit einem Deckglas. Es empfiehlt sich, gleich eine größere Anzahl von Querschnitten auszuführen, um den besten für die Untersuchung auswählen zu können. Der Anfänger wird bald zu beurteilen imstande sein, ob sich unter den vorhandenen Objekten ein für die Untersuchung taugliches befindet. Bei einiger Übung in der Deutung mikroskopischer Bilder lernt er bald, daß man auch an dickeren Schnitten das, worauf es ankommt, erkennen kann.

Das Stämmchen von Sphagnum baut sich aus drei meist scharf hervortretenden Gewebepartien auf. Die äußerste Schicht, aus zartwandigen, weitlumigen Zellen (Taf. I, Fig. 2a) aufgeführt, nenne ich mit Rücksicht auf die auch bei vielen Laubmoosen vorkommende analoge Ausbildung des peripherischen Gewebes „Außenrinde", da die Bezeichnungen „Rinde" und „Epidermis" modernen Anschauungen widerstreben. Nach innen setzt sich an die Außenrinde ein aus dickwandigen, langgestreckten Elementen bestehender Hohlzylinder an (Taf. I, Fig. 2s), dem eine rein mechanische Funktion, die der Festigung des Stämmchens, zukommt und deshalb von mir als „Stereom"[2]) bezeichnet wird. Wie man das Objekt im Spalt des Hollundermarks orientieren muß, wenn Schnitte längs der Oberfläche hergestellt werden sollen, darüber bedarf es wohl keiner weiteren Belehrung.

Eine zu hohe Wasserschicht unter dem Deckglase beeinträchtigt oft die Deutlichkeit des mikroskopischen Bildes. Indem man einen Streifen Fließpapier an den Rand des Deckglases bringt, läßt sich das überflüssige Wasser unschwer beseitigen. Oft wirken auch Luftblasen, die sich als Perlen mit schwarzem Rande zu erkennen geben, recht störend. Durch Zuführung eines Tropfens Alkohol vermittels einer Pipette an den Rand des Deckglases und nachträgliches schwaches Erwärmen über einer Spirituslampe kann man auch dieses Übelstandes leicht Herr werden.

Um ein Objekt aufzuhellen, bedient man sich mit Vorteil der Kalilauge[3]), die gleichzeitig Quellungserscheinungen hervorruft.

[1]) Bei Benutzung einer Nadel achte man darauf, daß die Schneide des Messers nicht beschädigt wird. Mit der Nadel kann man auch die Hollundermarklamellen zur Seite schieben, bevor das Deckglas aufgelegt wird.

[2]) Sonst Holzkörper genannt. Alle Reaktionen auf die für Holzzellenwände charakteristische Hadromaleinlagerung versagen. Der Ausdruck „Holzkörper" ist auch, rein anatomisch genommen, zu verwerfen.

[3]) 5 g Ätzkali auf 100 ccm destilliert. Wasser.

Man gehe aber vorsichtig zu Werke und verhindere, daß die Flüssigkeit mit der Frontlinse des Objektivs in Berührung kommt, da diese, falls die Kalilauge nicht sofort beseitigt wird, erblindet und von neuem poliert werden muß. Dieselbe Vorsichtsmaßregel befolge man auch bei Anwendung von Säuren und sonstigen ätzenden Flüssigkeiten.

Alle Objekte, von denen mit dem Rasiermesser Schnitte hergestellt werden sollen, müssen vorher von allen Erdteilchen auf das sauberste durch Auswaschen befreit werden. Wenn möglich, mache man seine Studien an frischem Material, das dem getrockneten immer vorzuziehen ist.

Bei vielen beblätterten Formen der Lebermoose bereitet es oft einige Schwierigkeit, Oberblätter unversehrt von der Anheftungs- oder Insertionsstelle loszulösen. Viele Lophozien z. B. u. a. tragen am Rande in der Nähe der Anheftung Anhängsel von besonderer Größe, Gestalt und Zahl, die bei der Bestimmung nicht außer acht gelassen werden dürfen; deshalb lege man Wert darauf, vollständige Blätter zur Untersuchung zu erhalten. Unvollständige Oberblätter würden auch nicht die richtige Form des Umrisses zeigen, worauf in der Bestimmungstabelle sehr oft Bezug genommen wird. Auch gibt ein unter dem Deckglas flach ausgebreitetes Oberblatt Aufschluß über die Zahl und Beschaffenheit der Blattlappen und über die Gestalt der Einbuchtung.

Bevor man ein Blatt im ausgebreiteten Zustande der mikroskopischen Beobachtung unterwirft, verschaffe man sich Klarheit über die Art, wie es am Stengel angeheftet ist. Man kann zwei Hauptfälle unterscheiden: die schiefe und die quere Anheftung. Erstere kommt dadurch zustande, daß das jugendliche Sproßende an einer der beiden Seiten, der Ober- oder Unterseite, ein stärkeres Wachstum zeigt. Die natürliche Folge davon ist, daß die ursprüngliche quere Insertion der jugendlichen Blätter beseitigt und in die schiefe übergeführt wird. Die Anheftungslinie verläuft entweder von der Rücken- nach der Bauchseite des Stengels oder umgekehrt, und damit hängt die Erscheinung der Ober- und Unterschlächtigkeit zusammen. Wenn der obere vordere Rand eines Blattes an der Ober- oder Rückenseite eines Stengels weiter nach der Sproßspitze vorgreift, so nennt man die Blattdeckung oberschlächtig, weil dann der obere und vordere Rand den hinteren unteren Rand des nächsthöheren Blattes bedeckt. Greift jedoch der obere vordere Rand eines Blattes an der Stengelunterseite weiter nach der Sproßspitze vor, so bezeichnet man die Blattdeckung als unterschlächtig. Dann pflegt der obere Rand eines Blattes von dem unteren Rande des nächsthöheren Blattes z. T. bedeckt zu werden. Die oberschlächtige Blattdeckung ist verhältnismäßig selten, weit häufiger die unterschlächtige. Quere Insertion ist für eine sehr beträchtliche Anzahl folioser Hepaticae charakteristisch. Die Blätter sind dann meist kielig gefaltet, beide Abschnitte entweder gleich- (Sphenolobus minutus) oder ungleichgroß (Frullania, Scapania u. a.). In welchen Fällen bei den ungleichlappigen Formen Ober- oder Unterschlächtigkeit vorliegt, kann nach dem oben Mitgeteilten leicht entschieden werden (Scapania z. B. unterschlächtig, Frullania oberschlächtig).

Da die Blätter der einheimischen Lebermoose ausnahmslos einschichtig sind und deshalb dem Durchtritt der vom Spiegel des Mikroskopes reflektierten Lichtstrahlen kein wesentliches Hindernis darbieten, so sind mit der mikroskopischen Untersuchung der Blattflächen Schwierigkeiten irgendwelcher Art nicht verknüpft. Früher legte man auf die Verhältnisse des Blattzellnetzes gar keinen oder nur geringen Wert, heutzutage ist das Gegenteil der Fall. Die Gestalt und Größe der Zellen in den verschiedenen Teilen der Blattfläche, die Beschaffenheit der Wände (ob dick oder zart), besonders aber die Feststellung, ob die Zelldecken verdickt oder normal ausgebildet sind und ob die Cuticula glatt, gruftig oder warzig[1]) ist, alle diese Punkte sind für die Bestimmung der Arten von größter Wichtigkeit. Zu berücksichtigen sind ferner die Lagerung, Zahl und Größe der Chlorophyllkörner, auch die Ölkörper geben oft vortreffliche Anhaltspunkte für die Bestimmung ab. Beispielsweise ist Alicularia scalaris sofort an ihren Ölkörpern zu erkennen.

Der Vegetationspunkt, worunter man das an der Sproßspitze befindliche, jugendliche, teilungsfähige Gewebe (Meristem) zu verstehen hat, ist bei unseren einheimischen beblätterten Lebermoosen mit einer tetraëdrischen Scheitelzelle versehen. Diese schneidet nach drei Richtungen des Raumes Segmente ab, von denen jedes ein Blatt liefert. Stimmten alle Segmente in der Größe überein, so dürften wir erwarten, daß auch alle Blätter in erwachsenem Zustand annähernd gleiche Größe aufweisen[2]). Dies ist aber nicht der Fall. An der vom Lichte abgewendeten Seite des Stämmchens, der Bauchseite, finden wir eine andere Art von Blättern, die von den übrigen in Größe und Gestalt meist sehr bedeutend abweichen, es sind die Unterblätter oder Amphigastrien. Für die Bestimmung vieler Arten sind diese von hohem Werte. Man suche sie stets an jüngeren Stengelteilen, besonders auch an fertilen Sprossen, da sie an sterilen zuweilen fehlen, an älteren Stämmchen oft nicht mehr vorhanden sind. Nicht selten sind sie von geringer Größe und im Rhizoidenfilz versteckt. Es empfiehlt sich dann, mit einem scharfen Messerchen die Rhizoiden an der Stengelunterseite abzuschaben und sie in den Wassertropfen des Objektträgers überzuführen. Das Weitere ergibt dann die mikroskopische Untersuchung.

---

[1]) Die Oberfläche des Blattes wird durch Ausbildung von Warzen bedeutend vergrößert, dadurch zur Aufnahme größerer Wassermengen befähigt. Im allgemeinen zeigen trockene Standorte bewohnende Lebermoose stärkere Warzenbildung als solche, die an feucht-schattigen Plätzen wachsen.

[2]) Nach dieser Richtung hin vorgenommene Untersuchungen ergaben das bemerkenswerte Resultat, daß das Segment, aus dem ein kleineres Unterblatt hervorgeht, schon in der Scheitelzelle durch eine geringere Größe von den übrigen Segmenten abweicht.

Viel komplizierter liegen die Verhältnisse bei den schwer zu bestimmenden Arten der Gattung Sphagnum (Torfmoose). Mit der einfachen mikroskopischen Betrachtung der flach ausgebreiteten, stets einschichtigen, rippenlosen Blätter ist hier nichts zu erreichen. Auch hat sich die Untersuchung immer auf zwei Blattformen zu erstrecken, auf die Stamm- und Astblätter, die bei allen Arten sehr starke Abweichungen in bezug auf Gestalt und anatomischen Bau zu erkennen geben. Erstere erhält man leicht, wenn man nach Beseitigung der Äste mit einem scharfen Messerchen längs des Stengels hinfährt und das Abgeschabte in einem Wassertropfen auf den Objektträger bringt. Auf diese Weise gewinnt man auch gleichzeitig Teile der Stengelaußenrinde, auf die in den Bestimmungstabellen häufig Bezug genommen wird. Damit die Poren (bei manchen Arten wegen ihrer Kleinheit nur schwer zu sehen) deutlich hervortreten, sind Färbungen mit geeigneten Farbstofflösungen unerläßlich. Solcher Tinktionsmittel gibt es eine große Anzahl, dem Anfänger sei die Verwendung von Methylviolett empfohlen. Es genügt jedoch nicht, die Blätter nur an einer der beiden Flächen zu betrachten, immer müssen, vor allem aber, wenn die Astblätter in Betracht kommen, beide Flächen untersucht werden, weil die Porenverhältnisse an der Außen- und Innenfläche meist sehr beträchtliche Unterschiede zeigen und für die Bestimmung einer Art sehr wichtige Anhaltspunkte abgeben. Verwechslungen zwischen Außen- und Innenfläche eines Blattes können leicht bei solch dünnen Zellflächen eintreten, müssen aber durchaus vermieden werden. Fast immer sind die Blätter an ihrer Oberseite — d. i. die der Achse zugewendete Seite — mehr oder weniger hohl[1]), so daß es leicht ist, zu entscheiden, welche Fläche in einem gegebenen Falle vorliegt. Die Einstellung des Mikroskopes muß stets auf die dem Objektiv zunächst gelegene Fläche des Blattes erfolgen, andernfalls treten oft Teile der abgewendeten Blattfläche klar ins Gesichtsfeld, was zu ganz irrtümlichen Auffassungen über die Verteilung der Poren führen kann.

Um über die Lage der Chlorophyllzellen (Assimilationszellen) zu den Wasserzellen (hyaline Zellen) in den Astblättern[2]) Aufschluß zu erhalten, ist die Anfertigung zarter Querschnitte erforderlich. Zu diesem Zwecke spannt man entsprechende Astteile samt den Blättern in den Spalt des Hollundermarks ein und stellt davon Querschnitte her. Diese Methode hat den Vorteil, daß man bei einem gut geführten Schnitt außer zahlreichen Querschnitten durch alle möglichen Teile der Astblätter noch einen brauchbaren durch die Achse des Astes selbst erhält. An hinreichend dünnen Querschnitten läßt sich auch feststellen, ob eine bei manchen Sphagnumarten längs

[1]) Durch einen Druck auf das Deckglas kann man die Aushöhlung an der Blattinnenfläche beseitigen. Das Blatt pflegt dann irgendwo einzureißen, dadurch wird aber die Ausbreitung in der Ebene des Objektträgers vollkommener und die Beobachtung zuverlässiger.

[2]) Man wähle stets die mittleren Astblätter der abstehenden Äste.

des Blattrandes verlaufende Rinne, die sogenannte Resorptionsrinne, vorhanden ist oder ob eine solche fehlt.

Noch einige Bemerkungen über die Membranresorptionen der Wasserzellen[1]) der Sphagnumblätter. Haben die Perforationen eine fest umschriebene Form, z. B. die eines Kreises oder einer Ellipse, so nennt man sie Poren, sind die Grenzen dagegen unregelmäßig, so spricht man von Membranlücken, die man am häufigsten an Stammblättern beobachtet, bei denen die Membranen der Wasserzellen oft an beiden Seiten in Wegfall kommen. Die Poren sind entweder durch eine Wandverdickung am Rande vor dem Einreißen geschützt, oder es fehlt eine derartige Verstärkung; im ersteren Falle sind die Poren beringt, im letzteren unberingt. Einen besonderen Fall der Ringporen stellen die Hofporen dar, hier liegt die Wandverstärkung in einiger Entfernng vom Rande der Öffnung. Ist keine Öffnung, wohl aber eine ringförmige Membranverstärkung vorhanden, so bezeichnet man die Pore — die gar nicht vorhanden ist! — nach dem Vorgange Russows als Pseudopore. Nach der Art, wie die Perforationen über die Wände der Wasserzellen verteilt sind, kann man mehrere Fälle unterscheiden. Oft reihen sich kleine Poren dicht gedrängt, wie die Perlen an einer Kette, aneinander, für sie hat man die Benennung „Perlporen" gewählt. Häufig liegen auch die Poren an den äußersten Rändern der Wasserzellenmembranen, also längs der Flanken der Chlorophyllzellen, man spricht dann von „Kommissuralporen". Sehr häufig sind die sogenannten „Zwillings- und Drillingsporen". Man begegnet ihnen an zusammenstoßenden Ecken mehrerer Wasserzellen. Einen Spezialfall der Eckporen, zu denen auch die Zwillings- und Drillingsporen gehören, bilden die „Spitzenlöcher", die in der Regel nur in den oberen Ecken der Wasserzellen auftreten und immer geringe Größe aufweisen.

Die großen, inhaltsleeren, zartwandigen Wasserzellen würden leicht kollabieren, wenn sie nicht durch besondere Aussteifungsvorrichtungen, die in Form von Ring- und Spiralfasern bzw. Ring- und Spiralplatten entwickelt werden, vor dem Zusammenfall geschützt würden. Diese Membranverstärkungen liegen stets, wie die eigentümlichen Kammfasern von Sphagnum imbricatum und die Papillen von Sphagnum papillosum, an der Innenfläche der Wände.

Wie aus den Bestimmungstabellen ersichtlich ist, kommt den Hüllblättern, in erster Linie den weiblichen, eine hohe diagnostische Bedeutung zu. Beim Sammeln bemühe man sich deshalb um Exemplare, an denen Hüllblätter entwickelt sind. Bei der Mehrzahl der beblätterten Lebermoose verwachsen die höchststehenden Hüllblätter zu einem eigentümlichen, vielgestaltigen Gebilde, dem Perianth (ganz unpassend ist die Bezeichnung „Kelch"), das die eingeschlossenen Archegonien und die jugendliche embryonale Generation

[1]) Geteilte oder septierte Zellen sind ein logischer und anatomischer Unsinn. Werden mehrere Wasserzellen von den Chlorophyllzellen umschlossen, so nenne ich dies einen „Verband".

schützend umschließt. Bei welchen Arten das Perianth fehlt oder durch andere Einrichtungen ersetzt wird, darüber enthalten die speziellen Artbeschreibungen genauere Mitteilungen.

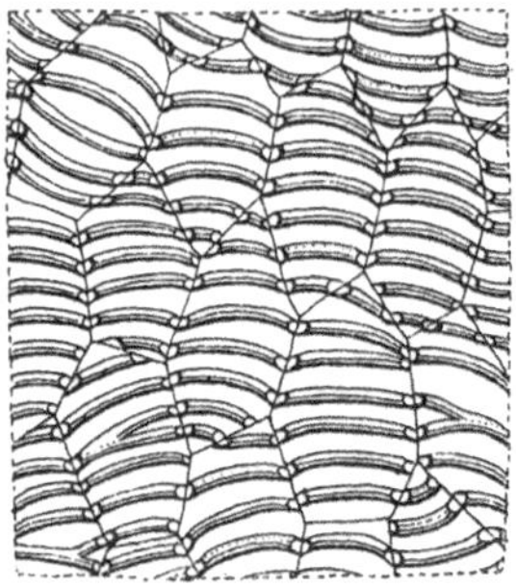

Fig. XIV. Ringförmige Membranverdickungen (Ringfasern) der Kapselwandzellen von Clevea hyalina.

Bei fast allen thallosen und foliosen Jungermanniaceen öffnet sich das reife Sporogon mit vier Klappen, die in der Regel aus mehreren Zellschichten aufgeführt sind. Die Wände der Außen- und Innenschichtzellen besitzen meist verschiedenartige Verdickungsleisten (Fig. XIV u. XV), die oft sehr gute Dienste bei der Bestimmung zu leisten vermögen. Der Inhalt des Sporogons zerfällt bei der Reife in Sporen[1]) und Elateren. Hinsichtlich der Größe und sonstigen Beschaffenheit der ersteren herrscht bei den Lebermoosen größere Abwechslung als bei den Laubmoosen. Einzelheiten sind bei der Kleinheit des Objekts nur unter dem Mikroskop deutlich zu erkennen, und zwar in der Regel nur bei Anwendung stärkerer Vergrößerungen, oft treten außerdem

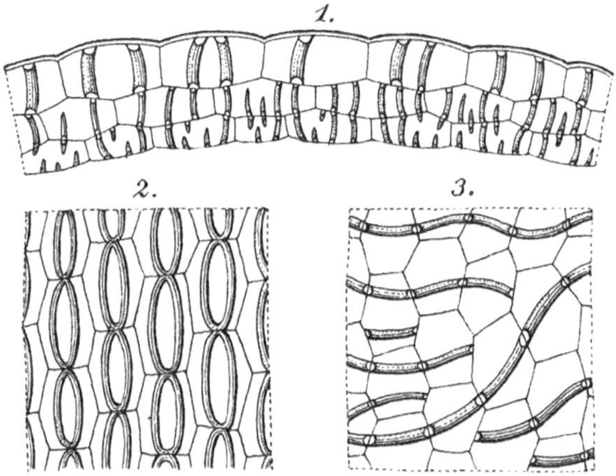

Fig. XV. — 1. Querschnitt durch die Wand des Sporogons von Pellia epiphylla. Außenwandzellen größer als die Zellen der beiden Innenschichten. — 2. Membranverdickungen an den Sporogonwandzellen von Haplomitrium Hookeri. — 3. Verdickungsleisten am Sporogon von Preissia. (2. u. 3. etwas schematisch und von der Fläche.)

[1]) Die Sporenhaut zeigt zwei Schichten, eine innere, das Endospor, und eine äußere, das Exospor. An diesem können wiederum zwei Schichten, das Intinium und das Perinium, unterschieden werden.

die Eigentümlichkeiten der peripherischen Schicht des Exospors, des Periniums, nur nach Zusatz von Schwefelsäure klar hervor, die eine bedeutende Volumenzunahme der Sporen bewirkt. Größenmessungen mit dem Mikrometer dürfen also an mit Schwefelsäure behandelten Sporen nicht vorgenommen werden. Chloralhydratlösung und Milchsäure liefern ebenfalls gute Resultate und haben den Vorzug, daß eine Quellung der Sporen von ihnen nicht hervorgebracht wird.

Bei den Elateren ist zunächst die Zahl der Verdickungsbänder zu ermitteln, die der Innenseite der wasserhellen Membran anliegen. Die Jungermanniaceen verfügen meist über ein doppeltes Spiralband (Spire doppelt). Unsere Pellien und eine nicht unbeträchtliche Anzahl von Marchantiaceen besitzen noch eine dritte oder vierte Spire, die sich etwa in der Mitte der Elatere von der Doppelspire abzweigen. Mit Ausnahme von Anthoceros haben alle Lebermoose einzellige Elateren. Die Abweichungen in der Gestalt der Elateren sind von geringerer Bedeutung für die Artbestimmung (trompetenförmig bei Frullania, keulenförmig bei Pellia, knieförmig bei Anthoceros, bei den übrigen Lebermoosen meist langgestreckt und nach beiden Enden sich verjüngend). Bei den Ricciaceen fehlen die Elateren gänzlich.

Pellia, Metzgeria und Aneura entwickeln im Innern des Sporogons außer Sporen und Elateren noch die sogenannten Elaterenträger. Bei Aneura sitzen diese an der Innenseite der Klappenspitzen, bei Pellia und Metzgeria nehmen sie die Mitte der Sporogonbasis ein. Immer bestehen sie aus sehr langgestreckten Zellen. Findet man an geöffneten Sporogonien Elaterenträger, die aber nicht mit den Elateren selbst verwechselt werden dürfen, so kommen nur jene drei Gattungen in Frage.

Auf zahlreichen Wegen kann der Anfänger zur Bestimmung eines thallosen Lebermooses gelangen, einerlei ob es sich um eine der kleinen, oft winzigen Ricciaceen und Anthocerotaceen oder um größere Marchantiaceen oder um die Gruppe der anakrogynen Jungermanniaceen handelt, die größere und kleinere Gestalten umfaßt.

Im Herbste nach der Ernte findet man auf dem feuchten Boden der Felder oft in ungeheurer Menge die kleinen, in vieler Beziehung interessanten Anthoceros-Arten, die auf den ersten Blick an den immer vorhandenen, schotenförmigen, zweiklappigen Sporogonien erkannt werden. Wer diese Anleitung zur Bestimmung befolgt, hat es gar nicht nötig, erst die Bestimmungstabellen zu Rate zu ziehen, besonders wenn er die Fig. 35 (Taf. VI) beachtet. Und was hier von Anthoceros gesagt ist, gilt auch für eine beträchtliche Zahl anderer thalloser Hepaticae.

Marchantia polymorpha und Lunularia cruciata verraten sich sofort durch die an der Thallusoberseite stets vorhandenen Brutbecherchen. Sie sind bei Marchantia kreisrund, bei Lunularia halbmondförmig. Die kräftige Fegatella conica und die ihr habituell ähnliche Marchantia polymorpha sind an der Oberseite des Thallus sehr deutlich sechsseitig gefeldert (Lupe!), bei genauerem Zusehen gewahrt man inmitten eines jeden Feldes einen kleinen Punkt, die Atemöffnung. Der Bau dieser Atemöffnungen unterliegt bei den Marchantiaceen mannigfachen Modifikationen, ihr Studium empfiehlt sich ganz besonders, wenn fruchtbares Material nicht zur Verfügung steht. Oft reicht schon ein dünner Flächenschnitt längs der Thallusoberseite zur Bestimmung einer Art hin, weil die Form der Öffnung und die Gestaltung ihrer Umgebung für viele Arten sehr charakteristisch ist. Schnitte in der Längs- und Querrichtung des Thallus sind aber weit instruktiver, weil sie dem Wißbegierigen auch den inneren Bau des Lagers erschließen, der gerade bei den Marchantiaceen den höchsten Grad der Organisation erreicht, während die anakrogynen, thallosen Jungermanniaceen anatomisch viel weniger differenziert sind. Geeignete Querschnitte geben darüber Aufschluß, ob sich unter der oberen Epidermis Luftkammern befinden oder ob solche fehlen, auch kann gleichzeitig festgestellt werden, ob die Luftkammern Zellsprossungen enthalten oder nicht. Ferner kann man sich über den Bau der Atemöffnungen selbst orientieren, die bei Marchantia und Preissia aus mehreren, übereinander liegenden Zellringen zusammengesetzt sind, wogegen sie bei allen übrigen Vertretern jener Familie keine Besonderheiten erkennen lassen. Fehlen die Luftkammern, so hat man es stets mit einer thallosen Jungermanniacee zu tun, und man ist in vielen Fällen in der Lage, sofort zu entscheiden, welcher Gattung das Präparat angehört. Beispielsweise erkennt man Pellia epiphylla und Neesiana[1]) an den mächtigen Verdickungsleisten, die in der Richtung von oben nach unten an den Wänden herablaufen. Die Metzgeria-Arten verfügen über eine sehr deutliche Mittelrippe, an die sich seitlich breite, einschichtige Säume ansetzen. Der Thallus der seltenen Blyttia Lyellii wird von einem kleinen, zentralen Strang sklerenchymatischer Zellen durchzogen, der bei allen Aneura-Arten, bei Mörckia, Blasia, Pellia und der zu den beblätterten Lebermoosen überleitenden Fossombronia fehlt. Am einfachsten liegen die Verhältnisse bei Aneura, denn ihr Thallus erweist sich aus durchaus gleichartigen, höchstens in der Größe schwankenden Zellen aufgebaut.

Zur Bestimmung steriler Marchantiaceen können auch mit der Aussicht, schnell zum Ziele zu gelangen, die an der Unterseite des Thallus befindlichen, lappigen Anhängsel, die Bauchschuppen herangezogen werden. Bei Marchantia sind sie in drei Reihen angeordnet: man unterscheidet Rippen- oder Medianschuppen, beiderseits von diesen je eine Reihe dreieckiger, mit einem Spitzenanhängsel ver-

[1]) Der rippenartig verdickte, mittlere Teil des Thallus der Pellia-Arten zeigt auch auf dem Querschnitt eine größere Anzahl Öffnungen, woran Pellia sofort erkannt wird. Die einer Marchantia sehr ähnliche Preissia bietet durch die über den Rippenquerschnitt unregelmäßig verteilten, dickwandigen, dunkelroten Sklerenchymfasern ein vortreffliches Erkennungsmerkmal.

sehener Laminar- oder Intermediärschuppen und am Thallusrande je eine Reihe zungenförmiger Schüppchen. Die übrigen Marchantiaceen haben ein weniger entwickeltes System von Bauchschuppen, in der Regel ist auch nur eine Schuppenform vorhanden. Sie reichen meist von der Mittellinie bis zur Mitte der Thallusfläche, oft aber auch über den Rand des Lagers hinaus, sie wechseln miteinander ab und zeigen ein oder zwei, selten drei, je nach der Art verschieden gestaltete Spitzenanhängsel. Nur selten fehlt letzteres. Nähere Angaben darüber enthalten die Bestimmungstabellen.

Nur bei sehr wenigen und zugleich sehr seltenen thallosen Lebermoosarten bringt der Thallus an der Oberseite längs der Mittellinie kleine Blättchen hervor. Bei Mörckia hibernica und Flotowiana sind nur die weiblichen Pflanzen damit versehen, bei Mörckia Blyttii dagegen auch die männlichen.

Die Bestimmung thalloser Hepaticae, besonders der Marchantiaceen, gestaltet sich sehr leicht, sobald fruchtendes Material zur Verfügung steht. Es ist zwar nicht immer leicht, oft sogar unmöglich, solches zu erhalten, da manche Arten äußerst selten fruktifizieren, der Anfänger sollte aber beim Sammeln immer Wert darauf legen, fruchtendes Material zu bekommen, denn viele Spezies sind zu gewissen Jahreszeiten auch stets mit Gametangienständen anzutreffen. Die weiblichen Stände erscheinen mit Ausnahme von Targionia hypophylla, bei der sie in den Thallus eingesenkt sind, bei den übrigen Marchantiaceen auf besonderen Trägern. Auch die Antheridien werden bei manchen Marchantiaceen, wie Marchantia polymorpha und Preissia commutata, auf Trägern emporgehoben, während alle übrigen in den Thallus eingebettete Antheridien oder Antheridienstände hervorbringen. Vielfach stellen letztere an bestimmten Thallusstellen pustelartige, ovale oder scheibenförmige Auftreibungen dar, die man schon mit bloßem Auge wahrnehmen kann.

Die Ricciaceen verhalten sich bezüglich der Lage ihrer Geschlechtsorgane wie Targionia hypophylla, die den Übergang von jenen zu den hochentwickelten Marchantiaceen vermittelt.

Verfügt der Anfänger über Träger weiblicher Exemplare von Marchantiaceen, so ist er imstande, Clevea und Lunularia[1]) sofort von Fimbriaria, Fegatella, Sauteria, Reboulia, Grimaldia, Neesiella, Peltolepis, Marchantia und Preissia zu unterscheiden. Clevea und Lunularia besitzen nämlich keine am Träger entlang laufende Bauchrinne, während bei den übrigen Gattungen auf dem Trägerquerschnitt eine oder zwei Bauchrinnen nachweisbar sind. Fimbriaria, Fegatella, Sauteria, Grimaldia und Neesiella verfügen nur über eine, Peltolepis, Preissia und Marchantia dagegen über zwei Bauchrinnen. Bei Fimbriaria und Grimaldia ist der Grund des weiblichen Trägers von Anhäufungen linealischer Hüllschuppen umgeben, die durch ihre

[1]) Sporogonien sind allerdings bisher nur in südlichen Ländern, innerhalb der Grenzen des Gebiets dieser Flora aber noch nicht gefunden worden. Lunularia ist auch sofort an den halbmondförmigen Becherchen zu erkennen.

Größe so sehr auffallen, daß ein Irrtum kaum möglich ist. Der Bau der Gametangienstände ist in den Tabellen mit einer Ausführlichkeit beschrieben, daß eine falsche Bestimmung ausgeschlossen erscheint. Einige Schwierigkeit bereitet dem Anfänger wohl die Untersuchung der Verdickungen an den Zellen der Sporogonwände. Fimbriaria, Reboulia, Grimaldia, Neesiella und Lunularia scheiden aus, weil die Sporogonwände faserfrei sind. Je nach Erfordernis muß das Mikroskop höher und tiefer eingestellt werden, um über die Verteilung, Lage und Gestalt der Leisten ins klare zu kommen. Aber bald wird der Anfänger auch hierin einige Übung erlangt haben.

Um Dauerpräparate herzustellen, bringe man in die Mitte eines sauber gereinigten Objektträgers ein Stückchen Glyzeringelatine, das man durch Erwärmung des Objektträgers in den flüssigen Zustand versetzt. Nachdem man das Präparat in die Flüssigkeit gelegt hat, setze man ein zuvor etwas erwärmtes Deckglas mit einer Kante am Flüssigkeitsrande auf und lasse es behutsam mit Hilfe einer Nadel hinabgleiten. Nach Ablauf von etwa einem halben Jahre muß der Rand des Deckglases mit Kanadabalsam, Goldsize oder einer anderen geeigneten Verschlußflüssigkeit luftdicht verkittet werden, weil sonst die Deckgläser beschlagen oder auch wohl die Präparate nach längerer Zeit zugrunde gehen würden.

Für bryologische Zwecke besonders empfehlenswert ist die Aufbewahrung von Präparaten vermittels Glimmerplättchen, da man das zwischen die Lamellen des Glimmers eingespannte Objekt leicht befeuchten und von neuem der Beobachtung unterwerfen kann, auch lassen sich die biegsamen Präparate gut im Herbar aufbewahren. Dünne Glimmerplättchen schneidet man mit der Schere in rechteckige Täfelchen und spaltet sie so, daß der Zusammenhang der beiden Spaltstücke an einer Seite erhalten bleibt. Das Präparat feuchte man vorher an und schiebe es dann in den Spalt hinein.

IV. Exkursionen.

In weit höherem Grade als die Laubmoose bevorzugen die Hepaticae feuchte und schattige Stellen, sie sind in ihrer überwiegenden Mehrzahl hygrophil und ombrophil, d. h. für Wasser benetzbar. Eine Ausnahmestellung kommt den Marchantiaceen zu, die mehr einen xerophytischen Charakter besitzen und als echte Landpflanzen gelten müssen, denn sie beziehen die im Wasser gelösten Nährstoffe vermittels der Rhizoiden ausschließlich aus dem Boden, während die Jungermanniaceen und Anthocerotaceen an ihrer ganzen Oberfläche, die akrogynen Formen der erstgenannten Reihe besonders aber durch die Blätter das belebende Element aufzunehmen imstande sind.

Ist der Anfänger in der Lage, in Begleitung eines erfahrenen Bryologen botanische Ausflüge zu unternehmen, so mache er von dieser günstigen Gelegenheit einen vernünftigen Gebrauch. Er lasse sich immer nur orientierende Hinweise geben und bemühe sich dann, die in Betracht kommende Art selbst zu finden. Dadurch wird der Blick für die im allgemeinen doch recht kleinen und oft einander sehr ähnlichen Formen geschärft und für selbständige, spätere Untersuchungen eine gute Grundlage geschaffen. Es ist nicht zu bestreiten, daß die Kenntnis der zierlichen und fesselnden Gestalten der Leber- und Torfmoose eines großen Reizes nicht entbehrt, doch kann vor der heutzutage allgemein in Übung befindlichen „Speziesjägerei" nicht dringend genug gewarnt werden, weil das Studium der Leber- und Torfmoose nur dann wahre Befriedigung gewährt, wenn man sie nach allen Seiten hin, besonders auch der biologischen, der Beobachtung unterzieht. Ein etwas weiter Fortgeschrittener vermag sogar, vorausgesetzt, daß er sich mit der einschlägigen Literatur hinreichend vertraut gemacht hat und über die erforderlichen Hilfsmittel verfügt, bei richtiger Fragestellung brauchbare wissenschaftliche Resultate zu erzielen. Und bis zu diesem Grade der Selbständigkeit sollte ein jeder Bryologe fortzuschreiten bemüht sein!

Die Lebermoose sind, von verschwindend wenigen Ausnahmen abgesehen, ausdauernde Pflanzen, sie können also zu jeder Jahreszeit gesammelt werden. Bei trockener Witterung allerdings gelangen sie nicht recht zur Geltung, zumal solch ansehnliche Gestalten, wie sie die Klasse der Laubmoose in erheblicher Anzahl darbietet, bei ihnen nicht angetroffen werden. Am geeignetsten zu Exkursionen sind die an Niederschlägen reicheren Frühlings- und Herbstmonate, da aber die Sporogonreife bei sehr vielen Arten in die Sommermonate fällt und dem Sammler daran gelegen sein muß, auch den Sporophyten kennen zu lernen, so dehne er seine Ausflüge auch auf die wärmere Jahreszeit aus.

Eine geräumige, am besten weißgestrichene Botanisierbüchse, die durch eine Tasche, einen Rucksack, auch wohl durch eine Pflanzenmappe ersetzt werden kann, und eine Lupe[1]) von etwa zehnfacher Vergrößerung und weitem Gesichtsfelde gehören zu den unentbehrlichen Ausrüstungsgegenständen. Außerdem empfiehlt sich die Mitnahme größerer Mengen wasserundurchlässigen Pergamentpapiers, in das man größere Moosrasen einschlägt, ferner versehe man sich mit Papierkapseln, die zur Aufnahme kleinerer Arten dienen. Ein kräftiges Taschenmesser leistet bei der Loslösung rinden- und holzbewohnender Formen vortreffliche Dienste, es können damit auch kleine erdbewohnende Arten, beispielsweise Riccien, Anthoceros u. a., samt einer dünnen Erdschicht vom Boden abgehoben werden. Jeder Art füge man einen Zettel bei, der außer dem Datum nähere Angaben über Vorkommen, Substrat und Meereshöhe enthält. Die Lebermoose pflegen meist in nicht solch reinen Rasen wie die Laubmoose aufzutreten, und da oft mehrere Arten wirr durcheinander wachsen und zwischen den Laubmoosstämmchen dahinkriechen oder emporsteigen, viele Formen auch äußerst zarte, grüne, rötliche oder rot-

[1]) Die gewöhnlichen Lupen mit drei- bis vierfacher Vergrößerung sind nicht zu gebrauchen.

braune Überzüge (auf dem Hirnschnitt der Bäume, faulem Holze und anderem Substrat) bilden, deren Einzelheiten erst bei bedeutender Vergrößerung klar erkannt werden können, so ergibt sich die Notwendigkeit eines ausgedehnten Gebrauches der Lupe von selbst.

An welchen Stellen nun soll man nach Lebermoosen suchen? Es lohnt sich im allgemeinen nicht, sonnendurchglühte Felsen, Gesteinsblöcke und Mauern, an denen wohl zahlreiche, mit Einrichtungen gegen allzu starken Wasserverlust ausgestattete Laubmoose existieren können, auch auf das Vorhandensein von Lebermoosen zu prüfen. Zwar gibt es einige, an der Südgrenze des für diese Flora geltenden Gebietes vorkommende Arten, wie Grimaldia dichotoma und Targionia hypophylla, die starkbesonnte Stellen lieben und eine sehr lange Zeit völliger Austrocknung ohne Nachteil zu ertragen vermögen, doch dürfte der Sammler nur selten in die Lage kommen, diese Gestalten an ihrer natürlichen Fundstelle aufzunehmen. Dem durch allzu starke Besonnung drohenden Wasserverlust suchen diese Arten in der Weise vorzubeugen, daß sie ihre Thallusränder aufbiegen, wodurch die den Sonnenstrahlen dargebotene Fläche erheblich verkleinert wird.

Auf feuchtem Acker- und Gartenland, den Schlammbänken an den Ufern von Seen, Teichen und Tümpeln, in ausgetrockneten Gräben siedeln sich die kleinen Riccia- und Anthocerosarten an. Ricciocarpus natans und Riccia fluitans führen ein vollkommenes Wasserleben, trocknen aber die Gewässer ein, so sinken sie zu Boden und bringen Landformen hervor, die habituell und in manch anderer Beziehung von der Wasserform erheblich abweichen.

In feuchten Waldschluchten, an schattigen, bemoosten Felsen und Steinen, an Wehren und Wasserfällen, an Gräben und Hohlwegen, an Quellen und Waldbächen, an modernden Baumstümpfen, in der Nähe von Mühlen, in Mooren, Sümpfen und Torfwiesen, auf beschattetem, festem Waldboden, an nassen Mauern, also überall, wo es an Feuchtigkeit nicht mangelt, wird man niemals vergeblich nach Lebermoosen Ausschau halten.

Die Zahl der an Steinen und Holzwerk in fließendem Wasser vorkommenden Hepaticae ist sehr gering. In Gesellschaft flottierender Laubmoose, wie Fontinalis antipyretica, Amblystegium fluviatile u. a. findet sich nicht selten Chiloscyphus polyanthus var. rivularis und eine flutende Form von Scapania undulata, beide erreichen oft eine Länge von 10 cm und können nicht leicht übersehen werden. Lebermoose, die ausschließlich gesunde Baumrinde bewohnen und nicht auch auf anderes Substrat übergehen, gibt es nur wenige. Radula complanata und Frullania dilatata, zwei sehr häufige Arten, bevorzugen allerdings Baumrinde und fallen sofort durch die strahlig ausgebreiteten, dicht dem Substrat anliegenden, gelblichgrünen, bzw. braunen und schwarzgrünen Überzüge ins Auge.

Eins unserer häufigsten Lebermoose, Marchantia polymorpha, wird an den verschiedenartigsten Stellen, an Quellen und Bächen, Mauern, Felsen und Wegen, in Sümpfen und Mooren, auf Gartenland usw. angetroffen. Und was von dieser Art gilt, kann von einer sehr großen Anzahl von Lebermoosen gesagt werden, woraus sich die Unmöglichkeit, ökologische Gruppen im Sinne der höheren Pflanzen zu bilden, von selbst ergibt. Der Anfänger ist also auf die jeder einzelnen Art beigefügten Angaben über Vorkommen und Substrat angewiesen und muß danach seine Entscheidung treffen.

Für den Anfänger genügt es, zu wissen, daß die Lebermoose in den verschiedenen Regionen eine ungleichmäßige Verbreitung erkennen lassen, und daß die höchste Stufe, die Hochgebirgsregion (von 1500 m an aufwärts), eine Anzahl Arten beherbergt, die in niedrigeren Lagen fehlen. Die überwiegende Mehrzahl der Hepaticae gehört der Hügelregion (150—500 m) an, der Anfänger darf also hier die größte Ausbeute von Arten erwarten. Nicht unbeträchtlich ist die Zahl der in allen Höhenstufen vorkommenden Arten, und zwar handelt es sich um meist sehr häufige und auch weit verbreitete Formen. Auf seinen Ausflügen wende der Anfänger dem pflanzengeographischen Moment seine volle Aufmerksamkeit zu und sei bemüht, ein vollständiges und klares Bild der Abhängigkeit der Artenverbreitung von den klimatischen Faktoren zu erlangen.

V. Das Sammeln und Präparieren für das Herbarium.

Wer mit Erfolg und Genuß das Studium der Leber- und Torfmoose betreiben will, muß sie an ihren natürlichen Fundstellen aufsuchen. Meist bietet schon die unmittelbare Umgebung seines Wohnsitzes dem Sammler hinreichend Gelegenheit, eine größere Anzahl von Formen kennenzulernen und sich so im Laufe mehrerer Jahre eine gediegene, sichere Kenntnis der Arten zu verschaffen. Verfügt er über eine solche, so mag er seinen Weg nach entfernter gelegenen Punkten nehmen, wo er zwar die alten Bekannten meist wiedersehen, aber zwischen und neben ihnen auch manche Spezies auffinden wird, der er früher nicht begegnete.

Beim Sammeln richte man sein Hauptaugenmerk darauf, recht reine, d. h. aus zahlreichen Individuen derselben Art bestehende Rasen zu erhalten. Da die Bestimmung mancher Lebermoose nur dann möglich ist, wenn auch die Sporogonien oder Perianthien für die Untersuchung vorhanden sind, so lege man den größten Wert darauf, Exemplare mit jenen Teilen zur Verfügung zu haben.

Man sammle stets reichlich, schon aus dem Grunde, um Tauschobjekte zu besitzen und in Zweifelsfällen den Rat eines erfahrenen Bryologen einholen zu können. Seltene Arten schone man nach Möglichkeit und nehme davon nur soviel mit, als unbedingt notwendig ist.

Die geeignetste Zeit zum Einsammeln der Torfmoose ist der Hochsommer, weil zu dieser Jahreszeit ihre Sporogonien reifen. Beim Trocknen zwischen Fließpapier kann man die Sphagna einem größeren Druck aussetzen, ohne daß sie dadurch Schaden leiden. Empfindlicher sind die Lebermoose, vor allem die thallosen, und unter diesen besonders die Riccien und Anthoceroteen, denen man deshalb schon beim Einsammeln eine sorgfältige und schonende Behandlung zuteil werden lassen muß. In erster Linie bereiten die Riccien bei der Bestimmung nicht geringe Schwierigkeiten, und diese kann auch mit Sicherheit nur an frischem Material vorgenommen werden. Es empfiehlt sich, die Riccien in frische Blätter, z. B. von Kohlarten, Runkelrüben, Salat u. a. einzuschlagen und das Ganze mit einer Hülle feuchten Papiers zu umgeben, in solcher Verpackung gelangen sie auch noch nach einer mehrtägigen Reise frisch in die Hände des Empfängers.

Bevor man die einzelnen Arten zum Zwecke des Trocknens zwischen sehr weiches Fließpapier legt, müssen sie von anhängenden Erdteilchen nach Möglichkeit befreit werden. Um den Zerfall von Erdmoosen, z. B. Riccien, zu verhindern, hebt man sie samt einer dünnen Erdschicht vermittels eines Messers vom Boden ab und läßt sie dann zwischen Fließpapier bei gelindem Drucke trocknen. Alsdann klebt man sie auf einem Stück Karton auf, das man in einer Papierkapsel aufbewahrt, die man sich in folgender Weise herstellt. Ein rechteckiges Stück Papier, dessen Seiten ungefähr in dem Verhältnis 3:4 stehen, schlägt man einen Zentimeter unterhalb der Mitte parallel zur kürzeren Seite um. Dadurch entsteht an der größeren Hälfte ein Rand, den man nach vorn über den Rand der kleineren Hälfte umbiegt. Die Papierkapsel ist fertig, sobald die beiden kürzeren Seiten in einer Entfernung von 1 bis 1,5 cm nach rückwärts umgebrochen sind. Solche Kapseln sollte man immer in größerer Menge und verschiedenster Größe zur Verfügung haben.

Es ist verfehlt, die zarten Lebermoose beim Trocknen einem starken Drucke auszusetzen, sie zu pressen. Der leise Druck einer Drahtgitterpresse oder zweier Pappdeckel, die man mit einer kaum angezogenen Schnur zusammenhält, reicht vollkommen aus. Beim Einlegen ist außerdem darauf zu achten, daß die natürliche Wuchsform auch im getrockneten Zustand noch deutlich hervortritt. Dicke Rasen zerzupft man mit der Pinzette, zerlegt sie in dünne Schichten und breitet sie gut auf dem Trockenpapier aus. War das Material sehr feucht, so muß es mehrere Male umgelegt werden, da es sonst leicht von Schimmelpilzen befallen und dadurch unbrauchbar und wertlos wird.

Jede einzelne Art legt man in einen besonderen Bogen Herbarpapier und ordnet die zu einer und derselben Gattung gehörigen Spezies in alphabetischer Reihenfolge. Das Auffinden einer bestimmten Art wird wesentlich erleichtert, wenn man in der linken unteren Ecke der Bogenaußenfläche einen Zettel aufklebt, der den Namen der betr. Art trägt. Alle Arten gleicher Gattung werden in einem besonderen, kräftigeren und anders gefärbten Umschlag vereinigt, den man mit entsprechender Aufschrift, vielleicht in der oberen linken Ecke, versieht. Verwandte Genera stellt man alsdann zu Familien und diese zu größeren systematischen Gruppen zusammen.

B. Spezieller Teil.

I. Abkürzungen.

Alp.	= Alpen.
Anth. o. Anther.	= Antheridien.
Archeg.	= Archegonien.
Astbl.	= Astblatt.
Bg.	= Bergregion.
Bl.	= Blatt o. Blätter.
Blzellen	= Blattzellen.
Eb.	= Ebene.
F.	= Frühling.
G. O.	= Göbel, Organographie der Pflanzen. 1 u. [2. Aufl.
gr.	= grün.
H.	= Herbst.
hfg.	= häufig.
Hgl.	= Hügelregion.
Hochgeb.	= Hochgebirge.
Hüllbl.	= Hüllblätter.
K. M.	= Karl Müller in Rabenhorsts Kryptogamen-Flora von Deutschland, Österreich u. der Schweiz. Die Lebermoose, Band VI. u. VII.
μ	= 0,001 mm.
o.	= oder.
Obbl.	= Oberblätter.
Pbl.	= Perichätialblätter.
Ras.	= Rasen.
s.	= sehr.
S.	= Sommer.
Sp.	= Sporogon.
St.	= Stamm o. Stengel.
Stbl.	= Stamm- o. Stengelblätter.
u.	= und.
Unbl.	= Unterblätter.
verbr.	= verbreitet.
Warnst.	= Warnstorf, C. in Kryptogamenflora der Mark Brandenburg. Leber- u. Torfmoose. Bd. I.
W.	= Winter.
zerstr.	= zerstreut.
1.—12.	= Januar bis Dezember.

II. Die Torfmoose [Sphagna].

Die Torfmoose stellen eine äußerst scharf umschriebene Abteilung der Bryophyten dar und unterscheiden sich durch ihren anatomischen Bau so sehr von den übrigen Moosen, daß sie systematisch als eine selbständige Gruppe gelten müssen. In der überwiegenden Mehrzahl handelt es sich um sehr ansehnliche Arten, die in großen Massen meist ausgedehnte, sumpfige und moorige Stellen überziehen. Ihr Äußeres mutet durchaus fremdartig an, und unwillkürlich kommt man auf den Gedanken, die Torfmoose möchten schon zu einer Zeit gelebt haben, zu der die übrigen Laub- und Lebermoose noch nicht existierten.

Das Stämmchen wächst wie das der meisten Laubmoose mit dreiseitig-pyramidaler Scheitelzelle, Rhizoiden (Fig. 1rh, Seite 39), die nur am Prothallium und dem sich an dessen Rande entwickelnden jungen Pflänzchen (s) vorkommen, fehlen vollständig. Die Spore bildet stets einen flächenförmigen, thallusähnlichen Vorkeim (Fig. 1p, Seite 39).

Auf dem Querschnitt durch das Stämmchen (Fig. 2, Seite 39) treten meist drei Gewebepartien deutlich hervor. An der Peripherie bilden weitlumige, parenchymatische, leere Zellen die Außenrinde (a), ihr schließt sich nach innen ein aus prosenchymatischen, dickwandigen Elementen aufgebauter, der mechanischen Festigung dienender Hohlzylinder, das Stereom (s) an, das in der Regel ohne scharfe Grenze in das zentrale, aus dünnwandigeren Zellen zusammengesetzte Mark (m) übergeht.

Das Stämmchen ist monopodial und ziemlich regelmäßig verzweigt. Die Äste (Fig. 3, Seite 39) stehen in Büscheln zu zwei oder mehreren (bis 13) zusammen und sind gewöhnlich durch einen Abstand von je vier Stämmchenblättern voneinander getrennt. Ein Teil der Äste, meist die stärkeren, stehen von der Achse ab, die übrigen, in der Regel die schwächeren, liegen, mit der Spitze nach unten gekehrt, dem Stämmchen an. Sie ersetzen in vollendetster Weise den fehlenden Rhizoidenfilz und vermögen sehr schnell große Wassermengen kapillar nach dem Stengelende hin zu befördern. Es sei noch hingewiesen auf die höchst seltsam geformten, sehr großen Retortenzellen (Fig. 4, Seite 39) der Astepidermis, die bei den zur Cymbifoliumgruppe gehörigen Formen (S. cymbifolium, papillosum, medium, subbicolor, imbricatum) fehlen. Man findet sie immer an der Anheftungsstelle eines Astblattes. Das obere, meist deutlich nach außen gekrümmte Ende öffnet sich mit einer Pore.

Die einfachen, einschichtigen, rippenlosen, quer angehefteten Blätter zeigen die Divergenz $^2/_5$ ($^3/_8$) und werden je nach ihrer Stellung an Haupt-, Seiten- und Geschlechtsästen als Stämmchen-, Ast- und Hüllblätter unterschieden. An dem Aufbau der Blätter beteiligen sich große, inhaltsleere, meist rhomboidische, mit Poren, Ring- und Schraubenbändern versehene hyaline oder Wasserzellen und schlauch-

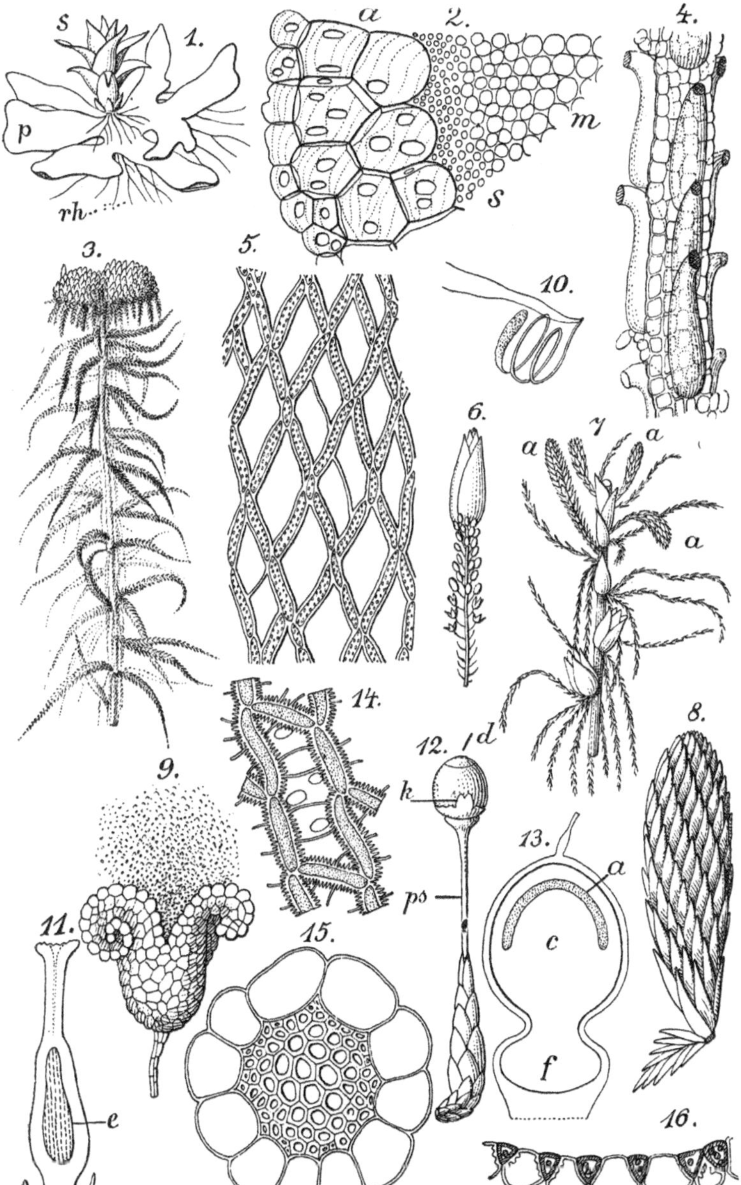
1.
s
p
rh
2.
a
m
s
3.
4.
5.
6.
7
a
a
a
8.
9.
10.
11.
e
12.
d
k
ps
13.
a
c
f
14.
15.
16.

förmige, mit Chloroplasten ausgestattete Assimilationszellen, die eine Art Netzwerk bilden, dessen Maschen von je einer Wasserzelle oder einem Wasserzellenverband ausgefüllt werden (Fig. 5, Seite 39).

Die Sphagna sind ein-, zwei- oder vielhäusig. Die nicht akrandrischen Antheridien erscheinen einzeln an der Seite der Basis von Blättern abstehender Äste (Fig. 6, Seite 39, der größte Teil der Hüllblätter ist weggelassen, um die Antheridien zu zeigen). Da die Hüllblätter der männlichen Zweige sehr dicht stehen, so gewinnen diese ein kätzchenartiges Aussehen (Fig. 7a; Fig. 8, Seite 39, männl. Ast vergrößert). Sie verraten sich meist durch lebhaftere Färbung und sind deshalb leicht wahrzunehmen. Die Antheridien entlassen die mit zwei Geiselfäden versehenen Spermatozoiden (Fig. 10, Seite 39), indem sich ihr Rand vom Scheitel her zurückrollt (Fig. 9, Seite 39).

Die akrogynen Archegonien (Fig. 11, Seite 39, Archegonium von Sphagnum acutifolium, e Embryo) stehen zu 1—5 auf dem stumpfen Ende eines kurzen Seitenzweiges und werden von abweichend geformten Hüllblättern knospenartig umhüllt. Da der Archegoniumbauch mit dem sich in seinem Innern entwickelnden Sporogon bis zu dessen vollständiger Ausbildung Schritt hält, d. h. mitwächst, so wird eine Haube, wie bei den Laubmoosen, nicht mitemporgehoben. Erst zur Zeit der Sporenreife wird die sehr zarte Kalyptra gesprengt, es bleiben von ihr einige Fetzen am Grunde des Sporogons zurück (Fig. 12k, Seite 39). Eine Seta fehlt, und das, was man dafür halten könnte, ist der stielförmig verlängerte Tragast (Fig. 12, Seite 39, ps), in dessen Ende der knollig angeschwollene Fuß (Fig. 13, Seite 39 f) des Sporophyten versenkt ist. Das Sporogon öffnet sich mit einem Deckel (Fig. 12, Seite 39, d), der bei der Loslösung samt den Sporen mit deutlich wahrnehmbarem Geräusch fortgeschleudert wird. Die sporenbildende Schicht, das Archespor (Fig. 13, Seite 39, a), geht nicht, wie bei den Laubmoosen, aus dem Endothecium, sondern aus dem Amphithecium hervor und wird, wie bei Andreaea, von der kugligen Columella (Fig. 13, Seite 39, c) nicht durchsetzt. Weitere Angaben über die Torfmoose enthält der Abschnitt „Hilfsmittel für die Untersuchung usw.“

Bestimmungstabelle der Sphagna.

A. Außenrinde des Stammes und der Äste oder nur der letzteren mit Spiralfasern auf den Innenwänden. Astblätter am Rande stets mit Resorptionsfurche (Fig. 18, Seite 50).

I Stereom bleich, gelb, gelbbraun, braun o. gebräunt.

α Membranen der Wasserzellen an der Innenseite des Astbl. längs der Chlorophyllzellen mit Papillen o. kammartigen Leisten.

1. Innenmembranen der Wasserzellen der Astbl. längs der Chlorophyllzellen mit kammartigen Leisten (Fig. 14, Seite 39). Ras. locker o. dicht (meist dicht), etwas starr, blaß- o. graugr., gelbl. o. gebräunt. Außenrinde 3—4schichtig, m. zahlr. Fasern

u. 2—5, selten mehr Poren auf den Außenmembranen, Astaußenrinde (Fig. 15, Seite 39) einschichtig, sonst wie die Stammaußenrinde. Stereom gelb o. braun. Stbl. im Umriß fast rechteckig, oben abgerundet-kappenfg., rings hyalin gesäumt, Saum oben breiter, Wasserzellen in der oberen Hälfte oft in Verbänden, faserlos o. mit ± starker Faserbildung, an der Außenseite mit Poren o. größtenteils resorbierten Membranen (Membranlücken). Im Astbüschel meist 4 Ästchen: 2 stärkere, abstehende und 2 viel kürzere, dem Stamm angedrückte. Bl. der abstehenden Äste schmaler als die Stbl., eifg. o. längl.-eifg., Rand der stumpfen, kappenfg. Spitze breit nach innen umgerollt, Ränder sonst meist klein gezähnelt. Chlorophyllzellen (Fig. 16, Seite 39) nach der Blattinnenfläche verschoben, Außenwände der Wasserzellen stark vorgewölbt. Wasserzellen reichfaserig (Fig. 14, Seite 39), auf der Innenfläche m. großen, runden Poren, diese besonders zahlreich nach den Seitenrändern hin und oft in 2 Reihen angeordnet, an der Außenfläche zahlreiche halbelliptische Poren reihenweise an den Kommissuren. 2häus. — In Torfmooren, auf moorigen Heiden. Selten. Sp. selt. — Sph. Austini Sull.

Sphagnum imbricatum (Hornsch.) Russ. **1.**

2. Innenmembranen der Wasserzellen d. Astbl. längs der Chlorophyllzellen mit Papillen (Fig. 17, Seite 50). In Größe u. Tracht d. Sph. cymbifolium s. ähnl. Ras. bleichockerfarbig, grünl. o. gelbl., s. hfg. gebräunt, bisweilen fast weiß, niemals rötl. o. violett. Außenrinde 3—4 schichtig, m. schwachen Fasern, die Außenwände der peripherischen Zellen m. 1—2, seltener 3—4 großen Poren. Stereom braun bis dunkelbraunrot. — Stbl. spatelfg., oben breit abgerundet u. hyalin gesäumt. Wasserzellen meist poren- und faserlos, in der oberen Hälfte oft in Verbänden und mit größtenteils resorbierten Wänden. — Astbüschel w. b. vor. Rindenzellen der Äste m. Fasern u. Poren. — Astbl. groß, breit-oval, an der kappenfg. Spitze oft gebräunt u. immer hyalin gesäumt, an den Seitenrändern breit einwärts gebogen. Wasserzellen außen an den Kommissuren m. schmalen Poren, gegen die Spitze m. Membranlücken, an den Ecken m. Zwillings- u. Drillingsporen, an der Innenseite finden sich große, runde Löcher nur gegen die Ränder hin. Chlorophyllzellen groß, starkwandig, m. fast zentriertem, ovalem Lumen (Fig. 18, Seite 50), ein wenig nach der Blattinnenfläche verschoben u. Wände der Wasserzellen etwas nach außen vorgewölbt. — 2häus. Männl. Äste gebräunt. Perichätialbl. breit eifg., im unteren Teil fast nur m. Chlorophyllzellen, oben dagegen m. Wasser- u. Chlorophyllzellen, ebenso vor den hyalinen Rändern bis zum Grunde. — Auf Torfmooren, bes. solchen m. tonigem Untergrunde, u. Torfsümpfen, auf feuchtem

Heideland, nach Warnst. gern auf Waldhochmooren. Zlch. verbr., doch seltener als Sph. cymbifolium. 6—8. — Sph. cymbifolium var. papillosum Schimp.

Sphagnum papillosum Lindbg. 2.

β Membranen der Wasserzellen an der Innenseite des Astblattes ohne besondere Verdickungserscheinungen.

1. Ras. weich, schwellend, an der Oberfläche oft kuppenförmig gewölbt, weiß.-, bläulich- o. graugr., bleich, gelbl. o. bräunl., seltener blaßrötl. o. violett. St. s. kräftig, bis 3 dm h., oft gabelig geteilt. — Stengelaußenrinde meist 3-, selten 2- o. 4schichtig (Fig. 2, Seite 39 u. 19, Seite 50), großzellig, zartfaserig (Faser einfach o. doppelt, Fig. 20 u. 21, Seite 50), peripherische Wände mit meist 1—4, seltener mit mehr — bis 9 — Poren (Fig. 22, Seite 50). Stereom dick, bleich, gelb o. braun (Fig. 2, Seite 39). — Stbl. (Fig. 23, Seite 50) groß, breitzungen-spatelfg., oben oft kappenfg. und stets breit hyalin gesäumt, Wasserzellen s. selt. in Verbänden, unten lang und eng, oben weiter, rhombisch o. quadrat. (Fig. 24, Seite 50), oft reichfaserig u. dann außen mit zahlreichen Poren u. Membranlücken, an den Rändern bis weit hinab hyalin gesäumt u. gezähnelt. — Äste zu 3—5 in einem Büschel, 2—3 stärkere abstehd., die anderen dem St. angedrückt. Rinde meist 2schichtig (Fig. 25, Seite 50). Bl. der abstehenden Äste dachziegelig, eifg., Spitze abgerundet und kappenfg., an den oberen Rändern breit eingeschlagen (Fig. 26, Seite 50). Wasserzellen (Fig. 27, Seite 50) reichfaserig, innen, bes. nahe den Rändern, m. großen, runden Poren, oben ab und zu mit Spitzenlöchern, außen mit schmalen Poren an den Kommissuren, an zusammenstoßenden Ecken m. Zwillings- u. Drillingsporen u. oben in den Ecken m. Membranlücken. Chlorophyllzellen im Querschnitt schmal 3seitig (Fig. 28, 29, 30, Seite 50), entweder nach der Innenseite verschoben u. dann Außenwand der Wasserzellen vorgewölbt (Fig. 28, 29, Seite 50) o. an beiden Seiten freiliegend und dann Außen- und Innenwände der Wasserzellen gleichmäßig vorgewölbt (Fig. 30, Seite 50). — 2häus. Männl. Äste olivengr. o. blaßrot, kurz u. dick. Weibl. Äste m. großen, breit-eirunden, an der Spitze kappenfg. u. hyalin gesäumten Bl. Verteilung der Wasser- u. Chlorophyllzellen (Fig. 31, Seite 50) ähnl. wie bei Sphagn. papill. — In Mooren, Sümpfen, Waldbrüchen. Eb. bis Hochgeb. Sehr hfg. Sp. hfg. 7—9.

   Sphagnum cymbifolium Ehrh. 3.

2. Dem Sph. papillosum s. nahestehd. Pflanze s. stattl., bis 3 dm h. u. darüber, zu tiefen, lockeren o. dichten, gelblichweißen, gelbbräunl., grau- o. blaugr., niemals roten Polstern vereinigt. St. starr aufr., dunkelrotbraun, Außenrinde 4—5-, nach anderen 2—3schichtig, deren Zellen reichfaserig, peripherische Außen-

wände m. 2—5 großen, runden, unregelmäßig verteilten Poren. Stereom gelb o. gebräunt. — Stbl. verk.-eirund bis spatelfg., groß, m. schmalem, hyalinem, gezähntem Saume. Wasserzellen nicht o. nur selten in Verbänden, im unteren Blabschnitt verlängert-rhomboidisch, oben kurz rhombisch o. quadrat., faserlos o. oben reichfaserig, im ersteren Falle gegen die Spitze hin beiderseits o. nur außen mit stark resorbierten Wänden, im letzteren Falle an der Außenseite m. zahlr. Poren u. Wandresorptionen. — Äste meist zu 4, aber auch zu 3 bis 5 in einem Büschel, meist 2 gedunsene, stärkere abstehd., die übrigen viel schwächer u. dem St. angedrückt. Bl. der abstehd. Äste groß, dachziegelig, eifg. o. längl.-eifg., an der Spitze stumpf, kappenfg., obere Seitenränder gezähnelt. Wasserzellen m. zahlr., schmalen Faserbändern, innen zahlr. runde Poren nahe den Seitenrändern, außen zahlr. halbellipt. o. runde, große Poren in den Zellecken u. meist m. Drillingsporen. Chlorophyllzellen auf dem Querschnitt m. schmal-elliptisch. Lumen, dieses entweder etwas nach der Blattinnenseite verschoben o. zentriert. — 2häus. — In Waldsümpfen u. Erlenbrüchen. Seltener als Sph. cymbifolium, doch zlch. verbr. — Sph. intermedium Russ.

Sphagnum subbicolor Hampe **4.**

II Stereom rosenrot oder purpurn, durchscheinend. In Größe u. Tracht dem Sph. cymbif. ähnl., doch die Rasen kuppenfg. gewölbt. Ras. locker o. dicht, oben tief purpurn o. rötlich-violett, o. zart rosa, selten gr. o. weiß, sonst blau- o. graugr. o. bräunlich. Außenrinde sehr groß, meist 4-, doch auch 3- u. 5schichtig, meist arm- u. zartfaserig, Außenmembranen mit 1—2, seltener mehr Poren. — Stbl. wie bei Sph. cymbif., aber größer u. oben faltig. Wasserzellen nicht o. nur selten, dann auch nur in der unteren Hälfte des Bl. in Verbänden, oben oft m. zahlr., derben Fasern, außen mit zahlr. Poren, oben u. unten mit Membranlücken. (Faserlose Stbl. sind selten!) — Äste meist zu 4 im Büschel, sonst wie bei vor. Rinde einschicht. Astbl. zlch. groß, aber kleiner als die Stbl., die gezähnelten Ränder bis weit hinab eingebogen. Wasserzellen außen an den Zellecken u. Kommissuren m. zahlr., großen Poren, an der Innenfläche solche in der Regel nur in der Nähe der Ränder. Chlorophyllzellen klein, im Querschnitt elliptisch, stets von den Wasserzellen völlig eingeschlossen u. Lumen zentriert (Fig. 32, Seite 50). 2häus. Männl. Äste purpurn. Bl. der weibl. Äste s. groß, unten mit getüpfelten Chlorophyllzellen, oben grüne und hyaline Zellen. Sporen in Masse rostfarben, fein punktiert.

In tiefen Torfmooren. Zlch. verbr., doch seltener als Sph. cymbif. — Sph. cymbifolium var. medium Sendt., var. congestum Schpr., β purpurascens u. δ compactum Russ.

Sphagnum medium Limpr. **5.**

B. Außenrindenzellen des Stammes und der Äste stets ohne Spiralfasern auf den Innenwänden.

I Äste zu 7—10, selten bis zu 13 in einem Büschel, davon 3—5 stärkere u. kürzere abstehend, die übrigen länger u. dem St. anliegd. Pflanzen groß. Ras. kuppenfg. gewölbt, gr. o. rosenrot o. in diesen Farben gescheckt. St. starr aufr., ästig, stumpf-5kantig. Außenrinde 2—3schichtig, ohne Poren. Stereom rosa o. rotschwarz. — Stbl. klein, zurückgeschlagen, 3eckig-zungenfg., Wasserzellen zahlreich in Verbänden, ohne Fasern, Löcher nur spärlich an der Spitze (auf beiden Seiten). — Astbl. der abstehenden Äste klein, eilanzettl., Wasserzellen reichfaserig, an der Innenseite mit nur wenigen, kleinen Eckporen, an der Außenseite oben m. vielen, s. kleinen Poren an den Kommissuren. Chlorophyllzellen im Querschnitt elliptisch, spindel- o. tonnenfg., Lumen zentriert, die der hängenden Äste trapezisch u. nach der Außenfläche verschoben. — Ein- u. 2häus. Sporen blaßgelb, glatt. — Nur im Nordosten des Geb. (Ost- u. Westpreußen). Sehr selten. — Sph. pycnocladum Aongstr. **Sphagnum Wulfianum** Girgensohn **6.**

II Äste meist zu 2—5, selten bis zu 6 in einem Büschel.

α Astblätter am Rande mit Resorptionsrinne. (Querschnitt! Vgl. Fig. 28, Seite 50).

1. Ras. entweder niedrig u. dicht o. höher u. locker, bleichgr., gelbl. o. rotbraun. St. starr, kräftig, Ästchen s. dicht. Periphere Außenwände der 2—3schichtigen Außenrinde oben mit einer Öffnung oder Verdünnung. Stereom gelb- o. dunkelbraun. — Stbl. s. klein (Fig. 58, Seite 54), im Umriß gleichseitig-3-eckig, an der Spitze gestutzt o. abgerundet u. oft fransig-zerrissen, Ränder breit u. s. scharf gesäumt. Wasserzellen selten in Verbänden, meist ohne Fasern, unten an der Innenseite m. runden Poren, sonst mit Membranlücken, außen meist mit einer Längsfalte. — Äste zu 4—5 im Büschel, davon 1—2 kurze, stärkere, mehr abstehende und 2—3 längere, schwächere, dem St. anliegend. Bl. der abstehenden Äste (Fig. 59, Seite 54) eilängl., dicht dachziegelig, aufrecht, o. deutl. sparrig-abstehd., s. hohl, Spitze kappenfg., breit gestutzt u. gezähnt, Ränder breit eingerollt. Wasserzellen reichfaserig, innen meist nur mit Zwillings- u. Drillingspseudoporen, außen an den Kommissuren m. zahlr. kleinen echten Löchern o. Pseudoporen. Chlorophyllzellen nach der Außenseite (Fig. 60, Seite 54) des Bl. etwas verschoben, im Querschnitt elliptisch, Lumen nicht zentriert. — Einhäus. Männl. Äste meist herabhängd. Bl. der weibl. Äste ± deutl. einseitswendig-sichelfg., Chlorophyll- u. Wasserzellen gleichmäßig miteinander verwebt. — In moorigen Heiden u. Torfmooren. Eb. bis Hochgeb. Verbr. 6—8. — Sph. comp. var. rigidum Bryol. germ., Sph. rigidum Schimp. **Sphagnum compactum** De Cand. **7.**

2. Ras. weißl.-, gelbl.- o. graugr., seltener blaßviolett angeflogen, sonst w. b. vor., m. lang ausgezogenen, verdünnten Astenden. Außenrinde unregelmäß. 2—4 schicht., Außenwände in der Regel ohne Poren. Stereom blaß o. gelbl. — Stbl. in der Gestalt verschieden, s. groß, aus meist schmälerer Basis breit- oder verkehrt-ei-spatelfg., gegen die Mitte hin meist am breitesten, oft auch im Umriß dreieckig-längl., vor der Spitze in der Regel etwas zusammengezogen, Spitze selbst quer abgestutzt u. grob gezähnt, Ränder oft eingerollt u. s. schmal gesäumt. Wasserzellen bald in Verbänden, bald nicht in solchen, nicht oder oben reichfaserig. — Äste gewöhnl. zu 3 o. 4 in einem Büschel, davon 1 o. 2 abstehd. Astbl. groß, eifg.-längl., m. s. schmalen Säumen o. meist ungesäumt, Rand breit umgebogen u. oben gezähnelt, Spitze breit abgestutzt u. grob gezähnt. Wasserzellen reichfaserig. Chlorophyllzellen nach der Blattinnenseite verschoben (Fig. 61, Seite 54), im Querschnitt 3eckig o. trapezisch. — Einhäus. Männl. Äste bleichviolett, kurz u. dick. Wasserzellen der großen, eifg. Pbl. in der Regel ohne Fasern u. Poren. — Auf feuchtem, torfigem Heideboden. Ebene. Hin u. wieder. 7, 8. — Sph. molluscoides C. M., Sph. Mülleri Schpr.

Sphagnum molle Sull. **8.**

β Astblätter am Rande ohne Resorptionsfurche. (Querschnitt! Fig. 28, Seite 50).

1. (3) Stammblätter an der breit abgerundeten Spitze bis zur Mitte der Seitenränder herab zerrissen gefranst, groß, aufrecht angedrückt, aus schmälerem Grunde allmähl. nach oben stark verbreitert. Wasserzellen oben rhombisch-quadrat., oft in größerer Zahl in Verbänden (Fig. 33, Seite 50), stets ohne Fasern, m. größtenteils resorbierten Wänden. — Ras. locker, graugr. o. gelbl., selten bleich o. gebräunt. Außenrinde 2 bis 3schichtig, peripherische Außenwände oben meist mit einer großen Pore, seltener je ein Loch unten u. oben. Stereom bleich, grünl. o. gelbl. — Gewöhnl. 4 Äste in einem Büschel, davon meist 2 abstehd., die übrigen dem St. anliegd. — Astbl. eilanzettl., an der Basis m. einer Falte, an der Spitze gestutzt u. gezähnt. Wasserzellen an der Innenseite m. großen, ringlosen Poren, an der Außenseite m. sehr zahlr., dicht stehenden, beringten Poren an den Kommissuren. Fasern weitläufig angeordnet. Chlorophyllzellen im Querschnitt trapezisch bis fast rektangulär, mehr nach der Innenfläche verschoben (Fig. 34, Seite 50). Ein-, seltener 2häus. Männl. Ästchen grünl., gelbl., später hellbräunl. Hüllbl. im oberen Teile plötzlich in eine kurze Spitze zusammengezogen. Bl. der weibl. Äste unten mit Chlorophyll-, oben mit Chlorophyll- u. Wasserzellen. Außen-

wände der Außenrindenzellen meist mit 1, seltener 2 o. 3 Poren (Fig. 35, Seite 50). — In Waldsümpfen, Erlenbrüchen. Zerstr.
Sphagnum fimbriatum Wils. **9.**

2. Stammblätter an der Spitze durch Resorption der mittleren Wasserzellen tief eingerissen, 2teilig, s. groß, zurückgeschlagen, 3eckig-zungenfg., breit gesäumt, faserlos. Sehr kräftige Art, dunkel-, bis gelb- o. bleichgr., m. auffallend großem, von dichtgedrängten Ästen gebildeten Endschopf. St. s. hoch, starr, dick. Außenrinde 2schichtig o. scheinbar fehld., derbwandig vom bleichen o. gelbl. Stereom oft nur in einigen Teilen deutl. gesondert. — Äste zu 4—5 im Büschel, 2 bis 3 sehr lange, bogenfg. zurückgekrümmte o. wagerecht abstehende, nach Warnstorf auch mitunter bogig aufstrebende bis steif aufrechte, in der Mitte stark angeschwollene Äste. Bl. der abstehenden Äste glänzd., m. vielen Fasern, eilanzettl., rasch u. lang zugespitzt, am Rande ganz und gesäumt, an der Spitze schmal gestutzt, 3zähnig und m. eingebogenen Rändern, trocken etwas gekräuselt. Wasserzellen an der Innenseite in jeder oberen Ecke — ausgenommen sind die Zellen an der Basis u. an der Spitze — mit einer großen Membranlücke, bisweilen treten diese Lücken nur in der Nähe der Seitenränder auf. An der Außenseite ebenfalls große Lücken in den oberen Ecken, gegen die Spitze hin auch kleine Eckporen. Chlorophyllzellen im Querschnitt teils 3eckig und dann meist von den Wasserzellen eingeschlossen o. trapezisch u. beiderseits freiliegd., stets nach der Außenseite verschoben. — 2häus. Bl. d. weibl. Äste meist nur aus Chlorophyllzellen gebildet. — In tiefen Waldsümpfen, in Torflöchern, Moorgräben. Zerstr. — Sph. cuspidatum γ speciosum Russ., spectabile Schimp.
Sphagnum riparium Aongstr. **10.**

3. Stammblätter an der Spitze ± fransig gezähnt, gezähnelt o. ausgefasert.

a (3) Außenrinde des Stammes nicht o. undeutl. vom Stereom abgesetzt, deshalb scheinbar fehld.

× Pflanzen schlank, zierlich. Ras. bleich-, grau- o. gelbgr., ab u. zu gebräunt bis rotbraun. Stereom bleich o. gelb., innen lockerzellig u. dünnwandig. Stbl. s. klein, im Umriß gleichseitig o. gleichschenkl.-3eckig, Spitze stumpf, gezähnt o. etwas ausgefasert, Rand nach dem Grunde hin stark verbreitert. Wasserzellen stets poren- u. fast immer faserlos, bisweilen im oberen Drittel mit Faseranfängen. — Äste zu 4 o. 5, selt. zu 6 in einem Büschel, davon 2 o. 3 abstehd. Bl. der letzteren ebenfalls klein, lanzettl. u. schmal lanzettl. Spitze schmal gestutzt o. klein gezähnt, Ränder m. 2—3-reihigem Saume. Wasserzellen an der Innenseite m. zahlr. Fasern, m. größern und kleineren Poren von verschiedener

Ausbildung (Eckporen, Kommissuralporen, Spitzenlöcher). Chlorophyllzellen im Querschnitt 3eckig, nach der Blattinnenfläche gelegen. — 2häus. Männl. Äste zuerst keulenfg., später oben peitschenartig verlängert, in der antheridientragenden Partie gelbrot o. gelbbraun. — Bes. in sumpfigen Kiefernwäldern, bevorzugt die Ränder von Brüchen u. Mooren. Verbr.

S. parvifolium (Sendtn.) Warnst. **11.**

×× Ähnelt in der Tracht dem Sph. riparium, ist aber weniger kräftig. Ras. dunkelgr. u. bis zu den Sproßenden untergetaucht. St. s. lang (bis 3 dm), zart, starr. Außenrinde nur z. T. angedeutet, 3schichtig, derbwandig. Stereom bräunl. Äste im Endschopf groß u. dicht. — Stbl. zlch. groß, schmal gleichschenkl.- o. breit-3eckig, ± lang u. plötzlich zugespitzt, mit 8reihigem, nach unten nicht o. kaum verbreitertem Saume. Wasserzellen lang u. schmal (schlauchfg.), selten in Verbänden, meist in den oberen u. mittl. Teil m. Fasern und zwischen diesen an der Innenseite große, runde, unberingte Poren. — Äste zu 4—6 in einem Büschel, meist entfernt angeordnet, davon einige lang, dünn u. bogig herabgekrümmt. Bl. der abstehenden Äste lanzettl., dicht anliegd., trocken am Rande stark wellig gekräuselt, oben durch die stark eingebogenen Ränder röhrig, Rand ganz, Saum 3—5-, nach Limpricht 2reihig. Wasserzellen reichfaserig. Chlorophyllzellen nach der Außenseite der Bl. gelegen, nach Limpricht trapezoidisch u. beiderseits frei, nach Warnst. entweder trapezisch u. beiderseits freiliegend o. z. T. 3eckig und dann innen von den mehr vorgewölbten Hyalinzellen eingeschlossen. — 2häus. — In Waldtümpeln, meist vollständig untergetaucht. Selt.

Sphagnum fallax v. Klinggr. **12.**

b Außenrinde des Stammes rings o. nur z. T. vom Stereom deutlich abgesetzt, bei Sph. recurvum seltener scheinbar fehld. Siehe auch unten.

× In Größe u. Tracht dem Sph. riparium o. recurvum ähnl., gr., schmutzig- o. gelbbr. o. gebräunt. St. meist kräftig. dick, ± starr, nach Limpr. meist zur Hälfte im Wasser. Außenrinde ungleichmäßig 2- bis 4schichtig. Stereom bleich, gelbl. o. gebräunt. — Stbl. zlch. groß, 3eckig-zungenfg. bis zungenfg., Spitze abgerundet, durch Wandresorptionen durchlöchert u. zart gefranst, m. nach der Basis hin stark verbreitertem Saume. Wasserzellen meist ohne Fasern. — Äste zu 4—5 in einem Büschel, davon in der Regel 2—3 kräftiger u. bogenfg. abwärts gekrümmt. Bl. der abstehenden Äste groß, breit lanzettl., Rand ganz, Saum schmal (2- bis 4-, selt. bis 6reihig). Wasserzellen schmal u. lang, s. reichfaserig, auf beiden Flächen m. äußerst kleinen Poren, entweder einreihig in der Mitte zwischen den Fasern o. 2reihig an den Kommissuren. Chlorophyllzellen s. schmal, im Querschnitt 3eckig, nach der Außenfläche des Bl. hin gelegen, auf der Innenfläche von den Wasserzellwänden vollständig eingeschlossen und etwa von halber Höhe der letzteren. 2häus. Männl. Äste in der mit Antheridien besetzten Partie rostbraun. Chlorophyllzellen d. männl. Hüllbl. in der unteren Hälfte gelbbraun. — In tiefen Sümpfen, an den Ufern von Seen, in Tümpeln. Zlch. verbr. — Sph. cuspidatum δ. maius Russ., Sph. Limprichtii Röll.

Sphagnum obtusum Warnst. **13.**

×× Pflanzen kräft. o. zart, ausgedehnt, weich, gr., bleichgr. gelbl. bis braun (semmelbraun o. rostfarben). St. starr, spröde. Außenrinde 2—4schichtig, rings o. nur z. T. deutl. differenziert, derbwandig. Stereom bleich, grünl. o. gelbl. — Stbl. klein, gleichseitig- o. kurz gleichschenklig-3eckig u. m. Spitzchen o. 3eckig-zungenfg. und oben abgerundet, Saum nach unten sich stark verbreiternd. Wasserzellen entweder faserlos oder bis zur Mitte hinab mit Fasern u. dann an der Innenfläche m. großen Poren zwischen den Fasern. — Äste zu 4—5 im Büschel, davon 2 stärkere u. verdünnt zulaufende Äste abstehd. Bl. dieser Äste schmal eilanzettl., schmal gesäumt (2—4reihig), ganzrandig, Spitze schmal gestutzt, gezähnt u. m. eingebogenen Rändern, trocken m. zurückgekrümmter Spitze u. wellig. Wasserzellen reichfaserig, an der Innenfläche des Bl. mit großen Poren in den Zellecken, auch mit Zwillings- und Drillingsporen. Chlorophyllzellen im Querschnitt schmal 3eckig, nach der Außenfläche hin gelegen u. hier frei und fast so hoch wie die Wasserzellen. — 2häus. Männl. Äste w. b. vor. Wasserzellen der weibl. Äste ohne Fasern u. Poren. — In Mooren u. Torfsümpfen, an feuchten Waldplätzen. Hfg.

Sphagnum recurvum (P. B.) Warnst. **14.**

c Außenrinde des Stammes rings deutl. vom Stereom abgesetzt.

× (3) Außenrinde einschichtig.

O Wasserzellen der Astbl. auf beiden Flächen m. s. zahlr. Poren, zlch. groß, 1,5—2,6 mm l. u. 1,2—1,5 mm br., längl.-eifg., m. 4—6zähniger, gestutzter Spitze, an den Rändern schmal gesäumt u. eingebogen. Wasserzellen reichfaserig, im oberen Abschnitt an der Innenfläche mit zahlr. kleinen Poren längs der Kommissuren, an der Außenfläche ebenfalls meist mit s. zahlr., dicht längs der Kommissuren angeordneten Porenreihen. Chlorophyllzellen im Querschnitt rektangulär bis tonnenfg. Stbl. 1—2 mm l. u. bis 1 mm br., zungenfg. o. dreieckig-zungenfg., m. schmalem, gleichbreitem Saume, Spitze breit abgerundet und m. eingebogenen Rändern. Wasserzellen häufig in Verbänden, bes. in der unteren Hälfte, meist reichfaserig, an der Innen- und Außenfläche längs der Kommissuren mit kleinen, dicht in Reihen angeordneten Poren und im unteren Blattabschnitt mit Spitzenlöchern; nicht selten tritt im oberen Teil der Außenfläche noch eine dritte Porenreihe inmitten der Wände auf, stets aber ist die Zahl der Innenporen geringer als die der Außenporen. Pflanze kräftig. Außenwände der Außenrinde oben mit einer Öffnung. Ras. oliven- o. schwarzgr., meist ockergelb, oft braunrot gescheckt, bis 70 cm l. und oft nur mit den Köpfen über der Wasseroberfläche. Holzkörper meist rot, auch gelbl. u. bleich. Äste zu 3—5 im Büschel, oft die 1—3 abstehenden u. stärkeren etwas schneckenfg. eingebogen. — In tiefen Sümpfen u. Gräben, in Moortümpeln. Verbr. Sp. selten. — Sph. contortum β rufescens Bryol. germ., Sph. subsecundum β contortum Schimp., Sph. inundatum Russ.

Sphagnum rufescens (Bryol. germ.) Limpr. **15.**

○○ Wasserzellen der Astbl. an der Innenfläche fast porenlos o. nur m. wenigen kleinen Löchern, auf der Außenseite dagegen mit ungemein zahlr., s. kleinen Poren, die dicht gedrängt in Reihen längs der Kommissuren stehen. Fasern zahlr. Astbl. (Fig. 36, Seite 50) eifg., viel kleiner als bei vor., bis 1,5 mm l. u. ca. 0,5 mm br., s. hohl, trocken meist ein wenig sichelfg.-einseitswendig, Spitze schmal gestutzt u. gezähnt, Saum schmal, Ränder oben eingerollt. Chlorophyllzellen (Fig. 38, 39, Seite 50) beiderseits frei, in der Mitte zwischen beiden Blattflächen eingelagert, im Querschnitt rechteckig o. tonnenfg. — Stbl. (Fig. 37, Seite 50) viel kleiner als bei vor., 0,5—0,75 mm l. u. ca. 0,5 mm br., im Umriß fast gleichseitig-eckig o. 3eckig-zungenfg., breit gesäumt, an der breit abgerundeten, kappenfg. Spitze etwas gefranst. Wasserzellen einzeln o. in Verbänden, bisweilen nur im Spitzenteile mit Fasern (sonst faserlos), in der oberen Partie an der Innenfläche m. kleinen, meist unberingten Kommissuralporen o. Resorptionen von Wandbreite, an der Außenfläche m. wenig zahlr. Kommisuralsporen. — Äste zu 3—5 in einem Büschel, davon 2—3 abstehd., die übrigen dem St. anliegd. — Ras. weich, locker, gelb- o. braungr., semmelbraun, oft violett angeflogen, selten reingr. St. 1—3 dm hoch. Außenwände der einschichtigen (Fig. 40, Seite 54) Außenrinde oben meist m. einem Loche. Stereom

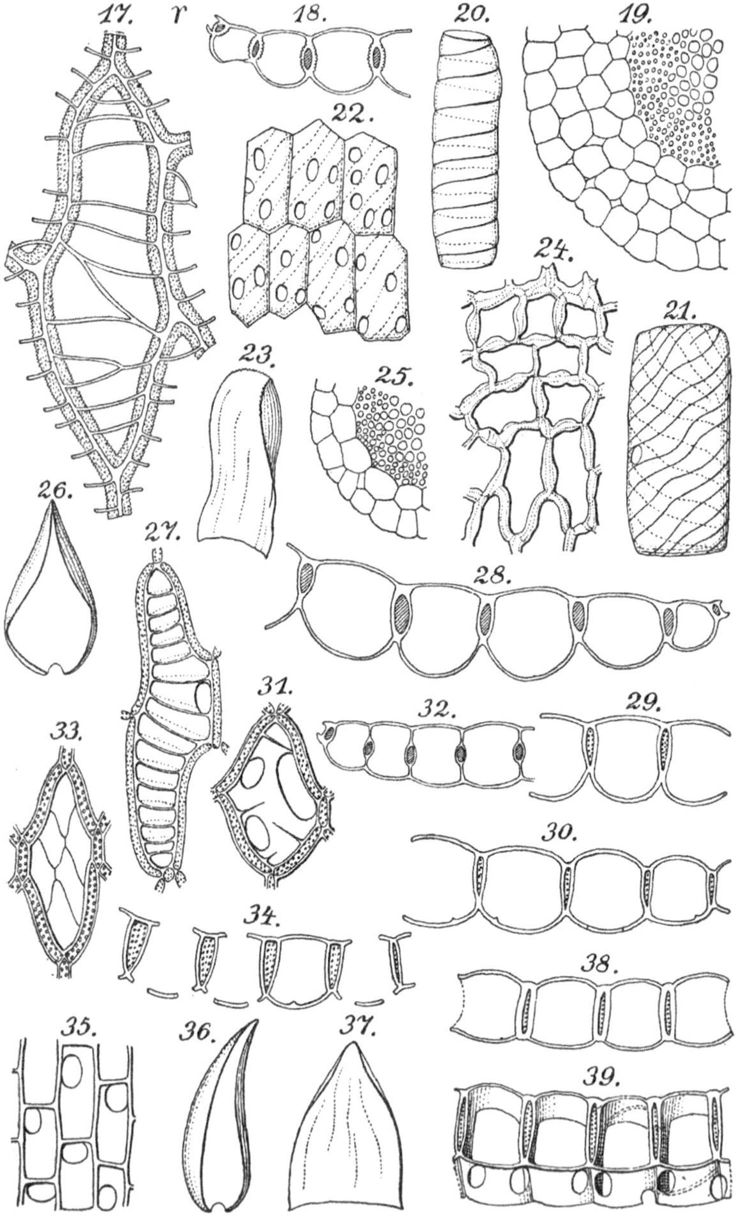
17.
r
18.
20.
19.
22.
24.
21.
23.
25.
26.
27.
28.
31.
32.
29.
33.
30.
34.
38.
35.
36.
37.
39.

meist dunkelbraun. — 2häus. Männl. Äste ocker- bis rostgelb. Bl. der weibl. Äste s. groß, eilängl., breit gesäumt, an der Spitze ausgerandet, aus Wasser- u. Chlorophyllzellen gebildet, erstere meist ohne Fasern, nur oben m. kleinen Eckporen. — In Sümpfen, Gräben. Eb. bis Hochgeb. Verbr. Sp. stellenweise. 7—8. — Sph. contortum var. subsecundum Wils.

Sphagnum subsecundum (N. v. E.) Limpr. **16.**

×× Außenrinde meist 2-, seltener z. T. ein- oder 3schichtig, Außenwände oben oft m. einer Pore. Ras. s. locker, s. weich, hellgr., meist schmutzig bräunlich- bis schwarzgr. Stereom bleich, gelbbraun o. braun. — Stbl. (Fig. 62, Seite 54) groß, ca. 1,5 bis 2 mm l. u. 1 mm br., breit eifg. bis zungenfg., s. hohl, an den Rändern eingebogen u. bis zum Grunde schmal u. gleich breit gesäumt, an der Spitze abgerundet u. schwach fransig o. wenig ausgefasert. Wasserzellen selten in Verbänden, im oberen Blatteil, selten bis zur Basis reichfaserig, Poren sehr klein, meist in Reihen längs der Kommissuren an beiden Flächen. — Äste meist zu 1—3 in einem Büschel, 1 bis 2 davon stärker, kurz u. dick. Astbl. den Stbl. an Gestalt u. Größe ähnl., an der Spitze klein- o. kaum gezähnt, trocken ± längsfaltig. Wasserzellen überall reichfaserig, s. schmal (Fig. 63, 64, Seite 54), im oberen Blatteil innen, außen und längs der Kommissuren mit ± zahlr., kleinen bis winzigen, echten o. falschen Poren, an der Außenfläche auch wohl bis zum Grunde. Chlorophyllzellen in der Mitte zwischen beiden Blattflächen (Fig. 65, Seite 54) eingelagert, tonnenfg., beiderseits freiliegd. 2häus. Bl. d. weibl. Äste aus Wasser- u. Chlorophyllzellen gewebt. — In Sumpfwiesen, in moorigen, nassen Heiden, in Wasserlöchern u. Ausstichen, gern in sogenannten Carexsümpfen. Sp. selten. — Sph. auriculatum Aongstr.

Sphagnum platyphyllum (Sull. Lindbg.) Warnst. **17.**

××× Außenrinde mehrschichtig, meist 2—3-, 3—4-, selten 5-schichtig.

O Chlorophyllzellen der mittleren Bl. eines Schopfastes auf dem Querschnitt nach einer der beiden Blattflächen verschoben.

! Chlorophyllzellen auf dem Astblattquerschnitt nach der Außenseite des Blattes verschoben. Siehe Seite 52.

!! Chlorophyllzellen auf dem Astblattquerschnitt nach der Innenseite des Blattes verschoben. Siehe Seite 57.

OO Chlorophyllzellen auf dem Blattquerschnitt in zentraler Lage. Ras. locker, schmutziggrau-, dunkel-, oliven- bis schwarzgr., meist braungelb o. schwärzlichbraun, oft m.

schwachem, violettem Anfluge, Landform bis etwa 15 cm h., Wasserform dagegen viele dm Höhe — bis 7 dm — erreichd. — Außenrinde meist 2—3schichtig. Außenwände oben oft mit einer kleinen Öffnung. Stereom meist rot o. braun. — Stbl. viel klein. als bei vor., 3eckig-zungenfg. bis zungenfg., an den Rändern schmal gesäumt, an der breit abgerundeten Spitze hyalin gesäumt. Wasserzellen größtenteils schmal u. gewunden, oben dagegen mehr rhombisch, selten in Verbänden. Fasern fast stets im oberen Blattabschnitt. Poren an der Innenfläche etwas zahlreicher, stets aber klein, innen bes. Eck- u. Kommissuralporen, außen dagegen bes. Eckporen u. s. kleine Spitzenlöcher. — Von den 3—5 Ästen eines Büschels sind 2—3 stärker u. bogig nach unten gekrümmt. Astbl. größer als die Stbl., eilanzettl., Seitenränder 3—5reihig gesäumt, oben oder bis weit hinab eingebogen, an der zlch. scharfen o. stumpfl. Spitze klein gezähnt. Wasserzellen lang u. schmal, reich an Fasern, an der Innenfläche fast ohne Poren, an der Außenfläche m. s. kleinen, zahlr. Poren längs der Kommissuren. Chlorophyllzellen w. b. vor. — 2häus. Männl. Äste im antheridientragenden Abschnitt verdickt, braun. Bl. der weibl. Äste aus Wasser- u. Chlorophyllzellen gebildet. Wasserzellen ab u. zu in Verbänden, oben m. Fasern. Poren beiderseits s. klein. — In Sümpfen, Erlenbrüchen, Mooren, Gräben. Eb. bis Hochgeb. Verbr. 8, 9. — Sph. laricinum Spruce.

Sphagnum contortum Schultz 18.

! Chlorophyllzellen auf dem Astblattquerschnitt nach der Außenseite des Blattes verschoben. Wasserzellen mit nach der Blattinnenseite vorgewölbter Wand.

A. Astblätter, bes. die mittleren (Fig. 41, Seite 54), im feuchten Zustand meist sehr deutlich sparrig zurückgekrümmt, breit eifg., hohl, schmal gesäumt, nach oben plötzl. in einen lanzettl., an den Rändern eingerollten, an der Spitze breit gestutzten u. 3—4zähnigen Abschnitt überghd. Wasserzellen (Fig. 42, Seite 54) s. weit, längs der Chlorophyllzellen oft zart warzig und dann wie mehlig bestäubt, m. zahlr. Fasern und beiderseits m. vielen Poren, an der Innenfläche, vor allem in den oberen zwei Dritteln u. den Zellecken, unten mit größeren Öffnungen, an zusammenstoßenden Ecken in der Regel mit Drillingsporen; an der Außenfläche sind die Poren an der Basis s. groß, sie stehen zwischen den Fasern inmitten der Membran. Chlorophyllzellen (Fig. 43, Seite 54) auf dem Querschnitt im oberen Teil der Bl. beiderseits m. dicken Wänden freiliegd., in den übrigen Teilen nach der Außenseite d. Bl. verschoben, drei-

seitig o. trapezisch u. zwischen den Wasserzellen eingeschlossen. — Stbl. (Fig. 44, Seite 54) s. groß, meist aufr., breit-längl.-zungenfg., Spitze breit abgerundet, bisweilen kappenfg. u. oft fransig zerrissen, Saum an den Seitenrändern s. schmal. Wasserzellen ohne Fasern (Fig. 45, 46, Seite 54), meist in Verbänden, im oberen Teil beiderseits mit größtenteils resorbierten Wänden. — Äste zu 4—5 in einem Büschel, davon 2 o. 3 stärker, abstehd. o. aufstrebend. — Stattlichste der einheimischen Arten. Ras. locker, meist blaugr. St. bis 20 cm l., starr, gabelig verästelt. Außenrinde meist 2—3-, seltener 4schichtig, Außenwände öfter mit einer Membranverdünnung, seltener mit einer wirklichen Durchbohrung. Stereom gewöhnlich grün, aber auch bleich, gelbl. bis rötlichgelb. — Einhäus. Männl. Äste sparrig beblättert, gr. o. grünlichgelb. Bl. d. weibl. Äste s. groß, breit zungenfg., an der breit abgerundeten Spitze gefranst, Seitenränder s. schmal gesäumt, aus Wasser- u. Chlorophyllzellen gleichmäßig gewebt, erstere meist ohne Fasern. — An quelligen Waldstellen, in Erlenbrüchen, an Quellen u. Bachrändern. Eb. bis Hochgeb. Hfg. Sp. hfg. 7, 8.

Sphagnum squarrosum Pers. **19.**

B. Astblätter im feuchten Zustand nicht sparrig zurückgekrümmt, dachziegelig sich deckend o. aufrecht abstehd. (bei Sphagnum teres seltener dtlch. sparrig), bei manchen Arten trocken ± dtlch. sichelfg.-einseitswendig.

I Wasserzellen der Stammblätter bis zur Mitte o. bisweilen auch weiter hinab m. zahlreichen Fasern.

α (3) Ras. locker, weich, rein- o. gelblichgr., auch bleich u. gebräunt. Außenrinde 2—3schichtig, großzellig, nicht porös. Stereom meist bleich, seltener bräunl. o. rötl., aus kleinen, dickwandigen Zellen gebildet. — Stbl. (Fig. 47, Seite 54) zlch. groß, verlängert- o. gleichseitig-3eckig, zieml. breit gesäumt, häufig m. eingerollten Seitenrändern, an der Spitze schmal gestutzt u. gezähnt (2zähnig), am Grunde beiderseits m. großen Öhrchen. Wasserzellen unten öfter in Verbänden, reichfaserig (bes. im oberen Blteil), an der Innenfläche zwischen den Fasern m. großen, unberingten Poren, an der Außenfläche meist nur wenige s. kleine Eckporen. — Äste meist zu 4, davon meist 2 stärker u. abstehd., 2 schwächer, diese entweder herabhängd. o. gleichfalls abstehd. Astbl. (Fig. 48, Seite 54) meist schmal eilanzettl.-pfriemenfg., Ränder breit gesäumt u. breit eingebogen, deshalb die Astbl. oft röhrig-hohl, Spitze gestutzt u. gezähnt. Wasserzellen (Fig. 49, 50, Seite 54) lang u. schmal, reichfaserig, Innenfläche m. größeren u. kleineren Poren, bes. in den Zellecken, Außenfläche nur mit Eckporen, entweder an einer oder beiden Ecken. Chlorophyllzellen im Querschnitt trapezisch (Fig. 51, Seite 54), Außenwände freiliegend. — 2häus. Sehr formenreich.

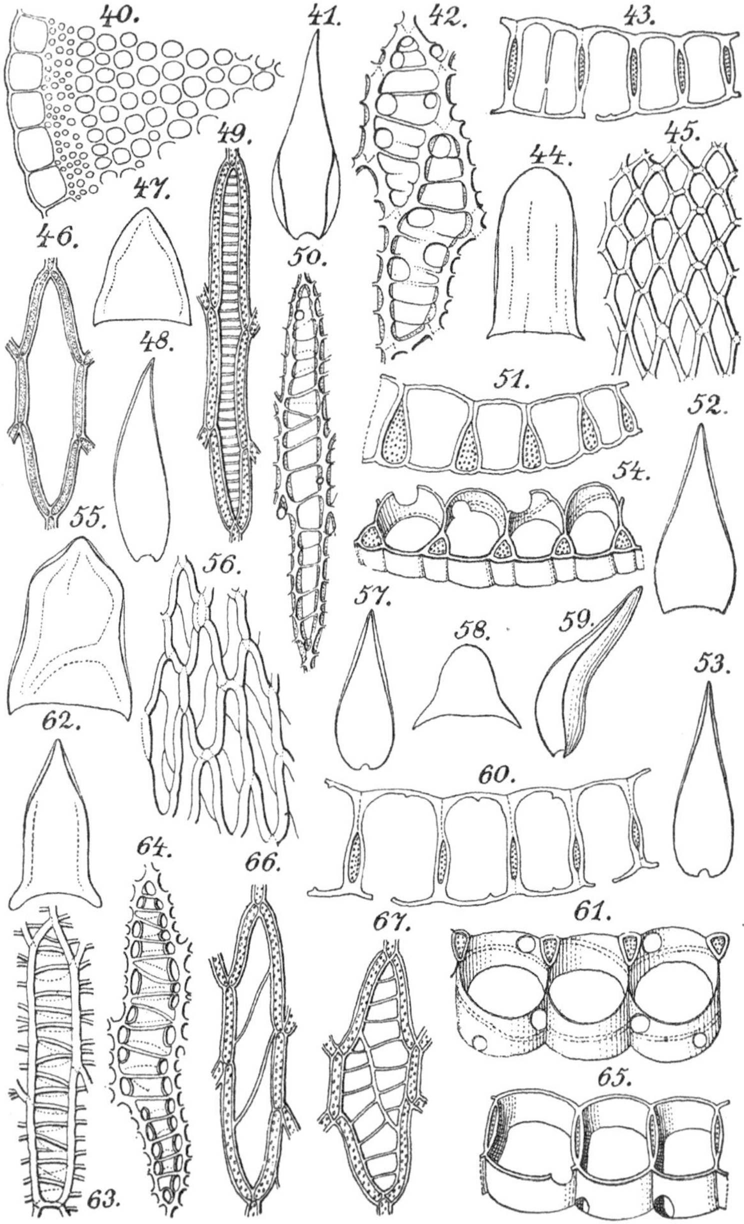
40.
41.
42.
43.
44.
45.
46.
47.
48.
49.
50.
51.
52.
53.
54.
55.
56.
57.
58.
59.
60.
61.
62.
63.
64.
65.
66.
67.

— In Torfsümpfen, Moortümpeln, Gräben u. an ähnl. Stellen. S. Hfg. Sp. hfg. 7. 8.

Sphagnum cuspidatum (Ehrh.) Warnst. **20.**

β Sehr zierliche Art. Ras. selten bis 10 cm h., s. weich, locker u. zart, bleich gelbgr., nie anders gefärbt, meist mit anderen Moosen gemischt. St. s. zart. Außenrinde 2—3schichtig, ohne Poren. Stereom gelbl. — Stbl. (Fig. 52, Seite 54) etwa halb so breit wie lang, eilängl. bis zungenfg., m. breitem, nach unten verbreitertem Saume, oben an den Rändern nach der schmal gestutzten, klein gezähnten Spitze hin eingebogen. Wasserzellen in der oberen Hälfte reichfaserig u. breit rhombisch. Äste zu 2 bis 3, seltener zu 4 im Büschel, alle o. 1 bis 2 abstehd. Außenzellen der Astaußenrinde mit Retortenzellen (Fig. 4, Seite 39), deren Hals stark nach außen gebogen und deren Öffnung gelb gesäumt ist. Bl. der abstehd. Äste (Fig. 53, Seite 54) eifg., breit-eifg., breitlanzettl. o. längl.-eifg., stark gehöhlt, schmalgesäumt, Ränder eingebogen, Spitze schmal gestutzt u. klein gezähnt. Wasserzellen reichfaserig, oben rhomboidisch bis breit rhombisch, beiderseits meist m. Spitzenlöchern u. Eckporen, die Mehrzahl der Poren an der Innenfläche. Chlorophyllzellen im Querschnitt fast gleichseitig-3eckig (Fig. 54, Seite 54), etwa von halber Höhe der Wasserzellen. — Polyöcisch. Männl. Äste gelb o. bräunlichgelb. Sp. s. klein, gelbbraun, entdeckelt krug- o. urnenfg. Sporen schwefelgelb, glatt, ca. 38 μ Durchm. — Bes. auf moorigem Heideland und in Torfmooren. Eb. bis Hochgeb. Nicht überall. Sp. reichl. 6, 7. — Sph. tenellum (Ehrh.) Lindbg., Sph. nanum Brid.

Sphagnum molluscum Bruch **21.**

γ Ras. meist kräftig, gras- u. graugr., bräunl. bis braun, oft bis zu den bisweilen dunkelviolett angeflogenen Schöpfen untergetaucht. Außenrinde 2—3schichtig. Stereom bleich. — Stbl. groß, im Umriß gleichschenklig-3eckig bis zungenfg., mit breitem, nach unten stark verbreitertem Saume, Spitze meist abgerundet, schwach gezähnelt, nicht o. nur schwach fransig. Wasserzellen unten oft in Verbänden, oben meist m. Fasern u. an der Innenfläche öfter m. Membranlücken. Äste zu 4—5 im Büschel, davon 2 stärker u. abstehd. Bl. der abstehd. Äste breit-lanzettl., m. röhriger Spitze, deren Ränder unterhalb der Spitze eingebogen, breit gesäumt, nach Warnst. 2—4-, seltener bis 6reihig, Spitze schmal gestutzt u. gezähnt, nach Limpricht ± einseitswendig, oft ausgezeichnet sichelfg., trocken schwach wellig, nach Warnst. trocken meist unduliert u. hfg. fast sichelfg.-einseitswendig. Wasserzellen eng u. schmal, reichfaserig, an der Innenfläche entweder ohne Poren o. oben mit wenigen kleinen Eckporen, an der Außenfläche in der oberen Hälfte mit einer Reihe großer Poren von fast Wandbreite, unten meist Porenreihen längs der Kommissuren. Chlorophyllzellen im Querschnitt trapezisch u. beiderseits freiliegend. — 2häus. Antheridienteil der männl. Äste braun. — In schattigen Waldmooren. Eb. bis Hochgeb. Zlch. selt.

Sphagnum Dusenii C. Jensen **22.**

II Wasserzellen der Stammblätter faserlos o. meist faserlos, seltener mit geringen Faserbildungen, bei Sphagnum recurvum ab und zu bis zur Mitte mit Fasern.

α (3) Ras. locker, weich, ausgedehnt. Pflanzen schlank, zart hell- o. gelbgr., ab und zu ockergelb o. semmelbraun angeflogen, bis 2 dm h. Außenrinde meist 3-, seltener 4- o. 5schichtig, bis 2 dm h. Außenrinde meist 3-, seltener 4- o. 5schichtig, Membranen zart, Außenwände oben mit einer Verdünnung oder Pore. Stereom rot o. rotbraun, aber auch bleich u. gelbl. — Stbl. groß, an der abgerundeten Spitze fransig, in jeder Beziehung, auch was die Verteilung der Poren anbelangt, denen von Sph. squarrosum ähnl. — Astbl. entweder dicht dachziegelig o. mit dem oberen Teil aufr. abstehd. o. deutlich sparrig zurückgekrümmt, eilanzettl., s. schmal gesäumt, Spitze gestutzt, gezähnt. Wasserzellen m. s. großen, zahlr. Poren, an der Innenfläche, in der Mitte u. oben mit Eckporen, an der Außenfläche oben u. in der Mitte jede obere Zellecke mit einer Pore, am Grunde solche längs der Kommissuren. Chlorophyllzellen im Querschnitt trapezisch, im oberen Blatteil wie bei Sph. squarr. von der Breite der Wasserzellen, unten kürzer. — 2häus. Männl. Äste bräunl. o. gr., später an der Spitze peitschenartig verlängert. Bl. der weibl. Äste faser- und porenlos. — In tiefen Sümpfen, auf moorigen Wiesen, an Teichrändern. Eb. bis Bg. Verbr. Sp. selt. — Sph. squarrosum var. teres Schimp., Sph. porosum Lindbg.

Sphagnum teres (Schimp.) Aongstr. **23.**

β Ras. weich, bleich- o. gelbgr., gelbl. bis rostfarben u. semmelbraun. St. starr, zerbrechlich, kräftig o. zart. Außenrinde 2—4schichtig, nach der Krypt.-Flora v. Schles. selten 3- o. 4schichtig, überall o. nur z. T. deutlich vom bleichen, grünl. o. gelbl. Stereom abgesetzt, bisweilen scheinbar fehld. — Stbl. klein, entweder gleichseitig-3eckig u. m. aufgesetztem Spitzchen o. 3eckig-zungenfg. u. oben abgerundet, mit nach unten stark verbreitertem Saume. Wasserzellen entweder meist faserlos o. oben m. Anfängen von Fasern o. Fasern bis zur Mitte hinab, an der Innenfläche m. großen Löchern zwischen den Fasern. — Äste zu 4—5 im Büschel, davon 2 abstehd. Bl. der abstehd. Äste schmal u. lanzettl., schmal gesäumt (2—4-reihig), länger o. kürzer zugespitzt, an der schmal gestutzten

u. gezähnten Spitze m. eingebogenen Rändern, trocken u. wellig u. m. zurückgekrümmter Spitze. Wasserzellen reichfaserig, die meisten Poren an der Innenfläche, zlch. groß, bes. in den Zellecken, auch m. Zwillings- und Drillingsporen, an der Außenfläche meist sehr kleine Spitzenlöcher. Chlorophyllzellen schmal 3eckig, an der Außenfläche freiliegd., innen dagegen meist von den Wasserzellen eingeschlossen. — 2häus. Antheridienteil der männl. Äste dunkelgelb bis rostbraun o. rostgelb. Bl. d. weibl. Äste m. kurzem, zurückgekrümmtem Spitzchen. Sp. klein, im Schopfe. Sporen schwefelgelb, glatt o. fein punktiert, ca. 25 μ Durchm. — Nasse Waldstellen und Wiesen, Moore. Eb. bis Hochgeb. Verbreitet.

Sphagnum recurvum 14.

γ Pflanzen meist kräftig, mit dickem St. Ras. gr., gelbgr., schmutzig-gr. bis gebräunt. Außenrinde 2—4schichtig, entweder überall o. nur z. T. deutl. vom Stereom abgesetzt o. seltener nicht deutl. differenziert. Holzkörper bleich o. gelbl. — Stbl. zlch. groß, 3eckig-zungenfg., an der abgerundeten Spitze infolge Membranresorptionen perforiert u. zart gefranst, m. nach unten stark verbreitertem Saum. Wasserzellen faserlos. — Äste zu 4—5 im Büschel, davon 2—3 stärkere sichelfg. herabgebogen. Astbl. breit lanzettl., schmal gesäumt, Spitze schmal gestutzt u. gezähnt und nur hier die Ränder eingebogen. Wasserzellen eng u. schmal, reichfaserig, auf beiden Flächen mit sehr kleinen Poren, entweder 2reihig längs der Kommissuren o. einreihig inmitten der Membran. Chlorophyllzellen meist schmal dreieckig, auf der Innenseite von den Wasserzellen vollständig eingeschlossen. — 2häus. Sporen gelb, fein warzig, im Mittel 22 μ Durchm. — Tiefe Sümpfe, Seeufer, in Tümpeln. Eb. bis Bg. Zlch. verbr.

Sphagnum obtusum 13.

!! Chlorophyllzellen auf dem Astblattquerschnitt nach der Innenseite des Blattes verschoben.

A. Wasserzellen der Stammblätter faserlos, seltener in der oberen Hälfte mit Fasern.

I Stammblätter an der breit abgestutzten Spitze fransig zerrissen (nicht an den Seitenrändern!), groß, aufr., fast rechteckig o. quadratisch (breit zungenfg.), m. ausgeschweiften Seitenrändern, beiderseits am Grunde m. kleinen Öhrchen, Saum breit u. nach der Basis hin stark verbreitert. Wasserzellen ohne Fasern, die oberen bes. groß u. rhombisch-quadratisch, sporadisch in Verbänden, die Wände größtenteils an beiden Flächen resorbiert. — Äste zu 3—5 im Büschel, davon 2—3 stärkere bogig abwärts gekrümmt, seltener aufr. o. aufr.-abstehd. Astbl. im Gegensatz zu mancher der folg. Arten am Rande nicht gezähnelt, schmal gesäumt, eilanzettl., Seitenränder der abgerundeten, gestutzten u. gezähnten Spitze eingebogen. Fasern der Wasserzellen s. entfernt, an der Innenfläche der Wasserzellen zahlr., große, unberingte Poren, an der Außenfläche in dichten Reihen m. Kommissuralporen, am Grunde m. Membranlücken. Chlorophyllzellen beiderseits freiliegd., im Querschnitt meist trapezisch. — Ras. locker, meist bis 2 dm. h., oft aber auch viel höher (bis 6 dm), gr., bleich-, grau-, gelb- o. bläulichgr., auch strohfarbig (bes. in trockenem Zustand), bisweilen gebräunt, niemals rot, St. steif. Außenrinde meist 3- bis 4schichtig, Außenwände oben meist m. 1 großen Öffnung, seltener m. 2—3 Poren. Stereom bleich. — 1- u. 2häus., meist 2häus. Antheridienteil der kurzen männl. Äste dick keulenfg., ockergelb o. hellbraun. Wasserzellen der Bl. der weibl. Äste stets ohne Fasern u. Poren, Bl. an der Spitze schwach ausgerandet. Sp. ockergelb o. gelbbraun, nach Warnstorf 30—33 μ, nach Limpricht 21—24 μ Durchm., gekörnelt. — Feuchte Wälder, bes. Nadelwälder, Waldsümpfe. Eb. bis Hochgeb. Nicht hfg. Sp. selt. 6—8. — Sph. acutifolium ε tenue Bryol. germ., strictum Lindbg., Hookeri C. M.

Sphagnum Girgensohnii Russ. **24.**

II Stammblätter an der gestutzten Spitze gezähnt oder gezähnelt.

α Stammblätter zungenförmig, im Umriß rechteckig.

1. (4) In Tracht und Färbung sehr wechselnd, in der Färbung stets rötlich gemischt, meist rosenrot (Krypt.-Fl. v. Schles.), dem Sph. Girgensohnii habituell s. ähnl., bes. den graugr., gelbl. u. bleichen Varietäten dieser Art. Außenrinde 2—4-schichtig, peripherische Außenwände oben m. einer Pore. Stereom meist rötl. — Stbl. groß, breit zungenfg. o. eilängl., m. nach innen ausgeschweiften Seitenrändern, m. nach unten stark verbreitertem, rotem o. rötl. (nach Krypt.-Fl. v. Schles.) Saume, inmitten der breit abgerundeten Spitze gezähnelt o. schwach fransig. Wasserzellen meist nicht in Verbänden, oben breit rhombisch, stets ohne Fasern u. Poren, unten m. Quer-, oben m. zarten Längsfalten, — Äste zu 4—5 im Büschel, 2—3 kräftiger, wagerecht o. aufr. abstehd. o. bogig zurückgekrümmt. Astbl. eilanzettl., über der Basis m. 2—3 kleinen Längsfalten. Wasserzellen an der Außenfläche mit in Reihen angeordneten, halbelliptischen Kommissuralporen, an der Innenfläche m. zahlr., unberingten Poren. Chlorophyllzellen im Querschnitt gleichschenkl.-3eckig bis trapezisch, entweder an der Außenseite von den Wasserzellen umschlossen o. beiderseits freiliegd. — 2häus., nach Warnst. auch seltener einhäus. Antheridienteil der männl. Äste angeschwollen und stets rot bis violettpurpurn. — An ähnl. Stellen wie vor. Art und oft in deren Gesellschaft. Eb. bis Hochgeb. Hin u. wieder. Sporen

gelb, glatt, Durchmesser s. verschieden, nach Warnst. 21—25 μ u. 31—33 μ. — Sph. acutifolium var. robustum Russ., var. roseum Limpr., Sph. Girgensohnii ζ roseum Limpr.

Sphagnum Russowii Warnst. **25.**

2. Ras. meist gelblichgr. u. rot gescheckt, bisweilen einfarbig, gr., weißlichgr. Pflanzen meist zierlich, schlank, starr aufr., 3—15 cm h. Außenrinde 3—4-, selten 5schichtig, peripherische Außenwände porenlos, selt. m. vereinzelten Löchern. Stereom meist rot o. violett, selt. gr. o. farblos. — Stbl. zungenförmig, m. nach unten plötzl. stark verbreitertem Saume, inmitten der abgerundeten Spitze gezähnelt o. schwach faserig. Wasserzellen meist nicht in Verbänden, bisweilen auch größere Verbände zusammensetzend, oben rhombisch, in der Regel faserlos, Membranen oft an beiden Flächen resorbiert. — Bl. der abstehenden Äste oft deutlich in 5 Reihen, trocken m. abstehendem, seltener sparrig zurückgekrümmtem Spitzchen, eilanzettlich-pfriemenfg., m. eingebogenen Rändern u. 3—5-zähniger, gestutzter Spitze. Wasserzellen an der Außenfläche im oberen Teile des Bl. m. s. kleinen, starkberingten Eckporen, in der unteren Hälfte viel größer, an der Innenfläche große, meist ringlose Poren im unteren Blattabschnitt. Chlorophyllzellen im Querschnitt meist trapezisch u. beiderseits freiliegd. — 2häus. Antheridienteil der männl. Äste rot o. purpurn, Äste anfängl. an der Spitze keulig-verdickt, später verlängert. Sp. dunkelgelb, fein papillös. — Quellsümpfe, in bebuschten Brüchen, Sumpfwiesen. Eb. bis unteres Hochgeb. Zlch. selt. Sp. selt. — Sph. acutiforme δ gracile Russ.

Sphagnum Warnstorfii Russ. **26.**

3. Ras. weich u. locker, meist bleichrot; purpurn o. rötlichviolett seltener gr. o. bleich. Außenrinde 3—4schichtig, peripherische Außenwände meist ohne Poren. Stereom rötl., auch gelbl. u. bleich. — Stbl. breit zungenfg. (Fig. 55), im Umriß rechteckig, oft an der breit abgerundeten, klein gezähnten o. etwas gefransten Spitze kappenfg., mit nach unten stark verbreitertem Saume. Wasserzellen groß, oft 2—4, seltener mehr in einem Verband (Fig. 56), meist ohne Fasern u. Poren, aber auch reichfaserig. — Äste gewöhnl. zu 3 im Büschel. Retortenzellen der Astaußenrinde m. s. deutl. zurückgebogenem Halse u. oben m. einer Öffnung. Astbl. (Fig. 57, Seite 54) klein, eilängl. bis eilanzettl., ± einseitswendig, an den s. schmal gesäumten Rändern eingebogen u. an der abgerundeten u. gestutzten Spitze gezähnt (3zähnig), über dem Grunde m. einer medianen Längsfalte. Wasserzellen an der Außenfläche mit nach unten größer werdenden, halbelliptischen Poren längs der Kommissuren, an der Innenfläche oben mit kleinen Eckporen,

unten mit größeren Löchern in der Nähe der Seitenränder. Chlorophyllzellen im Querschnitt 3eckig o. trapezisch, entweder außen von den Wasserzellen umschlossen o. beiderseits freiliegend. — 2-, seltener einhäus. — Antheridienteil der männl. Äste stets purpurn o. violett. Wasserzellen der weibl. Astbl. in größerer Anzahl zu Verbänden vereinigt, ohne Fasern u. Poren, breit gesäumt. — In Mooren, Moorwiesen, Heidemooren. Seltener als vor. Sp. selten. — Sph. acutifolium γ tenellum Schimp., var. ζ rubellum Russ., Sph. tenellum (Schimp.) v. Klinggr.

Sphagnum rubellum Wils. **27.**

4. Ras. meist sehr dicht, polsterfg., meist braungr., auch rotbr., seltener gr. o. bleichbraun, Einzelpflanzen schlank, zierlich. Außenrinde 3—4-, selten 5schichtig, peripherische Außenwände nicht durchbrochen. Stereom stets dunkelbraun. — Stbl. klein, zungenfg., m. abgerundeter Spitze, diese nicht selten mit einem kappenfg. aufgesetzten Spitzchen, Saum nach unten stark verbreitert. Wasserzellen fast immer faser- u. porenlos, zu 2—4 in einem Verband, oben rhombisch. — Äste zu 3—4 im Büschel, davon 2 kräftiger u. abstehd. Astbl. klein, eifg., m. abgerundeter, gezähnter, an den Rändern eingebogener Spitze, an der Basis in der Mitte m. einer Längsfalte. Wasserzellen an der Innenfläche oben m. kleinen Eckporen o. größeren Zwischenfaserporen, an der Außenfläche längs der Kommissuren m. zahlreich nach unten größer werdenden Poren. Chlorophyllzellen im Querschnitt 3eckig o. trapezisch, beiderseits freiliegd. o. außen von den Wasserzellen umgeben. — 2häus. Männl. Äste gelbbraun. Wasserzellen der an der Spitze ausgerandeten Bl. der weibl. Äste ohne Poren und Fasern. Sp. meist in den Schopf eingesenkt. Sporen goldgelb o. goldbraun, fast glatt, 28—30 μ, nach Krypt.-Fl. v. Schles. 32—36 μ Durchm. — In Torfmooren. Hin u. wieder. Sp. selt. — Sph. acutifolium var. fuscum Schimp.

Sphagnum fuscum (Schimp.) v. Klinggr. **28.**

β Stammblätter im Umriß 3eckig, 3eckig-zungenförmig o. gleichschenklig-3dreieckig.

1. Ras. gr. o. graugr., rosenrot o. rötlichviolett. Außenrinde 3- bis 4schichtig, peripherische Außenwände oben m. Membranverdünnungen, bisweilen auch m. Poren. Stereom bleichgr. o. gelbl., s. selt. rötl. — Stbl. gleichseitig- u. gleichschenkl.-3eckig, m. gestutzter u. gezähnter Spitze, Seitenränder nach innen eingerollt, Saum breit u. nach unten stark verbreitert. Wasserzellen bes. in der unteren Hälfte in Verbänden, m. o. ohne Poren. — Äste meist zu 5 im Büschel, davon die 3 stärkeren abstehd. u. sehr regelmäßig 5reihig beblättert, infolge-

dessen die Äste 5kantig. Astbl. bogig aufr.-abstehd., s. selten sparrig, lanzettl., schmal (2- bis 3reihig) gesäumt, Spitze abgerundet, gestutzt u. gezähnt, trocken seidenglänzd. Wasserzellen an der Innenfläche oben m. nur wenigen, winzigen Poren (Eckporen), an der Außenfläche m. nach unten größer werdenden, halbelliptischen, s. zahlr. Löchern längs der Kommissuren. Chlorophyllzellen w. b. vor. — Ein-, selten 2häus. Antheridienteil der männl. Äste verdickt, rot o. violett. Sporen gelb, glatt, 21—25 μ Durchm. — In Mooren, Sumpfwiesen, Brüchen, Heidemooren. Im allgem. selten. Eb. bis Hochgeb. — Sph. acutifolium var. quinquefarium Lindbg.

Sphagnum quinquefarium (Lindbg.) Warnst. **29.**

2. Pflanzen meist kräft. Ras. gr., gelbgr., purpurn o. violett, trocken ± metallisch glänzd., oft ganz untergetaucht. Außenrinde 2—4schichtig, pheripherische Außenwände selten m. vereinzelten Poren. Stereom bleich, grünl., bräunl., rötl., purpurn o. violett. — Stbl. groß, gleichschenkl.-3eckig, Mitte der Seitenränder ausgeschweift, meist rasch o. fast plötzlich in eine breit gestutzt-gezähnte, an den Rändern meist eingebogene Spitze auslaufd. Wasserzellen mehrfach in Verbänden, in der Regel faser- u. porenlos, bisweilen m. Faseranfängen u. Poren an der Spitze. — Astbl. eilanzettl., Seitenränder im oberen Blatteil eingebogen, Spitze gezähnt, quergestutzt o. abgerundet, über der Basis m. einer medianen Längsfalte. Wasserzellen an der Innenfläche oben m. wenigen, winzigen Eckporen, nahe den Seitenrändern m. großen Poren. Porenverhältnisse an der Außenfläche w. bei vor. Chlorophyllzellen w. b. vor. — Einhäus. Antheridienteil der männl. Äste rötl.-violett. Sporen gelb, warzig, 25—31 μ Durchm. — Brüche, Moore. Bis in die niedere Hochgebirgsregion. Zlch. verbr. — Sph. acutifolium var. plumosum Milde, Sph. luridum Warnst.

Sphagnum subnitens Russ. et Warnst. **30.**

B. Wasserzellen der Stammblätter mit Fasern.

I Stbl. 3eckig-zungenfg., gleichseitig- o. gleichschenklig-3eckig.

α Äste meist zu 5 im Büschel, davon die 3 stärkeren abstehd. u. s. regelmäßig 5reihig beblättert, infolgedessen die Äste 5kantig.

Sphagnum quinquefarium 29.

β Äste zu 3 bis 4 im Büschel, daven 2 stärkere abstehd. In Tracht und Färbung außerordentlich wechselnd. Ras. 1—3 dm. h., selten rein gr., meist rosen- bis purpurrot o. violettpurpurn, aber auch gelbl. u. bleich. Außenrinde 2- bis 4schichtig, peripherische Außenwände meist porenlos, selten oben mit einigen Poren. Stereom bleich, gr., rot. — Stbl. klein, gleichschenklig-3eckig o. 3eckig-zungenfg., nach der gestutzten, gezähnten

(3—6 Zähne), an den Rändern eingebogenen Spitze hin etwas verschmälert und oft plötzlich zugespitzt, meist oben schmal, unten breit gesäumt. Wasserzellen (Fig. 66, 67, Seite 54) meist zu 2 in einem Verband, ohne Fasern o. m. solchen bis zur Mitte, seltener bis zur Basis. Porenverhältnisse der Wasserzellen sehr veränderlich. — Astbl. klein, längl.-eifg., eilanzettl. o. längl.-lanzettl., s. schmal gesäumt, m. abgerundet-gestutzter, 3- bis 5zähniger Spitze. Wasserzellen reichfaserig (Fig. 68, 69, Seite 74), an der Außenfläche m. nach dem Grunde hin an Größe zunehmenden, zahlreichen, halbelliptischen Poren, an der Innenfläche oben m. kleinen Eckporen, in der Mitte, gegen die Ränder u. am Grunde m. zahlr. großen Löchern. Chlorophyllzellen (Fig. 70, Seite 74) wie bei Sph. quinquef. — Ein- u. 2häus. Antheridienteil der männl. Äste verdickt u. rot. Wasserzellen der Bl. der weibl. Äste oben meist in Verbänden, meist ohne Fasern u. Poren. Sporen gelb, glatt o. feinwarzig, nach Warnst. 20—25 μ, nach Krypt.-Fl. v. Schles. 17—24 μ Durchm. Die Figuren 1, 3, 6, 7, 8, 9, 10, 11, 12, Seite 39 beziehen sich auf diese Art. — In Mooren, Moorheiden, an nassen Waldplätzen, an Felsen. Eb. bis Hochgeb. Sehr hfg. Sp. s. hfg.

Sphagnum acutifolium (Ehrh. ex p.) Russ. et Warnst. **31.**

II Stbl. eilängl. bis zungenfg., groß, an den Seitenrändern schwach ausgeschweift, m. nach unten stark verbreitertem Saume, an der Spitze oft kappenfg. Spitze abgerundet, gezähnt o. schwach fransig. Wasserzellen zu 2—4, selten mehr in Verbänden, entweder reichfaserig, o. ohne Poren und Fasern. Ras. weich, locker, meist blaßrötl. bis purpurn u. violett, auch bleich, gelbl. u. gr. Außenrinde 3- bis 4schichtig, peripherische Außenwände selten m. wenigen zerstreuten Poren. Stereom meist rosa, auch bleich o. gelbl. — Äste zu 3 bis 4 im Büschel, davon 2 stärker. Außenrinde der Äste mit Retortenzellen, deren Hals deutl. nach außen gekrümmt ist. Astbl. klein, eifg., eilängl. o. eilanzettl., ± einseitswendig, schmal gesäumt (2- bis 3reihig), unten in der Mitte m. einer Längsfalte, Spitze abgerundet, 3zähnig. Wasserzellen auf der Innenfläche oben m. kleinen Eckporen, gegen die Ränder hin m. großen Löchern, an der Außenfläche m. zahlr., nach der Basis größer werdenden, halbelliptischen Kommissuralporen. Chlorophyllzellen w. b. Sphagn. quinquefarium. — 2häus. Antheridienteil der männl. Äste keulig angeschwollen, purpurn o. violett. Wasserzellen der Bl. der weibl. Äste oft in Verbänden, ohne Fasern u. Poren, breit gesäumt. Sporen ockerfarben. — Torfmoore, Heidemoore, Sümpfe, Moorwiesen. Hin u. wieder. — Sph. acutifolium γ tenellum Schimp., var. ζ rubellum Russ., Sph. tenellum (Schimp.) v. Klinggr.

Sphagnum rubellum 27.

III. Die Lebermoose (Hepaticae).

Hauptbestimmungstabelle der Lebermoose.

I. Abteilung. Der Vegetationskörper ist ein Thallus[1]).

A. Thallus an der Oberseite mit einem besonderen Assimilationsgewebe. Erforderlich ist ein zarter Querschnitt.

I Das Assimilationsgewebe wird gebildet von zahlreichen, pfeilerartigen, dicht nebeneinander stehenden, gleichgerichteten Zellfäden, die zu vier je einen langgestreckten Luftraum umschließen. Die Endzellen der Zellfäden weichen durch Größe, Gestalt und Stärke der Membranen von den übrigen Zellen ab. Der Thallus besteht aus 4 Schichten: An der Unterseite eine starke, ein- bis 2schichtige Epidermis mit glatten u. Zäpfchen-Rhizoiden und einzellschichtigen Bauchschuppen (diese besonders deutlich an den Sproßenden!), darüber ein meist chlorophyllöses Grundgewebe, auf dieses folgt das aus Zellfäden bestehende Assimilationsgewebe, als obere Epidermis gilt die Gesamtheit der größeren Endzellen des Assimilationsgewebes. Je nachdem eine oder zwei Endzellen der Zellfäden abweichend ausgebildet sind, ist die Epidermis ein- o. zweischichtig. Antheridien und Archegonien vollständig in die Thallusoberseite versenkt. Fuß und Stiel fehlen der auffallend großen Sporen zerstört wird. Die Sporen liegen am kugligen Sporangium, dessen einschichtige Wand beim Reifen schließlich frei im Archegonbauche und gelangen durch eine über dem Archegonhalse entstehende Öffnung ins Freie. Ein- o. zweihäusige, meist kleine, auf Erde o. Schlamm vorkommende Arten. Thallus gabelig verzweigt, oft fächerfg., oft bilden mehrere Thalli eine Rosette. — Riccia. Siehe Seite 67.

II Das Assimilationsgewebe wird gebildet von größeren, an der Thallusoberseite liegenden Luftkammern, die durch einschichtige Wände voneinander getrennt sind. Luftkammern in einer oder mehreren Schichten, mit oder ohne Atemöffnungen. (Längsschnitt durch den Thallus!)

α Luftkammern mit Zellsprossungen. Siehe Seite 72.

β Luftkammern ohne Zellsprossungen. Siehe Seite 82.

B. Thallus an der Oberseite ohne ein besonderes Assimilationsgewebe (Querschnitt!) *Siehe Seite 87.*

---

[1]) Unter einem Thallus versteht man einen Vegetationskörper, an dessen Achse Stamm und Blätter nicht unterschieden werden können. In vielen, die Lebermoose behandelnden Werken, bes. solchen systematischen und floristischen Inhalts, findet man für den flachen und oft blattähnlich gestalteten Thallus noch oft die Bezeichnung „Frons“ (Laub). In dieser Flora findet nur der Terminus „Thallus“ Verwendung.

II. Abteilung. Der Vegetationskörper ist ein beblättertes Stämmchen.

A. Obbl. bis unter Mitte in meist 4 ungleichgroße Abschnitte gespalten. Die beiden größeren Abschnitte, durch eine spitze Bucht voneinander getrennt, bilden den Oberlappen und liegen an der Rückenseite des Stämmchens. Alle Lappen, auch die des Unterlappens, an den Rändern mit s. zahlr., fädigen Wimpern. Siehe Seite 100 unter *A*.

B. Obbl. fast bis zum Grunde in 2 ungleichgroße Abschnitte gespalten, jeder Abschnitt in außerordentlich zahlreiche, verästelte Wimpern geteilt. Siehe Seite 100 unter *B*.

C. Obbl. bis o. fast bis zum Grunde in 2—4, je nach der Art verschieden gestaltete, ungeteilte Abschnitte gespalten. Zarte u. s. zarte Arten. Siehe Seite 101 unter *C*.

D. Obbl. höchstens bis zur Mitte in 2—4 Lappen geteilt. Bei Lepidozia reptans etwa bis zur Mitte, bei allen übrigen ist der Einschnitt weniger tief. Die Bl. der Mastigobryum-Arten sind an der quergestutzten Spitze mit lappigen Zähnen, die durch seichte Buchten voneinander getrennt sind, ausgestattet. Siehe Seite 104 unter *D*.

E. Obbl. ganzrandig o. nur an der Spitze seicht ausgeschnitten o. ausgebuchtet. Siehe Seite 112 unter *E*.

F. Obbl. durch einen ± tiefen Einschnitt 2lappig. Siehe Seite 123 unter *F*.

G. Obbl. am gerundeten Endrande mit 3—5 wellenförmigen, unregelmäßigen Einbuchtungen, wellig kraus o. gelappt u. schwach gewellt oder abgerundet u. am Rande unregelmäßig gezähnt, sehr schief angeheftet, unterschlächtig, m. sehr zarten Zellwänden. Kleine Erd- oder Schlammoose von saftgrüner Farbe. St. mit langen, purpurvioletten Rhizoiden am Substrat fest angeheftet. Sporenoberfläche entweder deutl. gefeldert oder m. gabelig verzweigten Lamellen. Siehe Seite 194 unter *G*.

H. Die winzigen, 2—8 mm hohen, vollkommen rhizoidenfreien Pflänzchen wachsen aufrecht (orthotrop) und zeigen vollkommen radiären Bau. (Im Gegensatz zu allen übrigen beblätterten Lebermoosen.) Die am Rande unregelmäßig gelappten Blätter sind am Stengel ungleichmäßig verteilt (bes. im oberen Teil desselben), werden nach der Spitze hin größer und sind hier zu einer lockeren Knospe vereinigt. Stengel am Grunde mit dickem, fleischigem, weißlichem oder hellbraunem Rhizom. Sehr seltene Art. Siehe Seite 196 unter *H*.

Bestimmungstabelle der Marchantiaceen durch vegetative Merkmale.

A. Die Schließzellen bilden einen Vorhof zur Atemhöhle oder Luftkammer (*Fig.* 83, *Seite 74,* 101, 103, *Seite 78*).

I Der Vorhof besteht aus fünf übereinander liegenden Zellringen. Bauchschuppen in drei Reihen und von dreierlei Form. Bauchschuppen längs der Mittelrippe schmal lanzettlich, am Rande klein, zungenförmig, zwischen beiden dreieckige mit herzförmigen Anhängsel. Thallus an der Oberseite sehr deutlich sechsseitig gefeldert.

Marchantia polymorpha. Seite 75.

II Der Vorhof besteht aus vier übereinander liegenden Zellringen. Bauchschuppen dachziegelig und in zwei Reihen längs der Mittellinie des Thallus, eiförmig, purpurn, mit lanzettlichem Anhängsel.

Preissia commutata. Seite 79.

B. Ein Vorhof zur Luftkammer fehlt.

I Schließzellen (von der Oberseite des Thallus gesehen!), scharf differenziert, in einem oder mehreren konzentrischen Kreisen angeordnet.

α Auf dem Boden der Luftkammern zahlreiche, meist verzweigte (oft konfervenartig) Assimilationsfäden (Zellsprossungen). (Fig. 103, Seite 78.)

1. Obere Schicht des Assimilationsgewebes der Luftkammern mit chlorophyllfreien, glashellen, schnabelförmigen, je einer kugligen, grünen Zelle aufsitzenden Endzellen. Bauchschuppen mit kreisrundem Spitzenanhängsel, zart, wasserhell oder rosa mit dunklerem Saume, in 2 Reihen längs der Mittelrippe. Oberseite des Thallus sehr deutlich sechsseitig gefeldert.

Fegatella conica. Seite 76.

2. Endzellen der beschriebenen Art fehlen.

a Porus der Atemöffnung von drei oder mehr Schließzellenringen umgeben. (Fig. 101, Seite 78, 77 Seite 77).

× Die Wände der an der Thallusoberseite gelegenen Epidermiszellen in den Ecken deutlich verdickt. Schließzellenkreise drei oder vier. Jeder Kreis aus sieben bis acht Zellen gebildet. Bauchschuppen tief violettrot, halbmondförmig, mit zwei linealen Spitzenanhängseln, in zwei Reihen längs der Mittelrippe.

Reboulia hemisphaerica. Seite 77.

×× Wände der an der Thallusoberseite gelegenen Epidermiszellen in den Ecken ± deutlich verdickt. Der Porus der Atemöffnungen ist von vier Schließzellenkreisen umgeben. Thallusoberseite mit halbmondförmigen Brutbecherchen. Bauchschuppen weiß, halbmondförmig, mit breitem Anhängsel, außerdem sehr zart und dicht.

Lunularia cruciata. Seite 73.

b Porus der Atemöffnung von zwei oder drei Schließzellenkreisen umgeben.

× Epidermiswände der Thallusoberseite in den Ecken sehr deutlich dreieckig verdickt. Bauchschuppen dachziegelig, in zwei Reihen beiderseits der Mitte, purpurn, schief 3eckig mit lanzettlichem Spitzenanhängsel.

Targionia hypophylla. Seite 80.

×× Epidermiswände der Thallusoberseite entweder zart oder stark verdickt, auch in den Ecken. Bauchschuppen tief purpurn, mit 2 bis 3 lanzettl. Anhängseln. Epidermiszellen rings und in den Ecken stark verdickt. Bauchschuppen am Thallusende nach oben übergebogen, einen Bart bildend.

Grimaldia fragrans. Seite 82.

β Atemhöhlen oder Luftkammern ohne oder nur mit sehr spärlichen Zellsprossungen.

1. Porus der Atemöffnungen, von der Oberseite des Thallus betrachtet, sehr deutlich sternförmig, mit stark verdickten Radialwänden der Schließzellen.

a Bauchschuppen mit langer Spitze über die Thallusränder hinwegragend.

Clevea hyalina. Seite 84.

b Bauchschuppen nicht über die Thallusränder hinwegragend.

× Bauchschuppen deutlich in zwei Reihen.

Peltolepis grandis. Seite 86.

×× Bauchschuppen unregelmäßig verteilt.

Sauteria alpina. Seite 85.

2. Porus der Atemöffnungen nicht sternförmig, Radialwände nicht verdickt.

a Epidermiswände nicht oder angulär kaum verdickt, zart.

Fimbriaria pil., Lindenberg. Seite 86, 79.

b Epidermiszellen in den Ecken dreieckig verdickt.

Fimbriaria pilosa. Seite 86.

II Porus der Atemöffnungen ohne scharf differenzierte Schließzellenringe.

Neesiella rupestris. Seite 87.

I. Abteilung. Thallose Lebermoose.

Riccia.[1])

Die Bestimmung der meist unscheinbaren Riccia-Arten ist mit nicht geringen Schwierigkeiten verknüpft, die auch der Anfänger noch am leichtesten überwindet, wenn er vor der etwas mühevollen Anfertigung von Thallusquerschnitten nicht zurückschreckt, denn

---

[1]) Die übrigen Ricciaceen unter „β Luftkammern ohne Zellsprossungen“, Seite 82.

ohne die Feststellung der Querschnittsform und des Verhältnisses der Länge zur Breite des Thallus gelangt man bei den meisten Arten zu keinem sicheren Ergebnis. Gutgeführte, zarte Querschnitte, besonders durch die Astenden, gewähren gleichzeitig Aufschluß über die Ausbildung des Assimilationssystems, vor allem aber auch über Gestalt, Größe und sonstige Beschaffenheit der Endzellen, die für jede Art charakteristisch sind. Auch achte der Anfänger auf die Art der Thallusverzweigungen und verschaffe sich Klarheit darüber, ob der Rand nackt oder mit Cilien besetzt, ob er abgerundet, scharf oder nach oben wulstig oder wallartig aufgerichtet ist. Größere Schwierigkeiten bereitet die Feststellung der Verteilung der Gametangien, geringe dagegen das Studium der Sporen[1]), deren Größe und Oberflächenbeschaffenheit für jede Art verschieden ist.

Bestimmungstabelle der Riccien.

A. Rand der Thallusäste mit zahlreichen, ± langen Borsten oder Cilien. Borsten ein- oder mehrreihig, einzellig.

I Thallusquerschnitt fast so breit wie hoch.

α Thallus am Rande ohne deutliche Flügelbildung, mit dünnen und sehr langen, derbwandigen, zahlreichen silberglänzenden Cilien, blaugrün, unten halbkreisförmig vorgewölbt und mit vielen Rhizoiden, an der Oberseite stumpfwinklig gefurcht. Epidermiszellen ballonförmig, dünnwandig und mamillös. Bauchschuppen klein, wasserhell. Sporen kohlschwarz, 70—80 μ im Durchm., in 8—10 Feldern auf der Außenseite. Sehr selten. — Tirol.

Riccia Crozalsii Levier. **32.**

β Thallus am Rande mit wagerecht ausgebreiteten o. schräg aufwärts gerichteten Seitenflügeln. An den Rändern der Thalluslappen große, bräunliche, zartwandige Cilien in größerer oder geringerer Anzahl. Thallusoberseite (Fig. 75, Seite 75) mit s. tiefem u. engem Einschnitt, am Querschnitt deutl. wahrnehmbar. Obere Epidermis 2schichtig, Endzellen wasserhell, s. zartwandig, birnfg., oft mit langgestreckter, stumpfer Mamille (Fig. 71, Seite 75). Bauchschuppen an den Thallusenden deutlich wahrnehmbar, farblos, halbkreisfg. Saum der 80—120 μ

[1]) Innerhalb jeder Sporenmutterzelle entstehen 4 Sporen, die zu einer Kugeltetrade vereinigt sind. Jede Spore berührt in drei ebenen Flächen, den sogenannten Seitenflächen, je eine der drei ebenen Seitenflächen der drei übrigen Sporen, während die vierte Fläche, die sogenannte Grundfläche, den vierten Teil der Oberfläche der Kugeltetrade darstellt. Bei den Riccien bleibt die tetraëdrische Form der Sporen nach dem Zerfall der Kugeltetrade ziemlich gut erhalten, so daß 3 ebene Seitenflächen und eine konvexe Grundfläche deutlich unterschieden werden können. Hinsichtlich der Ausbildung der Außenschicht der Sporenwand, des Exospors, bestehen zwischen den Seitenflächen und der Grundfläche bei den meisten Riccien erhebliche Unterschiede, die bei der Feststellung der Art gute Dienste leisten können.

Durchm. großen, selten größeren, regelmäßig gefelderten Sporen gelb, gekerbt u. ungleich breit. Abschnitte des sehr dicken, fleischigen Thallus ei- o. keilfg. u. ausgebuchtet. Thallusoberseite mattgr., Flügel weißl. o. auch bräunl. Die bereits erwähnten Cilien fehlen auch oft. Pflanzen gesellig, oft handgroße Rasen bildend. Beschreibung nach K. M. — Auf Humus an sonnigen Felsen. Nur in südl. Gebietsteilen. Selten. — Schlesien, Prov. Sachsen, Thüringen, Böhmen, Pfalz, Elsaß, Baden, Tirol, Niederösterreich. — R. pedemontana Steph., Bischoffii var. montana Steph.

Riccia Bischoffii Hübener **33.**

II Thallusquerschnitt 2 bis 3mal so breit wie hoch.

α Oberseite des Thallus (Querschnitt!) m. sehr flacher Rinne.

1. Ränder der keilfgn. Äste abgerundet, mit s. langen Borsten. Mehrere Thalli (Fig. 72) meist zu ± vollkommenen Rosetten von ca. 1 cm Durchm. vereinigt. Thallus bis 5 mm l. u. 1 mm breit, gabelig und spitzwinklig gespalten, Äste 1—3 mm breit, unten lineal, nach der Spitze ei- oder keilförmig, an der Oberseite fast eben oder sehr flachrinnig, mit abgerundeten oder etwas ausgerandeten Spitzen. Querschnitt durch den Thallus im Umriß trapezförmig (Fig. 73, 74, Seite 74), die längeren der parallelen Seiten oben. Epidermiszellen zartwandig, kuglig o. eiförmig, mit mamillöser Vorwölbung. Bauchschuppen vergänglich, meist wasserhell. Einhäus. Sporen schwarz, undurchsichtig, mit schmalem, unregelmäßig gekerbtem, ± durchscheinenden Saume, 75—90 μ Durchm. Felder des Exospors 5- und 6eckig, auf der Tetraëderoberfläche 10 Felder (nach anderen bis 12), jedes Feld etwa 6 μ Durchm. Thallus frisch bläulich-, trocken graugrün. — Liebt sonnige Stellen. Auf Äckern, an Abhängen, in Ausstichen. Eb., Hochgeb. Zlch. selten. S., H. — Westpreußen, Brandenburg, Prov. Sachsen, Nassau, Rheinprovinz, Baden, Böhmen.

Riccia ciliata Hoffm. **34.**

2. Thallusquerschnitt 2,5 bis 4mal so breit als hoch, oben mit breiter Rinne, bis 15 mm lang und 2 mm breit, blaugrün, unten bisweilen violett, drei- bis fünfmal gabelig geteilt. Epidermis 2schichtig, die oberste Zelle ballonförmig und zartwandig. Antheridien zahlreich, in zwei Reihen längs der Mittellinie des Thallus, mit langen, über den Thallus hervorragenden Stiften. Sporen 90—100 μ im Durchm., warzig, schmal gelb gesäumt, Felder 8—10 im Durchm., jedes Feld 5—7 μ im Durchm. — Auf der Erde an sonnigen Abhängen. Zweihäusig. Sehr selten. — R. tumida Lindenberg, palmata Lindenberg, ciliata Raddi. — Salzburg.

Riccia Michelii Raddi. **35.**

β Oberseite des Thallus mit breiter, tiefer Rinne, Ränder der Thallusastenden wallartig u. senkrecht aufgerichtet, abgerundet. Stimmt in allen übrigen Merkmalen mit Riccia ciliata überein und wird von Bischoff auch nur als Varietät davon aufgefaßt. Man nennt eine solche Art eine „kleine Art", und Riccia intumescens ist zweifellos eine solche, zumal nicht selten Thalluslappen vorkommen, an denen der wulstartige Rand nur sehr undeutlich ausgebildet ist. Eine auffällige Form ist var. incana Heeg, bei der die Thallusränder dunkelpurpurrote o. schwarzrote Färbung besitzen und sich in der Trockenheit von oben derart einrollen, daß die Thallusoberseite vollständig von den Randcilien bedeckt wird. — An ähnl. Stellen wie Riccia ciliata. Zlch. selten. — Westpreußen, Brandenburg, Harz, um Kassel und Frankfurt a. M., Harz, Elsaß, Baden, Oberbayern, Böhmen, Tirol, Niederösterreich. — R. ciliata γ intumescens Bischoff.

Riccia intumescens (Bisch.) Heeg **36.**

B. Rand der Thallusäste ohne Wimpern; falls solche vorhanden, dann stets nur vereinzelt.

I Thallus unterseits grün, bei R. bifurca bisweilen dunkelviolett, aber nicht tief schwarzrot wie bei II.

α Thallus an der Unterseite und an den senkrecht aufsteigenden Seiten durch die zahlreichen, ziemlich großen purpurroten Bauchschuppen bis zum Rande tief schwarzrot und dadurch von allen übrigen Riccia-Arten auf den ersten Blick zu unterscheiden. Thallus klein, nur 3—5 mm lang u. 7—10 mm breit. Oberseite scharf rinnig. Epidermiszellen zartwandig, nicht mamillös. Sporen schwarz, 60—80 μ im Durchm. Einhäusig. Sehr selten. Südtirol (Meran).

Riccia nigrella Daland. **37.**

β Thallus an der Unterseite grün, bei R. bifurca bisweilen violett.

1. Thallusoberfläche mit großen, stumpfen, zartwandigen Papillen. (Nicht mit den Antheridienstiften zu verwechseln!) Sehr selten, anscheinend nur aus Niederösterreich bekannt gewordene Art. Querschnitt durch die Astenden doppelt so breit wie hoch, Seiten ziemlich steil aufsteigend und schwach geflügelt. An der Oberseite scharfe Rinne. Bauchschuppen wasserhell. Sporen schwarzbraun, 80 μ im Durchm., Saum schmal, gekerbt, undeutlich, im Durchm. mit 10, 8 μ breiten Feldern. Einhäusig. — R. papillosa Heeg.

Riccia pseudopapillosa Levier. **38.**

2. Thallusoberfläche ohne Papillen.

a Thallus im Querschnitt vier- bis fünfmal so breit wie hoch, beiderseits blaugrün, trocken graugrün, meist zu vollständigen, bis 2 cm im Durchmesser haltenden Rosetten vereinigt. Thallusäste 1—3 mm breit, verkehrt-eiförmig bis keilförmig oder lineal, oberseits sehr flach und breitrinnig, Ränder zarthäutig und trocken aufgerichtet. Thallus 5—6 mm lang, 1—3mal gabelig verzweigt, Epidermis einschichtig, Zellen zartwandig, meist mit ± langer, mamillöser Vorwölbung. Ventralschuppen farblos, hinfällig. Einhäusig. Durch die Sporogonien erfährt der Thallus beiderseits eine Vorwölbung. Sporen braun, Saum gelblich durchscheinend, unregelmäßig gekerbt, 75—100 μ Durchm. Die Tetraëderfläche der Sporen im Durchmesser mit 6—8, 5- oder 6eckigen Feldern, jedes Feld 8—12 μ Durchm. Nach der Krypt.-Fl. v. Schles. im Durchm. mit 8—10 Feldern. Auf feuchter, nackter Erde, bes. auf Stoppelfeldern, auch auf Schlamm, in Ausstichen. Ebene bis niedere Bg. Gemein S. H. — Riccia rappinensis Warnst.

Riccia glauca L. **39.**

b Thallusquerschnitt zwei- bis viermal so breit wie hoch. Rosetten 5—20 mm im Durchm., ± vollkommen, blaugrün, an älteren Teilen oft orange, am Rande und an der Unterseite bisweilen purpurn oder dunkelviolett. Thallus ein- bis zweimal gabelig geteilt, Teilstücke lang und schmal keilförmig, am Ende in der Regel mit 2 divergierenden, gegen die Spitze verschmälerten Lappen, Rinne breit, flach. Epidermiszellen kuglig, untere Wand verdickt, sonst zart. Bauchschuppen oft violett. Sporen tief dunkelbraun oder schwarzbraun, fast undurchsichtig, 80—90 μ, selten größer, nach Warnstorf 75—87 μ im Durchm., Saum feinwarzig, deutlich unregelmäßig gekerbt oder fast lappig. Seitenflächen nicht deutlich netzig, weil Exosporleisten unterbrochen. Felder der Grundfläche nach der Krypt.-Flora von Schles. meist 5. — Feuchte Äcker, Grabenränder. Eb., Hgl. Hin u. wieder. Einhäusig. S., H. — R. subcrispula Warnst. — Westpreußen, Brandenburg, Schlesien, Böhmen, Baden, Schweiz, Tirol, Niederösterreich, Steiermark.

Riccia bifurca Lindenberg. **40.**

c Thallusquerschnitt ein- bis zweiundeinhalbmal so breit wie hoch.

× Thallus dunkelgraugr., 8—10 mm l. u. 1 mm br., zu ± vollkommenen, bis 2 cm im Durchm. haltenden Rosetten vereinigt. Thallus gabelig verästelt, Äste lang, linealisch, ab u. zu keilfg., an der Spitze abgerundet, im Querschnitt ca. 3mal so breit wie hoch, an der Oberseite m. s. flacher Rinne, Ränder s. verdickt, abgerundet, ± aufgerichtet. Epidermiszellen zartwandig, mamillös vorgewölbt. Ventralschuppen farblos, purpurn o. violett. Einhäus. Sporen dunkel- o. schwarzbr., nicht o. nur wenig durchscheinend, 90—120 μ Durchm. Saum gelb, bisweilen schwach gekerbt, mit 6 bis

8 Feldern im Durchm., jedes Feld 10—15 μ Durchm. Nach Warnstorf die „Grundfläche mit 5- und 6eckigen netzförmig verbundenen, Seitenflächen mit unterbrochen netzigen Exosporleisten“. — An ähnl. Stellen wie Riccia ciliata. Eb. Hgl. Zlch. selten. S., H. — Um Berlin (an zahlr. Stellen), Schlesien, bei Hamburg, Hauptverbreitung anscheinend in Norddeutschland. — R. marginata Lindbg.

Riccia Lescuriana Aust. **41.**

×× Rosetten 0,6—1,1 cm im Durchm., zierlich, regelmäßig. Thallus in der Jugend hell- oder gelbgrün, öfter in der Mitte violett angelaufen, unterseits bisweilen rötlich-violett, mehrere Male gabelig geteilt, Äste linealisch, an der Spitze gestutzt oder abgerundet, oberseits mit deutlicher und ziemlich breiter Rinne, im Querschnitt fast rundlich-rechteckig, Flanken zieml. steil oder fast senkrecht. Epidermiszellen zartwandig, kuglig, ab und zu auch birnförmig-mamillös (Fig. 76, Seite 74; 2 Pfeiler). Bauchschuppen vergänglich, oft violett. Sporen dunkelbraun, wenig durchscheinend, 60—80, nach Warnstorf 67—83 μ im Durchm. Saum breit, hell, glatt, alle Tetraëderflächen mit fünf- und sechseckigen Feldern, die Grundfläche meist mit 8 Feldern im Durchm., Felder im allgem. 6—8 μ im Durchm. Einhäusig. — Auf feuchten Äckern. Hin und wieder. S., H. — R. glauca γ minima Lindenbg. — In der norddeutsch. Tiefebene von zahlr. Stellen bekannt. Ostpreußen, Brandenburg, Schlesien, Thüringen, um Hamburg und Kassel, Westfalen, Baden, Bayern.

Riccia Warnstorfii Limpr. **42.**

××× Sehr seltene, nur aus Niederösterreich bekannt gewordene Art, die nach K. M. mit der von Schiffner beschriebenen R. Baumgartneri identisch ist. Die zierlichen, lebhaft blaugrünen, bis 7 mm langen und 8—12 mm breiten, öfter gegabelten Thalli bilden dichte Räschen. Äste linealisch, am Ende mit herzförmiger Einbuchtung, an den abfallenden, oft rotviolett gefärbten Rändern nicht selten mit einigen kurzen Cilien. Thallus auf dem Querschnitt ein- bis zweimal breiter als hoch. Epidermis einschichtig, Zellen oft mamillös. Sporen 80—100 μ im Durchm., deutlich gelb gesäumt, auf den Flächen mit je 6—8, 10—12 μ breiten Feldern im Durchm. Zweihäusig, nach Warnstorf einhäusig. — R. Baumgartneri Schiffn. — Niederösterreich.

Riccia subbifurca Warnst. **43.**

d Thallusquerschnitt weniger breit als hoch.

× Bildet auf Gesteinstrümmern sammetartig gelbgrüne Thalli. Thallus entweder einfach oder ein- bis zweimal gabelig verzweigt, nur 3—4 mm lang und 1 mm breit. Zweige länglichei- oder zungenförmig, an den Enden schwach ausgerandet, Rinne nach den Zweigenden enger werdend. Flanken (Querschnitt!) fast senkrecht aufsteigend. Epidermis einschichtig. Bauchschuppen rötlichbraun. Sporen schwarz, schmal gelb gesäumt, 85—90 μ im Durchm. Zahl der Felder 10—12 im Durchm., jedes Feld 6 μ im Durchm. — Sehr selten. — Steiermark.

Riccia Breidleri Jur. **44.**

×× Rosetten ± vollkommen, im Durchm. meist 1 cm, auch 1,5 cm. Thallusoberseite dunkelgraugrün, trocken graugrün, dick und fleischig, mehrfach gabelig geteilt, linealisch, Äste schmal-länglich, zugespitzt oder stumpflich und an der Spitze eingedrückt, oberseits mit langer, scharfer Rinne. Flanken des Thallus (Querschnitt) steil aufgerichtet, Thallusränder trocken aufgerichtet oder einwärts gebogen. Epidermis zweischichtig. Endzellen mit mamillösen Vorwölbungen, zartwandig, basale Wand verdickt. Bauchschuppen farblos, halbkreisförmig. Sporen schwarzbraun, undurchsichtig, mit feinwarzigem, etwas durchsichtigem, gekerbtem Saum, 70—90, nach Warnstorf 67—80 μ im Durchmesser. Alle Tetraëderflächen der Spore mit fünf- und sechseckigen, netzig verbundenen Exosporleisten, die Grundfläche mit meist 8—10 Feldern im Durchm., jedes Feld 6—10 μ im Durchm. — Auf feuchten, lehmigen Stoppelfeldern. Eb. bis Hochgeb. Hin und wieder. H. u. W. Einhäusig. — R. minima L. z. T., R. Lindenbergiana Sauter, R. epicarpa Wall., R. Raddiana Jack. — Westpreußen, Schlesien, Brandenburg, um Hamburg, Vogtland, Thüringer Wald, Hannover, um Kassel, Siebengebirge, Pfalz, Baden, Böhmen, Tirol, Steiermark.

Riccia sorocarpa Bisch. **45.**

α Luftkammern mit Zellsprossungen.

(Bei Fimbriaria Lindenbergiana u. fragrans sind die Sprossungen nur schwach entwickelt. Siehe auch unter β.)

A. Oberseite des Thallus stets mit zahlr., halbmondfg. (Lunularia) oder körbchenfg. (Marchantia) Brutbechern. Entleerung der Brutkörper durch Ansammlung von Schleimmassen und ununterbrochene Neubildung von Brutkörpern.

I Thallus an d. Oberseite m. halbkreis- o. mondsichelfg. Brutkörperbehältern. Diese enthalten grüne, stecknadelkopfgroße, linsenfg. Brutkörper, die zwei gegenüberliegende Ausbuchtungen besitzen und von einem einzelligen Stiel getragen werden. In Wuchs und Tracht der Marchantia polym. sehr ähnlich, aber sofort von dieser durch die beschriebenen Brutbecher zu unterscheiden. Thallus 1—3 cm l. u. 6—10 mm br., saftig gr., wenig glänzd., im Alter oft gebräunt, Enden der Thalluszweige halbkreisfg. u. vorn ausgebuchtet, seitlich übereinander greifend, Ränder zart, einschichtig, wellig, eingebuchtet u. eingeschnitten, an der Unterseite längs der wenig deutl. Mittelrippe m. weißl. Rhizoiden. Bauchschuppen nur unter den Gametangienständen deutl., weiß, dicht, s. zart, reich an Zellen m. Ölkörpern, halbmondfg., mit rundem Anhängsel. Luftkammern niedrig, Zellsprossungen zahlr., verzweigt. Zellen d. Grundgewebes m. großen, rundl., 20—28 μ im Durchm. haltenden Ölkörpern[1]). Atemöffnungen über die Thallusoberfläche warzig aufgetrieben, groß, von 5 konzentrischen Ringen (Fig. 77, Seite 74) hyaliner, zartwandiger Zellen umgeben (von der Thallusoberfläche gesehen!). Epidermiszellen längl.-vielseitig, angulär deutl. 3eckig verdickt. Dadurch, daß das grüne, unter der Epidermis gelegene Gewebe der Luftkammern durchschimmert, erscheint die Thallusoberfläche gefeldert (bei Lupenvergrößerung!). Bei uns nur steril. In Süd- u. Westeuropa einheimisch. Auf Blumentöpfen in Gewächshäusern und in deren Umgebung auf Gartenerde. Vermehrt sich ungemein rasch durch Brutknospen und ist dem Gärtner als lästiges Unkraut verhaßt. — Marchantia cruciata L., Lunularia vulgaris Mich.

Lunularia cruciata (L.) Dum. **46.**

II Thallus an der Oberseite stets mit becherförmigen, am Rande zierlich gewimperten Brutkörperbehältern (Fig. 78, 79, Seite 74). Brutkörper biskuitförmig (Fig. 80, 81, Seite 74), mit 2 seitlichen Einbuchtungen, die je einen Vegetationspunkt besitzen, Träger einzellig. Ras. ausgedehnt, kräft., oft große Rosetten bildend, entweder niederliegend (auf feuchter Erde) oder aufrecht und rasig (in Sümpfen u. Mooren). Thallus lederartig, s. lang, oft bis 2 dm, und 0,5 bis 5 cm breit, oberseits grün und oft rötlich angeflogen, am Sproßende ausgerandet, Mittelrippe dunkelgr., rotbraun bis schwärzl., Ränder flach o. aufgerichtet, meist unregelmäßig lappig, öfter wellig bis fast kraus. Die Thallusoberfläche ist s. deutl. gefeldert, jedes Feld rautenfg. und in der Mitte mit einer kleinen, runden Öffnung (Lupe!), der Atemöffnung (Fig. 82, Seite 74). Unterseite des Thallus braun o. purpurn, mit dichten, filzigen, glatten (Fig. 85) u. Zäpfchen-Rhizoiden (Fig. 86, Seite 74). Bauchschuppen von dreierlei Gestalt. Man unterscheidet Rand-, Laminar- und Medianschuppen. Die Laminarschuppen stehen zwischen den Rand- und Medianschuppen. Alle Schuppen wasserhell o. schwach rotbraun. Epidermiszellen je nach dem Standort der Pflanze in der Membranstärke verschieden. Grundgewebe m. Stärke- u. Ölkörpern, diese rundl. bis unregelmäß., öfter gelappt, die rundlichen 14 μ, die gestreckten bis 50 μ im Längsdurchm.

---

[1]) Stahl nimmt an, daß die Ölkörper die Pflanzen vor Tierfraß schützen, ein experimenteller Beweis ist aber dafür noch nicht erbracht. (Pflanzen und Schnecken, Jena 1888.)

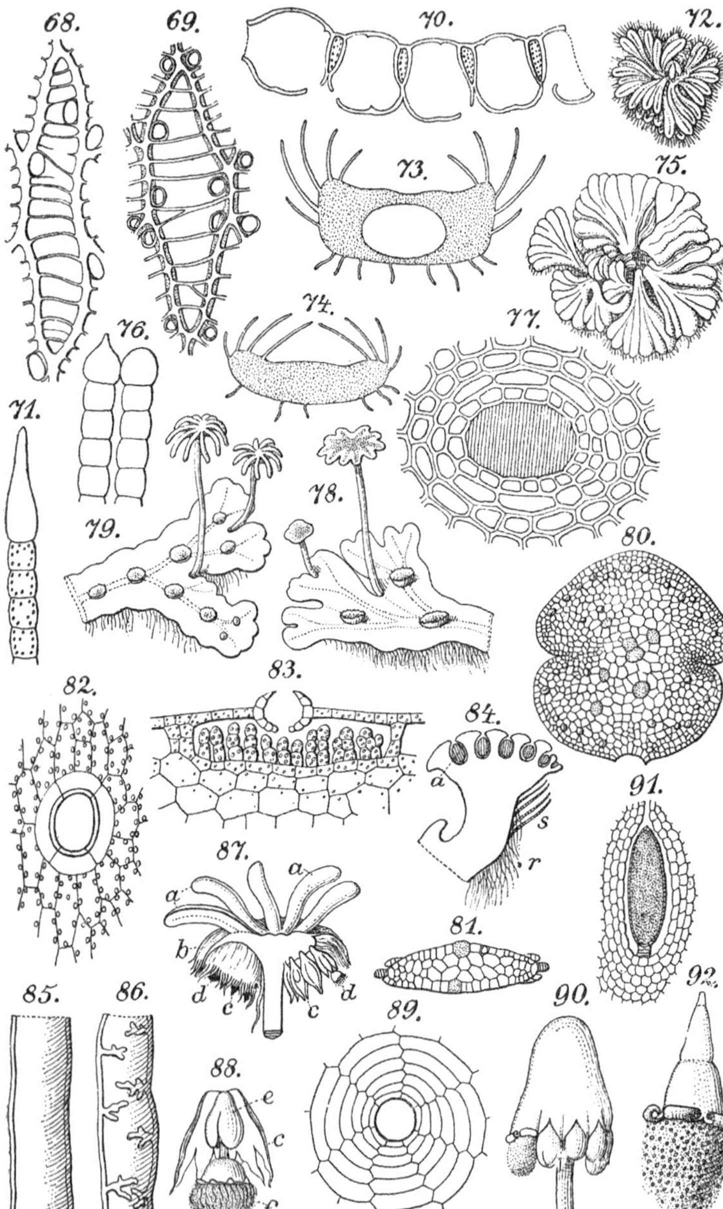
68.
69.
70.
72.
73.
75.
74.
76.
77.
71.
78.
79.
80.
82.
83.
84.
a
s
r
91.
87.
a
a
b
d
c
c
d
81.
85.
86.
89.
90.
92.
88.
e
c
f

u. 10—15 μ im Querdurchm. Jede Atemöffnung, von der Oberfläche des Thallus betrachtet, aus 2 vierzelligen Kreisen (Fig. 82, Seite 74) gebildet. Auf dem Querschnitt (Fig. 83, Seite 74), in dieser Figur irrtümlich 6 Ringe) zeigt die Atemöffnung eine tonnenförmige Gestalt, sie ist aus 4 übereinander liegenden Zellringen aufgebaut. 2häus. Männl. (Fig. 78, Seite 74) u. weibl. (Fig. 79, Seite 74) Gametangienstand auf hohem Träger. Männl. Gametangienstand scheiben- o. schildfg., meist mit 8lappigem, häutigem Rande. Die Scheibe trägt an ihrer Unterseite zahlreiche, radial verlaufende, mit Bauchschuppen besetzte Leisten. Innerhalb dieser Rippen die Antheridien, deren Ausführungsgänge sich an der Scheibenoberfläche befinden (Fig. 84, Seite 74, a Antheridien, s Bauchschuppen, r Rhizoiden), wodurch diese eine warzig-rauhe Beschaffenheit erhält. Träger 4kantig, nackt. Weibl. Gametangienstand (Fig. 79 u. 87, Seite 74) einem Schirmgestell ähnl., mit meist 9, seltener 8, 10 o. 11, annähernd wurstfg., anfangs abwärts gebogenen, später wagerechten, papillösen Strahlen. Jeder Strahl durch die nach unten eingebogenen Ränder rinnig, in der Rinne zahlr. glatte u. Zäpfchen-Rhizoiden. Zwischen je 2 Strahlen (Fig. 87a, Seite 74) an der Unterseite der „Infloreszenz" je eine große, zarte, am Rande fransige Hülle (Fig. 87b, Seite 74) von muschelfg. Gestalt. Jede Hülle enthält mehrere Sporogonien (Fig. 87, Seite 74, c, d, bei d rechts ein geöffnetes Sporogonium), jedes Sporogonium ist an seiner Basis von einem glockenförmigen Perianth umgeben (Fig. 88, Seite 74, c Perianth — e Kalyptra — f Elaterenmasse mit Sporen). Träger des weibl. Gametangienstandes m. 2 Bauchrinnen[1]) u. oben spreuschuppig. Sp. m. deutl. Stiele, gelb, sich oben durch mehrere, sich zurückrollende Zähne o. Klappen öffnend. Wand einschichtig, Zellen m. Ringfasern. Sporen klein, 8—12 μ Durchm., dottergelb. Elateren s. lang, dünn, m. doppelter Spire. — Auf dem verschiedenartigsten Substrat. Auf feuchter Erde, an Felsen, Mauern, in Sümpfen, Mooren, an Quellen u. Bächen. Bes. Eb. — Hochgeb., seltener in den Hochalpen. Häufig. 6, 7.

Marchantia polymorpha L. **47.**

B. Oberseite des Thallus stets ohne Brutbecher.

I Thallus bis 20 und mehr cm l. u. meist 1 cm (8—12 mm) breit, lederartig, kräft., in flachen, dichten Überzügen oft große Flächen bedeckend, mehrfach gabelig geteilt, am Sproßende m. gerundeten o. eingedrückten Lappen, am 2schichtigen Rande wellig u. eingeschnitten, an der Oberseite freudiggr. bis bräunl. u. sehr deutl. u. regelmäßig gefeldert, Felder längl.-6seitig, inmitten eines jeden Feldes ein weißl., über die Oberfläche emporgehobenes Pünktchen, die Atemöffnung. Grundgewebe m. rundl., ovalen o. unregelmäß. Ölkörpern von 15—22 μ Durchm. Unterseite des Thallus gr. o.

[1]) Vgl. Seite 16 Fig. X.

± dunkelpurpurn, an der schmalen, aber deutl. Mittelrippe mit langen, meist weißl. Rhizoiden. Beiderseits der Mittelrippe wasserhelle o. rosenrote, sehr zarte Bauchschuppen mit rundem Spitzenanhängsel. Atemöffnung — von der Thallusoberfläche betrachtet — von 5 konzentrischen Kreisen (Fig. 89, Seite 74), deren jeder meist aus 6 Zellen besteht, umgeben, einschichtig. Epidermiszellen längl.-6seitig, zartwandig. Endzellen der Zellsprossungen in der Luftkammer wasserhell u. schnabelartig verlängert. 2häus. Nur der weibl. Gametangienstand gestielt. Männl. Infloreszenz oval-scheibenfg., am Sproßende (Antheridium Fig. 91, Seite 74). Weibl. Gametangienstand (Fig. 90, Seite 74) auf wasserhellem, unten rosa gefärbtem, hohem, mit einer Bauchrinne versehenem Träger, dieser nur oben spreuschuppig. Die Gametangienstände hut- o. kegelfg. u. oben stumpf. Sie tragen an ihrer Unterseite 5—8, unter sich und mit dem Gametangienstand verwachsene Hüllen, von denen jede ein von der Kalyptra umgebenes Sporogon einschließt. Ein Perianth fehlt. Das kurzgestielte, birnförmige Sporogon (Fig. 92, Seite 74) öffnet sich oben durch einen unregelmäßig begrenzten Deckel, darauf reißt die Wand weiter ein u. schließl. finden wir 4—8 — meist 8 — zurückgekrümmte Zähne. Wand des Sp. einschicht., m. Ring- u. Spiralfasern. Sporen mehrzellig, tetraëdrisch-kugl., undurchsichtig, warzig, braun. 60—120 μ, meist 90 μ diam. Elateren m. 3—6schenkl. Spiralfaser (Fig. 93, Seite 78). Vegetat. Vermehrg. durch stecknadelkopfgroße Brutknöllchen (Fig. 94, Fig. 95, Seite 78 ein Knöllchen gekeimt). Frische Pflanzen verbreiten einen starken, angenehmen, aromatischen Duft. — An feuchten Stellen. Felsen, Mauern, Schluchten, Quellen, Mühlen, Bach- u. Flußufer u. ähnl. Plätze. Eb., Bg., seltener höher. Häufig. Sp. zlch. selten. 4, 5. — Marchantia L., Conocephalus Neck., Conocephalus vulgaris Bisch., nemorosus Hübener. — Lit.: Bolleter, Fegatella conica. Eine morph.-phys. Monographie. Bot. Zentralbl. 1905.

Fegatella conica (L.) Raddi **48.**

II Thallus 0,5—3 cm lang[1]).

α Thallus 0,5—1 cm breit.

1. (3) Thallus (Fig. 96, Fig. 97, Seite 78 Thallusstück mit weibl. „Infloreszenz") bis 1,5 cm l. und 6—7 mm br., gabelig, derb, lederartig, an der Sproßspitze herzfg. ausgerandet, m. welligem Rande, oberseits mattglänzd., gr. o. gelblichgr., unterseits purpurn o. rotbraun, mit zahlr. Rhizoiden. An der breiten, starken Mittelrippe 2 Reihen halbmondfg., rotvioletter Bauch-

[1]) Viele Marchantiaceen, wie Reboulia, Grimaldia, Fimbriaria, Targionia, führen, um die Verdunstung des Wassers herabzusetzen, besondere Bewegungen aus. Die Thallusränder schlagen sich nach oben über die assimilierende Oberfläche des Thallus um, infolgedessen die meist purpurnen Bauschschuppen nach oben gelangen, wodurch das Aussehen der Pflanzen stark verändert wird. Bei hinreichender Befeuchtung nehmen die Ränder wieder ihre ursprüngliche Lage ein.

schuppen, jede mit 2 linealischen Spitzenanhängseln. Epidermis nicht gefeldert, Zellen angulär deutlich 3eckig verdickt. Thallusoberfläche durch die oberflächlichen, also nicht hervortretenden, einfachen — nicht mehrschichtigen! — Atemöffnungen fein punktiert, diese, von der Oberfläche (Fig. 100, Seite 78) betrachtet, von 4—5 konzentrischen, aus je 8 Zellen bestehenden Kreisen zusammengesetzt. Grundgewebe m. rundl. Ölkörpern 22 μ Durchm. Ein- u. 2häus. Männl. Gametangienstände sitzend, scheibenfg., an der dem Sproßende zugewendeten Seite ausgerandet, stehen hinter d. weiblichen, an der Oberfläche durch die Antheridienmündungen warzig. Weibl. Stand (Fig. 97, Seite 78) auf langem, gr., unten blaßbraunem Träger, mit einer Bauchrinne, unten u. oben m. vielen, hyalinen, fädigen Spreuschuppen. „Infloreszenz" halbkugelig (Fig. 98, 99, Seite 78), Rand 4—7lappig, Lappen 3eckig, anfangs abwärts gerichtet, später wagerecht. Jeder Lappen trägt an seiner Unterseite eine muschelförmige, zarte, wasserhelle Hülle, jede Hülle umschließt ein fast kugeliges Sporogon, das später zur Hälfte aus einem Spalt der Hülle hervortritt. Wand des Sp. mehrschicht., ohne Ringverdickungen. Perianth fehlt. Das Sp. öffnet sich oben m. einem Deckel; der obere Rand zerreißt dann unregelmäßig. Sporen tetraëdr.-kugel., gelblichbr., mit netzigen Exosporleisten und gekerbtem, warzigem, durchscheinendem Saume, 65—75 μ diam. Elateren meist mit doppelter, selten 3- o. 4schenkliger Spire. Fig. 100 Atempore von der Epidermis des weiblichen Standes. Fig. 101, Seite 78 Querschnitt durch eine Atemöffnung des weibl. Standes. — An sonnigen, grasigen Stellen, an Abhängen, Hohlwegen, Felsen, Mauern. Eb., Hgl. Hin u. wieder. 5. — Pommern, Sachsen, Schlesien, bei Berlin, Harz, Thüringen, Niederhessen, Rhön, bei Elberfeld, Elsaß-Lothringen, Baden, Schweiz, Bayern, Böhmen, Tirol, Steiermark. — Marchantia L., Grimaldia Lindenberg.

Reboulia hemisphaerica (L.) Raddi **49.**

2. Thallus 1—3 cm l. u. 5—10 mm br., groß, wenig gabelig geteilt, an den Sproßenden fast verkehrt-herzfg. ausgerandet, mit einschichtigen, oft etwas welligen o. gelappten Rändern, oberseits freudiggr. o. purpurviolett, feinwarzig, unterseits tief purpurn, an der deutl. Mittelrippe m. zahlr. Rhizoiden u. großen, purpurroten, in 2 Reihen angeordneten, sich dachziegelig deckenden Bauchschuppen, jede Bauchschuppe m. einem lanzettl. Anhängsel. Oberseite des Thallus klein gefeldert (Lupe!), inmitten des Feldes je eine eingesenkte, tonnenförmige (Querschnitt) Atemöffnung (Fig. 103, Seite 78). Diese, von der Oberseite des Thallus gesehen, von 4 konzentrischen Kreisen (Fig. 102, Fig. 103, Seite 78 Luftkammer im Querschnitt) umgeben, jeder

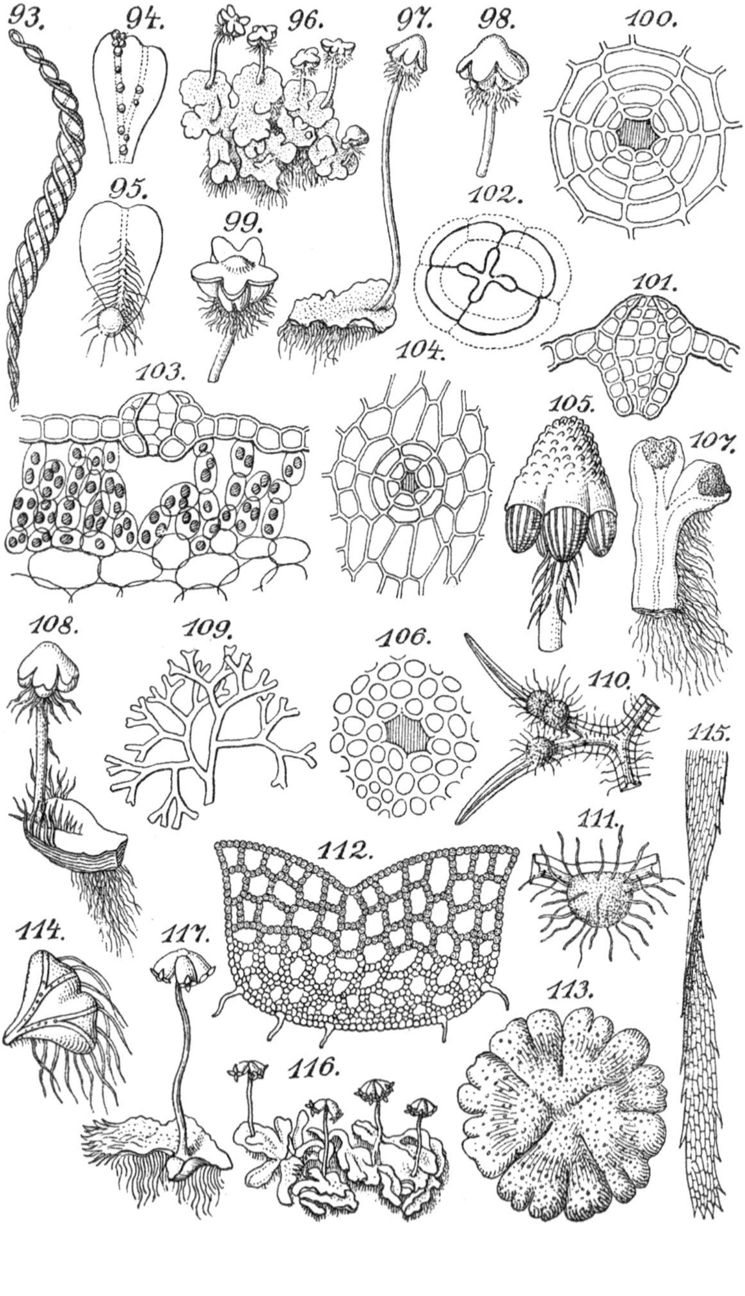
93.
94.
96.
97.
98.
100.
95.
99.
102.
101.
104.
103.
105.
107.
108.
109.
106.
110.
115.
111.
112.
114.
117.
113.
116.

Kreis meist aus 4, selt. 4 o. 5 Zellen bestehd. Durch stumpfkegelförmige Vorwölbungen der Wände der an die Atemöffnung unmittelbar anstoßenden Zellen entsteht ein kreuzförmiger Spalt. Grundgewebe m. zahlr., unregelmäß., öfter gelappten Ölkörpern von 27—60 μ. Ein- u. 2häus. Beiderlei Gametangienstände gestielt, Träger m. 2 Bauchrinnen. an den Kanten häufig geflügelt. Männl. Stand scheibenfg., flach, am Rande schwach 4—5buchtig, häutig, Antheridien einzeln inmitten der Scheibe. Weibl. Stand auf s. langem Träger, halbkugelbis scheibenfg., meist seicht 4-, selten 3- o. 5lappig, Rand gekerbt. Unter jedem Lappen in häutiger Hülle 1—3 glockenfg. Perianthien, von denen ein jedes ein kuglig., glänzendschwarzes Sporogonium enthält. Dieses öffnet sich oben mit 5—8 unregelmäßigen Zähnen o. Klappen. Wand einschicht., m. zahlr., starken, braunen Ringleisten. Sporen dunkelbraun, m. unregelmäßigen Exosporleisten u. durchscheinendem, gekerbtem Saume. 55—60 μ diam. Elateren fädig, mit meist 2schenkl., selten 3schenkl., 8—9 μ breiter und 250 μ langer Spire. — Bes. auf feuchtem, kalkhaltigem Substrat, an Felsen, Mauern, in Sümpfen, Ausstichen. Eb. bis Hochgeb. Verbr. Oft Mv. 7. — Marchantia Lindenberg.

Preissia commutata N. v. E. **50.**

3. **A.** Thallus kräft., 1—3 cm l. u. 6—9 mm br., gr., bräunl. o. rotbraun, an der Oberseite durch die emporgehobenen Atemöffnungen punktiert, m. zarten, gekräuselten, rotbraunen Rändern, an der Unterseite scharf gekielt. Thalluslappen am Ende herzfg. ausgeschnitten. Luftkammern in mehreren Schichten übereinander, mit spärl. Zellsprossungen. Atemöffnungen einfach (Fig. 104, Seite 78), von 3—4 konzentrischen Zellkreisen umgeben. Bauchschuppen s. groß, bis zum Thallusrand reichend, mit kleinem, lanzettl. Spitzenanhängsel. Einhäus. Männl. Gametangienstände in den Thallus eingesenkt, weibl. (Fig. 105, Seite 78) annähernd halbkugl., oben kegelfg.-stumpf u. dch. die stark emporgehobenen Atemöffnungen grobwarzig, Rand breit u. kurz gelappt — 2—4 Lappen —, unter jedem Lappen 1 kugel. Sporogon, das von einem großen, mit 16 braunen Streifen versehenen Perianth umgeben ist und sich mit einem Deckel öffnet. Träger kräft., dunkelrot bis schwarz, mit einer Rinne, unten u. oben mit langen, lineal., rotbraunen Hüllschuppen. Sporen (60—90 μ diam.) u. Elateren (bis 200 μ lang u. 12—15 μ breit) rotviolett, erstere m. dichtwarzigem, netzigem Exospor, letztere kurz u. m. 1—3, meist aber 2 Spiren. — Auf Humus an Kalkfelsen. Zlch. selten. — Bayern, Schweiz, Tirol, Vorarlberg, Niederösterreich, Salzburg. — F. Bonjeani De Not., Asterella Lindenbergii Lindbg.

Fimbriaria Lindenbergiana Corda **51.**

β Thallus wenige mm bis höchstens 5 mm breit:

1. Bauchschuppen mit einem oder 2 (bei Fimbriaria fragrans selten 2) Anhängseln. Epidermiszellen in den Ecken deutl. 3eckig- o. knotig-verdickt. Atemöffnungen einfach.

a Thallus etwa 1—2 cm l., 2—3 mm br., „oval, nach vorn keilfg. o. selten lineal" (K. M.) ‚ab und zu 1—2mal gabelig geteilt, Verzweigung meist dch. Äste, die an der Unterseite entspringen, an der Oberseite dunkelgrün, dch. wenig emporgehobene, weißliche Pünktchen (Atemöffnungen) rauh, an der Unterseite stark gewölbt, dunkelpurpurrot, mit ebenfalls purpurroten in 2 Reihen angeordneten, schief-3eckigen u. mit einem lanzettl. Anhängsel ausgestatteten Bauchschuppen. Luftkammern niedrig, Zellsprossungen zahlreich, verzweigt. Endzellen mit flaschenfg., mamillöser Ausstülpung. Die großen Atemöffnungen von 2 konzentrischen, aus je 6 wasserhellen Zellen gebildeten Kreisen umgeben. Epidermiszellen angulär deutl. sehr stark dreieckig-knotig verdickt. Ein- u. 2häus. Männl. Gametangienstände entstehen an kleinen ventralen Ästchen, die an den Thallusrändern nach oben umgebogen sind und sich oben zu einer kreisfg. Scheibe erweitern, diese an der Oberfläche papillös und am Rande wellig u. häutig. Archegonien an der Unterseite des Thallusrandes, ohne Träger, von einer großen, annähernd kugeligen u. scharf gekielten Hülle eingeschlossen. Diese Hülle „öffnet sich an ihrer oberen lichten Mittelnaht, klappt dabei wie eine geöffnete Muschel zweischalig auf und entblößt so die eingeschlossene, kurz gestielte, gelbliche, hornartige Kapsel (Sporogon), welche nun bald unregelmäßig aufspringt" (Kummer). Sporogonwand einschicht., m. Fasern. Sporen schwarzbraun, 95—100 μ diam. Exospor mit großen Feldern, grobwarzig, Rand warzig, häutig, höckerig. Elateren oft gabelig geteilt, ca. 280 μ lang u. 12 bis 15 μ breit. — Feuchte, sonnige Stellen, bes. an Felsen. Bisher von wenigen Stellen des Gebiets bekannt. F. — Sachsen, Harz, Thüringen, bei Aachen u. Trier, Baden, Schweiz, Oberösterreich. — T. Michelii Corda.

Targionia hypophylla L. **52.**

b Thallus etwa 1 cm l. u. 3 mm br., dunkelgr., vorn tief eingeschnitten, unterseits purpurrötl., scharf gekielt und mit langen, dichten Rhizoiden. Thallusränder aufgerichtet. Atemhöhlen zlch. hoch. Atemöffnungen über die Oberfläche emporgehoben, von 4—5 konzentrischen, aus je 6 Zellen gebildeten Kreisen umgeben. Bauchschuppen groß, purpurn, mit breit-3eckigem Anhängsel. Das vordere Ende des Thallus durch die zahlr. größeren, weißl. nach oben gebogenen Anhängsel silberbärtig. Einhäus. Antheridien in den Thallus eingesenkt, ohne Hülle, unmittelbar hinter dem weibl. Träger. Weibl.

Gametangienstand kegelfg. oben abgerundet u. warzig, unter dem undeutlich lappigen Saume m. 3—4kugl. Sporogonien. Jedes Sp. von einem nach unten gerichteten, aus 6—8 lanzettl. Abschnitten gebildeten Perianth umhüllt, auf kräft. Träger, dieser an der Basis von zahlr. fädigen, wasserhellen Schuppen umgeben. Sporen braun, 100—110 μ Durchm., warzig, breit und gelb gesäumt. Elateren öfter verzweigt. 200 μ lang, 15 μ breit. — An sonnigen Abhängen. Sehr selten. — Harz, Niederösterreich. — Marchantia Schleich., Asterella Trevisan.

Fimbriaria fragrans (Schleich.) N. v. E. **53.**

2. Bauchschuppen mit 2 (selten 3) Anhängseln.

a Thallus schmal lineal, einfach oder gabelig geteilt, dunkelgrün, mit purpurnen, in der Trockenheit einwärts gerollten Rändern, oberseits schwach ausgehöhlt. Luftkammern mit langen Assimilationsfäden dicht erfüllt, Atemöffnungen, von oben gesehen, von zwei bis drei Schließzellenringen umschlossen, jeder Ring aus 6—7 Zellen gebildet. Bauchschuppen purpurn. nicht über den Rand reichend, mit 2 lanzettlichen Anhängseln. — Sonnige Abhänge. Sehr selten. — G. androgyna (L.) Lindbg., G. angustifolia (Neck.) Lindbg., Marchantia androgyna L., M. angustifolia Neck. — In Südtirol um Meran.

Grimaldia dichotoma Raddi. **54.**

b Thallus etwa 2 cm l. u. 2—4 mm br., starr frisch angenehm duftend, blaß- o. trübgrünbr., gabelig geteilt, schmal linealisch, gegen die Enden etwas breiter, durch die aufgebogenen, trocken eingerollten Ränder s. deutlich rinnig. Unterseite dunkelpurpurn, mit dichten, langen, weißl. Rhizoiden, mit s. großen, bis zum Rande reichenden, dicht dachziegeligen, purpurroten, halbmondfg. Bauchschuppen, deren Anhängsel (2) groß, wasserhell. Wie bei vor. sind auch hier die Anhängsel der Bauchschuppen am Thallusrande nach oben umgebogen. Luftkammern m. zahlr. Sprossungen. Atemöffnungen (Fig. 106, Seite 78) nur wenig emporgehoben, von 3 konzentrischen, aus je 6—7 Zellen bestehenden Kreisen umgeben. Epidermiszellen starkwandig u. angulär verdickt. Ein- u. 2häus. Männl. Gametangienstand (Fig. 107, Seite 78) als scheibenfg., oben warzige Pustel am Ende des Thallus, weiblicher halbkugel. (Fig. 108, Seite 78), 4lappig, im oberen Teile grob warzig. Unter jedem Lappen eine weit hervortretende glockenfg. Hülle mit je 1 kugl., braunem Sp. Träger m. 1 Bauchrinne, am unteren Ende durch aufrechte, am oberen durch herabhängende Spreuschuppen silberbärtig. Perianth fehlt. Sporogonwand faserlos, mehrschichtig. Das Sp. öffnet sich mit einem Deckel. Sporen groß, 55—60 μ diam., gelbbraun, grobwarzig, am Saum durchscheinend gelbl. Elateren ab u. zu gabelig geteilt, 10 μ breit. — An sonnigen Felsen u. Abhängen. Bg., selten Hgl. Hin u. wieder. 4. — Schlesien, Sächsische Schweiz, Harz, Baden, Bayern, Böhmen, Tirol, Salzburg, Ober- u. Niederösterreich, Steiermark. — Marchantia Balbis, Grimaldia barbifrons Bisch.

Grimaldia fragrans (Balbis) Corda **55.**

β **Luftkammern ohne Zellsprossungen.**
(bei Fimbriaria Lindenbergiana u. fragrans spärlich).

A. Pflanzen an der Oberfläche stehender Gewässer oder auf Schlammboden.

I Äste des mehrere Male gabelig u. regelmäßig geteilten Thallus linealisch, 0,5—1 mm br.

α Entweder schwimmend an der Oberfläche stehender Gewässer und fast ohne Rhizoiden oder auf Schlammboden kriechend mit zahlr. Rhizoiden. Thallus meist sattgr. s. regel. u. wiederholt gabelig (Fig. 109, Seite 78) verzweigt, 1—4, selbst 5 cm l. u. 1 mm br. Äste gespreizt, an den Enden m. kurzem Einschnitt. Ränder flach, dünn. Bauchschuppen nur an den Thallusenden, bleich. Luftkammern gestreckt, groß, unregelmäßig. Einhäus. Sporogonien (Fig. 110, 111, Seite 78) an kugl. o. beulenartigen, stets mit reichl. Rhizoiden versehenen Vorwölbungen an der Unterseite. Sporen braun durchscheinend, 70—80 μ Durchm., m. breitem, bräunlichgelbem Saume, auf der Grundfläche im Durchmesser mit 4, ungleichgroßen, 5- bis 6eckigen Feldern, jedes Feld 15—20 μ diam. Seitenflächen durch Exosporleisten geschlängelt. Die Landform durch die aufsteigenden Ränder an der Oberseite rinnig. Die Wasserform ist steril, nur die Landform bringt Geschlechtsorgane hervor. Oft Mv. Eb., Hgl. Hfg. 8—9. — Riccia canaliculata Hoffm., fluitans β canaliculata Roth, Ricciella A. Br.

Riccia fluitans L. **56.**

β Nur auf Schlammboden.

1. Seiten des Thallus schief aufsteigend und oben in schwach entwickelte Flügel übergehend. Thallus im Querschnitt 1,5 bis 2mal so breit wie hoch. Rosetten nur 1—2 cm im Durchm. Sporen wie R. Hüben., 65—75 μ Durchm. Einhäusig. — An schlammigen Stellen. Sehr selten. — Brandenburg, Bayern, Böhmen.

Riccia Frostii Austin. **57.**

2. Seiten des Thallus fast senkrecht aufsteigend, Umriß des Querschnitts ein an den Ecken abgerundetes Rechteck, dieses 2- bis 3mal so lang wie hoch. Thalli mehrere Male gabelig geteilt, bis 8 mm lang und 1—1,2 mm breit, zu hell- bis dunkelgrünen, sehr regelmäßigen Rosetten vereinigt. Über dem sehr niedrigen Grundgewebe das stark entwickelte, mit schmalen Lufträumen

ausgestattete Assimilationsgewebe. Sporen rotgelb, 50—55 μ Durchm., die Sporenhaut mit geschlängelten Leistchen. Zweihäusig. An schlammigen Plätzen. Sehr selten. — R. Beckeriana Steph. — Niederösterreich.

Riccia Pseudo-Frostii Schiffn. **58.**

3. Thallus etwa so breit wie hoch, mit senkrechten Seiten (Fig. 112, Seite 78 Querschnitt durch den Thallus) in größeren und kleineren Rosetten von 0,5—1 cm Durchm., wiederholt gabelig geteilt, in der Jugend gr., später in der Regel violett, Äste linealisch, an den Enden ausgerandet, oberseits durch die etwas aufgerichteten Ränder mit deutl., scharfer Rinne. Bauchschuppen rotviolett, gehen oft früh zugrunde. Die Decke der Luftkammern älterer Thallusstücke ist meist zerstört, dadurch die Oberseite von schwammigem Aussehen. Sporen braungelb, ca. 60 μ Durchm., durchsichtig (K. M.), s. undurchsichtig (Warnstorf), m. breitem, hellerem, unregelmäßig gekerbtem Saume, auf der Grundfläche mit meist 6—8 Feldern im Durchm., jedes Feld 8 μ breit. — Selten. — Westpreußen, Brandenburg, Erzgeb., Vogtland, Hamburg, Harz, Baden, Bayern, Böhmen, Steiermark. — Ricciella Lindenberg.

Riccia Hübeneriana Lindenbg. **59.**

II Thallus oder dessen Teile herzfg., bzw. breit-herzfg. gelappt.

α Nur auf schlammigem Boden, am Ufer von Flüssen u. Teichen, an Grabenrändern, auf lehmigen Äckern u. an ähnl. Stellen. Thallus fleischig, meist kreisrund, Rosetten (Fig. 113, Seite 78) meist 0,5—2, seltener 3 cm im Durchm., in der Jugend oberseits gelbgr., glatt u. wie betaut glänzend, später durch Fortfall der Epidermis schwammig o. gruftig. Lappen der Hauptäste vorn abgerundet o. herzfg. gekerbt. Bauchschuppen meist fehlend, zart, wasserhell. Einhäus. Sporen tief dunkelbraun, 65—75 μ Durchm., wenig durchscheinend o. undurchsichtig, auf der Grundfläche mit 5—7, 5- und 6eckigen, oft nicht vollständigen Feldern, Exosporleisten geschlängelt. Saum schmal, hell, feinwarzig. — Eb., Hgl. Hfg.

Riccia crystallina L. **60.**

β An der Oberfläche stehender Gewässer, meist in Gesellschaft von Wasserlinsen, schwimmend o. auf Schlammboden. Nur die Landform bildet deutliche Rosetten (Fig. 114, Seite 78), bei der Wasserform handelt es sich um Teilstücke einer solchen. Thallus etwa 1 cm l. u. etwas schmaler, dunkelgr., unterseits purpurn o. violett und mit zahlr. (Fig. 115, Seite 78), herabhängenden, s. langen, lanzettl.-linealischen, violetten, an den Rändern gezähnten Bauchschuppen u. spärl. Rhizoiden. Bei der Landform erreichen diese Schuppen nur geringe Größe. Thallusstücke deutl. breit-verkehrt-herzfg., meist tief 2- oder

4lappig, m. sehr deutl., gegen das Ende gabeliger, tiefer Mittelfurche, Ränder scharf, nach unten gebogen, daher Seitenfläche des Thallus erhaben. Luftkammern mächtig entwickelt, sechseckig (Querschnitt!), der Thallus, von der Oberfläche betrachtet, sechsseitig gefeldert (Lupe!), inmitten eines jeden Feldes eine kleine Atemöffnung, die von 5—8 sternfg. gruppierten Zellen umgeben ist. Einhäus., nach anderen 2häus. Antheridien in einer Längsreihe der Mittelrinne des Thallus eingefügt. Archegonien einzeln, paarweise u. zu 3 ebenfalls in der Mittelrinne eingesenkt. Sporen schwarzbraun, nach anderen kohlschwarz, nach K. M. 45—55 μ Durchm., nach Heeg 60—75 μ Durchm., Rand deutl. gekerbt o. dicht m. stumpfen Stacheln, mit 7 Feldern im Durchm., jedes Feld 6 μ weit. — In Teichen, Seen, Gräben. Eb., Hgl. Oft Mv. Sp. äußerst selten, sonst zlch. hfg. S. — Riccia L.

Ricciocarpus natans (L.) Corda **61.**

B. *Auf Felsen, auf felsigem Boden, an sonnigen Abhängen auf der Erde. Atemöffnungen einfach, über die Thallusoberfläche etwas emporgehoben.*

I Radialwände der Schließzellen der Atemöffnung stark verdickt, daher die Atemöffnung sternförmig[1]). Oberseite des Thallus durch die aufgebogenen Ränder rinnig.

α (3) Thallus zart, gelbgr., unterseits mit weißen, unten halbmondfg., oben dreieckig zugespitzten Bauchschuppen, deren Enden weit über die Thallusränder hervorragen. Schließzellen der Atemöffnungen in den Innenraum des Porus vorgewölbt. 2häus. Antheridien in den Thallus eingesenkt. Weibl. Gametangienstand auf dickem Stiele, dieser oben mit Schuppen, aber ohne Bauchrinne. An der Unterseite der 2—4 an der Oberfläche gerieften Strahlen des Standes je eine muschelähnliche Hülle, in jeder Hülle 1 perianthloses Sporogon, dessen Wandzellen mit zahlr. braunen Ringfasern[2]). Sporen m. großen, stumpfen Warzen, 40—55 μ diam. Elateren mit 2—4 lockeren Spiren, 150—200 μ lang, 8—10 μ breit. — Bes. auf Kalkboden an sonnigen, felsigen Plätzen. Bg., Hochgeb. Selten. — Bei Nordhausen, Kyffhäusergebirge, Schweiz, Salzburg, Steiermark. — Fimbriaria nana Lindenberg. Marchantia Sommerfelt, Sauteria Lindbg.

Clevea hyalina (Sommf.) Lindbg. **62.**

β Thallus dunkelgr. (Fig. 116, Seite 78), etwa 1 cm l. u. wenige mm br., meist einfach, selten gabelig geteilt, an der Oberseite gefeldert und von „mehligem o. tauartigem Aussehen“ (K. M.),

[1]) Erforderlich sind zarte, parallel zur Oberseite des Thallus geführte Flächenschnitte.

[2]) Fig. XV der Einleitung.

unterseits m. weißl., langen, schmalen, nicht über die Ränder hervortretenden Bauchschuppen. Atemöffnungen von 6 (Fig. 118, Seite 90), nicht in die Öffnung vorgewölbten Schließzellen umgeben. Einhäus. Antheridien in den Thallus eingesenkt, an ventralen o. Seitenästen. Weibl. Gametangienstand (Fig. 117, Seite 78) in der Spitze der Ausbuchtung am Ende des Thallus entspringend, auf 1—2 cm h., u. wasserhellem, mit einer Bauchrinne versehenen Träger, dieser oben mit meist 4, annähernd eifg., etwa bis zur Mitte miteinander verwachsenen Lappen, auf deren Unterseite je eine Hülle, die ein rotschwarzes Sporogon enthält. Perianth fehlt. Wände des Sp. mit zahlr. gelbbraunen Fasern. Sporen wie bei vor., etwa 60—70 μ Durchm. Elateren etwa 240 μ lang und 10 μ·breit, mit 2—4 lockeren Spiren. — Besonders an kalkhaltigen Felsen. Bg., bes. Hochgeb. Hin u. wieder. S. — Lunularia Bisch. et N. v. E. — Schweiz, Tirol, Vorarlberg, Oberbayern, Salzburg, Ober- und Niederösterreich, Steiermark, Kärnten.

Sauteria alpina N. v. E. **63.**

γ Thalluslappen grün, dick, eiförmig, bis 1 cm lang und 0,4 cm breit, an der Spitze abgerundet, durch die aufgebogenen Ränder tief rinnig. Assimilationsgewebe aus langgestreckten, aufrecht stehenden, sechseckigen Kammern gebildet, die oben durch eine einfache Atemöffnung mit der Außenwelt in Verbindung stehen. Atemöffnungen ausgezeichnet sternförmig, von je 6 Zellen umschlossen, die mit ihren stark verdickten Wänden in das Lumen der Atemöffnung vorgewölbt sind. An der Thallusunterseite zwei Reihen großer, dreieckig-sichelförmiger, meist über den Rand weit hinausragender Bauchschuppen. In der Mitte des männl. Thallus zahlreiche, lange Antheridienstifte. Sporogonien ungestielt, in der Mitte des Thallus. — Auf Erde. Zweihäusig. Sehr selten. — Riccia Raddi, Oxymitra Bisch. — Niederösterreich, Südtirol (um Meran).

Tesselina pyramidata Dum. **64.**

ε **A.** Thallus gr., unterseits purpurrot, 5—7 mm br., an der Oberseite kleingefeldert (Lupe!). Luftkammern groß, hoch. Atemöffnungen klein, von 5—6 Zellen umgeben, s. deutlich sternfg., deren radiale Wände sehr stark verdickt. Epidermiszellen derbwandig, angulär $\pm$ verdickt. Bauchschuppen groß, halbmondfg., blaßrot o. weißl., m. 1—2 lanzettl. Spitzenanhängseln, nicht über den Thallusrand hervorstehend. Einhäus. Antheridien in scheibenfg., an der Oberfläche warzigen Anschwellungen hinter dem Fuße des weibl. Trägers. Weibl. Gametangienstand aus der Bucht am Ende der Thallusäste, schirmfg., an der höchsten Stelle oft gebuckelt, am Rande m. 3—6 Lappen, an deren Unterseite je eine weißl. Hülle, in jeder Hülle ein perianthloses

Sporogon, dessen einschichtige Wand mit Fasern. Träger kräftig, unten purpurrot, m. 2 Rinnen. Sporen braungelb, 60—65 μ diam., m. zahlr., stumpfen Warzen. Elateren m. 3 Spiren, diese 250—300 μ lang u. 8 μ breit. — Bes. auf kalkhaltigem Substrat. S. selten. — Schweiz, Tirol, Oberbayern, Salzburg, Oberösterreich, Steiermark, Kärnten. — Preissia quadrata Sauter, Sauteria Lindbg.

Peltolepis grandis Lindbg. **65.**

II Wände der Zellen um die Atemöffnung gleichmäßig oder nicht verdickt[1]).

α Thallus an der Unterseite durch die stark vorgewölbte Mittelrippe gekielt, im Querschnitt ist der Kiel 3eckig.

1. Thallus am vorderen Ende durch zahlreiche, heraufgebogene, silberige Bauchschuppen bärtig.

Fimbriaria fragrans 53.

2. Thallus am vorderen Ende nicht bärtig.

a Thallus (Fig. 119, Seite 90) meist einfach, 0,5—1 cm l., an den Enden 2—5 mm br., linealisch-keilfg., durch die aufgebogenen, gewellten und kleingekerbten Ränder rinnig, oben gr. o. rötl., an der Unterseite rotbraun o. dunkelrot, m. großen, halbmondfg., purpurroten, bis zum Thallusrand reichenden, mit einem Spitzenanhängsel versehenen Bauchschuppen. Luftkammern schmal, hoch. Atemöffnungen weit, polygonal. Einhäus. Weibl. Infloreszenz (Fig. 120, Seite 90) halbkugel., im oberen Teil mit groben Warzen. Sporogonien 2—4, jedes von einem langgestreckten Perianth umgeben, das der Länge nach in 6—8 wasserhelle schmale Zipfel zerreißt, die einzelnen Zipfel hängen schließlich fransenartig gespreizt am Rande des Gametangienstandes herab. Träger nur unten mit sehr kurzen Spreuschuppen. Sporen glatt, 50—60 μ Durchm., breit-, gelb- und gekerbt gesäumt. Elateren 250—300 μ lang und 8—12 μ breit, mit 2—3 schmalen Spiren. An sonnigen Stellen, in Felsspalten. Bg., Hochgeb. Hin und wieder. S. — Marchantia Wahlenbg., Fimbriaria nana Lindenberg. — Schlesien, Böhmen, Harz, Baden, Schweiz, Steiermark.

Fimbriaria pilosa (Wahlenbg.) Tayl. **66.**

b Von der vorigen besonders durch das 16zipfelige Perianth verschieden. Auch ist die Pflanze viel größer, der Träger des weibl. Gametangienstandes ist auch oben mit zahlreichen Schuppen versehen.

Fimbriaria Lindenbergiana 51.

β Thallus an der Unterseite nur wenig vorgewölbt.

1. Thallus kurz und breit lappig, lineal, mehrfach gabelig geteilt, oben grün, unten rotbraun, an der Oberseite durch die zahl-

[1]) Siehe Fußnote zu I.

reichen Atemöffnungen fein punktiert und wenig ausgehöhlt. Assimilationssystem kräftig entwickelt, oft mehrere Luftkammern übereinander. Atemöffnungen von mehreren aus 5 bis 7 Zellen bestehenden Ringen umschlossen. Alle Epidermiswände zart. Die blaßroten, halbmondförmigen Bauchschuppen mit dreieckigen Anhängseln. Gametangien auf sehr dünnem, rotbraunem Träger, Träger mit zahlreichen, weißen, schmalen Schuppen. — In Felsspalten alpiner Regionen. Sehr selten. — Duvalia Lindbg., Marchantia Hornem., Grimaldia carnica Mass. — Nur in Tirol.

Grimaldia pilosa (Horn.) Lindbg. **67.**

2. Thallus mehrere mm bis 1,5 cm l. und 2 bis 6 mm br., lederartig, flach, meist mehrere Male gabelig geteilt (Fig. 121, Seite 90), oben blaugr., im Alter gruftig, unterseits ± purpurn, mit weißl. Rhizoiden fest am Boden angewachsen und kleinen, undeutl. Bauchschuppen, Anhängsel 1—2. Atemöffnungen 6eckig. Epidermiszellen zartwandig. Einhäus. Antheridien in den Thallus eingesenkt. Weibl. Infloreszenz (Fig. 122, Fig. 123, Seite 90 längs durchschnitten, Fig. 124, Seite 90 einfruchtiger weibl. Gametangienstand) halbkugel. bis fast kugel., an der Oberfläche m. s. großen Warzen, unterseits m. 3—4 je ein Sporogon einschließenden Hüllen. Träger schlank, m. einer Bauchrinne, an beiden Enden mit farblosen, kurzen Spreuschuppen. Perianth fehlt. Sporogon schmutzig-braun, öffnet sich mit einem Deckel, Wand mehrschichtig, ohne Ringfasern. Sporen groß, grünlichgelb, „im Mittelraum u. am schmalen Saume durch geschlängelte Fältchen undeutlich netzig", nach K. M. 60—70, selt. 80 μ br. u. im Gegensatz zur Angabe der Krypt.-Flora v. Schles. mit breitem Saume u. großen Papillen. Elateren ca. 250 μ lang und 8 μ breit. — An sonnigen, feuchten, bes. kalkhaltigen Felsen. Bg., Hochgeb. Zlch. selten. — Riesengebirge, Oberfranken, Oberbayern, Schweiz, Tirol, Salzburg, Niederösterreich, Steiermark, Kärnten. — Duvalia N. v. E., Grimaldia Lindenberg.

Neesiella rupestris (N. v. E.) Schiffn. **68.**

B. Thallus an der Oberseite ohne ein besonderes Assimilationsgewebe (Querschnitt!). Das Sporogon öffnet sich mit 4 Klappen.

A. Thallus an der Ober- u. Unterseite überall gleichmäßig mit aufrechten, dichten, einzelligen, schwach gekrümmten Haaren[1]) *oder mit einzelnen, zwischen zwei Randzellen entspringenden Haaren. (Lupe!)*

I Diese Art unterscheidet sich von allen übrigen Metzgeria-Arten dadurch, daß die Äste allmählich nach der Spitze sich verschmä-

[1]) Zwischen den zahllosen Haaren können größere Wassermengen festgehalten werden. Fig. II der Einleitung.

lern, so daß hier nur noch die Mittelrippe vorhanden ist, flügelige Ausbreitungen aber fehlen. Die Spitzen tragen $^1/_3$ bis $^1/_2$ mm große, ovale Brutkörper. Auf der Thallusfläche fehlen ,,Haare'' meist vollständig, man findet sie an der Rippe und am Thallusrande. Selten. — Vogtland, Baden.

Metzgeria fruticulosa (Dicks.) Evans. **69.**

II Thallus 2—3 cm l. u. bis 1,2 mm br., schmal bandförmig, mit kürzeren, alternierenden Seitenästen, zu schwammig-polsterförmigen, meist gelbgr., bisweilen graugrünen oder etwas bläulich angehauchten Rasen vereinigt, beiderseits mit sehr deutlichen, acht bis zwölf Schichten hoher u. 10—14 Zellen breiter Mittelrippe, Epidermiszellen oben u. unten 8—10, sonst einschichtig. Zweihäus. Sehr kurze, schneckenförmig eingerollte, behaarte, an der Bauchseite der Mittelrippe entspringende Ästchen bilden durch ihre Einrollung den Schutz für die an ihrer Oberseite entspringenden Geschlechtsorgane. Perianth fehlt. Kalyptra verlängert-keulen- o. verkehrt-birnfg., dicht m. abstehenden Haaren besetzt. Sp. kugl., kurz gestielt, mit 4 fast bis zum Grunde gespaltenen, außen rinnigen, 2schichtigen Klappen sich öffnend, Zellen der Sporogonwand m. knotigen Verdickungen, an den Klappenenden auf der Innenseite sogenannte Elaterenträger, an welche die ein- u. breitspirigen Elateren in Form pinselartiger Büschel angewachsen sind. — Bes. an Kalkfelsen in schattiger, feuchter Lage, seltener an Stämmen von Laubbäumen. Hgl. — Hochgeb. Zlch. hfg. Sp. äußerst selt. — Jungermannia Schrk., Echinomitrium Hüb.

Metzgeria pubescens (Schrank) Raddi **70.**

B. Thallus ohne die unter A angegebene Art der Behaarung.

I Thallus am Rande mit einer Haarreihe, außerdem zahlreiche Haare an der Unterseite der Mittelrippe, linealisch, regelmäßig gabelig geteilt, 2—3 cm l. u. bis 2 mm br., an der Oberseite erhaben, gr. o. gelbgr., schwach glänzd., unterseits mit stark vorgewölbter Mittelrippe, auf dem Querschnitt oben mit 2 großen rektangulären, unten mit 3—4 ebenfalls rechteckigen, aber etwas kleineren Epidermiszellen. Einhäus. Geschlechtsäste fast immer vorhanden, ebenfalls an der Mittelrippe der Unterseite, im allgemeinen mit denen von Metzgeria pubescens übereinstimmend. Veget. Vermehrung nach Göbel (G. O. 1. Aufl., S. 275) durch Brutknospen, die an sehr verschmälerten Thallusästen, zunächst an deren Rand, später auch an der Ober- und Unterseite entstehen. Diese Thallusäste verlieren mit der Zeit ihre Dorsoventralität und werden radiär u. aufrecht. Sie besitzen schon vor der Ablösung einen Vegetationspunkt mit 2schneidiger Scheitelzelle.

Metzgeria conjugata Lindbg. **71.**

II Thallus am Rande ohne Haare.

α Auf der Oberseite des Thallus der männl. Pflanze gegen die Sproßenden hin fast stets eigenartige, flaschenförmige Behälter[1]) (Fig. 126, Seite 90) mit langem Halse, in denen Brutkörper von annähernd kugliger Gestalt zur Entwicklung gelangen. Die älteren Brutkörper werden durch die im Grunde des Behälters immer wieder von neuem gebildeten hinausgedrängt; an diesem Vorgang sind außerdem Schleimmassen beteiligt, die von zahlreichen Papillen im Grunde des Gehäuses abgesondert werden. Außerdem findet eine vegetative Vermehrung durch fast sternförmige, mehr in der Mitte gegen die Thallusenden hin stehende Brutschüppchen (Fig. 127, 128, Seite 90), Sternknospen, statt. Thallus (Fig. 125, Seite 90) in deutlichen Rosetten o. in ausgedehnten Rasen oft weite Flächen bedeckend, dunkel- o. gelbgr., zur Zeit der Sporenreife bräunl., zart, dünn, mehrere Male gabelig geteilt, am Rande durch buchtige Einschnitte mit einschichtigen, in der Ebene des Thallus ausgebreiteten, also horizontal der Achse eingefügten Blättern, die sich gegen das Sproßende hin oberschlächtig decken. Unterseite des Thallus mit zahlr., weißl. Rhizoiden, Unterseite der Blätter in der Nähe der Basis mit deutlich in Reihen angeordneten kugeligen, kleinen von Nostoc-Kolonien[2]) erfüllten, durch den Thallus als schwärzl. o. braungrüne Punkte durchschimmernden Blattöhrchen; außerdem an der Unterseite der Mittelrippe o. rechts u. links davon kleine, schuppen- o. schildfg., am Rande gezähnte o. wimperige Unterblätter (Fig. 129, Seite 90). 2häus. Männl. Pflanzen kleiner, Antheridien einzeln in der Mittellinie der Thallusoberfläche versenkt. Archegonien zu mehreren hinter dem Sproßscheitel. Nur ein Archegonium wird befruchtet und gelangt durch Zellwucherungen in die Tiefe einer keulenfg., vollständig geschlossenen Höhlung. Die sehr zarte Kalyptra nimmt den Innenraum der Höhlung vollständig ein. Zur Zeit der Sporenreife durchbricht das Sp., das von einem 2—3 cm l., wasserhellen Stiele getragen wird, das vordere Ende der Höhlung und hebt einen Teil der Kalyptra mit empor. Sp. rundl.-oval, bräunl., sich mit 4 oben abgerundeten Klappen öffnend, Wand anfängl. 3—4schichtig, später einschichtig, Wände knotig verdickt. Sporen gelbgr., tetraëdr.-kugl., 35—45 μ Durchm., feinwarzig. Elateren meist 2spirig, oft durch Spaltung 2- u. 3paarig. — Bes. auf nass. Sand- o. Lehmboden, an Grabenwänden, Hohl-

---

[1]) Nicht zu verwechseln mit den über die ganze Oberfläche des weibl. Thallus des sehr seltenen Sphaerocarpus terrestris verteilten, zahlr., ei- o. birnförmigen Hüllen. Siehe Seite 91.

[2]) Diese Kolonien werden (G. O. 2. Aufl., S. 656) von einem verzweigten, einzelligen Schlauch durchzogen.

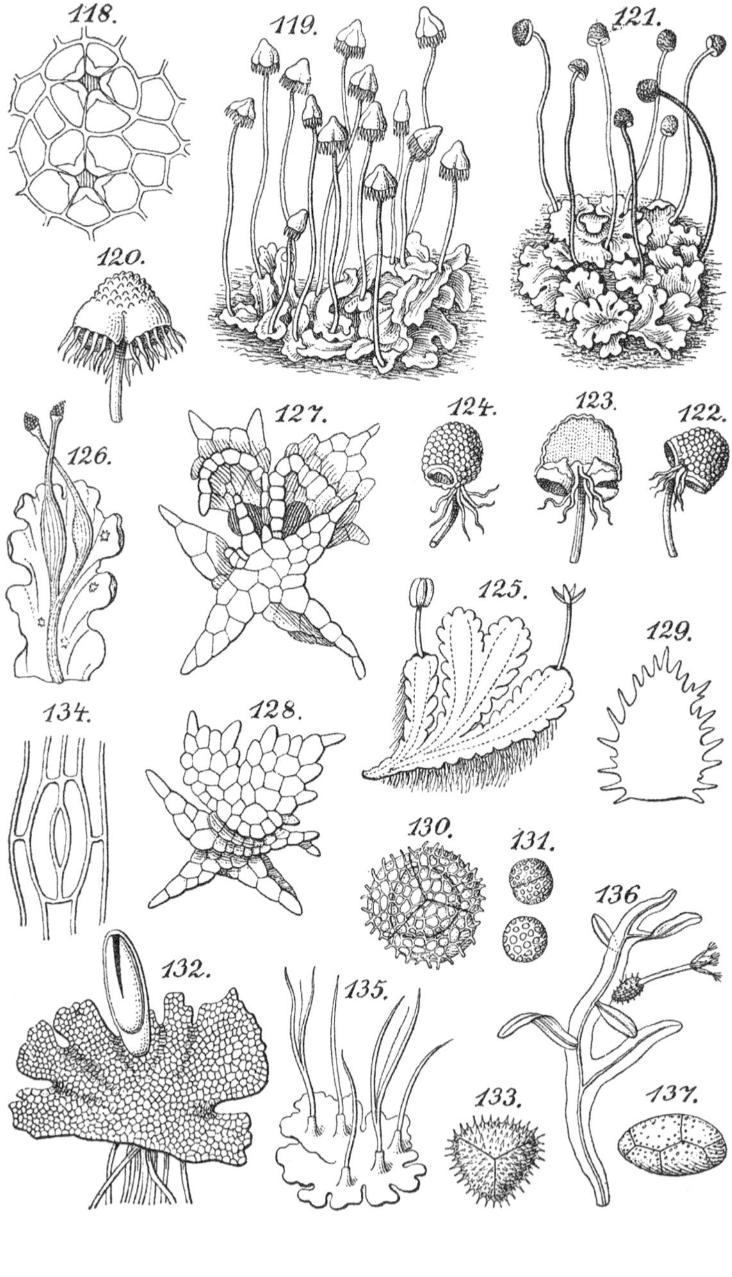
118.
119.
121.
120.
126.
127.
124.
123.
122.
125.
129.
134.
128.
130.
131.
136
132.
135.
133.
137.

wegen, Teich- u. Flußufern, in Ausstichen. Bes. Eb. u. Bg. Zlch. hfg. Sp. hin u. wieder. F. — Jungermannia Hook.

Blasia pusilla L. **72.**

β Flaschenförmige Behälter von der unter α beschriebenen Form fehlen.

1. Thallus kreisrund o. fast kreisrund, bis 1 cm, bei Anthoceros levis bis 2 cm im Durchm.

a Sehr seltene Arten.

× Thallus hellgr., zart, 0,5—1 cm Durchm., unters. m. langen Rhizoiden, auf dem Querschnitt in der Mitte m. 2—3 Schichten, ohne deutl. Mittelrippe, Rand gelappt u. geteilt, einschicht. 2häus. Männl. Pflanzen kleiner. Antheridien in großer Anzahl auf der ganzen Thallusoberfläche, jedes von einer zylindrischen, oben offenen Hülle umgeben. Weibl. Pflanzen an der Oberseite m. s. zahlr., birn- o. eifg., 1—2 mm hohen, grünen, oben mit einer Öffnung versehenen Hüllen, die in der Regel je ein kugl., mohnkorngroßes, kurzgestieltes, oben sich unregelmäßig öffnendes Sporogon enthalten. Sporen s. groß, schwarzbraun, auch in der Reife zu Tetraden (Fig. 130, Seite 90) vereinigt, durchschnittl. 90 μ Durchm., deutl., aber klein-6eckig gefeldert, Zahl der Felder im Durchm. 8—10, jedes Feld 8—10 μ weite, außerdem kleinere Zellen, sogenannte Nährzellen (Fig. 131, Seite 90). Elateren fehlen. — Bisher nur an einigen Stellen in Baden und in der Steiermark gefunden. Auf nassem, lehmig-sandigem Boden, in Weinbergen. F.

Sphaerocarpus terrestris (Mich.) Smith **73.**

×× Thallus (Fig. 132, Seite 90) gelbgr. im Durchm. nur 3—7 mm, mit 2—3schichtigem Rande und vielschichtigem, innerem Teile. Einhäus. Antheridien zu 2—3, meist in den peripheren Teilen des Thallus. Hüllen am Thallusrande entspringend., 2 mm l., zylindr., zahlr., niederliegd. o. etwas aufgerichtet, mit je einem entweder eingeschlossenen oder etwas emporgehobenen Sporogon, dieses gelbbraun, bis 2 mm l., längl. o. eifg., 2klappig, Wand 3schichtig, ohne Spaltöffnungen, mit Mittelsäulchen, dieses nach Krypt.-Flora v. Schles. „aus 2—3 Zellreihen bestehend, höckerig, früh in einzelne Schleuderzellen sich auflösend“. Ob diese sterilen Zellen bei der Sporenaussaat mitwirken, muß dahingestellt bleiben, unwahrscheinlich ist es nicht, denn ihr Exospor zeigt meist etwas gewundene, hellbraune Verdickungsleisten. Sporen dunkelbraun bis schwärzl., glatt, 35 μ diam., Elateren 35—50 μ breit. — Auf feuchten Äckern. Bisher nur aus Schlesien, Böhmen, Oberbayern, Steiermark u. Südtirol bekannt. — 10.

Notothylas valvata Sull. **74.**

b Häufige Arten[1]). Thallus (Fig. 135, Seite 90) einfach, rosettenfg., am Rande gelappt u. auf dem Querschnitt mehrschichtig, ohne deutl. Rippe. Jede Zelle des Thallus m. einem großen Chlorophyllkorn, das ein Pyrenoid umschließt, ohne Ölkörper. Sporogon lang schotenfg., 4seitig, nach beiden Enden dünner werdend, reich an Chlorophyll, an der Oberfläche des Thallus in größerer Anzahl entspringend und die aufrechte Hülle durchbrechend; zur Zeit der Sporenreife öffnet es sich von der Spitze her mit zwei, oft stark gekrümmten, 4schichtigen Klappen, diese an der Außenfläche mit Spaltöffnungen (Fig. 134, Seite 90) vom Bau der Stomata höherer Pflanzen (2 wurstförmige Zellen mit elliptischem Spalt). Mittelsäulchen vorhanden. Sporen-tetraëdrisch-kugelig. Elateren von mannigfaltiger Gestalt, zwei- bis vierzellig (die Zellen in Reihen!), nur bei Anth. levis m. rudimentären, spiraligen Verdickungen. Einhäus.

× (3) Thallus 1—2 cm breit, mit aufgebogenen und mehrfach zerschlitzten Rändern, im Querschnitt mit zahlreichen, großen, durch die Thallusoberseite mit lamellenförmigen Auswüchsen und durchschimmernden Schleimhöhlen. Hülle 2—4mm lang. Sporogone kürzer als bei der folgenden Art, 1—3 cm lang. Sporen auf der Tetradenaußenseite netzig-gefeldert, an den Felderecken gegabelte Stacheln. August. — An denselben Stellen wie die beiden folg. Arten. Zlch. selten. — Brandenburg, Niederhessen, Westfalen, Baden, Bayern.

Anthoceros crispulus (Mont.) Douin. **75.**

×× Rosetten 6—15 mm Durchm., durchschnittlich 1 cm, dunkelgrün, trocken schwärzl., ohne Glanz, am Rande mit aufsteigenden wellig-krausen Lappen, an der Oberseite unregelmäßig blatterig aufgetrieben u. warzig, im Alter zerrissen, auf dem Querschnitt im mittleren Teile mit Schleimspalten, die von Nostoc-Kolonien erfüllt sind. Die Wandzellen der Schleimhöhle wachsen zu reichverzweigten Fäden aus, die sich mit den Nostocfäden zu einem dichten, wirren Knäuel vereinigen. Biolog. Bedeutung noch unbekannt. Ob Symbiose? Hülle 4—6 mm l., Sporogon 2—4 cm l., zur Zeit der Sporenreife oben rauchschwarz. Sporen schwarz, dicht stachelig (Fig. 133, Seite 90). 40—45 μ, Außenseite der Sporentetraden netzig gefeldert. Elateren rauchschwarz. (Fig. 134, Seite 90. Spaltöffnung vom Sporogon.) — Auf Äckern (bes. n. der Ernte), an Grabenrändern, überhaupt an feuchten, schlammigen Plätzen. Eb., Hgl. Hfg. Sp. hfg. 8, 9.

Anthoceros punctatus L. **76.**

---

[1]) A. pusillus ausgenommen.

××× Rosette (Fig. 135, Seite 90) durchschnittl. 10—20 mm Durchmesser, nur selten bis 25 mm, dunkelgr., fettglänzend, ohne aufsteigende und krause Ränder, an der Oberseite glatt u. flach. Schleimhöhlen fehlen. Hülle 1—2 mm l. Sp. bis 2,5 cm l., z. Zeit der Sporenreife oben gelblichbraun. Sporen gelb, dicht u. stumpf-warzig punktiert. 30—40 μ diam. Elateren gelbl. — An ähnl. Stellen wie vor. Eb., Hgl. Hfg. Sp. hfg. 8—9.

Anthoceros levis L. 77.

2. Thallus ± breit bandförmig.

a Thallus mit deutlicher, an der Unterseite oft stark hervortretender Mittelrippe.

× Thallus (Fig. 136, Seite 90) bis 1 mm br. u. bis 2 cm l., in allen Teilen linealisch, sehr regelmäßig gabelig verzweigt, zu meist gelblichgr., seltener dunkelgr. o. bleichen, schwammigen Rasen oder lockeren Überzügen vereinigt, unterseits mit spärl. geraden Haaren und stark vorgewölbter Mittelrippe, auf dem Querschnitt zeigt diese oben 2, unten 4 Epidermiszellen, das übrige Gewebe einschichtig. 2häus. Bezl. der Geschlechtsorgane vgl. Metzgeria pubescens, aber männl. Ästchen kahl, weibl. behaart. Kalyptra igelig behaart. Sp. fehlt. Sporen gelbbraun, feinwarzig punktiert, 20—25 μ diam. Elateren einspirig, 6—7 μ breit. — An alten Baumstämmen, an Felsen, auf feuchtem Waldboden. Eb. bis obere Bg., seltener in höheren Lagen. Sehr hfg. 7, 8. Vegetat. Vermehrg. nach Göbel (G. O., 2. Aufl. S. 673) durch an den Thallusrändern auftretende Brutkörper. — Jungermannia L., Echinomitrium Hüb.

Metzgeria furcata (L.) Lindbg. 78.

×× Thallus 2 u. mehr mm br. Schutzorgane der Antheridien und Archegonien denen von Blyttia Lyellii ähnlich.

O Thallus 2—3 mm br. u. etwa 4 cm l., nach vorn etwas breiter, zart u. durchsichtig, öfter gabelig geteilt, am Rand eben oder schwach wellig, aber nicht, w. b. folg. Art, wellig-kraus., gelbgr., unterseits an der scharf von den dünnen Seitenteilen des Thallus abgesetzten, im Querschnitt 3eckigen Mittelrippe zahlr. weißl. Rhizoiden. Die männl. Pflanze trägt an der Oberseite der Rippe zahlr. kleine, am Rande gesägte o. wimperig-gezähnte Blättchen in zwei Reihen, unter ihnen 1—2 Antheridien auf kurzem, dickem Stiele. Das längl.-eifg., mit 2—4 Klappen aufspringende Sp. am Grunde des langen Stieles mit 2 Hüllen, einer äußeren, kürzeren u. einer längeren, inneren. Die äußere Hülle wird gebildet von schmalen, langwimperig zerschlitzten, unten miteinander verwachsenen Blättchen, die innere Hülle ist zylindrisch, ca. 6 mm l. u. etwa 1 mm br., undeutl.

faltig u. an der Mündung ungleich lappig. Kalyptra kürzer als die äußere Hülle. Wand des Sporogons 4—6schichtig, Zellen der äußeren Schicht viel größer als die der inneren. Sporen rotbraun, warzig-rauh, 33 μ diam. Elateren 2spirig, 8—10 μ breit. — Eb. u. nied. Bg. Sehr selten. 5. — Riesengebirge, Böhmen, Bayern, Baden, Schweiz, Vorarlberg. — Jungermannia Hook., Dilaena Dum., Diplomitrium Corda, Pallavicinia Lindbg., Calycularia Steph.

Mörckia hibernica (Hook.) Gottsche **79.**

OO Thallus breiter.

! Thallus auf der Oberseite der Mittelrippe, bei Mörckia Flotowiana und Blyttia Lyellii nur die männl. Pflanzen mit zahlr. kleinen Blättchen.

\+ Thallus 5—10 mm br. u. 1—2 cm l., meist einfach, m. krausgewellten u. gelappten, einschichtigen Rändern, zu dichten Rosetten vereinigt; unterseits m. dichten, goldgelb. o. braunen Rhizoiden, Blättchen an der Oberseite zahlr., in Gestalt u. Größe s. verschied. 2häus. Äußere u. innere Hülle im allgem. wie b. vor. Rand der inneren Hülle m. einwärts gebogenen Zähnen. Außen schicht des 3 cm hoch gestielten Sp. großzellig u. mit starken, radialen Verdickungsleisten. Sporen dunkel- o. rotbraun, unregelmäßig warzig, Rand kurz- u. stumpfstachelig, 30—35 μ diam. Elateren mit 2 zarten Spiren, 250—300 μ lang u. 7 μ breit. 2häus. — Obere Bg. u. bes. Hochgeb. Sehr selt. 7, 8. — Riesengebirge, Thüringer Wald, Böhmen, Rheinprovinz, Baden, Schweiz, Bayern, Vorarlberg, Tirol, Salzburg, Steiermark, Kärnten. — Jungermannia Mörck, Diplomitrium Corda, Diplolaena N. v. E., Dilaena Dum., Pallavicinia Lindbg., Calycularia Steph., Blyttia Mörckii N. v. E., M. norvegica Gottsche.

Mörckia Blyttii (Mörck) Brockmann **80.**

++ Thallus 4—5 mm br.

? Thallus etwa 4 mm br., in ausgedehnten, gr. Rasen, am Rande sehr stark wellig-kraus u. gelappt, mehrfach gabelig verzweigt, unterseits mit weißen Rhizoiden. Rand der inneren Hülle m. einwärts gebogenen Läppchen. Wand des Sp. aus 3 Schichten gebildet, aus einer äußeren großzelligen und 2 inneren kleinzelligen. Sporen rotbraun, mit unregelmäß. Leisten u. fast glattem Rande, 50—55 μ diam. Elateren 2—3spirig, 300 μ lang u. 7 μ breit. — Auf feuchtem, felsigem o. sandigem Boden. Eb. bis Bg. Selten. Sp. meist reichl. F. — Pommern, Brandenburg (Bucher Ausstich), Schlesien, Iser- und Erzgebirge, Oldenburg, Oberbayern, Schweiz, Tirol, Salzburg, Niederösterreich, Steiermark. — Cordaea Flotowiana N. v. E., Diplolaena Lyellii β. Flotowiana N. v. E., Blyttia Lyellii β. Flotowiana N. v. E., Pallavicinia Lindberg.

Mörckia Flotowiana (N. v. E.) Schiffn. **81.**

?? Thallus etwa 4—5 mm br., 2—5 cm, selten bis 10 cm l., einfach o. gegabelt, zart u. durchscheinend, m. flachen o. wellig-buchtigem, einschichtigem Rande, an der Oberseite rinnig; der kielige Teil der Mittelrippe wird von einem Strange sehr langgestreckter, dickwandiger, getüpfelter Zellen, dem Zentralstrang, durchzogen. 2-häus. In der Mitte der rinnigen Thallusoberseite sehr zahlreiche Hüllblättchen, von denen ein jedes ein Antheridium schützend überdeckt. Zum Schutze der ebenfalls in der Mitte der Thallusoberseite stehenden Archegonien ist eine doppelte Hülle vorhanden. Die äußere besteht aus zahlreichen zerschlitzten, am Grunde miteinander verwachsenen Blättchen, die innere stellt einen ca. 4 mm langen, am Rande fein zerschlitzten, bleichgrünen Hohlzylinder dar. Sp. öffnet sich meist mit 2 löffelartig ausgehöhlten, an der Spitze zusammenhängenden Klappen. Wand 2schichtig, Verdickungsleisten fehlen. Sporen dunkelbraun, m. undeutl. netziger Zeichnung, 15—20 μ diam. Spiren der 300—350 μ langen Elateren zart, 2—3. — Auf Moorboden, torfigen Wiesen, auch auf faulem Holze. Eb., niedere Bg. Selten. Sp. hin u. wieder. S. — Jungermannia Hook., Dilaena Dum., Diplolaena Dum., Diplomitrium Corda, Gymnomitrium Hübener.

Blyttia Lyellii Lindenbg., Gottsche u. N. v. E. **82.**

!! Thallus auf der Oberseite der Mittelrippe ohne Blättchen. Sp. m. Elaterenträger.

+ Thallus auf dem Querschnitt mit breiten, von oben nach unten verlaufenden, deutlich sichtbaren Verdickungsleisten.

? Thallus flach, zlch. derb, meist 1 cm, aber auch bis 1,5 cm br. und bis 7 cm l., meist dunkelgr., zuweilen rötl. angeflogen, einfach o. lappig geteilt, an den Thallusenden vorn herzfg., an den einschichtigen Rändern meist ausgeschweift u. wellig verbogen, Mittelrippe an der Unterseite breit, nur wenig vorgewölbt, m. zahlr. bräunl. Rhizoiden. Verdickungsleisten farblos o. rötlich-violett. Einhäus. Antheridien in der Mitte der Thallusoberseite eingesenkt, unmittelbar hinter den weibl. „Infloreszenzen". Die Lage der Antheridien ist leicht an den meist in großer Zahl auftretenden, warzigen, roten Höckerchen zu erkennen. Den Schutz der Archegonien übernimmt eine mit ihrer Öffnung nach der Thallusspitze hin gewendete, taschenförmige Hülle. Kalyptra die Hülle weit überragend, zylindr., an der Mündung erweitert. Sp. (Fig. 277, Seite 196) kugl., olivengr., auf bis 10 cm l., wasserhellem Stiele, in 4, trocken zurückgeschlagenen, feucht aufrechten, 2—3schichtigen Klappen sich öffnend. Außenschicht groß-, Innenschicht kleinzellig, erstere mit radialen Verdickungsleisten, letztere m. Halbringfasern. Sporen mehrzellig, meist ellipsoidisch (Fig. 137, Seite 90), dichtwarzig, in der Größe verschieden, 60—90 μ diam. Elateren (Fig. 278, Seite 196) s. lang (500 μ) u. dünn (8 μ br.), vielfach gewunden und miteinander verschlungen, nach der Sporenausstreuung noch lange am Elaterenträger haftend, Elateren m. 2schenkl. Spire. Elaterenträger nach ca. 20—30, 15—25 μ dick. — An feuchten, schattigen Waldplätzen, Quellen, Bächen, Felsen, Gräben. Bes. Eb. u. Hgl. Hfg. 4. — Jungermannia L.

Pellia epiphylla (L.) Lindbg. **83.**

?? Unterscheidet sich von voriger dch. weniger breiten (4—8 mm), öfter bräunl. bis rötl., zarteren Thallus. 2häus. „Weibl. Hülle wallartig-ringförmig bis gleichweit röhrenförmig, längsfurchig, meist 1,5 mm h., rundum geschlossen oder an der Hinterfläche klaffend, nach dem Fruchtaustritt oft becherförmig, an der Mündung gestutzt, glatt oder krenuliert“ (Krypt.-Flora v. Schles.). Kalyptra die Hülle überragend. Sporogon wie bei vor. — An wasserreichen Stellen. Hgl., bes. Bg. Zlch. verbr. 4. — Pellia epiphylla b. Neesiana Gottsche.

Pellia Neesiana Gottsche **84.**

++ Thallus auf dem Querschnitt ohne Verdickungsleisten, gr., zuweilen gebräunt o. purpurn., 4—8 mm br., zart, oft mehrfach geteilt, an den Rändern oft wellig-kraus, unterseits mit $\pm$ stark hervortretender Mittelrippe, Rhizoiden bräunl. 2häus. Männl. Pflanze kleiner. Hülle kelchartig, ringsum geschlossen, an der zusammenneigenden Mündung gelappt. Kalyptra in der Hülle eingeschlossen. Sporogonwand 2schichtig, Außenzellen angulär stark verdickt, innere Zellen ohne Halbringfasern. Sporen ellipsoidisch, feinwarzig, mehrzellig, kleiner als bei Pellia epiphylla. Elateren (Fig. 279, Seite 196) viel kürzer, 150—200 μ lang u. 10—12 μ breit, also breiter als bei Pellia ep., etwas gekrümmt. Spiren 3—4schenkl. Elaterenträger (Fig. 280, 281, Seite 196) s. schmal u. s. lang u. s. zahlr. (bis 100). — Bevorzugt kalkhaltiges Substrat. Eb., Bg. Zerstr. Sp. hfg., F. — Ost- u. Westpreußen, Brandenburg, Schlesien, Sachsen, Böhmen,

Bayern, Niederhessen, Baden, Lothringen, Schweiz, Vorarlberg, Tirol, Salzburg, Niederösterreich, Steiermark, Kärnten. — P. Fabroniana Raddi, Jungermannia Tayl., P. endiviaefolia Lindbg.

Pellia calycina (Tayl.) N. v. E. **85.**

b Thallus ohne Mittelrippe. Viele Arten der Gattung Aneura vermehren sich auf vegetativem Wege durch 2zellige Brutkörper, die oft zahlreich in der obersten Thallusschicht jugendlicher Triebe entstehen und durch einen kurzen Ruck (G. O., 1. Aufl., S. 274) aus ihren Mutterzellen entleert werden.

× Thallus (Fig. 138, Seite 103) 3—10 mm br., 1—5 cm l., einer Pellia ähnl., unregelmäßig, nicht fiederig verzweigt, tief dunkelgr., fettglänzd., dick, fleischig, mit flachen o. aufsteigenden, meist buchtig-welligen Rändern, an der Unterseite längs der Mitte mit dichten, kurzen, blaßgelbl. Rhizoiden, auf dem Querschnitt in der Mitte im Durchschnitt 8—12, seltener mehr Schichten dick, nach den Rändern hin 3- und 2schichtig, Rand nur selten einschichtig. 2häus. Männl. Pflanzen kleiner. Antheridien zu 3—8 an der Oberseite kurzer, seitlicher, rundlicher Sprosse. Archegonien 3 bis 5, an kurzen, seitlichen Ästchen. Eine schützende Hülle fehlt, ihre Aufgabe übernimmt die s. große, zylindr., z. Zeit der Sporenreife bis 1 cm l., außen von zahlr. kleinen, tiefzerschlitzten Hüllblättchen besetzte Kalyptra. Sp. auf oft s. langem, zartem Stiele, oval, seltener fast kugelig, kastanienbraun, sich in 4 zweischichtigen Klappen öffnend. Radialwände der Zellen der Außenschicht mit zahlreichen rotbraunen Verdickungsleisten, die der Innenschicht mit rotbraunen Halbringfasern. Sporen tetraëdr.-kuglig, dunkelrotbraun, feinwarzig punktiert, 20—25 μ Durchm. Am Ende der Sporogonklappen eine größere Anzahl von Elaterenträgern, die an ihrer Spitze die zu einem Pinsel vereinigten, einspirigen Elateren tragen. — An quelligen, sumpfigen Stellen. Eb. bis Hochgeb. Hfg. Sehr vielgestaltig. 4. — Jungermannia L.

Aneura pinguis (L,) Dum. **86.**

×× Thallus 0,5—3 mm br.

O Hauptstamm des dunkelgr. o. gebräunten Thallus dicht dem Substrat angeheftet, 0,5—2 mm l., an seiner Oberseite mit fast aufrechten, handförmig geteilten Ästen, diese kaum $^1/_4$ mm br. u. an der Spitze kaum ausgerandet. Thallus auf dem Querschnitt überall mehrschichtig, auch am Rande, deshalb hier nicht bei durchfallendem Lichte durchscheinend, in der Mitte aus 4—6 Schichten aufgebaut. 1häus. Männl. Äste linealisch. Weibl. Hülle klein, ebenso die zylindr. Kalyptra. Sp. fast zylindrisch. Klappen 2schichtig. Auf den Radialwänden der Außenschicht mit Verdickungsleisten, die auf die Tangentialwände z. T. übergreifen, so daß unvollständige Halbringfasern entstehen. Wände der Innenschicht ohne Halbringfasern, nur schwache, knotenfg. Verdickungen sind vorhanden. Sporen glatt, 12—15 μ Durchm., braun. Elateren 10—12 μ breit mit einer 7 μ breiten, dunkelbraunen Spire. Vegetat. Vermehrg. durch meist 2zellige, kugl., eifg. o. ellipsoid. Brutkörper an der Spitze der Thallusäste. — Auf modernden Baumstümpfen. Kleinste Art. Eb. bis Bg., bes. Bg. Zlch. hfg. Sp. zlch. hfg. 4, 5. — Jungermannia Hedw., Gymnomitrium Hübener.

Aneura palmata (Hedw.) Dum. **87.**

OO Thallus regelmäßig o. unregelmäßig 1- bis 3fach gefiedert.

! Thallus an der Oberseite flach o. vorgewölbt.

\+ (3) Thallus gr. o. schwärzlichgr., 1—3 cm l. u. bis 2 mm br., unregelmäßig ein- bis 3fach gefiedert, auf dem Querschnitt in der Mitte 4—5schichtig, seltener mehrschichtig und nur am Rande einschichtig, deshalb bei durchfallendem Lichte nur m. sehr schmalem Saume durchscheinend. Einhäus. Kalyptra birnfg., 2—3 mm l., außen höckerig. Wände der Außenschicht der Sporogonklappen mit kräft., dunkelbraunen, die der Innenschicht mit schmalen, hellbraunen Halbringfasern, nach Warnstorf ohne Verdickungsleisten. Sporen 12—15 μ Durchm., glatt, gelblichbraun. Elateren 14 μ breit, mit 12 μ breiter, brauner Spire. — An sehr nassen Plätzen. An Steinen u. Holz in Bächen, auf Sumpfwiesen, nassen Waldwegen. Eb., Hgl. Zerstr. S. — Westpreußen, Brandenburg, Hamburg, Schleswig-Holstein, Hannover, Sachsen, Thüringen, Harz, Schlesien, Niederhessen, Hessen-Darmst., Pfalz, Rheinprovinz, Baden, Schweiz, Bayern, Böhmen. — Jungermannia Dicks., J. multifida β. sinuata Hook., Gymnomitrium Hübener, Aneura pinnatifida N. v. E. ex parte.

Aneura sinuata (Dicks.) Dum. **88.**

++ Thallus (Fig. 139, Seite 103) in seinem dem Substrat dicht anliegenden Hauptteil bis 2,5 cm l. u. 2—4 mm br., also viel größer als bei A. palm., der diese Art habituell sehr ähnelt, in flachen, dichten, hell- o. bräunlichgr. Rasen o. in kleinen Häufchen zwischen Sumpfmoosen. Äste aufsteigd., breit, sehr unregelmäß. doppelt gefiedert o. fast handfg. Thallus im Querschnitt flach linsenfg., 4- u. 5schichtig, an den Rändern in einer Reihe einschichtig, deshalb bei durchfallendem Lichte nur m. s. schmalem Saume durchscheinend, Astquerschnitt 3-

schichtig. Einhäus. Kalyptra keulen- o. walzenfg., 2—5 mm l., außen höckerig. Außenzellen der Sporogonklappen auf den Radialwänden mit Verdickungsleisten o. m. undeutl. Halbringfasern, Zellen der Innenschicht mit s. zahlr. breiten, braunen Halbringfasern. Sporen grünlichbraun, durchschnittlich 16 μ Durchm., fein warzig o. fast glatt. Elateren 10—12 μ br., mit 7 μ breiter, rotbrauner Spire. Veget. Vermehrg. durch selten auftretende, 2zellige Brutkörper an den Sproßenden. — Auf morschem Holze und Torfboden, bes. in Erlenbrüchen. Eb., Hgl. Zerstr. 5. — A. palmata α maior N. v. E.

Aneura latifrons Lindbg. **89.**

++ Thallus 2—3fach sehr regelmäßig u. s. zierlich gefiedert, Hauptäste im Umriß 3eckig, im Querschnitt linsenfg., in der Mitte 4—6schichtig, am Rande in mindestens 3 Reihen einschichtig, so daß bei durchfallendem Lichte der Thallus mit breiter Randzone durchscheint. Einhäus. Kalyptra zylindrisch, 4—6 mm l., an der Außenfläche rauh. Sp. auf bis 2 cm hohem Stiele. Außenschicht der Sporogonklappen mit braunen, dicken Halbringfasern, Innenschicht ohne solche. Sporen u. Elateren etwa 15 μ br. — An feuchten, schattigen Stellen, auf Waldboden, an Felsen, Bächen, in nassen Wiesen, an Grabenwänden. Eb. bis Bg. Zerstr. 5. — Jungermannia L.

Aneura multifida (L.) Dum. **90.**

!! Thallus an der Oberseite deutlich rinnig (deshalb Querschnitt halbmondfg.), hellgr., Äste fast rechtwinklig abstehd. nicht oder nur einfach gefiedert, in der Mitte auf dem Querschnitt meist 4-, bis 5-, seltener bis 7schichtig, am Rande in einer Reihe einschichtig. 2häus. Kalyptra bis 3 mm l., außen rauh, am Grunde m. zerschlitzten Hüllblättchen. Sp. auf bis 7 mm h. Stiele. Wände der Außenschicht der Sporogonklappen m. starken, knotenfg. Verdickungen o. undeutl. Halbringfasern, Wände der Innenschicht ohne o. nur mit undeutl. Verdickungen. Sporen 20—25 μ Durchm. Elateren in der Mitte 8—10 μ dick, Spire 4 μ breit, gelbbraun. Vegetat. Vermehrg. durch zahlr., 2- bis 4zellige Brutkörper an den Enden der Thalluslappen. — Sandigfeuchte Plätze, Ausstiche. Eb. Zlch. selten. 4, 5. — Pommern, Brandenburg, Schlesien, Sachsen, Harz, Böhmen, Schweiz.

Aneura incurvata (Lindbg.) Steph. **91.**

II. Abteilung. Beblätterte Lebermoose.

A. Blätter (Fig. 140, Seite 103) bis $^1/_3$ und $^1/_4$ in einen vorderen und hinteren Lappen geteilt, Lappen an den Rändern lang gewimpert. Die beiden größeren Abschnitte durch eine spitze Bucht voneinander getrennt, bilden den Oberlappen und liegen an der Rückenseite (Fig. 140, Seite 103) des Stämmchens. Die unteren kleineren Abschnitte des Blattes stellen den Unterlappen dar und sind mehr an die Bauchseite des Stämmchens gerückt.

I Fast immer auf der Rinde von Nadelhölzern, selten auf Gestein. Blätter bis $^3/_4$ geteilt, Unterlappen tief zerschlitzt, Wimpern hier zahlreicher und länger als bei II. Unterblätter ungeteilt oder tief 2teilig, Rand mit langen Wimpern. Blattzellen ähnl. wie bei folg. Art, in der Mitte 30—35 μ Durchm. Rasen rotbraun oder kupferfarben. F., S. — Jungermannia Web., Blepharozia Lindbg. Ptilidium cil. var. pulcherr. Warnst.

Ptilidium pulcherrimum (Web.) Hampe. **92.**

II In der Regel auf Erde und an Felsen, seltener auf Baumrinde. Die rundlich-viereckigen Unterblätter sind ungleich gelappt (Fig. 141, Seite 103) und besitzen gleichfalls viele fädige Wimpern. Stämmchen niederliegd. o. aufsteigd., einfach o. doppelt-fiederig beästet, Astspitzen kolbenfg. verdickt. Ras. locker, hoch u. ausgebreitet o. dicht, flach, schwammig, gr., gelblich-, braun- o. schwärzlichgr., oft braunrot. Blzellen fast gleichgroß, rundl. o. eckig-rundl., etwa 40 μ im Durchm., $\pm$ durchscheinend bis undurchsichtig, in den Ecken stark 3eckig verdickt, Ölkörper zahlr., ellipsoid. o. kugel., Membranen s. deutl. u. stark getüpfelt. Brutkörper randständig, gr., 2—4zellig. Weibl. Pflanzen kleiner, zarter, gewöhnlich in eigenen Ras. Anth. zu 1 bis 2 auf der Oberseite des Stämmchens u. seiner Äste, in den Achseln kleinerer, angedrückt-hohler Bl. Weibl. Blüten anfangs endständig, später seiten- o. gabelständig am Ende kurzer Ästchen, in der Regel von 2 Wirteln von Hüllblättern eingeschlossen, Archeg. zahlr. Perianth vielmal länger als die Hüllblätter, aufgeblasen-keulen- o. birnfg., oben faltig, an der stark zusammengezogenen Mündung lappig gewimpert. Sp. oval, hellbraun, auf langem, gelbl. Stiele, Wand 4schichtig, Elateren zart, viel schmaler als die Sporen, 2spirig. Sehr formenreich. — Auf der Erde in Nadelwäldern, Heiden, an Baumstämmen, auch auf Felsen u. Geröll. Eb. bis Hochgeb. Hfg. H.—F. — Jungermannia L.

Ptilidium ciliare N. v. E. **93.**

B. Obbl. (Fig. 142, Seite 103) fast bis zum Grunde in 2 ungleichgroße Abschnitte gespalten. Der Oberlappen liegt an der Rückenseite, der Unterlappen an der Bauchseite des Stämmchens. Ein jeder Lappen ist wiederum fast bis zum

Grunde in 2 Teile gespalten und jeder Abschnitt in sehr zahlreiche, sehr langgestreckte, aus einer Zellreihe bestehende verästelte Wimpern aufgelöst. Die Pflanze gewinnt dadurch ein filziges Aussehen, und es kostet Mühe, über ihre einzelnen Teile unter dem Mikroskop Klarheit zu erlangen. Die fein zerschlitzten Blätter vermögen in Verbindung mit den an der Oberseite und den Flanken des Stengels auftretenden, einfachen oder verzweigten Zellfäden (Paraphyllien) gleich einem Schwamme bedeutende Wassermengen kapillar festzuhalten. (G. O., 1. Aufl., S. 283.) Die Unbl. sind ungefähr halb so groß wie die Obbl. und gleich diesen stark zerschlitzt. Stämmchen niederliegd. bis aufsteigd., oft über 10 cm l., durch flach ausgebreitete Äste s. deutl. 2- o. 3fach gefiedert. Ras. ansehnl., ausgedehnt, mattgelb- oder weißgr., schwammig. Rhizoiden fehlen. Zellen des ungeteilten Blattabschnittes rektang., zartwandig, etwa 20 × 70 μ im Durchm. Cuticula fein gestrichelt. Wie vor. Art 2häusig. Anth. einzeln blattachselständig an der Rückenseite des Stämmchens. Weibl. Blüten wie bei vor., aber Perianth fehlt, ersetzt wird dies durch eine zylindrische Aushöhlung des Stämmchenendes, deren Außenwand mit zahlr. Paraphyllien bedeckt ist. Sp. lang gestielt, längl.-eifg., violett-rotbraun, achtzellschichtig. Sporen 12 μ diam. Elateren doppeltspirig, 10—12 μ breit, Spiren rotbraun. — Quellige Plätze, bes. in schatt. Wäldern, auch an Bächen, in Sumpfwiesen. Eb. bis Bg. Zlch. hfg. 4, 5. — Jungermannia Ehrh.

Trichocolea tomentella (Ehrh.) N. v. E. **94.**

C. Obbl. bis oder fast bis zum Grunde in 2 bis 4, je nach der Art verschieden gestaltete, ungeteilte Abschnitte gespalten. Zarte und sehr zarte Arten.

I (3) Obbl. (Fig. 143, Seite 103) bis zum Grunde in 3, seltener 4, einzellreihige, fast gerade, pfriemliche, stumpfliche Abschnitte gespalten. Unbl. den Obbl. sehr ähnl., daher das Stämmchen fast gleichmäßig 3reihig beblättert. Stämmchen (Fig. 144, Seite 103) s. zart, niederliegd. bis aufsteigd., unregelmäß. verästelt, Rhizoiden spärl. Rasen gr. o. gelbgr., locker. Zellen der Bl. quadr. o. kurz rektang., 20 × 35 diam., Membranen verdickt, Kutikula fein gekörnelt bis gestrichelt. Einhäus. Männl. Blüten an der Spitze von Seitenästen, weibl. Blüten am Ende der Hauptachse, oft scheinbar seitenständig. Weibl. Hüllbl. (Fig. 145, Seite 103) größer als die übr. Bl., meist in 4 (bis zu $^2/_3$ des Bl.) gabelige oder geweihartig verzweigte Abschnitte gespalten. Perianth (Fig. 146, Seite 103) oval bis fast zylindr., weißl., gefurcht, am etwas zusammengezog. Munde wimperig gefranst. Kalyptra oval, am Grunde mit unbefruchtet. Archeg. Sp. klein, oval o. rundl., 10—12 μ breit, Wand 2-schichtig. Elateren doppeltspirig, 10 μ breit, Spiren dunkelbraun. Veget. Vermehrg. dch. blaßgelbe Brutkörper an den Spitzen der Bl. — Auf feuchtem Waldboden, an morschen Baumstümpfen u. Felsen. Eb. bis Hochgeb. Sp. hfg. 3—4. — Jungermannia L.

Blepharostoma trichophyllum (L.) Dum. **95.**

II Obbl. (Fig. 147, Seite 103) fast bis zum Grunde in meist 3, seltener 2 — nach British Jungermanniae meist in 2, seltener in 3 — unten 2—4zellreihige, oben einzellreihige, stumpfl.-pfrieml., schwach eingebogene Lacinien geteilt. Unbl. den Obbl. durchaus ähnl., daher das Stämmchen (Fig. 147, Seite 103) zlch. gleichmäß. 3reihig beblättert. Stämmchen äußerst zart, aufsteigd. bis aufr., in dicht., bräunl. Räschen o. vereinzelt zwischen Sphagnen, bis 3 cm l., einfach o. doppelt gefiedert, Äste oft peitschenfg. verlängert, an der Unterseite m. Rhizoiden und oft mit Ausläufern. Blzellen w. b. v., 15 × 20 bis 20 × 25 μ im Durchm. Zweihäus. Kutikula w. b. v. Obere Hüllbl. der weibl. Blüten größer als die übrigen Bl., mit 3—4lanzettl., wimperig gezähnten Abschnitten. Perianth weißl., fast zylindr., halb die Hüllbl. überragd., mit erweiterter, wimperig-zerschlitzter o. fransig-gezähnter Mündung. Kalyptra oval, weißl., zart, sonst w. vor. Sp. kurz gestielt, oval, Wand mehrschichtig. Sporen 10—12 μ Durchm., hellbraun, warzig. Elateren doppeltspirig, 8—14 μ breit, Spiren dunkelbraun. Veget. Vermehrg. durch blattendständ., bleiche, eckige Brutkörper. Räschen bräunl. — Ebene, niedere Bg. Zerstreut. Sporog. s. selt. — 7, 8.

Lepidozia setacea (Web.) Mitt. **96.**

III Obbl. fast bis zum Grunde in 3—4 Lappen geteilt.

α (3) **A.** Obbl. (Fig. 149, 150, Seite 103) in 3—4 aufr., eilängl., spitze Lappen geteilt. Ränder der Lappen nach auswärts umgebogen u. m. großen, scharfen, rückwärts gerichteten Zähnen ausgestattet. Unbl. den Obbl. ähnl., groß, tief-2teilig, mit lanzettl., spitzen Lappen, am Grunde gezähnt. Stämmchen fadenfg., stielrund-kätzchenfg., dicht u. angedrückt beblättert, brüchig, 2 cm u. höher, aufr., gabelig-verzweigt, kahl u. sehr kurz wurzelhaarig. Blattzellen rundl., gleichgroß, blasig aufgetrieben, 12—15 oder 15 × 20 μ im Durchm. Wände rings stark verdickt, Kutikula $\pm$ deutl. gekörnelt. Zweihäus. Weibl. Hüllbl. größer, spitzer, stärker gezähnt. Perianth die Hüllbl. wenig überragd., eifg., bis zum Grunde 10faltig (Fig. 150, Seite 103) an der zusammengezogenen Mündung fein und bleich gezähnt. Kalyptra bleich, am Grunde mit 10—12 unbefrucht. Archegonien. Sporog. anscheinend s. selten. — Hochgeb. Zlch.

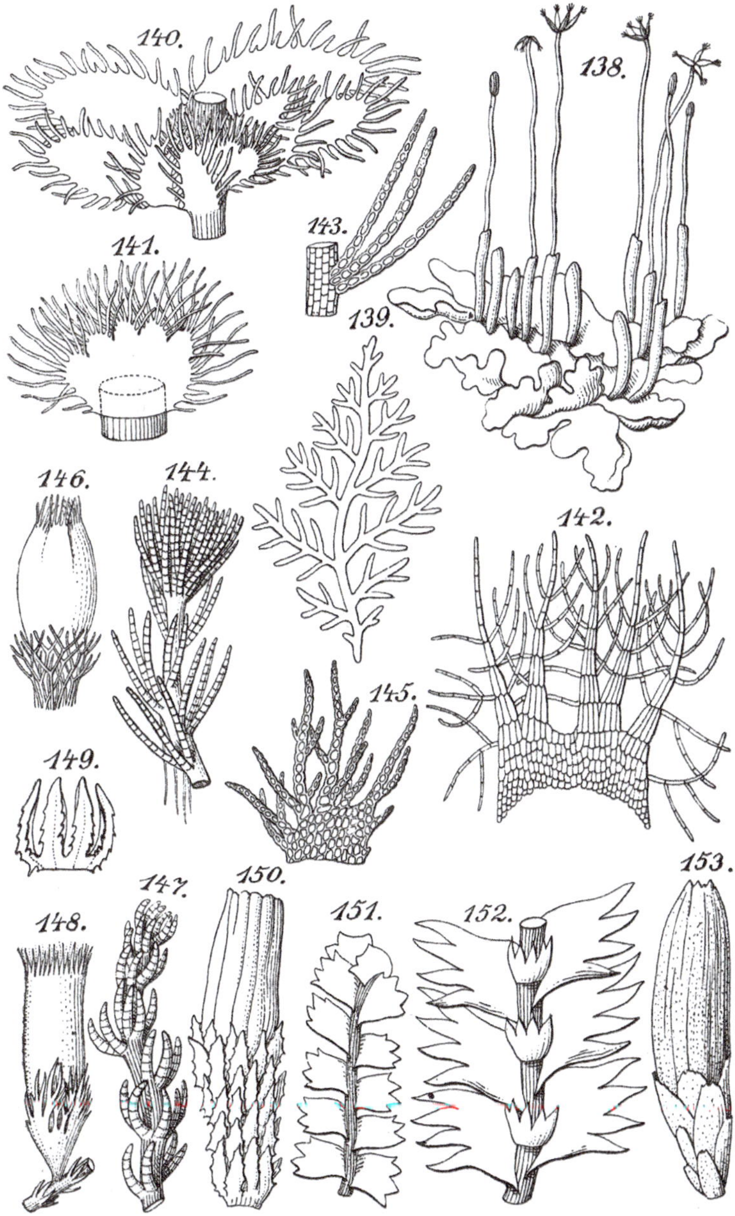

140.
138.
143.
141.
139.
146.
144.
142.
145.
149.
147.
150.
151.
152.
153.
148.

selten. 4, 5. — Riesen- u. Isergeb., Harz, Eifel, Baden, Tirol, Salzburg, Gesenke. — Jungermannia Ehrh., Anthelia Dum.

Chandonanthus setiformis (Ehrh.) Lindbg. **97.**

β Ras. bräunlich-grün, dicht, niedrig. Stengel sehr dünn, meist mit seitlichen Ästen, die oft in Flagellen übergehen, auch an der Bauchseite entspringen oft Flagellen. Blätter bis $^4/_5$ gespalten, Lappen 3—4, zlch. gleich groß. Unterblätter 3lappig, davon 1 o. 2 oft verkümmert. Blattzellen 15—25 μ im Durchm., mit glatter oder undeutl. warz. Kutikula. Weibl. Hüllbl. 2teilig., Lappen gewimpert o. gezähnt. Mündung des Perianths mit kurzen Borsten, jede Borste aus 2—4, etwa 30 μ langen, nicht warzigen Zellen gebildet. Sporen hellbraun, 10—12 μ Durchm., Elateren 9 μ Durchm. — Liebt sandigen Boden in Wäldern an Gräben, Wegrändern usw. Ebene und niedere Bergregion. Wird leicht mit L. setacea verwechselt, ist aber leicht von dieser durch die zweiteiligen weibl. Hüllbl. und die kurzen Borsten der Perianthmündung zu unterscheiden. — Pommern, Sachsen, Böhmen, wohl aber weiter verbreitet. — Lepidozia setacea der nordamerik. Autoren.

Lepidozia silvatica Evans. **98.**

γ Bevorzugt im Gegensatz zu der vor. Art Moorboden und lebt nach K. M. „sowohl in der Ebene und niederen Bergregion, wie auch besonders im Gebirge" (bis 2000 m). Pflänzchen zu dichten braungrünen, etwa $^1/_2$ cm hohen, reinen Räschen zusammengefügt oder zwischen anderen Moosen dahinkriechend. Stengel wie bei vor., bis 2 cm lang. Flagellen wie bei vor. Die zahlreichen Wimpern der Perianthmündung sehr lang, Wimpern aus einer Zellreihe gebildet, Zähne 60—70 μ lang. Kutikula der dünnwandigen, 20—30 μ großen Blattzellen papillös. Sporogon rotbraun. Sporen 10—12 μ im Durchm. Elateren 8—14 μ breit, Spire doppelt, dunkelbraun. — Wohl oft übersehen und im allgemeinen nur in Gegenden mit Hochmooren zu erwarten. Lepid. trichoclados besitzt ungeteilte weibl. Hüllblätter und unterscheidet sich hierdurch auf den ersten Blick von L. setacea u. silvatica. Der Kapselstiel erreicht bei Lepid. trich. eine bedeutende Länge (2—4 cm), sehr kurz ist er dagegen bei L. set. u. silvat. (bis 1 cm). — Jungermannia setacea Hook.

Lepidozia trichoclados K. M. **99.**

D. Obbl. höchstens bis zur Mitte (bei Loph. quadriloba bis zu $^2/_3$) in 2—4 Lappen geteilt. Bei Lepidozia reptans etwa bis zur Mitte, bei allen übrigen Arten ist der Einschnitt weniger tief. Die Mastigobryum-Arten sind an der quergestutzten Spitze mit lappigen Zähnen — bei Ma-

stigobryum trilobatum meist 3, selt. 4, bei Mast. deflexum meist mit 2—3, seltener 4 —, die durch seichte Buchten voneinander getrennt sind, ausgestattet.

I Obbl. in 4 (bei Lophozia Baueriana selten 3, bei Loph. barbata seltener 3 oder 5, bei Lophoz. Mildeana in 2—4) gleichgroße o. annähernd gleichgroße Lappen gespalten, die durch höchstens bis zu $^1/_3$ des Blattes reichende Einschnitte (bei Loph. barbata bis zu $^1/_4$) voneinander getrennt sind. Loeske vereinigt die unter I u. II aufgeführten Lophozia-Arten in der Gattung Barbilophozia.

α Blattlappen ± deutl. stachelspitzig, breit 3eckig. Unbl. vorhanden, tief gespalten, reich gewimpert. Der hintere Rand der Obbl. in der Nähe des Grundes mit ± zahlreichen Cilien. Beide Arten bewohnen ausschließlich höhere Regionen. — Bg. Alp. — und bilden lockere bis schwammige, gelbl.- bzw. braungr., zlch. kräft. Ras. o. Überzüge.

1. Hinterrand der Obbl. in der Nähe des Grundes mit zlch. zahlr., vielgestaltigen Cilien. Obbl. von deutl. breit-rhombischem Umriß, also breiter als lang, stets 4lappig. Endzähne der Lappen ein ein- bis 2zelliger Dorn. Ras. weich, locker, flach, schwammig, bleich- o. braungr. Stämmchen kräft., niederliegd., bis 10 cm l., wenig verzweigt, mit den Obbl. 4 mm breit, Rhizoiden dicht, weißl. Obbl. s. dicht, 2seitig abstehd., schräg angeheftet, feucht u. trocken an der Oberfläche wellig u. am Rande gekräuselt; Cilien am Hinterrande der Obbl. 4—10, s. lang, gegliedert, vielgestaltig. Blzellen rundl., fast gleichgroß, in den Ecken stark 3eckig verdickt, sonst zartwandig, in der Mitte 20 × 25 μ, in den Zipfeln 20 μ im Durchm. Unbl. groß, anliegd., fast bis zum Grunde 2teilig, rings s. lang fädig gewimpert. Zweihäus. Weibl. Hüllbl. tiefer geteilt als die Stbl., 4spaltig, jeder Lappen m. s. langer, oft fädiger Cilie. Perianth groß, eifg., oben faltig u. an der zerschlitzten Mündung scharf gezähnt. Sp. auf lang. Stiele, oval, dunkelbr., Wand 3schicht. Sp. (12 μ diam.) u. die doppeltspirigen Elateren (10 μ diam.) gelbbr., Spire dunkelbr. Veget. Vermehrg. durch rotbraune, meist 4eckige Brutkörper. — Auf feuchtschattig. Boden, an Felsen. Bg., Hochgeb. Verbr. Sp. s. selt. 6—8. — Pommern, Riesen- u. Isergebirge, Erzgebirge, Vogtland, Fichtelgebirge, Thüringer Wald, Vogesen, Baden, Schweiz, Böhmer Wald, Steiermark. — Jungermannia Wallr., J. barbata var. lycopodioides N. v. E., Barbilophozia Loeske.
Lophozia lycopodioides (Wallr.) Cogn. **100.**

2. Hinterrand der Obbl. in der Nähe der Basis mit nur wenigen (2—3), langgestreckten, einzellreihigen, hin- u. hergebogenen Cilien. Obbl. s. l. w. b., meist 4-, seltener 3lappig, Endzahn der einwärts gekrümmten Lappen ein ein- bis 4zelliger Dorn.

Ras. gr., braun o. fast schwarz. St. niederliegd., bis ca. 4 cm l., Rhizoiden reichl. Obbl. im Umriß fast quadrat. (s. br. w. lg.), mittl. Lappen breiter, Cilien am basal., hinteren Blrande 2—3, s. lang, stark hin- u. hergebog. Blzellen w. b. vor., in der Mitte 20 μ, am Rande 15 μ im Durchm. Unbl. kleiner als bei vor., zerschlitzt. Zweihäus. Weibl. Hüllbl. rechteckig, m. 4—5 s. langciligen Lappen. Perianth längl.-eifg., an d. Mündung gelappt o. gezähnt. Veget. Vermehrung durch einzellige, polygonale Brutkörper an den Spitzen d. höchsten Bl. — An Felsen. Bg., Hochgeb. Hin u. wieder. Diese Art ist erst in neuerer Zeit aufgestellt worden. — Riesengebirge, Oberlausitz, Rhön., Meißner, Sauerland, Böhmen, Baden, Württemberg, Bayern, Schweiz, Tirol, Steiermark. — Jungermannia Evans, Barbilophozia Loeske. Lophozia Hatscheri Steph.

Lophozia Baueriana (Evans) Schiffn. **101.**

β Lappen der Oberblätter nicht stachelspitzig, sondern stumpflich zugespitzt. Unterblätter fehlen (bei L. barbata nur an den jüngeren Stengelteilen vorhanden), Cilien und Zähne fehlen am Grund des Hinterrandes der Oberblätter.

1. (3) Rasen ausgedehnt, gelbgrün, auch rotbraun u. oft violett angehaucht, 1—2 cm hoch. Stengel niederliegend bis aufrecht, bleichgrün, Rhizoiden wasserhell. Blätter gewellt, hellgrün, zart, groß, fast quadratisch. Unterblätter fehlen. Blattzellen wasserhell, sehr groß, zartwandig, angulär nicht oder nur schwach verdickt, in der Mitte 30—50 μ im Durchm., Kutikula glatt. Perianth groß, mit 8 tiefen, stumpfen Falten, oft violett. Sporen rotviolett, 12—14 μ Durchm., Elateren 10 μ breit. Wird leicht mit L. excisa verwechselt, unterscheidet sich aber von dieser durch Farbe u. Größe, durch die Wellung der Blätter und die größeren Zellen derselben. — Gern in Sandgruben, liebt überhaupt sandig-moorigen Boden. Ziemlich selten. 4, 5. — Westpreußen, Pommern, Brandenburg (hier nicht gerade selten), Schlesien, Sachsen, Anhalt, bei Hamburg. — Jungermannia Gottsche.

Lophozia Mildeana (Gottsche) Schiffn. **102.**

2. **A.** Pflanzen sparrig, meist 2—6 cm hoch, entweder einzeln zwischen anderen Moosen oder in braungrünen Rasen. Stengel stark verzweigt, mit kurzen Rhizoiden. Blätter mit 3—4 — meist 4 — stumpfen (seltener zugespitzten), großen, schmaldreieckigen, einwärts gekrümmten Lappen, Bucht halbkreisförmig, Lappenränder meist nach außen zurückgeschlagen, am hinteren Blattrande gegen den Grund hin ein bis zwei Zähne, Zellen am Rande 15—18, in der Mitte 20 × 25 μ Durchm., angulär schwach bis knotig verdickt, Kutikula warzig. Unter-

blätter deutlich, mit 2 schmallanzettlichen Lappen, diese unten mit zahlreichen, ziemlich langen Anhängseln. Weibliche Hüllblätter 4—5teilig, Lappenränder zurückgebogen und unregelmäßig gezähnt. Perianth länglich-eiförmig, gegen die schwach gelappte oder gezähnte Mündung hin zusammengezogen und faltig. — Hochgeb. Auf der Erde oder auf Kalk- und Urgestein. Sehr selten. — Schweiz, Salzburg, Steiermark. — Jungermannia Lindbg., Sphenolobus Steph.

Lophozia quadriloba (Lindbg.) Evans. **103.**

3. Rasen kräftig, braungrün. Stengel 2—3 cm lang, aufsteigend, dick, braun, dicht- und kurz-wurzelhaarig. Oberblätter (Fig. 151, Seite 103) zweiseitig ausgebreitet, ziemlich dicht, schräg inseriert, im Umriß annähernd quadratisch, Mittellappen etwas breiter, trocken nicht zusammenschrumpfend. Blattzellen 5—6eckig, zartwandig, fast gleichgroß, in den Ecken kaum verdickt. Zweihäusig. Weibliche Hüllblätter so groß wie der Oberlappen, mit 4—6 zugespitzten Zipfeln. Perianth sehr groß, eilänglich oder keulig, oben tief 6—8faltig, am zusammengezogenen Munde kerbig gezähnt. Sporogon auf langem Stiele (2 cm), rundlich oval, Klappen vierschichtig. Sporen gelbbraun, 15 μ diam., fein warzig, Elateren doppeltspirig, 8 μ breit, Spiren rotbr. An den Spitzen der Obbl. selten ein- o. 2zellige, polygonale, fast sternfg. Brutkörper in rötlichgelben Häufchen. — Am Grunde alter Waldbäume, an Felsen, Wegerändern, seltener auf Erde. Eb. bis untere Bg. Verbr. Sp. s. selt. 6, 7. — Jungermannia Schmidel, J. barbata var. Schreberi N. v. E. Barbilophozia Loeske.

Lophozia barbata (Schmidel) Dum. **104.**

II Obbl. in den weitaus meisten Fällen mit 3 (bei Lophozia quinquedentata u. gracilis seltener mit 4) fast gleichgroßen o. sehr ungleich großen Lappen o. lappigen Zähnen.

α Lappen o. lappige Zähne der Obbl. annähernd gleichgroß, jedenfalls nicht so, daß ein Lappen einen anderen um ein Mehrfaches an Größe überragt.

1. Lappen durch bis zu $^1/_2$ o. $^1/_3$ der Blattlänge reichende Einschnitte voneinander getrennt.

a Unbl. sehr deutlich.

× St. zart, fadendünn, niederliegd., ausgezeichnet fiederästig, Äste wechselständig, nach der Stspitze zu kürzer u. dichter, oft in flagellenartige, mit spärl. Blättchen besetzte Ausläufer übergehd. Rasen flach, niedergedrückt, verwebt, bleich- o. braungr. Obbl. schräg inseriert (Fig. 152, Seite 103), wager. abstehd., an der Bauchseite ausgehöhlt, rundl. bis quadrat., handfg. 3—4teilig, meist 4teilig, die der Äste kleiner u. 2- bis 3lappig. Blzellen 5—6eckig, sehr zartwandig, derbwandig, reich an Ölkörpern, 20 × 25 μ Durchm., Kutikula glatt. Unbl. groß (Fig. 152), breiter als lang, sonst den Obbl. ähnl. Einhäus. Perianth (Fig. 153, Seite 103) groß, wasserhell, schmal-längl., 3faltig, an der engen Mündung 3lappig. Sp. längl.-oval, Wand 3—4schicht. Sporen gelbbraun, warzig, 10—14 μ breit. Elateren doppeltspirig, 12 μ breit, Spiren rotbraun. — Auf Waldboden, Felsen, Holz. Eb. bis Hochgeb. S. hfg. Sp. zlch. hfg. 4—7. — Jungermannia L.

Lepidozia reptans (L.) N. v. E. **105**[1]).

×× St. je nach dem Standort schlaff, aufr. o. aufsteigend, verzweigt, 3—6 cm l., mit kurzen Rhizoiden, derb, hin- u. hergebogen. Ras. ausgedehnt, hell-, dunkel- o. braungr. o. dunkelbraun. Obbl. meist dicht, fast quer inseriert, den St. schief umfassend, fast flach, etwas faltig, breit-rundl.-quadrat. (etwas breiter als lang), bis zu $^1/_3$ in 3 (selt. 2 u. 4) breit-3eckige, meist einwärts gebogene und oft gewellte Lappen gespalten. Am Grunde des hinteren Blrandes hfg. einige Cilien. Blzellen derb, in den Ecken ± stark knotig- o. 3eckig-verdickt, in der Mitte 15 × 20 bis 18 × 20, in den Zipfeln 18 μ im Durchm., Kutikula bei den gegen die Basis gelegenen Zellen gestrichelt, sonst glatt. Unbl. s. deutl., groß, eilanzettl.-pfriemenfg., meist bis zur Basis 2teilig, Rand meist reich wimperig zerschlitzt. Zweihäus. Weibl. Hüllbl. 4- u. mehrspaltig, Ränder wellig u. gegen den Grund mit einigen Wimperzähnen. Perianth halb hervorragend, längl.-eifg., stark faltig, Mündung gezähnt. Sp. langgestielt, dunkelbr., Wand 4schichtig. Sporen glatt, 12 μ breit. Elateren doppeltspirig, 8 μ breit, Spiren rotbraun. — Auf der Erde, an Felsen, in Moortümpeln, zwischen Torfmoosen. Ob. Bg. u. Hochg. Hfg. Sp. nicht selten. 5—7. — Iser-, Riesen-, Erz- u. Fichtelgebirge, Vogtland, Harz, Thüringer Wald, Rhön, Schwarzwald, Elsaß. — Jungermannia W. et M., J. barbata var. Floerkei N. v. E., Barbilophozia Loeske.

Lophozia Floerkei (W. et M.) Schiffn. **106**.

b Unbl. an älteren Stämmchenteilen meist fehld., nur am Ende des Stengels vorhanden, lineal., eifg. o. 2zähnig, ganzrandig. Pflanzen kleiner u. zarter als bei vor. St. kriechend, 1—4 cm

[1]) A. Braun fand an feuchten Felsen des Schloßberges zu Baden-Baden die atlantische Lepidozia pinnata (Hook.) Dum. Bei ihr greift der halbkreisförmige, vordere Rand des Oberblattes stark über den Stengel über, die Pflanzen sind kräftiger als bei Lep. rept. Der Stengel ist sehr regelmäßig gefiedert und dicht beblättert. Ober- und Unterblätter stets 4lappig. Zellwände und -Ecken sehr stark verdickt, Kutikula deutlich warzig, Zellen rundlich. Zweihäusig. Rasen gelbgrün, weitausgedehnt.

lang, m. reichl. Rhizoiden, unter d. Spitze mit zahlr. fädigen, schuppig beblätterten Sprossen, Bl. d. Sprossen dicht, steil aufgerichtet, eifg., hohl, an den Spitzen durch Brutkörperbildung wie zerfressen. Rasen locker, gelb o. braungr. Obbl. schräg inseriert, hohl, m. meist 3, nicht dornigen Lappen, rundl.-quadrat. Blzellen zlch. klein, derb, m. 3eckig verdickten Zellecken, in der Mitte 18 × 25, in den Lappen 15 μ diam. Kutikula gekörnelt. Zweihäus. Weibl. Hüllbl. größer, quer inseriert, bis $^1/_3$ ungleich- u. 4—5lappig, Lappen s. spitz, oft wellig. Perianth weit emporgehoben, zylindr. bis keulig, oben faltig, an der Mündung zerschlitzt o. gezähnt u. zusammengezogen. Sp. dem v. Loph. Floerkei ähnl., aber Wand 2schichtig. Sporen braun, 10 μ breit, Elateren 8 μ breit. Brutkörper gelbrot, polygonal, meist 2zellig. — Auf morschen Baumstümpfen, mooriger Erde, an Felsen. Eb. bis Hochgeb. Verbr. Sp. s. selt. 7—9. — Jungermannia Schleich., J. attenuata Lindenberg, J. barbata var. atten. N. v. E., Lophozia atten. Dum., Barbilophozia atten. Loeske.

Lophozia gracilis (Schleich.) Steph. **107.**

2. Lappen im Verhältnis zur Blattlänge sehr kurz, von Zahnform.

a Unbl. s. deutl., breiter als lang, nierenfg. o. rundl.-4seitig, ungleich 3—5zähnig o. -kerbig. Kräftige, zweihäus. Moose. Leicht erkennbar an den an der Unterseite des St. in den Achseln der Unbl. entspringenden, hin- u. hergebogenen, meist zahlr., entfernt- u. kleinbeblätterten Flagellen. Obbl. asymmetrisch, an der Spitze quergestutzt, eifg., niedergebogen. Perianth stumpf-3seitig, an einer Seite gespalten.

× Sehr stattliche Art (Fig. 154, Seite 114). Ras. gr. o. gelbgr. St. aufr., straff, 3—12 cm h., an der Spitze gabelig verzweigt selten einfach, dicht u. scharf zweiseitig beblättert, Flagellen zahlr. Rhizoiden spärl., mit Haftscheiben. Obbl. dachziegelig, schräg inseriert, ± abwärts (oft senkrecht gebogen, am Grunde bucklig aufgetrieben, an der Spitze meist mit 3, in der Regel ungleichen, kurzen, spitzen, lappigen Zähnen. Blzellen zlch. groß, derb, regelmäßig abgerundet-6eckig, zartwandig, in den Ecken ± dreieckig verdickt, 30—35 μ diam., dicht m. Chlorophyllkörnern u. 6—8 kugl.-ellipsoid. Zellkörpern. Unbl. breit rundl.-4eckig, ungleich 3- bis 5zähnig, rings unregelmäß. grob gezähnt (Fig. 156, Seite 114). 2häus. Weibl. Hüllbl. eifg., Rand unregelmäß. zerschlitzt o. wimperig gezähnt. Perianth lanzettl., Mündung s. eng u. 3lappig. Sp. oval, Wand 5schichtig. Sporen braun, warzigrauh, 10—14 μ breit. Elateren doppeltspirig, 10 μ breit, Spiren rotbraun. — Auf dem Boden schattiger Laub- u. Nadelwälder, an Felsen, Hohlwegen. Eb. Bg. Hfg. Sp.

selten. 8, 9. — Jungermannia L., Herpetium N. v. E., Bazzania Lindbg., Pleuroschisma Dum.

Mastigobryum trilobatum (L.) N. v. E. **108.**

×× (Fig. 155, Seite 114) kleiner als vor., wie dieses s. formenreich. Ras. dicht, gr., grünlichgelb, meist bräunl. o. rötlichbr., etwas glänzend. St. dünner, niederliegd., bis 8 cm h., Äste aufsteigd., Flagellen spärlicher. Obbl. eifg. bis eilängl., an der Unterseite stark ausgehöhlt, an der schräg gestutzten Spitze m. 2 o. 3, seltener 4, niedergebogenen, ungleichen Zähnen. Blzellen derb, in den Winkeln weniger stark 3eckig-verdickt, nach dem Rande viel schmaler, sonst w. vor., 20—25 μ Durchm., Kutikula fast glatt. Unbl. im Umriß nierenfg. o. rundl. 4seitig, in der Gestalt sehr wechselnd, mit 1 Einschnitt o. auch 3- u. 4kerbig. 2häus. Weibl. Hüllbl. u. Perianth der vor. ähnl. Sporen 15—18 μ breit, Elateren 400—500 μ lang, 6—8 μ breit. — An nassen, humösen Felsen, auf feuchtem Geröll, selten auf Holz o. Erde. Bes. Bg. u. Hochgeb. Zlch. verbreitet. Sp. s. selt. 8, 9. — Jungermannia Mart., Pleuroschisma tricrenatum (Wahlbg.) Dum.

Mastigobryum deflexum (Mart.) N. v. E. **109.**

b **A.** Unbl. fehlen. Ras. 1—3 cm h., braun o. schwarzrot. St. aufsteigend., unterseits purpurn, Rhizoiden spärl. Obbl. zlch. locker (nach anderen dicht), fettglänzend., quer inseriert, nicht herablaufd., 2zeilig, aufr. abstehd., kahnfg.-hohl, im Umriß annähernd rechteckig o. quadrat., an der Spitze quer gestutzt, stumpf- u. kurz-3lappig, Lappen breit-eifg., einwärts gebogen, Buchten stumpf, bis zu $^1/_4$ o. $^1/_5$. Blzellen groß, Lumen rund, in den Winkeln s. stark 3eckig verdickt, in der Mitte 25 × 45, in den Blattzipfeln 25 μ im Durchm. 2häusig. Weibl. Hüllbl. 4, in 2 Paaren, mit 3 wellig-krausen Lappen. Perianth emporgehoben, längl. bis keulig, oben zusammengezogen u. stark faltig, Mündung schief, unregelmäß. buchtig-gelappt o. ganzrandig. Sp. langgestielt (1—2 cm), dunkelbr. Veget. Vermehrg. dch. blattbürtige, braunrote, 1—2zellige Brutkörper. — Oberbayern, Schweiz, Tirol, Salzburg, Steiermark, Kärnten. Feuchte Stellen. Sp. zlch. selt. S. — Jungermannia N. v. E., Diplophyllum Dum.

Sphenolobus politus (N. v. E.) Steph. **110.**

β Lappen der Obbl. s. ungleich.

1. Hintere Lappen der Obbl. größer als die beiden anderen zusammen, aber nicht zahnartig. Ras. meist gr., locker o. dicht flach, ausgedehnt. St. niederliegd., wenig verästelt, bis 5 cm l., gr., unterseits braun o. gelbl., oben treppenfg., Rhizoiden dicht, lang, weiß, z. T. braun. Obbl. dicht, s. schräg inseriert,

rundl.-quadrat., aber etwas länger als breit, seitlich ausgebreitet, trocken wellig-kraus, hohl, Ränder wellig, alle 3 Lappen (seltener 4) dornig gespitzt, 3eckig. Blzellen gleichartig, dünnwandig, in der Mitte 20—25, in den Zipfeln 15—20 μ im Durchm., in den Ecken deutl. o. stark 3eckig verdickt, Ölkörper u. Chlorophyllkörner zahlr., Kutikula bes. gegen den Rand hin deutl. durch längliche Wärzchen gestrichelt. Unbl. meist fehld. o. nur in den Stenden, lanzettl. o. pfriemlich, bisweilen 2teilig, ganzrandig. 2häusig. Weibl. Hüllbl. breiter, tiefer gespalten, Lappen scharf zugespitzt, s. wellig. Perianth keulig o. birnfg., in der oberen Hälfte faltig und nach der Spitze zusammengezogen, an der Mündung wimperig gezähnt. Sp. oval, rotbraun, Wand 5schichtig, Stiel 2 cm l. Sporen braun, fein warzig, 12—15 μ im Durchm. Elateren m. 2schenkliger, dunkelbrauner Spire, 150 μ lang u. 6 μ breit. Brutkörper ein- u. 2zellig, in gelbbraunen Häufchen an der Spitze der Lappen der oberen Bl. — Auf feuchter Erde u. an Felsen. Eb. bis Hochgeb., bes. in der Hgl.- u. Bg. Verbreit. Sp. nicht selten. 5—7. — Jungermannia Huds., J. barbata var. quinqed. N. v. E., Barbilophozia Loeske.

Lophozia quinquedentata (Web.) Cogn. **111.**

2. Oberer Lappen der Obbl. zahnartig, viel kleiner als der an seiner Spitze nochmals geteilte Unterlappen. 2häusige, xerophytische, habituell vollkommen übereinstimmende Arten, die nur durch das Zellnetz der Obbl. und die an den Zipfeln der höchsten Bl. auftretenden Brutkörper mit Sicherheit unterschieden werden können. Obbl. dicht, gekielt-rinnig-hohl, 2reihig-wechselständig, aufr.-abstehd., Oberlappen quer, Unterlappen schief inseriert. Rhizoiden sehr lang, dicht. Hinterer Blrand sehr stark vorgewölbt, den vorderen um das Doppelte übertreffd. Blzellen quadrat. bis rechteckig, derbwandig.

a (Fig. 263, Seite 176). Blzellen in der Mitte 8—12 μ im Durchmesser, in den Lappen 8—9 μ, in den Ecken schwach verdickt, quadrat. bis rechteckig, Kutikula undeutl. gekörnelt. Weibl. Hüllbl. breit-eifg., m. 3—5 lang zugespitzten Lappen. Perianth walzenfg., oben 3—5faltig und allmähl. zusammengezogen, um die bleiche Mündung mit zusammenneigenden, s. langen, schmalen Wimperzähnen. Sp. eifg., rotbraun, 0,5 cm l. gestielt, Wand 3schichtig. Sporen 10—12 μ im Durchm., Elateren 8 μ breit. Brutkörper klein, 2zellig, ellipsoidisch, in rotbraunen Häufchen, 8—18 μ im Durchmesser. Räschen klein, dicht, gr. o. rotbraun. — Auf sandig-tonigem Boden, an Felsen, morschem Holze u. ähnl. Stellen. Eb. bis Hochgeb. Verbr. 4, 5. — Jungermannia Schmidel, Lophozia Dum., Diplophyllum Warnst.

Sphenolobus exsectus (Schmid.) Steph. **112.**

b Blzellen größer, in der Mitte 12—30 μ im Durchmesser, in den Lappen rechteckig u. 12—20 o. 12—40 μ im Durchmesser, in den Ecken schwach 3eckig-, bisweilen auch knotig-verdickt. Brutkörper größer als bei vor., 1—2zellig, derbwandig, ziegelrot, 15 × 20 μ bis 20 × 30 μ im Durchmesser, 3—4eckig (unregelmäßig) o. birnfg. — An ähnl. Stellen wie vor. Eb. bis Hochgb. Verbr. — Pommern, Schlesien (Zobten), Brandenburg u. bei Hamburg verbr., ebenso im Harz u. Schwarzwald, außerdem Harz, Niederhessen, Nassau, Thüringer Wald, Rhön, Vogtland, Westfalen, Böhmen, Vogesen, Schweiz, Tirol, Salzburg, Niederösterreich. — Jungermannia Breidl., Diplophyllum Warnst.

Sphenolobus exsectiformis (Breidl.) Steph. **113.**

E. Obbl. ganzrandig o. nur an d. Spitze seicht ausgeschnitten. (Als ganzrandig gelten auch d. gesägten Obbl. von Plagiochila asplenioides[1]*).*

I Obbl. (Fig. 157, Seite 114) bes. am hinteren Rande m. kurzen, 2—4 Zellen langen, groben o. wimperigen, unregelmäß. Zähnen, breit eifg., an d. Spitze abgerundet, nach der Stspitze hin dicht gedrängt, 2zeilig u. wagerecht abstehd., schief angeheftet, mit dem vorderen (oberen) Rande auf der Strückenseite etwas herablaufd. und hier deutlich ausgehöhlt, am hinteren (unteren) Rande zurückgeschlagen. Blränder zurückgebogen, unterschlächtig. Blzellen rundl.-polygonal, 5—8eckig, meist 6eckig, ± derbwandig, in den Ecken meist schwach dreieckig verdickt, in der Blattmitte 30—35, am Rande 30—35 μ im Durchm., m. 8—12, ungleich großen, kugl. o. ellipsoid. Ölkörpern u. zahlr. Chlorophyllkörnern, Kutikula fein warzig punktiert. Unbl. fehld. o. nur an der Spitze d. St. deutl., fädig, klein. Ras. s. kräft., meist dunkelgr., auch freudiggr., meist locker. Hauptst. kriechend, m. zahlr. aufsteigd. o. aufr., einfach. o. verästelten, bis 10 cm l., fast rhizoidenlosen Ästen, diese am Grunde oft m. ausläuferartigen Zweigen. 2häus. Männl. Äste (Fig. 158, Seite 114). Weibl. Hüllbl. d. Obbl. gleich. Perianth (Fig. 159, Seite 114) die Hüllbl. weit überragend, etwa doppelt s. l. w. br., unten zylindr., oben zusammengedrückt, an der Mündung dornig-wimperig gezähnt und mit der Spitze herabgebogen. Sp. eifg., dunkelpurpurn, kastanienbraun o. schwarz, eifg., ca. 1 mm l., auf s. l. Stiele, Wand 8schichtig. Sp. glatt, braun, 12—16 μ im Durchm. Elateren doppeltspirig, ca. 8 μ Durchm. — In Größe u. Tracht (Fig. 160, Seite 114) außerordentlich variierend. Auf schattigem, feuchtem Waldboden, an Felsen. Eb. bis Hochgb. S. Hfg. Sp. zlch. selt. 6. — Jungermannia L.

Plagiochila asplenioides (L.) N. v. E. **114.**

[1]) Die Obbl. von Pedinophyllum interruptum bisweilen mit wenigen kurzen Zähnchen.

II Obbl. ganzrandig.

α Obbl. abgerundet rechteckig o. rundl. quadrat., oben bei manchen Arten (Chiloscyphus[1]) seicht ausgebuchtet, zweiseitig-abstehd., ausgebreitet, meist vorwärts gerichtet, schräg inseriert u. unterschlächtig, vorderer Rand an der dorsalen Stengelseite herablaufend (wenig o. gar nicht bei Pedin. interr.). Perianth weit über die Hüllbl. emporgehoben, fast immer vorhanden, an der Spitze von Seitenästen (Chilosc.) oder endständig an Haupt- u. Seitensprossen (Pedinoph.).

1. Unbl. vorhanden, klein, bei Pedin. interr. nur an jugendl. St., oft auch fehld. Zellen der Obbl. in den Ecken kaum o. nicht verdickt.

a Perianth oben flachgedrückt, um die Hälfte über die mit den übrigen Bl. übereinstimmenden Hüllbl. emporgehoben, Mündung ganzrandig o. gekerbt, auch wohl m. spärl. Zähnen. Ras. meist flach, weit ausgedehnt, dicht, grün. St. meist niederliegd., unregelmäß. verästelt, m. reichl. Rhizoiden. Vorderer Blrand nur wenig herablaufd. Einhäusig. Unbl. winzig, haarfg. o. 3eckig, meist einfach. Blzellen wie bei Plagioch. asplen., in der Mitte 20 × 25 bis 25 × 35, am Rande 20 μ im Durchm. Ölkörper zahlr., klein, kugel. Kutikula glatt. Sp. oval, braungelb., auf 1 cm l. Stiele, Wand 5schichtig. Sporen 12—14 μ Durchm. Elateren s. lang (bis 200 μ), 12 μ breit, doppeltspirig. Spire locker, rotbraun. — Bes. auf kalkhaltigem Gestein, seltener auf kalkhalt. Boden. Hglrg., bes. Bg. Zerstr. Sp. reichl. 5, 6. — Jungermannia N. v. E., Plagiochila Dum.

Pedinophyllum interruptum (N. v. E.) Lindbg. **115.**

b Perianth glockig, m. weiter, 3lappiger Mündung, weit über die Hüllbl. emporgehoben. Aus dem Perianth ragt die birnfg. Kalyptra ± hervor. Sp. langgestielt, Wand 4—5schichtig. Unbl. stets vorhanden, meist 2teilig u. beiderseits m. je 1 Zahn. Durch Zurückbiegung eines Teiles des Dorsalrandes der männl. Hüllbl. nach rückwärts entsteht ein Säckchen. Zlch. große, einhäus. Moose von gelblichgr., gr., bisweilen bräunlicher Färbung. Obbl. fast wagerecht inseriert.

× Ras. ausgedehnt, flach, dünn, meist gr. o. gelbgr., seltener bräunl. St. 2—6 cm l., schlaff, m. Rhizoiden, niedergestreckt, auch aufsteigd. u. aufr., meist m. zahlr. Ästen. Obbl. bald dichter (Fig. 161, 162, Seite 114), bald lockerer, rundl.-quadrat. o. fast rhomboidisch, oben hier und dort seicht ausgebuchtet, ca. 1,5 mm l. u. 1—1,3 mm br. Blzellen zartwandig (Fig. 163, Seite 114), weit, polygonal, nicht o. kaum angulär verdickt, 25—35 μ in der Mitte, 20—25 μ an den Zipfeln Durchm.,

[1]) Bei Chiloscyphus pallescens sind die Obbl. am Grunde der Äste meist ± tief 2lappig.

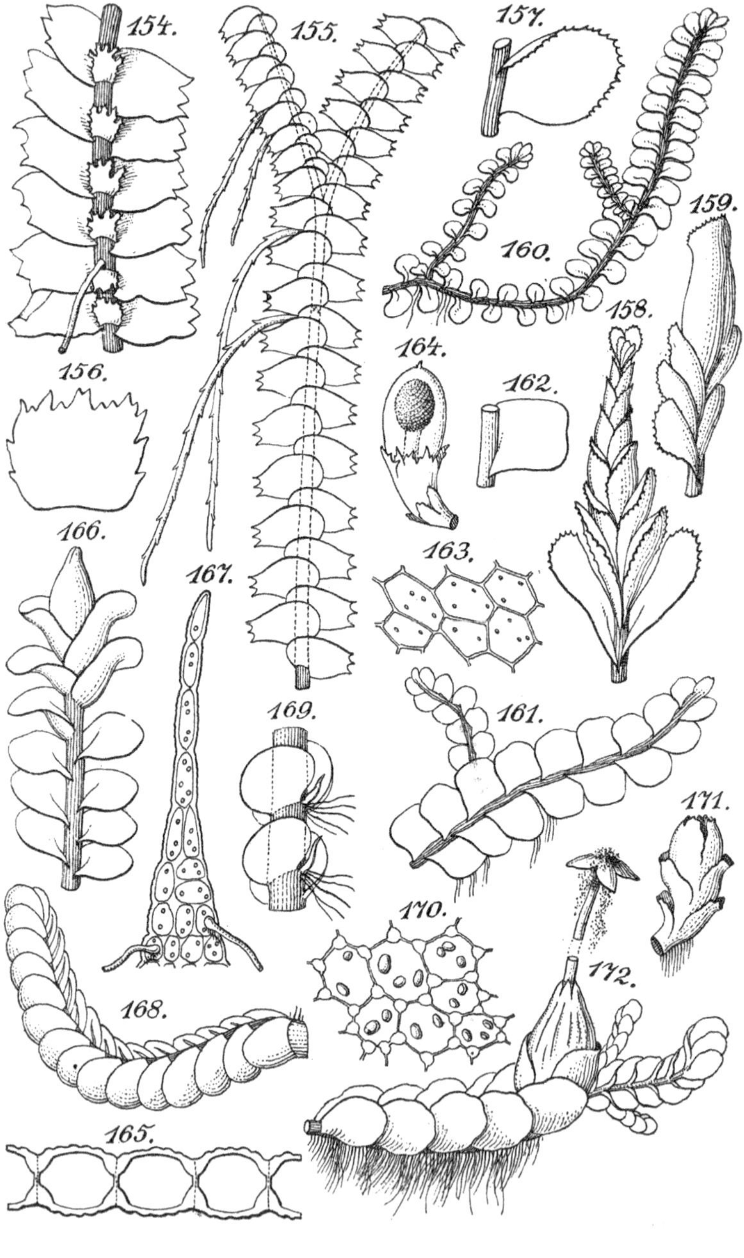
154.
155.
157.
160.
159.
158.
164.
156.
162.
166.
163.
167.
169.
161.
171.
170.
172.
168.
165.

meist arm an Chlorophyllkörnern, Zellkörper klein, kuglig o. ellipsoid. Kutikula glatt. Unbl. klein, einfach o. tief 2spaltig. Lappen linealisch-pfriemfg. Seitenränder oft mit je 1 Zahn. Einhäusig. Weibl. Hüllbl. kleiner als die Obbl., ungleich und kurz 2lappig. Perianth (Fig. 164, Seite 114) becherfg., oben weit geöffnet u. ungleich 3lappig, Lappen stumpf o. ausgerandet. Kalyptra das Perianth oft um die Hälfte überragend, keulig. Sp. oval, 2—3 cm lang gestielt, Wand 4schichtig. Sporen braungelb, meist 15 μ Durchm., schwach u. fein warzig. Elateren hin- u. hergebogen, doppeltspirig, 8 μ Durchm. Spire locker, dunkelbr. — An nassen Stellen, an Bächen, Wiesengräben, auf morschem Holze usw. Eb. bis Bg. Zlch. hfg. Sp. nicht hfg. 5. Ändert stark ab. — Var. rivularis N. v. E. Dunkel- o. schwarzgr. o. schmutzigbraun. Ras. ausgedehnt. St. reich verzweigt. Beblätterung s. regelmäß. Blzellen mit zahlr. Chlorophyllkörnern. Unbl. u. Rhizoiden fehlen oft. — An Steinen in fließendem Wasser. — Var. fragilis Roth. Ras. groß, aufr. o. niederliegd., nicht in fließendem Wasser, sondern in Sümpfen. St. wenig verzweigt. Obbl. s. groß, kreisrund o. abgerundet-quadrat., 2—3 mm br. Zellen viel größer als bei var. rivularis. — Jungermannia L.

Chiloscyphus polyanthus (L.) Corda. **116.**

×× Der vor. Art s. ähnl. u. von vielen Autoren als Varietät ders. aufgefaßt. Unterscheidet sich von Ch. polyanth. durch stets gelbl.- o. bleichgr. Färbung der Rasen, durch stets rechteckige, ca. 2 mm l. und 1—1,5 mm breite, am Grunde der Äste mehr weniger tief 2teilige Obbl., dch. scharf dornig gezähntes Perianth u. die wenig über das Perianth hervorragende Kalyptra. Blattzellen 40 × 50 μ in der Mitte, 30 × 40 μ an der Spitze. Sporen 18 μ, Elateren 8—9 μ breit. — An ähnl. Stellen w. vor., zwischen Moosen, an Baumstümpfen, grasigen Plätzen. Eb. bis Bg. Weniger hfg. als vor. — Jungermannia viticulosa L., J. pallescens Ehrh.

Chiloscyphus pallescens (Schrad.) N. v. E. **117.**

2. Unbl. fehlen. Zellen in den Ecken deutl. 3eckig verdickt. Ras. lebhaft- o. sattgr., seltener bräunl., flach, dicht, ausgedehnt, dem Substrat angedrückt. St. 2—4 cm l., niederliegd., hin- u. hergebogen, unregelmäß. bis büschelig u. klein verästelt, unterseits m. dicht. Rhizoiden. Obbl. breit oval o. abgerundet rechteckig, unterschlächtig, zlch. dicht, aufsteigd. bis ausgebreitet, schief vorwärts gerichtet, schräg inseriert u. auf d. Dorsalseite d. St. herablaufd., die obersten fast quer inseriert. Blzellen rundl.-vielseitig, zartwandig, zlch. gleichgroß, reich an Chlorophyll, 35 × 42 μ in der Mitte, 30 μ am

Rande, Kutikula m. längl. Wärzchen. Einhäusig. Männl. Hüllbl. unterhalb des Perianths zu 3—4 Paaren, an der Basis stark ausgehöhlt, oben nach außen gebogen. Perianth bogig aufsteigend, zylindrisch o. keulig-walzenfg., ein wenig gekrümmt, glatt, oben durch den scharf rechtwinklig umgebogenen Rand niedergedrückt, durch kleinen Mündungskegel wie genabelt, Mündung mit zahlr., kurzen, ungleichen Wimpern. Sp. oval, auf etwa 1 cm l. Stiele, dunkelbr., Wand 2schichtig. Sporen braun, fast glatt, 12—14 μ Durchm. Elateren gewunden, 8—10 μ Durchm., doppeltspirig. Spire locker, rotbraun. Vegetat. Vermehrung durch 2zellige, kleine, kugl. o. ellipsoidische Brutkörper, die in gelbl. Häufchen an der Spitze zarter Sprosse zur Entwicklung gelangen. — Auf feuchtem, tonig-kiesigem Boden, an Felsen, feuchten Steinen, morschen Stämmen, Wurzeln. Hgl. u. Bg. Hfg. Perianthien fast immer vorhand. Sp. hfg. 5. — Jungermannia Schrad., Liochlaena N. v. E.

Haplozia lanceolata (Schrad.) Dum. **118.**

β Obbl. kreisrund, nieren-, herz- o. eifg., zugespitzt-oval o. rundlich-eifg.

1. Blzellen in den Ecken sehr deutl. 3eckig- o. viereckig o. knotig-verdickt.

a Kutikula (Fig. 165, Seite 114) der Zellen der Obbl. sehr deutl. u. stark netzig-warzig-runzlig (die netzige Struktur beruht auf Faltungen der Kutikula). Ras. kräft., oliven- o. schmutziggr., meist braunrot, oben oft trübpurpurn. St. derb, 2—7 cm l., selten länger, stark verzweigt, liegd.-aufsteigd. o. aufr., unten überall mit s. reichl., hellbr. Rhizoiden. Obbl. (Fig. 166, Seite 114) groß, zlch. dicht, schräg halbstengelumfassd., nur am Dorsalrand etwas herablaufd., alle fast kreisrund, am Grunde hohl, oben gewölbt u. m. rückwärts gebogen. Rande, an der Spitze aufeinanderliegd. Unbl. lanzettl.-pfriemenfg. (Fig. 167, Seite 114). Blzellen rundl. 5—7eckig, groß, in der Mitte 40 × 60, am Rande 40 μ diam. m. ca. 10—12 Ölkörpern. Weibl. Hüllbl. den anderen Bl. ähnl., abstehd.-zurückgebogen. Perianth eifg., unten aufgeblasen, oben zusammengedrückt, quer gestutzt, an der Mündung 2lippig u. lang u. scharf gezähnt. Sp. eikugl. Stiel 1,5—2 cm l., im Querschnitt die Außenzellen viel größer als die Innenzellen. Spwand 4schichtig. Sporen gelbbraun, 18—21 μ Durchm., netzig geadert o. gekörnelt. Elateren 12—14 μ Durchm., doppeltspirig, Spire eng, rotbraun. Brutkörper 1—2zellig, s. groß, oval, am Rande halbkreisfg. Bl. — An Felsen, modernden Stämmen. Bg. u. Hochgeb. Verbr. Sp. u. Brutkörper nicht hfg. S.—Jungermannia Hook., Haplozia Dum., Leioscyphus Mitt.

Leptoscyphus Taylori (Hook.) Mitt. **119.**

b Kutikula d. Obbl. glatt o. fast glatt, bei Haplozia sphaerocarpa hier und da am Grunde fein punktiert, bei Odontoschisma Sphagni u. denudatum undeutl. o. warzig gekörnelt.

× Unbl. stets vorhanden, bei Jamesoniella nur an jungen Pflanzen.

O Perianth in den Hüllbl. eingeschlossen o. nur ein wenig aus ihnen hervorragd., unten z. T. mit ihnen ± verwachsen, daher fleischig.

! (3) Einhäusig. Ras. braun, seltener gr., niedrig. St. selt. verzweigt, bis 1 cm l., kriechd., die fruchtbaren kräftiger als die sterilen u. nur an der Spitze kniefg. aufsteigd., an der Unterseite purpurrot, dicht m. Rhizoiden besetzt. Bl. schräg vorwärts angeheftet, dichter an den fertilen u. nach oben an Größe zunehmend, lockerer an den sterilen Stengeln, an den ersteren kurz 2lappig, an den letztern fast stets ganzrandig. Zellen am Rande fast quadrat. 25 μ, in der Mitte weiter, 40 μ. Membranen zart, in den Ecken deutl. knotig verdickt, in jeder Zelle 2—3 granulierte, längl.-runde Ölkörper. Unbl. meist am Ende der fertilen Sprossen, selten an den sterilen Zweigen, in den weibl. Hüllbl. meist 3teilig, sonst einfach, lanzettl. Weibl. Hüllbl. 2—3paarig, 2—3lappig ausgeschweift. Ränder gewellt. Perianth m. d. Hüllbl. weit hinauf verwachsen. Durch Vorwölbung des Stengels unter dem weibl. Blütenstand nach unten entsteht eine sackartige Aushöhlung, das befruchtete Archegonium gelangt dadurch in das untere Ende der Aushöhlung, deren Längsachse ungefähr einen rechten Winkel m. der Stachse bildet. Sp., Sporen u. Elateren wie bei Al. scalaris. — Auf nackter Erde, auf Heideland, an Hohlwegen, Waldrändern. Eb. — Hochgeb. Verbr. — Ost- und Westpreußen, Pommern, Brandenburg, Schlesien, Altvatergebirge, Sachsen, Isergebirge, Böhmen, Rhön, um Kassel, Nordfriesische Inseln, Baden, Bayern, Schweiz, Tirol, Salzburg, Kärnten, Steiermark. — Alicularia scalaris β minor N. v. E.

Alicularia geoscyphus De Not. **120.**

!! 2häusig. Ras. meist ausgedehnt, gr., braungr., seltener rötl., locker o. dicht. St. (Fig. 168) 2—6 cm l., niederliegd. bis aufsteigd. o. aufr., meist einfach, unterseits m. dicht., lang., weißl. o. braunen Rhizoiden. Obbl. schräg (Fig. 169, Seite 114) angeheftet, vom St. wenig abstehd., zlch. dicht, fast kreisrund, meist ganzrandig, selten an d. Spitze etwas eingedrückt. Blzellen (Fig. 170) meist rundl. 6eckig, in der Mitte 28 μ, am Rande 26 μ im Durchm., in den Ecken stets deutl. 3eckig verdickt, am Blrand meistens etwas kleiner, jede mit 2—3 großen bohnenfg. oder 3—5 rundl.

kleineren, glänzd. Ölkörpern. Unbl. deutl. (Fig. 169, Seite 114), bes. an jungen Trieben, an älter. Stteilen oft im Filze verborgen, lanzettl., bogig abstehd. Weibl. Hüllbl. im allgem. den Obbl. ähnl., bisweilen oben ausgerandet. Perianth (Fig. 171, Seite 114) m. den beiden obersten Hüllbl. zu $^3/_4$ verwachsen, in den Hüllbl. versteckt, kurz eifg., Mündung gekerbt. Sp. lang gestielt (1—2 cm), oval, braun, Klappen b. z. Grunde gespalten, Wand 2schichtig. Sporen tetraëdr.-kugel., 16—18 μ Durchm., gelbbraun. Elateren schmaler, aber 150—200 μ lang, Spire doppelt, breit, rotbr. — Auf kiesig-toniger Erde, an Wald- u. Grabenrändern, Hohlwegen. Eb. bis Hochgeb. S. Verbr. Sp. hfg. — Jungermannia Schrad., Nardia Lindbg.

Alicularia scalaris (Schrad.) Corda. **121.**

!!! **A.** 2häusig. Ras. 10—15 cm h., ausgedehnt, kräftig, meist rotbr. o. purpurn, seltener gr. St. aufr., verzweigt, lang u. schlaff, m. reichl. Rhizoiden. Obbl. zlch groß u. dicht, dem Stengel seitlich angepreßt, so daß die Pflanze von den Seiten zusammengedrückt erscheint, schräg vorwärts angeheftet, meist deutl. nierenfg., die oberen bisweilen ein wenig ausgebuchtet. Blzellen rundl., am Rande annähernd quadrat. u. kleiner, in den Ecken verdickt, am Rande 20, in der Mitte 30 × 50 μ Durchm., m. kleinen Ölkörpern. Unbl. nur in jüngeren Stteilen, klein, lanzettl., abstehd. Weibl. Hüllbl. ungefähr so groß wie die übrigen Obbl., oben ausgerandet o. kurz eingeschnitten. Perianth m. d. Hüllbl. unten verwachsen, in diesen versteckt, längl. eifg. o. keulenfg., m. gekerbter, enger Mündung. Sp. auf 0,5—1 cm l. Stiele. Sporen rotbr., 10—12 μ Durchm. Elateren verbogen, 8—12 μ breit, Spire doppelt, locker. — In den Alpen an nassen Felsen, Wasserfällen, an Steinen in Bächen. Zlch. verbr. 6, 8. — Harz, Fichtelgebirge, Schweiz, Tirol, Vorarlberg, Salzburg, Kärnten. — Jungermannia Hook., Mesophylla Dum.

Alicularia compressa (Hook.) N. v. E. **122.**

OO Perianth über die Hüllblätter emporgehoben.

! Blattzellen angulär sehr stark dreieckig-, quadratisch-knotig verdickt.

\+ **A.** Anguläre Verdickungen fast so groß wie das Zellumen. Blätter sehr stark kugelig ausgehöhlt, kreisrund. Blattzellen 25—28 μ Durchmesser. Die zwar kleinen, aber deutlichen Unterblätter am Rande mit zahlreichen Schleimpapillen. Kutikula glatt. Weibliche Hüllblätter zweilappig, Rand gekerbt bis gezähnt. Sporen papillös, 14 μ Durchm., Elateren 9 μ breit, Spire locker und doppelt.

Pflanzen hell- bis weißlichgrün, nur 1—2 cm lang. Zweihäusig. — Auf Erde und Felsen im Hochgeb. Sehr selten. — Sphagnoecetis Austin, Jungermannia tesselata Berggr., Odontoschisma tesselatum C. Jens. — Schweiz, Tirol.

Odontoschisma Macouni (Aust.) Underwood. **123.**

++ Anguläre Verdickungen kleiner als das Zellumen.

? Kutikula glatt oder fast glatt.

△ Blattzellen 20—25 μ, durch die starken Eckverdickungen fast sternförmig. Blätter fast kreisrund, wenig hohl, mit undeutlichem Rande. Unterblätter klein, eiförmig, auf der Fläche und am Rande mit Schleimpapillen. Weibliche Hüllblätter zweiteilig, Rand gezähnt und gewellt. Rasen schwarzgrün bis rotbraun, dicht, flach, 2—3 cm tief. Besonders in Hochmooren. Sehr selten. — O. den. v. elongatum Lindbg. — Harz, Hamburg, Steiermark.

Odontoschisma elongatum (Lindbg.) Evans. **124.**

△△ Blattzellen 50 μ breit, in der Mitte 50—70 μ Durchm. Perianth unten aufgeblasen eifg., oben von 2 Seiten zusammengedrückt, mit gewellter Mündung, über die mit ihrer oberen Hälfte zurückgebogenen Hüllbl. hinausragd. 2häusig. Ras. meist bräunlich o. rötl., seltener gr., kräft. flach, ausgedehnt. St. niederliegd. o. zwischen anderen Moosen, bes. Sphagnum, aufr., meist einfach, unterseits m. reichlich., wasserhell., nach K. Müller am Ende keulig o. kugelig angeschwollen. Obbl. fast kreisrund, $\pm$ dicht, fast ausgebreitet, schräg inseriert, halbstengelumfassend. Blzellen sehr weit, rundl.-vielseitig, gegen den Grund hin gestreckt, am Rande $\pm$ quadrat., in den Ecken s. deutl. 3eckig u. knotig verdickt, Kutikula völlig glatt. Unbl. lanzettl., in den Rhizoiden versteckt. Sp. länglichrund, Wand 4schichtig, Sporen u. Elateren denen v. Leptoscyph. Taylori ähnl. Vegetative Vermehrung durch 2zellige ellipsoidische o. eifg., grünl. Keimkörper, die rötlichgelbe Häufchen zusammensetzen u. an der Spitze länglicheifg. Blätter zur Entwicklung gelangen. — In Hochmooren, Erlenbrüchen u. an ähnl. Stellen. Verbr. Eb. bis Hochgeb. Sp. selten. S. — Jungermannia Hook., J. Taylori β anom. N. v. E., Haplozia Warnst., Leioscyphus Steph.

Leptoscyphus anomalus (Hook.) Lindbg. **125.**

?? Kutikula warzig. Blattzellen 20—25 μ Durchm., durch die starken Eckverdickungen sternförmig. Oberblätter fast kreisrund, bisweilen schwach ausgebuchtet, hohl, mit den Innenseiten sich fast berührend. Unterblätter groß, in der Regel spitz, seltener zweilappig, besonders an den obern Stengelteilen. Perianth oben dreikantig, mit verengter, gezähnelter oder fransig-wimperiger Mündung. Weibliche Hüllblätter breit-eiförmig, bis zu $^1/_2$ oder $^1/_3$ eingebuchtet, mit eiförmigen, spitzen oder stumpflichen Lappen, an den Rändern gezähnt und wellig. Rasen dunkelgrün, bräunlich oder braunrot, locker oder dicht oder Pflanzen vereinzelt zwischen anderen Moosen (bes. Sphagnum) aufsteigend oder klimmend. Stengel $\pm$ verästelt, bis 2 cm lang, an der Unterseite mit grünlichen, blattlosen oder kleinblättrigen, flagellenartigen Stolonen. Sporogon oval .Sporen braun, dicht granuliert, 8—10 μ Durchm., Elateren gestreckt, 8—10 μ Durchm., Spire doppelt, rotbraun. Vegetative Vermehrung durch zartwandige, ein- oder zweizellige, 14 $\times$ 24 μ große Brutzellen, diese bilden gelbgrüne Häufchen an den Spitzen aufrechter Sprosse. — Auf Moorboden, modernden Baumstümpfen, auch an Sandsteinfelsen. Eb. bis Bg. Verbreitet. Sporog. nicht selten. F. Zweihäusig. — Jungermannia N. v. E., Sphagnoecetis communis β macrior Nees.

Odontoschisma denudatum (N. v. E.) Dum. **126.**

!! Blattzellen schwach, aber deutlich (3eckig) verdickt.

\+ Auf Erde, morschem Holze, an Felsblöcken, Hohlwegen, Bachrändern u. ähnl. Orten bildet diese Art verworrene flache, meist bräunliche, seltener grünliche Überzüge. Stengel niederliegend, 2—4 cm lang, Rhizoiden kurz. Blätter dicht, schräg angeheftet, eiförmig oder abgerundet-rechteckig, an der Spitze oft seicht ausgebuchtet, Zellen derbwandig, angulär deutlich dreieckig-verdickt, am Rande 20 μ, in der Mitte 25—30 μ Durchm., Kutikula fast glatt. Unterblätter fast spießförmig. Perianth zylindrisch, an der ventralen Seite mit einer tiefen Falte, oben zusammengezogen und stumpf dreikantig, an der Mündung lang wimperig gezähnt. Sporogon länglich-eiförmig, Sporen 12 μ, fein warzig, Elateren 8 μ breit, Spire locker, doppelt. Häufig. S. — Jungermannia De Cand., Haplozia Heeg, Jungermannia subapicalis Nees, Schraderi Martius, Haplozia Schraderi Dum., H. subapicalis Dum.

Jamesoniella autumnalis (De Cand.) Steph. **127.**

++ Nur in Mooren, hier entweder einzeln, zwischen Moosen umherkriechend oder lockere, grasgrüne Räschen bildend. Stengel ziemlich schlaff, niemals braunrot. Rand der kreisrunden Blätter, besonders an denen unter dem Perianth, etwas wellig. Unterblätter am Rande mit je einem großen Zahne. Blattzellen angulär schwach verdickt, zartwandig, am Rande 24, in der Mitte 30—33 μ Durchm. Perianth an der Mündung gekerbt oder kurz gezähnt, nicht gewimpert wie bei vor. Art. Sporen 14 μ Durchm., Elateren 8 μ Durchm. Seltener als vor. S. — Jamesoniella Schraderi Schiffn., Jungermannia Schraderi var. undulifolia Nees.

Jamesoniella undulifolia (Nees) K. M. nov. comb. **128.**

× × Unbl. fehlen o. so gut wie fehld.

O Weibl. Hüllbl. mit dem Perianth zur Hälfte verwachsen, unter sich nicht verwachsen, ungeteilt o. wie die oberen Bl. ab u. zu schwach eingebuchtet, oben ein wenig zurückgebogen. Perianth eifg. (Fig. 172, Seite 114), gr. o. purpurn, mit der schnabelfg., deutlich 4—5kantigen, faltigen, zusammengezogenen, später 4—6lappigen Mündung über die Hüllbl. emporgehoben. Meist 2häusig. Ras. flach, niederliegd., glänzd., blau- o. mattgr., rötl. o. purpurn angehaucht. St. niederliegd. (Fig. 172, Seite 114), oben oft gabelig o. büschelig verzweigt, unterseits dicht mit langen, weißl. o. ± rötlichen, seltener purpurnen Rhizoiden besetzt. Obbl. (Fig. 173, Seite 124) schräg inseriert, den St. halb umfassd., nur wenig herablaufd., sich dachziegelig deckd., fast kreisrund, seitl. abstehd. o. mit den Innenflächen gegeneinandergeneigt, an den fruchtbaren St. oben größer, aufgerichtet und bes. die obersten mit dem Rande zurückgebogen. Blzellen (Fig. 174, Seite 124) rundl.-6eckig, in den Ecken ± stark 3eckig, oft auch knotig verdickt, in der Mitte 25 × 30, bisweilen 35—40 μ im Durchm., am Rande 40 × 60 μ im Durchm., zartwandig, reich an Chlorophyll, am Rande kleiner, rundlich-4eckig u. stärker verdickt. Ölkörper groß, länglichrund, granuliert, 4—10 in jeder Zelle. Kutikula glatt. Sp. kugel., rotbr., bis 2 cm l. gestielt, Wand 2schichtig. Sporen kugl., gelbbraun, warzig gefeldert, 15—20 μ Durchm. Elateren doppeltspirig, bis 10 μ Durchm., Spire rotbraun. — Auf sandig-tonigem Boden, an Abhängen, Gräben- u. Wegerändern, in Ausstichen u. an ähnl. Stellen. Eb. bis nied. Bg. Verbr. Sp. hfg. 4. — Jungermannia Lyell, J. Schmideliana Hübener, Haplozia Dum.

Eucalyx hyalinus (Lyell) Breidl. **129.**

OO Weibl. Hüllbl. nicht oder nur am Grunde mit dem Perianth verwachsen.

! (3) Perianth ei- o. keulenfg., von der Mitte ab nach oben 3—6kantig, meist 4kantig, an der Mündung plötzlich zusammengezogen, Lappen der Mündung 3—6, jeder 3eckig. Weibl. Hüllbl. ungeteilt. Ras. ausgedehnt, flach, trüb- o.

braungr., ab und zu stark gebräunt. St. meist 1—2 cm l., selten bis 5, einfach, niederliegd., aufsteigd. o. aufr., mit langen, meist bräunlichweißen Rhizoiden dicht besetzt. Alle Obbl. kreisrund, die unteren locker u. schräg angeheftet, die oberen dicht, fast quer inseriert, halbstengelumfassend und nach der Stspitze hin größer werdd. Blzellen rundl. bis 5—6eckig, angulär deutl. 3eckig verdickt, am Rande kleiner, mehr rundl. o. quadrat., reich an Chlorophyll, in der Mitte 25—35 μ im Durchm., Ölkörper klein. Kutikula fast glatt o. nur an der Basis fein gekörnelt. Sp. kugel., schmutzigrot, zlch. groß, auf 1—2 cm l. Stiele, Wand 2schichtig. Sp. 16—18 μ Durchm., fein warzig gekörnelt, doppelt so breit wie die doppeltspirigen, 7—8 μ breiten Elateren. Spire eng, rotbraun. — An humösen, kieselhaltigen Felsen, in Felsspalten, auf mooriger Erde. Bg. u. Hochgeb. Zlch. verbr. Sp. reichl. F. — Jungermannia Hook., J. scalariformis N. v. E.

Haplozia sphaerocarpa (Hook.) Dum. **130.**

!! Perianth eiförmig, zu $^1/_2$ bis $^3/_4$ aus den Hüllblättern hervorragend, oft am Grunde etwas mit den letzteren verwachsen, gegen die Mündung hin drei- bis vierkantig, an der Mündung drei- bis vierlappig. Gebirgspflanze. Rasen 1—2 cm hoch, fast immer hellgrün, nicht trüb- oder braungrün, wie bei Haploz. sphaerocarpa. Stengel mit langen, weißen Rhizoiden. Unterscheidet sich außerdem von dieser durch größere Blattzellen (meist 45 μ im Durchm.), größere Sporen (24 μ im Durchm.), breitere Elateren (10 μ) und lockere, nur 3 μ dicke Spiren. — Feuchte, steinige, felsige Plätze in den Alpen. — Schweiz, Tirol, Salzburg, Steiermark, hier von zahlr. Stellen bekannt. — Haplozia lurida Breidler.

Haplozia Breidleri K. M. **131.**

!!! Perianth zylindr., oben 3kantig, mit gezähnter o. gefranster Mündung. Weibl. Hüllbl. bis zu $^1/_2$ geteilt, m. 2 spitzeifg. Lappen. Von Od. denudatum unterscheidet sich diese Art durch den fast völligen Mangel an Unbl. Brutkörper selten vorhanden, ebenso die mit kleinen Bl. besetzten Sprosse, wie sie an der Spitze des Hauptst. von Od. den. fast immer aufzutreten pflegen (Fig. 175, Seite 124 Blatt). Das Lumen der Blzellen ist nie deutl. sternfg., wohl aber vielseitig, rundl. o. oval, auch sind die Zellecken oft nur schwach oder gar nicht 3eckig verdickt. Blattzellen 20—25 μ im Durchm. Die Bl. sind durch eine Reihe dickwandiger, quadr. o. rektang. Zellen deutl. gesäumt. St. (Fig. 176, Seite 124) $\pm$ verästelt. Sonst wie Od. den. —

In Mooren, Brüchen, Torfsümpfen, bes. zwischen Sphagnum. Eb. bis Bg. Zerstr. Sp. selt. 6, 7. — Pommern, Brandenburg, bei Hamburg, Nordfriesische Inseln, Erzgebirge, Vogtland, Harz, Ober- u. Niederhessen, Böhmen, Rheinprovinz, Vogesen, Baden, Bayern, Schweiz. — Jungermannia Dicks., Sphagnoecetis communis α vegetior in Syn. Hep.

Odontoschisma Sphagni (Dicks.) Dum. **132.**

2. Blzellen der Obbl. in den Ecken nicht oder sehr undeutlich 3eckig verdickt. Siehe Seite 152.

F. Obbl. durch einen ± tiefen Einschnitt 2lappig.

I (II siehe Seite 142.) Die beiden Lappen der Oberbl. zusammengezogen u. scharf[1]), oft flügelartig gekielt. Obbl. m. 2 sehr ungleichgroßen Lappen, einem Ober- u. einem Unterlappen, beide Lappen entweder blattartig o. Unterlappen von der Gestalt eines Öhrchens (Madotheca) oder eines hohlen, halbkugeligen oder beutelförmigen Säckchens. (Frullania.)

α (β siehe Seite 131.) Oberlappen vielmal größer als der Unterlappen.

1. (2. siehe Seite 127.) Unterlappen als sackartiges, halbkugeliges oder beutelartiges Öhrchen ausgebildet. Diese „Auriculae" dienen als Wassersäcke, sie verschwinden, wie Göbel für Frullania nachgewiesen hat, in ständiger Feuchtkultur, „die Bildung der Wassersäcke ist also eine Anpassungserscheinung" (G. O., 1. Aufl., S. 284). Unbl. s. deutl. Sp. s. wenig emporgehoben, bis zu $^2/_3$ vierklappig, kugl., Wand 2schichtig. Elateren trompetenfg., nur m. 1. Spiralband. Sporen m. sternförmig. Warzen. Pflanzen meist gebräunt, an Baumrinde u. Felsen. Obbl. quer inseriert. Unbl. oval, ausgerandet o. 2spaltig. 2häusig. Männl. Äste ährenfg., klein, m. 2zeiligen, gleichlappigen Hüllbl. und 1 o. 2 zieml. lang- und dünngestielten kugel. Antheridien. Weibl. Hüllbl. in wenigen Wirteln, von den Obbl. nicht verschieden. St. 2zeilig, ± regelmäßig einfach o. doppelt gefiedert.

a Blattunterlappen (Öhrchen) doppelt so lang als breit.

× Blätter oval, mit abgerundeter Spitze. Unterblätter fast bis zum Grunde gespalten, breit-verkehrt-eiförmig, Öhrchen helmförmig-hohl (Fig. 186, Seite 124), so breit wie die Unterblätter. Blattoberlappen spröde, leicht abbrechend, verkehrteirundlich, ganzrandig. Blattzellen ganzrandig, am Rande

[1]) Übertrifft der Oberlappen den Unterlappen so sehr an Größe, daß er den letzteren vollständig bedeckt, so erscheinen die Bl., von der Rückenseite des Stämmchens betrachtet, einfach, ungeteilt. Nur die saubere Loslösung eines Bl. an der Insertionsstelle, bzw. die Untersuchung des St. auch von der Bauchseite her vermag Klarheit zu schaffen.

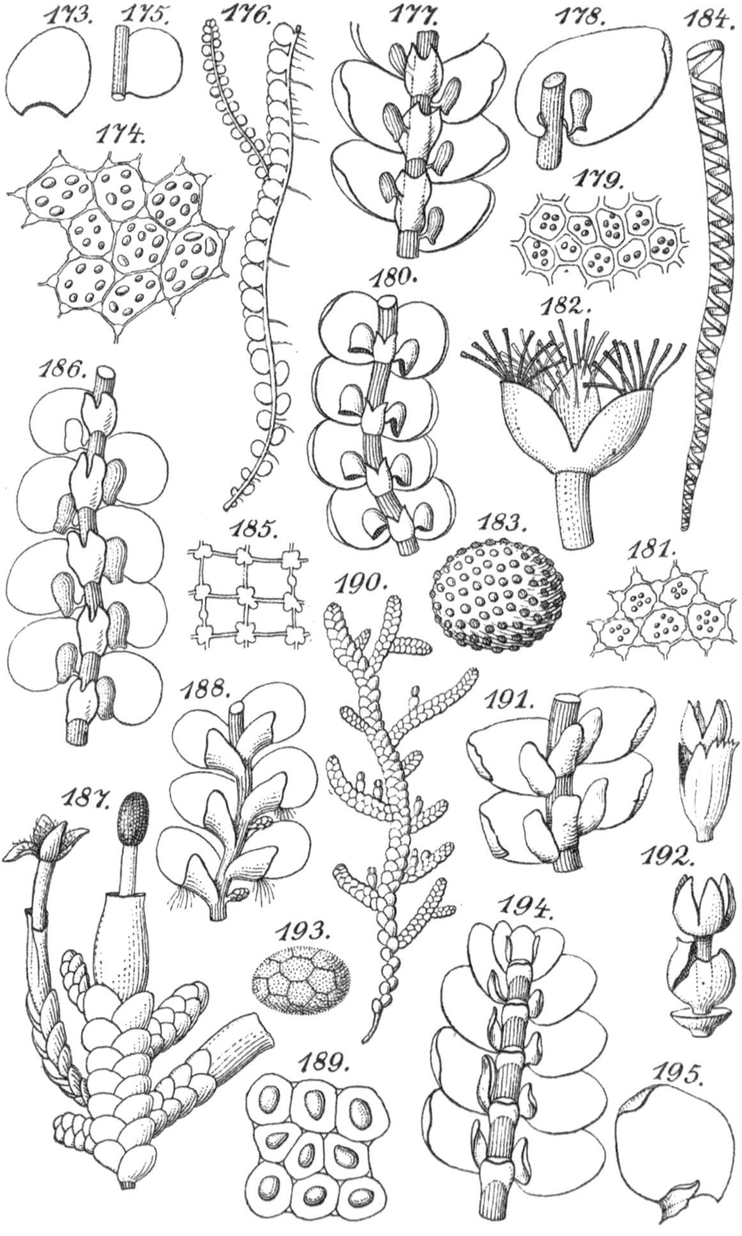
173.
175.
176.
177.
178.
184.
174.
179.
180.
182.
186.
185.
183.
190.
181.
188.
191.
187.
192.
194.
193.
189.
195.

kleiner (15—17 μ), in der Mitte (20 μ) und gegen den Grund des Oberlappens mit einer oder mehreren perlschnurartigen Reihen größerer und dunklerer Zellen. Membranen gleichmäßig verdickt (bes. an den Blättern der Äste). Sporen 40—55 μ breit. Der Frullania dilatata sehr ähnlich, doch kleiner und dunkler gefärbt, meist dunkelrotbraun. — An Felsen und Rinde von Laubbäumen. Bg. S. selt. H.—F. — Pommern, Harz, Elsaß-Lothringen, Baden an zahlr. Stellen, Spessart, Oberbayern.

Frullania fragilifolia Tayl. **133.**

×× Blätter in ein Spitzchen endend. Pflanze stets fettig glänzend. St. 3—8 cm l., meist regelmäßig-doppelt-gefiedert, ± rötlichbraun, auch schwärzlich, seltener dunkelgrün. Oberlappen kreisrund bis schief rundlich-eiförmig, oben abgerundet, oft auch stachelspitzig. Öhrchen (Fig. 177, Fig. 178, Seite 124 ein Öhrchen), Blattzellen am Rande 10—12, in der Mitte 20 μ Durchm., länglich zylindrisch, beutelförmig-hohl, gestielt, kürzer u. schmäler als die Unterblätter, diese viel breiter als der Stengel, länglich-vierseitig, an der Spitze kurz zweilappig, kurz herablaufend und an den Rändern zurückgerollt und beiderseits mit einem ohrähnlichen Anhängsel. Blattzellen (Fig. 179, Seite 124) mit 2—6, ungleichgroßen, meist ellipsoidischen Ölkörpern. Oberlappen der weiblichen Hüllblätter scharf zugespitzt, am Rande ± gesägt, Ränder des lanzettlichen Unterlappens breit zurückgerollt. Hüllunterblätter so lang wie die Hüllblätter, länglich, bis zur Mitte in zwei zugespitzte, zwei- oder dreiteilige Lappen gespalten. Perianth ei-, keulen- oder birnförmig, an der Spitze plötzlich kurzröhrig-zusammengezogen, glatt. Sporen kugelig, gelbbräunlich, 50—60 μ breit. — Besonders in Laubwäldern, an Felsen, am Grunde von Baumstämmen. — Ebene bis Hochgebirge (bis 2500 m). Sporog. nicht überall. H.—F. — Jungermannia L.

Frullania Tamarisci (L.) Dum. **134.**

b Blattunterlappen (Öhrchen) etwa so lang als breit.

× Unterblätter zweiteilig.

O Blattlappen der Unterblätter am Außenrande mit je einem stumpfen Zahn. Öhrchen fast halbkugelig (Fig. 180, Seite 124) kappenförmig-hohl, größer als die Unterblätter. Oberlappen kreisrund und ganzrandig. Blattzellen gleichförmig, am Rande 20, in der Mitte 25 μ Durchm. (Fig. 181, Seite 124), rundlich-vielseitig, angulär stark dreieckig verdickt, teilweise getüpfelt, dicht mit Chloroplasten erfüllt, am Rande kleiner und quadratisch, Ölkörper 4—6, kuglig oder ellipsoidisch, glänzend. Männliche Äste kürzer oder länger,

Hüllblätter zweilappig, am Grunde bauchig. Weibliche Hüllblätter mit zwei- oder dreispaltigem Ventrallappen. Hüllunterblätter so groß wie der Ventrallappen der Hüllblätter, mit scharf eingeschnittener Spitze, Lappen meist ungleich-zweiteilig, am Rande unten mit unregelmäßigen Zähnchen. Perianth oben stumpf oder eingedrückt, gespitzt, am Rücken schwach konvex, an der Bauchseite gekielt. Außenfläche durch dickwandige, drei- bis vierzellige Brutkörper höckerig. Sporogon (Fig. 182, Seite 124), Sporen (Fig. 183, Seite 124) 45—55 μ breit und Elateren (Fig. 184, Seite 124) wie bei voriger Art (Fig. 185, Seite 124, Zellen der Kapselwand). Vegetative Vermehrung durch kelchbürtige Brutkörper und solche des Blattoberlappens männlicher Pflanzen, Brutkörper mehrzellig, klein, zartwandig, braungelb. Diese Art bildet dünne, strahlig ausgebreitete, ca. 5 cm lange, dunkelgrüne, gebräunte bis schwärzliche Überzüge, besonders auf der Rinde von Laubbäumen (Buchen), selten an Felsen. Stengel unregelmäßig gefiedert[1]). — Ebene bis durch die Bergregion. Häufig. Sporogonien häufig. H. F. — Jungermannia L.

Frullania dilatata (L.) N. v. E. **135.**

○○ Lappen der Unterblätter ganzrandig, eiförmig, durch kurzen Einschnitt voneinander getrennt. Öhrchen (Blattunterlappen) klein, eiförmig-zugespitzt, schwach ausgehöhlt, am unteren Stengelteil auch solche von der bei vor. Art geschilderten Gestalt. Blätter nicht wie bei vor. über den Stengel übergreifend, rundlich-oval, flach. Blattzellen angulär schwach dreieckig-verdickt, zartwandig, in der Mitte 20 × 25 μ Durchm., Kutikula glatt. Perianth stumpf-dreikantig, birnförmig, oben zu einer kurzen Röhre zusammengezogen, diese im Inneren mit zahlreichen, keulenförmigen Zellen. Sporen glatt, 20—25 μ Durchm. Rasen dunkelgrün. An Felsen und Mauern. Sehr selten. F. — Um Bozen, Meran. — F. cleistostoma Schiffn. u. Wollny.

Frullania saxicola Austin. **136.**

×× Unterblätter kreisrund bis nierenförmig, etwa viermal so breit wie der Stengel, groß, oben ausgebuchtet. Rasen blaugrün bis rotbraun, flach. Blattoberlappen nicht zugespitzt, fast kreisrund. Blattunterlappen von der Breite des einfach bis doppelt gefiederten Stengels. Blattzellen angulär verdickt, in der Mitte 25 × 35 μ, am Rande 20 μ. — Auf Urgesteinsfelsen, auch auf Sandstein, niemals auf Kalk. 900 bis

[1]) Über die gesetzmäßige Verteilung der Elateren an der Innenseite der Sporogonklappen siehe Jack, Bot. Zeitg. 1877.

2000 m. Selten. Sporogonien unbekannt. — Deutsch-Österreich, hier von zahlreichen Stellen bekannt, Schweiz, Baden.

Frullania Jackii Gottsche **137.**

2. Unterlappen klein, dem Oberlappen dicht anliegend oder nur wenig mit letzterem zusammenhängd., nicht sackartig, halbkugelig oder beutelartig, sondern 3eckig, quadrat., rechteckig, eifg. Obbl. dicht. St. meist durch die zweizeilige Beblätterung flach u. ± regelmäßig gefiedert, bei Lejeunea unregelmäßig verzweigt.

a Unbl. fehlen.

× (3) Pflanzen in dicht angedrückten, flachen, strahlig ausgebreiteten, oft kreisfg., meist gelbgr. Überzügen. St. (Fig. 187, Seite 124) bis 5 cm l., kriechd., gabelig verästelt o. unregelmäß. gefiedert, ohne Rhizoiden, diese nur aus der Mitte des Ventrallappens. Obbl. dicht dachziegelig (Fig. 187, Seite 124), gegen die Spitze des St. dichter, flach- u. ganzrandig, quer angeheftet. Oberlappen 1,4—1,7 mm l., Unterlappen (Fig. 188, Seite 124) fast 4eckig u. 3—4mal kleiner als d. Oberlappen und diesem flach angedrückt. Blzellen (Fig. 189, Seite 124) undurchsichtig, polygonal (5—7eckig), fast gleichgroß, 25 bis 30 μ Durchm., zartwandig, o. in den Ecken schwach 3eckig verdickt, Chlorophyllkörner zahlr., Ölkörper 1—2, s. groß, kugl. o. ellipsoid., mittelständig, granuliert, Kutikula glatt. Einhäus. Geschlechtsorgane an Haupt- u. Seitensprossen, die Archegonien gipfelständig. Männl. Hüllbl. von den Obbl. nicht verschieden, meist 2- o. 3paarig, je ein kurzgestieltes Antheridium in einer Aussackung des Unterlappens. Weibl. Hüllbl. zu 2, etwas größer als die übr. Obbl., das Perianth unten scheidenartig einschließd. Perianth zusammengedrückt, m. gestutzter, 2lippiger Mündung. Sp. winzig, mohnkorngroß, kurzgestielt, d. Perianth wenig überragd., hellbr. Wand 2schicht. Sporen s. groß, tetraëdrisch-kugl., dicht warzig, gelbbr. Elateren doppeltspirig, viel schmaler als die 25—30 μ dicken Sporen. Spire doppelt, bräunl., 7 μ breit. Vegetative Vermehrg. dch. blattrandständige, meist vielzellige, grüne Brutkörper. — Bes. an der Rinde von Laubbäumen, seltener an Fels. u. auf d. Erde. Eb. bis Hochgeb. Gemein. Sp. stets reichl. W.—F. — Jungermannia L.

Radula complanata (L.) Dum. **138.**

×× Habituell der vor. s. ähnlich. Zweihäus. Männliche Geschlechtsäste bis 6 mm l., ährenfg., zahlr., männl. Hüllbl. in 15—25 Paaren. Blattzellen 15—20 μ Durchm. Sporen vielzellig, ca. 30—40 μ diam., Elateren meist dreispirig, 8 μ breit. Bisher nur von wenigen Stellen bekannt. Brandenburg, Schlesien, Harz, Rhön, Elsaß, Baden, Württemberg, Bayern.

— R. germana Jack, ovata Jack, commutata Gottsche. — Meist auf Felsen, seltener an Baumrinde. F.—S.

Radula Lindbergiana Gottsche. **139.**

××× Fast nur auf Kalkfelsen, sehr selten auf Urgestein. [Sehr zierlich. Pflänzchen in kleinen, gelbgrünen Rasen. Stengel wie bei Cephalozia connivens u. a. am Rande durchscheinend, auf dem Querschnitt nur vier Zellen breit, bis 5 mm lang. Blätter meist locker, länglich-eiförmig, Oberlappenzellen grob warzig, am Rande durch die vorspringenden Papillen buchtig. Unterlappen halb so groß wie der Oberlapp., nicht warzig, auch am Rande ungezähnt, hier mit langgestreckten Zellen. Blattzellen wasserhell, angulär nur schwach verdickt. 15—20 μ Durchm. Weibl. Hüllblätter überall stark warzig. Das birnförmige Perianth oben fünfkantig und ebenfalls stark warzig. Sporen (Sporenkörper) 30—40 μ l., warzig, vielzellig. Auf der Blattunterseite mehrzellige Brutkörper. — Ziemlich selten. — Harz, Hannover, Thüringen, Sauerland, Württemberg, Baden, Bayern. — Lejeunea Libert., echinata Tayl.

Cololejeunea calcarea (Lib.) Spruce **140.**

b Unbl. vorhanden, deutlich.

× Unbl. ungeteilt, groß. 2häus. Größere Fels- u. Baummoose. St. meist regelmäßig gefiedert. Öhrchen m. d. Oberlappen ein wenig zusammenhängd. Bl. quer inseriert.

O Unbl. ganzrandig o. gegen den Grund gezähnt.

! Unterblätter doppelt bis dreimal so breit wie der Stengel.

\+ Blattzellen mit dreieckigen oder knotigen Verdickungen.

? Blattunterlappen $^1/_2$ so breit wie die Unterblätter. Rasen sehr groß, dicht, dunkel- bis gelbgrün, ohne Glanz. Hauptachse (Fig. 190, Seite 124) kriechend. Sekundäre Äste 0,6 bis 1 dm lang, $\pm$ regelmäßig doppelt und dreifach gefiedert, Äste im Winkel von etwa 50° abstehend. Oberblätter sehr dicht, sich deckend, Oberlappen schief breiteirund, abgerundet-stumpf, flachrandig, trocken mit ein wenig umgebogenem Rande. Öhrchen (Fig. 191, Seite 124) eiförmig, stumpflich, ganzrandig, am Grunde mit einem scharfen Zahn, Ränder umgebogen, halb so breit wie die Unterblätter. Blattzellen rundlich-polygonal, angulär schwach dreieckig verdickt, in der Mitte 25 μ im Durchm., am Rande kleiner und quadratisch, Ölkörper zahlreich. Unterblätter fast quadratisch (Fig. 191, Seite 124), angepreßt, mit ganzen, stark zurückgerollten Rändern. Perianth (Fig. 192, Seite 124) oval, oben zusammengedrückt, Mündung gestutzt und stumpflappig. Sporogon kuglig, das Perianth kaum überragend, hellbraun, Wand zwei- bis dreischichtig. Sporen (Fig. 193,

Seite 124) gelbgrün oder grünlich-braun, kuglig, ellipsoidisch oder oval, dicht kurzstachelig, 45—55 μ im Durchm. Elateren 8 μ breit, mit zwei- und dreischenkliger Spire. — Auf Gestein und an der Rinde von Laubbäumen, besonders Buchen, auch auf schattigem Waldboden. Ebene u. Bergregion. Gemein. Sporogonien ziemlich häufig. 5. — Jungermannia L.

Madotheca platyphylla (L.) Dum. **141.**

?? Blattunterlappen etwa so breit wie die Unterblätter, sehr groß, etwas breiter als der Stengel. Unterblätter doppelt so breit wie letzterer, halbkreisförmig. Anguläre Verdickungen der Blattzellen ± deutlich, Zellen in der Mitte 25 μ, am Rande 15—20 μ. Perianth eiförmig. Sporogonwand mit mehr als vier Klappen bis zur Basis sich spaltend. Sporen gelbgrün und feinstachelig, etwa 30—35 μ im Durchm., Elateren 9—10 μ breit, meist mit einfacher Spire. Rasen gelbgrün, schwach glänzend, in der Regel einfach gefiedert. — Vorkommen wie bei vor. Art. Selten. — Brandenburg, Niederhessen, Böhmen, Bayern, Baden, Unterelsaß. — Jungermannia Schweinitz, Madoth. Jackii Schiffn., navicularis β Thuja Nees.

Madotheca platyphylloidea (Schweinitz) Dum. **142.**

++ Blattzellen ohne knotige Verdickungen, zartwandig, sehr groß, in der Blattmitte 30—35 μ diam. Anguläre Verdickungen klein und dreieckig. Rasen meist reingrün. Fiederung der Stengel in der Regel einfach. Blattoberlappen breit-oval, Rand oben mit ein bis zwei stumpfen Zähnen. Unterlappen von Stengelbreite, groß, weit herablaufend. Unterblätter breiter als Stengel und Unterlappen, Rand beiderseits gekerbt oder gezähnt und weit herablaufend. An der Mündung des Perianths lange, drei bis vier Zellen lange Wimperzähne. Sporen 40—45 μ im Durchmesser, feinwarzig. Elateren doppeltspirig, 8—10 μ breit. — Vorkommen ähnlich wie bei M. platyphylla. Zlch. selten. Besonders im Mittelgebirge. — Schlesien, Rhön, Harz, Thüringen, Rheinprovinz, Bayern, Böhmen, in Baden an zahlr. Stellen, Lothringen, Kärnten und Tirol, Schweiz. — Madoth. navicularis β Thuja Nees.

Madotheca Baueri Schiffner. **143.**

!! Unterblätter breiter als der Stengel, aber nicht wie unter + angegeben. Rasen von ölartigem Glanze, kräftig bis gelbgrün. Blattunterlappen am Rande oft gezähnt, umgerollt und gewellt. Blattzellen angulär deutlich dreieckig verdickt, zartwandig, 30 μ Durchm. Sporen papillös, 30—35 μ im Durchmesser. Elateren doppeltspirig, 200—250 μ lang

u. 8—10 μ breit. — Nasse Steine in Gebirgsbächen. — Westpreußen, Pommern, Brandenburg, bei Hamburg, Niederhessen, Sauerland, Vogesen, südl. Schwarzwald, Oberbayern (Allgäu, bei München), Böhmer Wald, Fichtelgebirge. — M. rivularis N. v. E., Porella riv. Lindbg.

Madotheca Cordaeana Hübener (Dum.) **144.**

OO Unbl. (Fig. 196, Seite 138) rings wimperig gezähnt, flachrandig, oben quergestutzt u. seicht ausgebuchtet, weit herablaufd., eifg.-rechteckig, angedrückt. Ras. weich, polsterfg., flach, gelblichgr. o. olivenbräunl., selten dunkelgr., fast metallisch glänzd. Sekundäre St. schlaff, 5—12 cm l., ± regelmäß. einfach bis doppelt gefiedert, m. s. dichten, anliegenden, am Rücken konvexen Obbl. Oberlappen schief herz- o. eifg., meist scharf u. kurz zugespitzt, trocken stark eingebogen u. m. umgeschlagenen Rändern, Ränder ganz o. unmerkl. am Hinterrande gezähnt. Öhrchen längl. zungenfg., fast rechteckig, spitz o. stumpf, flachrandig, nicht herablaufd. Ränder ± wimperig gezähnt. Blzellen rundl.-polygonal, angulär dtlch. 3eckig verdickt, am Rande kleiner u. quadrat., 20—25 μ im Durchm. Ölkörper zahlr. — Bes. an schatt., kalkhaltigen Fels., aber auch auf Silikatgesteinen u. am Grunde v. Laubbäumen, bes. Buchen. Bes. Eb. u. Hgl. Zerstr. Sp. selten. 6, 7. — Jungermannia Schrad., Porella Lindbg.

Madotheca levigata (Schrad.) Dum. **145.**

×× Unbl. bis $^1/_2$ oder $^3/_4$ zweilappig. Zlch. groß.

O Obbl. (Fig. 199) schräg inseriert, fast flach ausgebreitet. Oberlappen rundlich bis eifg., ganzrandig, Unterlappen (Öhrchen) klein, so groß w. d. Unbl. (Fig. 197, 198, Seite 138), 3eckig, dem Oberlappen fest angepreßt. Blzellen, 25—30 μ Durchm., sehr zartwandig, durchscheinend, angulär s. schwach 3eckig-verdickt, Membranen deutl. getüpfelt o. m. einzelnen verdickten Stellen. Ölkörper zahlr., klein. Einhäus. Männl. Äste s. kurz. Weibl. Gametangienstand endständig, mit 2 (Fig. 200, Seite 138) ungleich 2lappigen Hüllbl. Perianth (Fig. 201, Seite 138) verkehrt ei-, keulen- o. birnfg., 5kantig, oben plötzlich zu einem kurzen Röhrchen verengt. Spor. kurzgestielt, klein, gelb, kugl., bis unter d. Mitte 4klappig. Klappen 2schichtig, bleich, zusammenneigend. Sporen gelbgr., von verschiedener Gestalt, warzig punktiert. In jedem Sporog. 26 Elateren, davon je 6 auf dem einen, je 7 auf dem anderen Klappenpaar, trompetenfg. Spire einfach, sehr blaß. — An schattigen, feuchten, bemoosten Bäumen u. Felsen, auf Geröll. Eb. selt., bes. Bg. u. Hochgeb.

Verbr. Meist reichlich mit Perianthien. 7—9. — Jungermannia Ehrh., Lej. serpyllifolia Lib.

Lejeunea cavifolia (Dicks.) Lib. **146.**

OO Pflänzchen winzig, auf Baumrinde u. Baummoosen. Stengel 4—8 mm lang, äußerst zart. Blätter locker, Oberlappen breit-eifg., rundlich, Spitze stumpf, Unterlappen bis $^3/_4$ so groß wie ersterer, ebenfalls stumpf u. außerdem aufgeblasen. Blattzellen 12—15 μ im Durchm. Kutikula glatt. Lappen der Unterblätter an der Basis zwei Zellen breit. Perianth birnförmig, oben fünfflügelig. — Lothringen, Baden, Bayern, Schweiz, Steiermark, Salzburg. — Jungermannia Tayl., Lejeunea Tayl.

Mikrolejeunea ulicina (Tayl.) Evans. **147.**

β Unterlappen größer als der Oberlappen. Beide Lappen durch eine scharfe Bucht zusammengelegt und klaffend-2lappig, entweder einfach zusammengebogen oder scharf- und bei mehreren Arten flügelartig-kielig. Unbl. fehlen. Für die Bestimmung wähle man die mittleren, nicht die oberen, meist dichteren u. größeren Blätter. Bl. 2reihig.

1. Obbl. von einem aus 4—9 Reihen (Fig. 203) großer, langgestreckter, 60—70 μ langer, blasser, oft hyaliner Zellen gebildeten, meist an der Spitze erlöschenden Mittelstreifen rippenartig durchzogen, quer angeheftet, halbstengelumfassend bis zu $^1/_2$ o. $^1/_4$ geteilt. Oberlappen $^1/_2$ bis $^2/_3$ des Unterlappens, diesem angedrückt, vorwärts gerichtet, seltener dem wagerechten Unterlappen gleich gerichtet, beide Lappen an der Spitze meist breit u. stumpf abgerundet, seltener mit Spitzchen, an den Rändern mit ungleichen, scharfen Zähnen. Blzellen — ausgenommen die des blassen Mittelstreifens — rundlich, am Rande 12—14 μ im Durchm., Kutikula glatt, Membranen gleichmäßig verdickt. Hauptachse unterirdisch, sekundäre St. u. Äste reihenweise aufsteigd., m. spärl. Rhizoiden. Ras. meist locker, gelbgr., gr. o. bräunlichgr., bis 5 cm h. 2häus. Männl. „Infloreszenz" kurz ährenfg. u. endständig, Hüllbl. zu 4—6 Paaren, Oberlappen bauchig, rötl., meist 1 Antheridium deckend. Perianth verkehrt eilängl. o. eifg. (Fig. 202, Seite 138), bauchig aufgeblasen, oben faltig, Mündung verengt und wimperzähnig. Sp. oval, lang gestielt. Wand 2schichtig. Sporen kugl., hellbr., warzig punktiert. Elateren doppeltspirig, Spire dunkelbr. Vegetative Vermehrg. durch gelbgr., sternfg., 5- u. 6eckige Brutzellen, diese in Häufchen an den endständigen Bl. männl. Pflanzen. — Bes. auf kieselhaltigem Boden, auf der Erde in Laubwäldern, an Gräben, Hohlwegen, in Schluchten. Eb. selten, hfg. Hgl. bis Hochgeb. Sp. nicht selten. 5, 6. — Jungermannia L.

Diplophyllum albicans (L.) Dum. **148.**

2. Mittelstreifen an den Obbl. fehlt.

a Oberlappen seitlich über den Stengel nicht oder nur wenig hinübergreifend.

× Blattoberlappen kleiner als der Unterlappen.

O Oberlappen mit der Spitze nach dem Stengelende hin gewendet (Fig. 214, 215, Seite 138).

! Oberlappen herz- oder nierenförmig bis kreisrund, sehr weit über den Stengel übergreifend, ganzrandig, Unterlappen zwei- bis dreimal größer als der Oberlappen, fast kreisrund, Rand ganz oder wenig gezähnelt. Kommissur halbkreisförmig gekrümmt, bes. deutlich an den obersten Blättern. Blattzellen zartwandig, angulär nicht verdickt, „am Blattrande fast quadratisch, 15 μ diam., in der Blattmitte regelmäßig 5—6eckig, 20 × 25 μ diam., an der Blattbasis länglich sechseckig, 20 × 45 μ diam.“ (K. M.) Pflanze kräftig, gelb oder reingrün, seltener braungrün, Rasen locker, oft schwammig. „Stengel meist grün, unten braun gefärbt, 6—10 cm lang, mit zerstreut stehenden Rhizoiden besetzt, sehr schlaff, mit einer Reihe brauner, 10—15 μ diam. Randzellen, in der Mitte aus regelmäßigen, sechseckigen, 30—35 μ diam., dünnwandigen, wasserhellen Zellen gebildet“ (K. M.). — Alpen, höheres Mittelgebirge. — Baden, Alpen, höheres Mittelgebirge, Vogesen, Baden, Bayern, Schweiz, Tirol, Vorarlberg. — Sc. undulata var. paludosa K. M., Martinellia Arn. et Jens.

Scapania paludosa K. M. **149.**

!! Oberlappen eiförmig (Scapania umbrosa) oder abgestumpfteiförmig (Diplophyllum taxifolium) oder elliptisch bis zungenförmig (Diplophyllum obtusifolium).

+ (3) Ras. ausgedehnt, locker, polsterfg., gelbgr., seltener gebräunt o. purpurn. St. bis 2 cm h. (Fig. 214, Seite 138), aufsteigd. bis aufr., verbogen, an der Spitze abwärts gekrümmt, m. reichl. Rhizoiden. Bl. aufwärts etwas größer, nicht herablaufd., tief 2lappig. Unterlappen (Fig. 215, Seite 138) 2 bis 3mal größer als der Oberlappen, fast wagerecht abstehd. u. abwärtsgekrümmt, der Oberlappen fast mit dem St. gleichgerichtet u. diesem angedrückt, beide Lappen eifg., zugespitzt, nach der Spitze hin deutl. gesägt. Blzellen klein, rundl., an der Spitze 15—18, in der Mitte 20 × 25 u. 18 × 35 μ im Durchm., an der Basis längl., 20 × 40 μ diam., Wände derb. Kutikula deutl. warzig. 2häus. Perianth die Hüllbl. weit überragd., zusammengedrückt, an der Mündung nicht gezähnt. — Auf sandigem Boden, an feuchten Felsen u. Steinen, an Waldwegen, in Schluchten, an Bächen. Bes. Bg. u. Hochgeb.

Verbr. 4—6. — Jungermannia (Schrad.), Radula (Dum.), Plagiochila Mont. et N. v. E., Martinellia Lindbg.

Scapania umbrosa (Schrad.) N. v. E. **150.**

++ Habituell dem Diploph. albicans sehr ähnlich. Pflänzchen größer, bis 2 cm l. Blattzellen am Rande 7—10, in der Mitte 12 × 15, am Grunde 12 × 50 μ, Kutikula warzig. Blattoberlappen eiförmig, ganzrandig. Unterlappen zwei- bis dreimal größer als der Oberlapp., der für Dipl. albic. so charakteristische, die Blattmitte durchziehende gelbbraune, rippenähnliche Längsstreifen fehlt. Sporog. sehr selten. — Auf Urgesteinfelsen und fester kalkfreier Erde im Gebirge (K. M.), selten in der Ebene. — Pommern, Riesengebirge, Gesenke, Harz, Böhmen, Böhmer Wald, Baden, Schweiz. — Jungermannia Wahlenbg., Jungermannia albicans β taxifolia Nees.

Diplophyllum taxifolium (Wahlbg.) Dum. **151.**

+++ Pflänzchen höchstens 1 cm hoch, truppweise oder in Räschen, hell- oder bräunlichgrün, bisweilen purpurn. Sekundäre Stengel bogig aufrecht, stark verästelt, an der Bauchseite mit dichten Rhizoiden. Oberblätter (Fig. 204, Seite 138) oben dichter und größer, bis unter die Mitte (Fig. 205, Seite 138) gespalten. Oberlappen etwa $^1/_3$ des Unterlappens, fast parallel dem Stengel anliegend, stumpf, seltener gespitzt; Unterlappen länglich zungenförmig, oben breit abgerundet, halbbogig ausgeschnitten, daher fast säbelförmig, fast wagerecht abstehend; beide Lappen fein gezähnt, seltener ganzrandig. Blattzellen rundlich, unten 12 × 40, in der Spitze 10 μ, Wände gleichmäßig verdickt. Perianth groß, dem von Dipl. albicans ähnlich. Weibl. Hüllblätter viel größer als die übrigen Oberblätter, an der Spitze ungleich zweilappig, Sporen u. Elateren 8 μ breit. — Auf kiesigem, tonigem Boden, an Grabenrändern, Hohlwegen. Ebene, Bergregion. Häufig. Sporogonien reichlich. 5. — Jungermannia Hook.

Diplophyllum obtusifolium (Hook.) Dum. **152.**

!!! Ober- und Unterlappen lanzettlich-zugespitzt, ganzrandig oder gegen die Spitze hin kantig-gezähnt. Achse des Oberlappens mit der des Stengels einen spitzen Winkel bildend. Blattzellen angulär deutlich verdickt, in der Mitte 20—25 μ Durchm. Perianth mit zahlreichen, bis weit hinabreichenden tiefen Falten, an der Mündung mit vielfach verzweigten Lappen. Sporen stachelig, 15 μ Durchm., Elateren mit lockerer, einfacher Spire oder ringförmigen Leisten, 8—12 μ breit. Rasen gelblich o. bräunlichgr., dicht, flach, besonders an Felsen. F. bis S. Zweihäusig. Sehr selten. —

Thüringer Wald. — Jungermannia ovata Dicks, Lophozia Howe, Sphenolobus Schiffn.

Diplophyllum ovatum (Dicks.) Steph. **153.**

OO Oberlappen mit der Spitze nicht nach dem Stengelende, sondern seitlich gerichtet.

! (4) Oberlappen kreisrund oder rundlich-quadratisch, hin u. wieder zugespitzt, Unterlappen zwei- bis dreimal größer, dessen Rand scharf sägezähnig, Blattzellen angulär nicht oder sehr undeutlich verdickt, in der Regel mit je 2—8 Ölkörpern, in der Mitte 20 × 25 μ, an der Spitze 15—20 μ im Durchm. Kutikula meist fein warzig. Mündung des Perianths gestutzt, ganzrandig oder entfernt gezähnt. Sporen rotbraun, glatt, 16—20 μ Durchm. Elateren 9 μ dick, Spire rotbraun, doppelt. Gemmen einzellig, 16 μ Durchm. — Auf kiesigem, feuchtem Boden, selten auf kalkhaltigem Substrat. Besonders im höheren Mittelgebirge, fehlt in der Ebene.

Scapania dentata Dum. **154.**

!! Oberlappen oval. Rasen locker, kräftig, bisweilen flutend, gras- oder schwarzgrün bis schwärzlich, seltener rosenrot, dunkelpurpurn, gelblich oder bräunlich. Stengel meist 3—10 cm l., bisweilen bis 20 cm lang (Fig. 208, Seite 138), reich verästelt, starr, schwarzbraun, schwarz oder braunrot, unten blattlos, Rhizoiden sehr spärlich. Blätter ziemlich locker (Fig. 210, Seite 138), oben größer (Fig. 208, Seite 138) und dichter, schlaff, trocken kraus verbogen und zurückgekrümmt, fast stengelumfassend, ganzrandig oder scharf wimperig oder dornig gezähnt, bis zu $^3/_4$ oder noch tiefer gespalten. Blattlappen von ziemlich gleichen Umrissen, rundlich-quadratisch oder eiförmig (Fig. 209, Seite 138), flach. Unterlappen meist doppelt so groß oder um $^1/_3$ größer als der Oberlappen, dieser dem Unterlappen dicht anliegend. Blattzellen am Grunde rechteckig, sonst unregelmäßig vier- bis sechseckig, gegen den Rand etwas kleiner, selten angulär etwas verdickt, meist mit 4—6 Ölkörpern, am Rande 15—25 μ im Durchm., in der Mitte 20 × 30 μ, am Grunde 24 × 45 μ, Kutikula glatt. Zweihäusig. Perianth dreimal so lang wie breit, die Hüllblätter weit überragend, zusammengepreßt, Mündung gestutzt, zahnlos, ausgerandet oder unregelmäßig klein gezähnt. Sporen 15—20 μ im Durchm., glatt. Vegetative Vermehrung durch grünliche, oft purpurne, zweizellige, ovale oder ellipsoidische Brutkörper an den oberen Blättern. — Bes. an nassen Felsen und an Steinen in Bächen und Quellen, an Wasserfällen. Bes. Bg. u. Hochgeb. Hfg. Perianthien hfg. 5—7. Sehr formenreich. — Jungermannia Mich. L., Radula Dum., Plagiochila Mont. et N. v. E., Martinellia Gray.

Scapania undulata (L.) M. et N. **155.**

!!! Oberlappen nierenförmig. Ras. ausgedehnt, oft flutend, gelbgr., rot, purpurn bis schwarzrot, glänzd. St. braunrot bis schwarz, 2—8 cm h., auch höher, aufr., schlaff, verbogen, m. s. spärl. Rhizoiden, gegen die Spitze büschelig (Fig. 211, Seite 138) verzweigt. Bl. in der Regel s. entfernt gestellt, trübgr. o. rötl., halbstengelumfassd., durchaus ganzrandig, beiderseits herablaufend, die unteren kleiner u. bleich. Beide Lappen gleichgerichtet. Unterlappen 2—3mal kleiner (Fig. 211, Seite 138) als der Oberlappen, rundl. o. breit eifg., stark gewölbt, Oberlappen dem St. anliegd., herzfg., stumpf gespitzt, ebenfalls stark gewölbt. Blzellen an der Spitze fast quadrat., 10—12 μ diam., in der Mitte meist rechteckig, 15 × 25 μ diam., am Grunde verlängert rektangulär, gegen den Rand kleiner, angulär nicht o. nur s. schwach verdickt, Membranen rotbraun. 2häus. Perianth ei- o. keulenfg., zusammengedrückt, die Hüllbl. weit überragd., an der Mündung gestutzt, lappig, zahnlos o. zerstreut u. s. undeutl. gezähnelt. Sporen 12—14 μ im Durchm. — Auf feuchten Wiesen, in Moortümpeln, Sümpfen, in u. an Bächen, an nassen Felsen. Obere Bg. u. Hochgeb. Zerstr. Sp. selten. F. — Gesenke, Riesen- und Erzgebirge, Harz, Böhmer Wald, Schwarzwald, Vogesen, Schweiz, Vorarlberg, Oberbayern, Tirol, Steiermark. — Jungermannia Swartz, Radula Dum., Plagiochila Mont. et N. v. E., Martinellia Lindbg.

Scapania uliginosa (Sw.) N. v. E. **156.**

!!!! Oberlappen meist rechteckig.

\+ (3) Pflanzen in polsterfg., bleichgr. o. bräunl. Ras., glänzd., selten vereinzelt zw. Sphagnum u. anderen Moosen. St. 2—10 cm h., braun, kriechd., aufsteigd. o. fast aufr., schlaff, m. spärlichen Rhizoiden, gleichmäßig u. meist locker beblättert, oft gabelig geteilt. Bl. schlaff, zart, bis zu $^1/_2$ o. tiefer geteilt, den St. halb o. ganz umfassend, schmal flügelig-gekielt. Unterlappen doppelt so groß wie der Oberlappen (Fig. 212, Seite 138), auf der Außenfläche hohl, letzterer auf der Innenfläche hohl, beide Lappen fast kreisrund, oft m. kleinen Spitzchen, ganzrandig, o. der Unterlappen selten gegen die Spitze schwach gezähnelt. Blzellen zlch. weit, licht, meist rundl., gegen den Rand kleiner, hier 15—20 μ im Durchm., in der Mitte oval, angulär meist 3eckig verdickt, 20—30 μ im Durchm., am Grunde längl. 6eckig u. angulär schwach verdickt, 18—35 μ. Kutikula warzig gestrichelt u. punktiert. Perianth 5—6faltig, zusammengedrückt, längl.-eifg., Mündung gerade gestutzt u. herabgebogen, ungleich, meist ganzrandig, selten gezähnt. Sporen fein warzig, 9—12 μ im Durchm. Brutkörper oft 2zellig, klein, ellipsoid., gelbgr., in Häufchen am Ende des St. — Nasse Wiesen, Moortümpel, Torfsümpfe, Wiesengräben. Ebene bis Hochgebirge. Verbreitet. 5, 6. — Jungermannia N. v. E., Plagiochila Mont. et N. v. E., Jungermannia uliginosa Hübener.

Scapania irrigua N. v. E. **157.**

++ Truppweise o. in niedrigen, flachen, lockeren Räschen von hell- o. dunkelgr., seltener bräunlichgr. o. fast purpurroter Färbung. St. 1—2 cm, aufsteigend bis aufr., unten m. Rhizoiden, im Querschnitt rund. Bl. (Fig. 213, Seite 138) oben größer u. dichter, fast stengelumfassd., bis $^1/_2$ geteilt, meist ganzrandig. Unterlappen doppelt so groß (Fig. 213, Seite 138) w. d. Oberlappen, eifg. o. rundl., meist spitz. Oberlappen quadrat. o. dreiseitig, meist gespitzt. Blzellen groß, durchscheinend, rundl., am Grunde längl., gegen den Rand kleiner, hier 15—20 μ, in der Mitte 15 × 20 und 20 × 25 μ, Membranen kräft., angulär deutl. 3eckig verdickt. Kutikula deutlich rauh. 2häusig. Perianth über d. Hüllbl. emporgehoben, verkehrt eifg., schwach zusammengedrückt, an der gestutzten Mündung etwas faltig, verengt u. ungleich gezähnt, an der Außenwand selten Brutkörper. Sp. eifg.-rundl. Sporen braun, tetraëdrisch-kugl., warzig, 9—10 μ breit. Elateren mit doppelter, dunkelrotbr. Spire. — Auf sandig-tonigem Boden, an Hohlwegen, Gräben, Wegrändern, bes. in Laubwäldern, auch an Felsen. Eb. bis Hochgeb. Verbr. F. — Jungermannia Mart., Plagiochila Mont. et N. v. E., Radula Dum., Martinellia Lindbg.

Scapania curta (Mart.) N. v. E. **158.**

+++ Im Hochgebirge u. in der höheren Bergregion. Steht der Scap. curta sehr nahe und kann als alpine Form ders. aufgefaßt werden. Von dieser unterscheidet sie sich durch die stark verdickten Membranen und angulären Verdickungen der Blattzellen und durch die Gestalt der Oberlappen, die bei S. curta fast immer zugespitzt, bei S. helvetica (bes. an den oberen Blättern) abgestumpft sind. Blattzellen am Rande 12—20 μ im Durchm., in der Mitte 20 × 25 μ, am Grunde 20 × 35 μ. Bei S. curta sind die Sporen 9—10 μ diam., bei S. helvetica

12—14 μ, sie sind bei ersterer fein papillös, bei letzterer glatt. Rasen bis 2 cm hoch, bräunlich- oder gelblichgrün. — Auf Erde u. faulem Holze. — Riesengebirge, Elsaß, Baden (bes. Feldberggebiet), Schweiz, Salzburg, Steiermark, Kärnten. — Martinellia Arn. et Jens.

Scapania helvetica Gottsche **159.**

× × Blattoberlappen so groß oder fast so groß wie der Unterlappen.

O Rasen rot- oder gelbbraun, selten reingrün, dicht, oft metallisch glänzend, 1—2, seltener 3 cm hoch. Stengel aufsteigend, mit Rhizoiden, oft ästig, starr. Blätter nach oben größer, unten oft fehlend, ± stengelumfassend, ziemlich derb, wenig oder nicht herablaufend, bis zu $^1/_3$ in 2 parallel laufende, fast gleichgroße (Fig. 217, Seite 157) Lappen geteilt, beide Lappen zusammengebogen, nicht gekielt. Ober- und Unterlappen breit-eiförmig bis quadratisch und vom Stengel abstehend, ersterer oft mit Spitzchen und mit nach dem Stengel oft eingebogenen Rändern, daher etwas gewölbt. Blattzellen angulär ± dreieckig verdickt, am Rande 15—18 μ, in der Mitte 20—25 μ im Durchm., am Grunde 15 × 35 μ. Kutikula gekörnelt oder glatt. Zweihäusig. Perianth zusammengedrückt, verkehrt-eiförmig, an der Mündung ± gezähnelt. Sporen 15—20 μ breit. Vegetative Vermehrung durch ein- bis zweizellige, kuglige, gelbgrüne oder bräunliche Brutkörper. — Fast stets auf feuchtem, lehmigem Boden, seltener an Felsen, anscheinend kalkfeindlich. Ebene bis Bergregion. Ziemlich selten. F. — Pommern, Brandenburg, Nordfriesische Inseln, Holstein, Mecklenburg, Oldenburg, um Bremen u. Hamburg, Schlesien, Iser- und Riesengebirge, Harz, Elsaß, Baden, Tirol, Salzburg. — Jungermannia Roth., Plagiochila Mont. et N. v. E., Jungermannia resupinata Hook., Radula res. Dum., Martinellia res. Lindbg.

Scapania compacta (Roth) Lindenberg. **160.**

OO Rasen sehr dicht, niedergedrückt, grünlichweiß. Stengel 0,5—1,5 cm hoch, meist niederliegend, mit aufsteigenden Enden, mit zahlreichen, dichten Rhizoiden, verästelt, unten blattlos. Blätter sehr dicht, stengelumfassend, kaum bis zu $^1/_3$, meist nur bis zu $^1/_4$ geteilt, beide Lappen gleichgroß, wellig, ganzrandig, oval, abgerundet oder zugespitzt, nicht gekielt. Unterlappen vom Stengel stark nach rückwärts abstehend. Blattzellen angulär dreieckig verdickt, am Rande 12—15 μ, in der Mitte 12—18 μ im Durchm. Kutikula glatt, selten warzig punktiert, Ölkorper meist zu 3—5. Zweihäusig. Perianth eiförmig bis zylindrisch, zusammengedrückt und gekrümmt, Mündung abgestutzt, ganzrandig, bisweilen wellig und sanft ausgeschweift. Vegetative Ver-

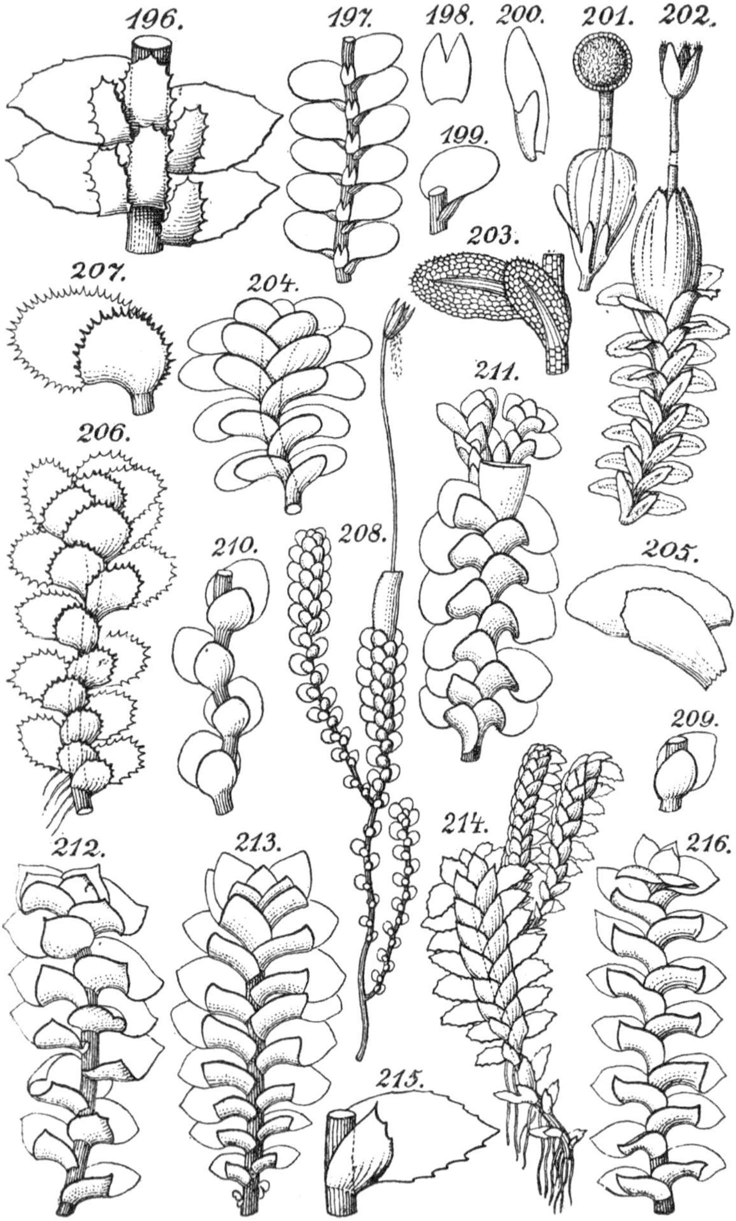
196.
197.
198.
200.
201.
202.
199.
203.
207.
204.
211.
206.
210.
208.
205.
209.
214.
212.
213.
216.
215.

mehrung durch zweizellige, gelbgrüne, ovale bis birnförmige Brutkörper in endständigen Häufchen. — Auf kalkhaltigem Substrat, auf der Erde und an feuchten Felsen. Zerstreut. F. — Harz, Bayern, Schweiz, Tirol, Salzburg, Niederösterreich, Steiermark, Kärnten. — Jungermannia Nees, Jungermannia Bartlingii Nees, Plagiochila Bartlingii Mont. et N. v. E., Martinellia Carestiae De Not.

Scapania cuspiduligera (Nees) K. M. nov. comb. **161.**

b Oberlappen seitlich über den Stengel übergreifend.

× Blattoberlappen so groß oder fast so groß wie der Unterlappen.

O (3) Rasen locker bis dicht, dunkel- o. hellgr., bräunlichgr. o. braun. St. 2—10 cm h., unten braun, oben hellgr., niederliegend, aufsteigend oder aufrecht, Rhizoiden spärlich, selten zahlreich. Blätter (Fig. 216, Seite 138) sehr deutlich kammförmig angeordnet, quer inseriert, stengelumfassend, fast rechtwinklig abstehend, straff, bis etwa zur Hälfte geteilt, scharf, oft flügelig gekielt, nicht herablaufend. Oberlappen oval bis rechteckig, mit oder ohne Spitzchen, oft gegen die Spitze hin gezähnt. Blattzellwände angulär meist ziemlich stark verdickt, Blattzellen in der Mitte 15 × 20 μ, am Grunde 20 × 30 μ. Kutikula beiderseits durch zwei bis sechs, meist zwei bis vier stumpfe, große Warzen rauh. Zweihäusig. Perianth gekrümmt und zusammengedrückt, an der Mündung unregelmäßig wimperig gezähnt, Kutikula nie warzig. Sporen gelbbraun, glatt, 10 μ Durchm. Elateren etwa von halber Sporenbreite, 120—150 μ lang und 6 μ im Durchm., Spire doppelt, braun. Vegetative Vermehrung durch gelbgrüne oder grüne, einzellige Brutkörper, diese in rotbraunen Häufchen an den Spitzen der obersten Blätter. — Nur auf Kalk, an Felsen, auf der Erde. Hügel- bis Hochgebirgsregion. Zerstreut. Sporog. nicht häufig. F. — Jungermannia Schwägr., Radula Dum., Plagiochila Mont. et N. v. E., Martinellia Lindbg.

Scapania aequiloba (Schwägr.) N. v. E. **162.**

OO Blattoberlappen rechteckig bis quadratisch, gegen die Spitze hin gezähnt. Unterlappen um $^1/_3$ größer als der Oberlappen verkehrt-eiförmig, oben am breitesten, stark zurückgebogen, Rand überall oder nur an der Spitze sägezähnig, seltener ganz, Zähne aus 1—3 Zellen gebildet, im Umriß dreieckig. Blattzellen angulär stark verdickt, in der Spitze rundlich und 10—12 μ Durchm., in der Mitte sechseckig und 12 × 25 μ Durchm., im Grunde länglich-rund und 15 × 30 μ Durchm. Kutikula mit je 7—8 Papillen. Perianth zusammengedrückt, oben zurückgebogen, Mündung mit fransigen Zähnen. Sporen 12—16 μ Durchm. Elateren 6 μ Durchm., Spire doppelt, rotbraun. Brutkörper meist zweizellig, bleichgrün, an den Spitzen der obersten Blätter. Juni. — Fast nur auf kalkhaltigem Substrat, auf Felsen u. Erde. — Diese Art hält die Mitte zwischen Sc. aequiloba u. nemorosa. — Harz, Hannover, Sauerland, Waldeck, Fichtelgebirge, Fränkische Schweiz, Lothringen, Württemberg, Baden, Oberbayern, in den deutsch-österr. Alpenländern, Schweiz. — Scap. aequiloba var. dentata maior Gottsche.

Scapania aspera Bernet. **163.**

OOO Pflanzen fast immer gelbgrün, selten rotbraun. Beide Blattlappen fast gleichgroß, Oberlappen im Umriß rundlich-viereckig, in der Regel „gegen die Spitze hin entfernt oder ringsherum dornig gezähnt“ (K. M.), Unterlappen eiförmig, ähnlich wie der Oberl. gezähnt, beide Lappen selten ganzrandig. „Zellen an den Blattspitzen rundlich, 5—6eckig, dünnwandig oder oft auch mit sehr stark verdickten Wänden oder noch stärker verdickten Ecken, 15—20 μ diam., gegen die Blattmitte länglich, vieleckig mit $\pm$ verdickten Ecken, 18 $\times$ 25 μ diam. Zähne meist einzellig. „Kutikula an grünen Pflanzen meist völlig glatt, an gebräunten, namentlich solchen mit dickwandigem Zellnetz, warzig punktiert“ (K. M.). Mündung des zusammengepreßten Perianths entfernt gezähnelt. Sporen fein papillös, rotbraun, 20 μ diam. Elateren 6 μ diam., Spire rotbraun, 2schenklig. An den Spitzen der obersten Blätter 2zellige, gelbgrüne oder rotbraune Brutkörper. Auf nasser Erde u. an Felsen im Hoch- u. Mittelgeb. S. — Schlesien, Böhmen, Baden (Feldberggebiet), Tirol, Salzburg, Kärnten, Steiermark, Schweiz. — Radula Dum., Plagiochila Mont. et N. v. E., Martinellia Lindb., Jungermannia resupinata Mart., subalpina Nees.

Scaparia subalpina (Nees) Dumortier **164.**

×× Blattoberlappen kleiner als der Unterlappen.

O Blattzellenwände unverdickt u. nur schwach angulär verdickt. Oberlappen halb so groß wie der am Stengel weit herablaufende Unterlappen, beide breit-oval und ganzrandig. Beblätterung locker, schlaff. Rasen nicht schwarzgrün, wie bei Sc. uliginosa, sondern trübgrün oder purpurn gescheckt, schwammig, 10—15 cm hoch. Pflanzen stattlich, Stengel rotbraun. Zellen in den Blattspitzen 25 μ diam., in der Mitte 25 $\times$ 40 μ diam., Wände gelblich oder rötlich, Kutikula glatt. Brutkörper einzellig. Unterscheidet sich von Scap. uliginosa, mit der es mehr verwandt ist, von Scap. paludicola u. undulata durch größeres Zellnetz. — Auf sumpfigem Boden in der subalpinen und alpinen Region.

Selten. — Riesengebirge, Böhmen, Schweiz, Tirol. — Martinellia Arnell.

Scapania obliqua (Arnell) Schiffn. **165.**

OO Blattzellen angulär verdickt (dreieckig bis knotig).

! Oberlappen herzförmig, zugespitzt, kurz herablaufend, mit der Spitze dem Stengelende zugewendet, um $^1/_3$ kleiner als kreisrunde, zugespitzte, am Rande gezähnte Unterlappen. Blattzellen in der Mitte 20—25 μ im Durchmesser, Kutikula fein papillös. Brutkörper zweizellig, bleichgrün, in braunen Häufchen an den Spitzen der obersten Blätter. Rasen hellgrün, ausgedehnt. — In Sümpfen. In der Ebene selten, besonders im Gebirge. — Pommern, Harz (Brocken), Niederhessen, Baden, Bayern, Bayrischer Wald, Tirol, Steiermark. — Mit Sc. irrigua und paludosa nahe verwandt u. dieser habituell sehr ähnlich. — Scap. irrigua var. sudetica Velenowsky.

Scapania paludicola Loeske et K. M. **166.**

!! Oberlappen rechteckig.

\+ (3) Rasen ziemlich dicht, flach, grün, olivengrün oder bräunlich, bisweilen rötlich angehaucht. Stengel 1—5 cm hoch (Fig. 206, Seite 138) selten höher, niederliegend oder meist aufsteigend, mit der Spitze niedergebogen, oft gabelig verästelt, starr, im Querschnitt elliptisch, mit spärlichen Rhizoiden, oben mit größeren, hellgrünen oder olivenfarbigen Blättern, diese im unteren Stengelteil abgestorben, herablaufend, den Stengel zu $^3/_4$ umfassend, schräg inseriert, am Bauchrande zurückgeschlagen, bis $^1/_2$ oder $^1/_3$ geteilt. Beide Lappen rings am Rande (Fig. 207, Seite 138) dicht und ungleich wimperig gezähnt. Kiel ein- oder zweiflüglig. Unterlappen zwei- bis dreimal so groß wie der Oberlappen, eiförmig, meist breit abgerundet, seltener gespitzt, an der Innenfläche hohl oder flach. Blattzellen rundlich, angulär schwach verdickt, dünnwandig, am Rande 10—15 μ, in der Mitte 14 $\times$ 18 μ diam. Kutikula fein gekörnelt oder glatt. Zweihäusig. Perianth groß, zusammengedrückt, über die Hüllblätter emporgehoben, verkehrt-eiförmig, an der Mündung oft schräg gestutzt und dicht und wimperig gezähnt, an der Bauchseite sehr stark ausgehöhlt. Sporogon oval. Sporen tetraëdrisch-kuglig, hell- oder rotbraun, schwach warzig, meist 14—18 μ im Durchm. Elateren, 150 μ lang, 6—8 μ breit, mit doppelter, gelbbrauner Spire. Vegetative Vermehrung durch meist einzellige, gelbe, ellipsoidische oder eiförmige Brutkörper, diese zu braunen, stammendständigen Häufchen vereinigt. — Auf lehmig-tonigem —

nicht kalkhaltigem — Boden, in Wäldern, an Hohlwegen und Gräben, in Schluchten, auf Felsen, bes. Sandstein. — In der Ebene selten, häufig in der Hügel- und Bergregion, selten im Hochgebirge. Sporog. ziemlich häufig. 3—5. — Jungermannia L.

Scapania nemorosa (L.) N. v. E. **167.**

++ **A.** Oberlappen halb so groß wie der Unterlappen, rechteckig bis nierenförmig, Unterlappen breit-eiförmig, stumpf gespitzt, „Kommissur gebogen, mit 2—5 Reihen stark verdickter Flügelzellen" (K. M.). Blattzellen angulär sehr stark knotig verdickt, daher sehr deutlich sternförmig, am Rande 10—12 μ, in der Mitte 20 × 30 μ Durchm., Kutikula fein papillös. Brutkörper einzellig, bilden an den Spitzen der obersten Blätter schwarzbraune Häufchen. Rasen ausgedehnt, braungrün. Stengel u. Blätter starr. Mit Scap. nemorosa zu vergleichen. — Auf feuchtem Kalk- u. Urgestein der Alpen. Selten. — Schweiz und Ostalpen (Salzburg, bes. Steiermark). — Martinellia Arnell.

Scapania crassiretis Bryhn. **168.**

+++ **A.** Selten, der Scap. aequiloba nahestehende Art. Die Kutikula einer jeden Blattzelle besitzt 2—3 große Warzen, wodurch sich diese Art von allen übrigen Scapanien unterscheidet, Zellen sehr klein, am Rande 6—10 μ im Durchm. Beide Blattlappen sind gleichgerichtet, stehen vom Stengel fast senkrecht ab und sind am Rande überall fein gezähnelt. Rasen locker, grün bis gelbgrün. Brutkörper dreieckig. — In den Alpen, besonders auf Urgestein. — Tirol, Steiermark, Kärnten. — Scap. parva Steph., verrucifera Massal.

Scapania verrucosa Heeg. **169.**

II Abschnitte der Obbl. annähernd gleichgroß, nicht zusammengebogen o. scharf gekielt.

α (β siehe Seite 146.) (5) Bl. schräg, sehr schräg o. fast längs angewachsen, bei Gymnocolea oben quer.

1. (3) Bl. oben m. stumpfer Ausbuchtung. Siehe Seite 160.
2. Bucht scharf, ± tief, recht-, spitz- o. stumpfwinklig.

a Die Pflanzen von auffallend bleichgelber o. gelblich- o. bläulichgr. Färbung; entweder vereinzelt o. in dichten, flachen Überzügen. St. kriechend, an der Spitze aufgekrümmt, verbogen, einfach o. verzweigt, unters. m. s. zahlr., weißl., büschel. Rhizoiden, bis 2 cm l. Obbl. (Fig. 218, Seite 157) s. schräg inseriert, unterschlächtig, wagerecht ausgebreitet, meist dicht, im Umriß eifg.-4eckig, Einschnitt bis $^1/_4$ o. $^1/_3$, scharf, fast rechtwinkl. Lappen etwas ungleich, spitz u. abstehd. Blzellen

5—6eckig, s. zartwandig, in den Ecken nicht o. schwach 3eckig verdickt, durch reichl. Chlorophyllkörner u. kleine Ölkörper undurchsichtig, in der Mitte 20—25 μ, in den Blattzipfeln 15—20 μ im Durchm. Kutikula fein warzig punktiert. Unbl. s. klein, eilängl. o. eilanzettl., angepreßt, bis etwa zur Mitte eingeschnitten, Lappen spitz o. stumpf, lanzettl. Einhäus. Diese Art gehört zu den marsupiferen Lebermoosen. Das Marsupium (Fig. 219, Seite 157) wird am Ende sehr kurzer Ästchen angelegt, es ist ein sackartiges, zylindrisches, senkrecht zur Stengelachse stehendes Gebilde, in dessen Tiefe die Anlage des Archegoniums versenkt ist. An der Außenfläche Rhizoidenbüschel, an der Innenwand zahlr., keulenfg., schleimabsondernde Zellen. Perianth fehlt, wird durch das Marsupium ersetzt. Fuß des Sp. m. kragenartiger Wucherung. Am oberen Rande des Marsupiums (Fig. 219, Seite 157) mehrere kleine, zerschlitzte u. gezähnte Hüllbl. Das langgestielte, walzenfg. Sp. tritt dch. eine enge Öffnung am oberen Ende des Sackes hervor. In der Jugend ist das Marsupium kugl. Sporen glatt, 8—9 μ diam., Elateren 120—200 μ lang, Spire doppelt. In frischem Zustand verbreitet die Pflanze einen eigentümlichen, aromatischen Duft (Terpentin). — Auf feuchten, schattigen Felsen (bes. Sandstein), an Bachufern, in Schluchten. Eb. bis Hochgeb. Hin u. wieder. 5, 6. — Westpreußen, Pommern, um Hamburg u. Göttingen, Riesen-, Iser- u. Elbsandsteingebirge, Böhmen, Böhmer Wald, Lothringen, Baden, Württemberg, Bayern, Schweiz, Tirol, Salzburg, Ober- u. Niederösterreich, Steiermark. — Jungermannia Schrad., Saccogyna Lindbg.

Geocalyx graveolens (Schrad.) N. v. E. **170.**

b Rasen bzw. Überzüge gr., gelbgr., braungr., rotbr. o. schwarz. Mit Ausnahme von Loph. grandir. und Kunzeana kleine, zarte Moose.

× Blattbucht bis $^1/_2$ oder tiefer hinabreichend.

O Lappen lanzettlich.

! Sehr formenreich. Pflanzen meist zu dünnen, flachen, etwa handgroßen, meist dunkelgr., seltener rotbraun. o. fast schwarzen Überzügen vereinigt, auch vereinzelt zwischen Moosen. St. 0,5—2 cm l., kriechd., aufsteigd. o. aufr., reich verästelt, unterseits m. zahlr. Rhizoidenbüscheln, m. kleinblättrigen Trieben. Bl. stets breiter als der St., entweder s. schräg angewachsen, entfernt u. wagerecht abstehd. o. fast quer angewachsen, dem St. anliegend, dichter gestellt u. gewölbt. Alle Bl. rundl.-quadrat., 12—14 Zellen breit, Bucht spitzwinklig — nach anderen stumpfl. — bis $^1/_2$ o. $^2/_3$, Lappen lanzettl., spitz, gerade o. etwas zusammenneigd., Zellen groß, sechseckig, 35—40 μ Durchm.

Unbl. fehlen. Blzellen s. weit u. licht, 5—6eckig, dünnwandig. Einhäus. Perianth lang, fast zylindrisch, die Hüllbl. weit überragd., ganz o. nur oben 3kantig, oben etwas verengt, Mündung etwas zusammengezogen, gekerbt o. gezähnelt. Sp. oval, klein, br. o. gelbbr. Sporen rot- o. gelbbr., warzig, 12—15 μ Durchm., etwa s. br. w. die Elateren. — In Wäldern, an Hohlwegen, Gräben, modernden Baumstümpfen, in moorigen Heiden, auch an Felsen. Eb. bis Hochgeb. Hfg. Stets m. Perianthien u. auch meist reichl. m. Sp. F—S. — Jungermannia L., J. Menzelii Corda, Trigonanthus Spruce.

Cephalozia bicuspidata (L.) Dum. **171.**

!! Diese sehr zierliche, nur auf morschem Holze in der höheren Bg., sehr selten in tieferen Lagen vorkommende Art ist leicht zu erkennen an den winzigen Bl., die den St. kaum an Breite übertreffen. Der bis 1 cm l., verästelte St. zeigt auf dem Querschnitt einen peripherischen Ring von 10 s. großen, zartwandigen Zellen, die eine aus viel kleineren, derbwandigen Elementen (16—20) gebildete, zylindrische Achse umschließen. Die lockeren, schräg inserierten, breit eifg. Bl. besitzen eine rechtwinkl. Bucht, mit 2 etwas gegeneinander geneigten, lanzettl., stumpfgespitzten Lappen. In der Mitte zeigt das Blatt in der Querrichtung nur 6—8 Zellen, diese sind klein, polygonal u. derbwandig, 12—15 μ im Durchm. Die weißlichgr., walzenfg., oft ein wenig gekrümmten, 3kantigen Perianthien sind an der Mündung fein gezähnt und werden unten von dicht anliegenden, großen Hüllbl. umgeben. Sporen rotbraun, fein warzig, 8—9 μ im Durchm., Elateren 9 μ breit, Spire doppelt, locker, rotbraun. Die fadenfg. Pflänzchen bilden gr. Überzüge. Vegetat. Vermehrg. dch. einzellige, gelbbr., kugel. bis ellipsoidische Brutzellen, die „am Ende kopffg. angeschwollener, aufrechter Ästchen“ sich entwickeln. (Beschreibung n. K. M.) 2häus. — Auch auf Sandsteinfelsen. Hin u. wieder. Perianthien stets reichl. 5—6. — Erzgebirge, Isergebirge, Böhmer u. Bayrischer Wald, Baden (Feldberggebiet), Schweiz, Vorarlberg, Tirol, Ober- u. Niederösterreich, Steiermark. — Jungermannia catenulata var. laxa Gottsche.

Cephalozia leucantha Spruce **172.**

OO Lappen breit-eiförmig. Entweder in Mooren zwischen Moosen eingesprengt oder in grünen bis gelbgrünen, meist 2—6 cm hohen Rasen an Felsen, Felsblöcken, seltener auf faulem Holze. Stämmchen aufr., einfach oder oben verzweigt, unterseits mit zahlr., kurzen, weißlichen Rhizoiden. Blätter locker, abstehend, stumpf kielig hohl, ausgebreitet im Umriß fast 4seitig, meist breiter als lang, Lappen breiteifg., stumpf, selten gespitzt, gegeneinander gebogen, bisweilen treten an einem Blatte drei Lappen auf. Blattzellen quadratisch oder rundlich-vielseitig, in der Mitte 18 bis 18 × 25 μ, in den Zipfeln 12—18 μ, zart- oder dickwandig, angulär meist mit kräftigen, wasserhellen Verdickungen, Kutikula fast glatt oder ± deutlich warzig gestrichelt. Unterblätter in der Gestalt sehr wechselnd, einfach, pfriemenförmig oder bis zur Mitte oder fast bis zum Grunde in zwei lanzettliche, ganzrandige oder am Außenrande mit je einem Zahn versehene Lappen geteilt. Perianth zylindrisch-keulenfg., an der gefalteten Mündung zusammengezogen und gezähnt. Sporogon s. selten länglichrund, rotbraun. Sporen rotbraun, fein warzig, 10—12 μ breit. Elateren eng- und doppeltspirig, 10 μ breit. Zweihäusig. Juli. Brutkörper 1—2zellig polygonal, gelbgrün bis rotbraun am Rande der Lappen (nach K. M.) oder in Häufchen an den Spitzen ders. (nach Warnstorff). — Ostpreußen, Pommern, Brandenburg, Harz, Niederhessen, Vogtland, Böhmen, Baden, Tirol, Steiermark, Kärnten, Schweiz. — Jungermannia Hübener, J. plicata Hartm., Sphenolobus Kunzeanus Steph.

Lophozia Kunzeana (Hüb.) Evans. **173.**

×× Blattbucht höchstens bis 1/3, meist weniger. Blattlappen meist stumpf.

O Räschen dicht o. locker, meist rötl. o. rotbr., seltener gr. Hauptachse unterirdisch, mit weißl., fleischigen (spargelartigen) Zweigen nach unten und zahlr. etwa 5 mm l., ± dicht beblätterten, kätzchenartigen, einfachen, aufsteigenden o. aufrechten Ästen nach oben. Bl. breiteirund, aufr. und dicht dachziegelig sich deckd., breiter als der St., Bucht eng, meist bis 1/5, seltener tiefer (bis 1/3), Lappen kurz u. breit (selten spitz), oft einwärtsgekrümmt, nicht herablfd. Blzellen polygonal (nach Warnstf. rundl.-4seitig u. polyg.), 20—25 μ Durchm., unten gestreckt und größer, Membranen gleichmäßig verdickt, ab u. zu in den Ecken schwach 3eckig verdickt., Kutikula warzig. Unbl. deutl., lanzettl. o. zungenfg., ganz o. kurz 2lappig. Weibl. Hüllbl. viel größer als die Obbl., Einschnitt bis 1/3, Lappen 2—3, annähernd zungenfg., stumpf. Perianth rotbr., die Hülle weit überragd. 3kantig, längl. bis zylindr., oben faltig, an der meist entfärbten Mündung gelappt o. ganzrandig. Sporen warzig, 10—15 μ Durchm. Veget. Vermehrg. durch 1—2zellige, derbwandige, 4—5eckige, oft sternfg. Brutkörp., in grünl. o. rötlichgelben Ansammlungen an der Spitze kleinblättriger Sprosse. — Auf sandig-tonigem, moorigem Heideboden. Bes. in der Eb., aber auch in der Bg. u. im Hochgeb.

Zlch. selten. 5. — Pommern, Brandenburg, Schlesien, um Hamburg, Nordfriesische Inseln, Niederhessen, Harz, Rheinprovinz, Böhmen, Schweiz, Steiermark. — Jungermannia Hook., Trigonanthus Spruce, C. borealis Lindbg.

Cephalozia Francisci (Hook.) Dum. **174.**

OO Ras. braungr. o. vereinzelt zw. Moosen. St. 1—5 cm l., einf. o. gabelig-verzweigt, an der Unterseite purpurviolett o. braunschwarz, m. dichten Rhizoiden. Bl. schlaff, an der dorsalen Seite des St. herablaufd., wellig-kraus, Bucht bis $^1/_3$ o. $^1/_4$, Lappen meist 2, breit 3eckig, stumpf, oft ein wenig einwärts gekrümmt, im Umriß fast rechteckig u. breiter als lang. Blzellen derbwandig, angulär meist schwach dreieckig verdickt, in der Mitte 40 × 60 bis 50 × 80 μ, in den Zipfeln 40—50 μ im Durchm. Kutikula glatt. Unbl. fehlen. 2häus. Weibl. Hüllbl. fast doppelt so b. w. l., Lappen 2—3, kurz, zugespitzt. Perianth kurz, nur wenig die Hüllbl. überragd., oben m. 3 stumpfen Kanten, Mündung zahnlos, nur seicht ausgebuchtet. Sporen fein warzig, 15—18 μ im Durchm., Elateren 90 μ lang, 10—12 μ breit, Spire doppelt, locker. Veget. Vermehrg. durch Brutkörper, denen der vor. Art s. ähnl. — Mit Lophoz. incisa nahe verwandt. Auf d. Erde u. an Felsen. Hochgeb., selten in tieferen Lagen. 7. — Vogtland, Schweiz, Salzburg (Pinzgau). — Jungermannia Lindbg.

Lophozia grandiretis (Lindbg.) Schiffn. **175.**

3. St. m. Blättern, deren Bucht scharf o. stumpf ist. Siehe Seite 170.

β Bl. quer o. fast quer inseriert.

1. Bl. oben mit stumpfer seichter Bucht.

a (4) **A.** Pflanzen durch die sehr dichte Beblätterung kätzchenförmig, fest dem Substrat angewachsen, grün und etwas silberglänzend. Stengel dick, fleischig, stark wurzelhaarig. Oberblätter oben ausgebleicht, dem Stengel dicht anliegend, breit oval, hohl, Ausbuchtung seicht, Lappen zugespitzt. Zellen in der Mitte 20 × 25, in den Zipfeln 15—18 μ im Durchm. Membranen gleichmäßig verdickt, Kutikula glatt. Mündung des tief-faltigen, länglich-eiförmigen, verhältnismäßig sehr großen Perianths ausgebleicht und mit ca. 8 kleinen, am Rande gekerbten Lappen. Sporogon fast kuglig, rotbraun, 12—15 μ im Durchm. Elateren mit rotbrauner, doppelter u. dreifacher Spire, 10 μ im Durchm. An den obersten Blättern rotgelbe Häufchen von ein- bis zweizelligen, dreieckigen oder sternförmigen Brutkörpern. Zweihäusig. Auf feuchten Urgestein in den Alpen. — Steiermark, Kärnten, Salzburg, Schweiz. — Jungermannia Limpr.

Lophozia decolorans (Limpr.) Stephani **176.**

b Pflanzen 0,5—1 cm lang, zu dichten, niedrigen, flachen, im Schatten grünen, an sonnigen Plätzen braunrot o. purpurn angehauchten Räschen vereinigt, selten einzeln zwischen anderen Moosen. St. niedergestreckt, an der Spitze aufsteigd., unterseits braun, m. reichl. Rhizoiden, einfach o. oben büschelästig. Bl. oben dichter u. größer, halbstengelumfassd., fast kreisrund., schlaff, trocken wellig-kraus, etwas hohl, Bucht rechtwinkl., unten abgerundet, Lappen spitz o. stumpf, breit 3eckig, meist ungleich groß. Blzellen unregelmäßig vieleckig, sehr zartwandig, in den Ecken unmerklich verdickt, frühzeitig in den unteren Bl. entfärbt u. durchsichtig., in den oberen reich an Chlorophyll u. kleinen Ölkörpern, in der Mitte 25—30, in den Zipfeln 25—30 μ im Durchm. Kutikula glatt. Einhäus. Weibl. Hüllbl. viel größer als die übrigen Bl., gewellt, breiter als lang, ungleich 3—5lappig, Lappen spitz. Perianth mehr als zur Hälfte über die Hüllbl. emporgehoben, walzenfg. o. aufgeblasen eifg., bis zur Mitte herab m. zahlr., tiefen Falten, an der Mündung schwach verengt, gelappt o. gezähnt. Sp. groß, länglichrund, dunkelbr., Wand 3—4-schichtig. Sporen rotbr., fein warzig, 12—15 μ im Durchm. Elateren 8 μ im Durchm., Spire doppelt. Vegetat. Vermehrg. durch selten auftretende, 1—2zellige, große, rotbraune, purpurne, sternfg. Brutkörper, diese an den obersten Bl. Die Perianthien erscheinen oft in solcher Menge, daß die Pflanze fast ganz aus diesen gebildet erscheint. Die großen, dichtgedrängten, trocken krausen Bl. am Stengelende gleichen, von oben betrachtet, winzigen Salatköpfen. — Auf mäßig feuchtem, kiesig-tonigem Boden, auf Heideland, an Wegen, Gräben, Abhängen. Häufiger in der Ebene, seltener im Hgl. u. Bg. F. — Brandenburg, Schlesien, Sachsen, Böhmen, um Göttingen u. Bonn, Baden, Schweiz, Vorarlberg, Niederösterreich, Steiermark. — Jungermannia Dicks., J. capitata Hook., J. intermedia Lindenbg., J. arenaria N. v. E.

Lophozia excisa (Dicks.) Dum. **177.**

c **A.** Seltene, bisher nur von wenigen Stellen der Alpen bekannt gewordene 2häus. Art. Räschen dicht, braungr. o. schwarz, 0,5—3 cm h. Pflanze fadenfg., drehrund. Bl. zlch. dicht, bes. an sterilen Pflanzen, dachziegelig einander deckend, fast kreisrund, hohl. Bucht halbmondfg., bis zu $^1/_4$, mit spitzen, oft zusammenneigenden Lappen. Blzellen der Lappen kleiner, 8—12 μ, sonst 16—18 μ im Durchm., alle angulär nur schwach 3eckig verdickt, 3—4kugel. Ölkörper in jeder Zelle. Weibl. Hüllbl. größer, mit sehr niedriger — bis $^1/_6$ — Bucht. Sporen glatt, 10—12 μ im Durchm., Elateren etwa 100 μ lang und 7 μ dick. — Auf der Erde an wasserdurchtränkten Stellen. Von der nahestehenden Mars. apiculata namentlich durch den Mangel der hyalinen Blattrandzellen unterschieden. — Salzburg, Steiermark, Kärnten. — Gymnomitrium Aongstr.

Marsupella condensata (Aongstr.) Kaalaas **178.**

d (Fig. 221, Seite 157) Ras. überzugartig, s. zart, weich, ausgedehnt, dünn, weißlich-, bläulich- o. gelbgr. bis rotbr. St. 0,5—2 cm l., kriechd., verbogen, bleich, mit hin und her gebogenen, umherschweifenden Ästen, durch die dichte Beblätterung drehrund. Bl. eifg., nicht herablaufend, halbkugelig gehöhlt, breiter als lang, mit dem hinteren Rande — Bauchrand — stark umgebogen, wodurch ein großer Wassersack zustande kommt. Bucht bis zur Mitte, Lappen pfriemenfg., m. s. lang., einzellreihig, etwas gegeneinandergeneigten Zipfeln. Blzellen rundl.-polygonal, meist 6eckig, zlch. groß, wasserhell, 20—25 μ im Durchm., Membranen gelbl., stark verdickt, Kutikula glatt. 2häus., seltener einhäus. Weibl. Hüllbl. ohne Wassersack, 2—3spaltig, groß, dem Perianth angedrückt, m. lanzettl., scharf gezähnten Lappen. Perianth die Hüllbl. weit überragd., zylindrisch, oben 3seitig, an der Mündung abgestutzt und wimperig gezähnt. Sp. rotbraun. Sporen 8—9 μ br., fein warzig. Elateren 12 μ br. Spire doppelt, rotbraun. Vegetat. Vermehrg. durch einzellige, gelbgr., blattrandständige Brutkörper. — Nur an faulenden Baumstümpfen. Bg., s. selt. in der Eb. F. — Alpen, Riesen- u. Erzgebirge, Böhmer Wald, Harz, Vogesen. Schwarzwald. — Jungermannia Baueri Mart., Trigonanthus Spruce, Cephalozia Dum.

Nowellia curvifolia (Dicks.) Mitt. **179.**

2. Bl. oben mit scharfer, ± tiefer, recht-, spitz- oder stumpfwinkliger Bucht. Siehe Seite 177.

γ Bl. mit dem Oberlappen fast quer, mit dem Unterlappen schräg angewachsen.

1. (3) Ras. dicht, ausgedehnt, 2—6 cm h., braun- o. gelbgr., seltener olivengr., im Alter schwarz, etwas goldschimmernd. St. niederliegd. o. aufsteigd., straff, kätzchenartig, halb stielrund, an der Unters. gewölbt, an der Obers. flach u. durch die Bl. treppenfg., m. spärl. Rhizoiden, dicht u. gleichmäßig beblättert. Bl. kreisrund, meist breiter als lang. Oberlappen (Fig. 222, Seite 157) zugespitzt, vom St. abstehd., Unterlappen (Fig. 223, Seite 157) abgerundet, dem St. anliegd., beide Lappen fast gleichgroß, Blränder eingebogen (daher d. Bl. rinnig hohl), ganzrandig, Blattspitze zurückgekrümmt, Bucht bis $^1/_2$, eng. Blrand der rundl., undurchsichtigen Blzellen gleichmäßig stark verdickt, Blattzellen in der Mitte 15 × 20 μ, in den Zipfeln 12 μ im Durchm. Unbl. fehlen o. nur gegen die Stengelspitze

hin. 2häus. Weibl. Hüllbl. 2—5lappig, Bucht bis $^1/_3$, Lappen lang zugespitzt, deren Ränder dornig gezähnt. Perianth groß, weit die Hüllbl. überragd., aufgeblasen eifg., oben m. tiefen Falten. Mündung m. zusammenneigenden, gezähnten Lappen. — Ausschließlich auf Felsen u. Felstrümmern der Bg. u. Hochgeb. Zlch. selten. Perianthien selt., Sp. s. selten. Spätsommer. — Meißner, Harz, Rhön, Riesengebirge, Böhmen, Oberösterreich, Salzburg. — Jungermannia Schrad., Diplophyllum Dum., Lophozia Schiffn.

Sphenolobus saxicolus (Schrad.) Steph. **180.**

2. Ras. dicht, braungr. St. bis 5 cm l., niederliegd. o. an der Spitze aufsteigd., meist einfach, in der Tracht dem vor. s. ähnl. Bl. im Umriß fast quadrat., m. scharfer, rechtwinkl. Bucht bis $^1/_3$ o. $^1/_2$, Lappen eifg., fast gleichgroß, scharf zugespitzt, meist stachelspitzig, an den Rändern wellig-verbogen und einwärts gekrümmt. Blzellen kleiner als bei vor., rundl., in der Mitte 12 × 20, in den Zipfeln 10 μ im Durchm. Wände s. stark u. unregelmäßig verdickt, bes. in den Zellecken, Kutikula fein warzig. Unbl. fehlen o. nur in den Infloreszenzen, schmal pfriemenfg. 2häus. Weibl. Hüllbl. größer als die übr. Bl. sparrig abstehd., tief 2- u. 3spaltig, Lappen bisweilen klein gezähnelt. Perianth weit über die Hülle emporgehoben, birn- o. keulenfg., glatt, nur oben mit 5—6 kleinen Falten, an der Mündung gelappt und ausgebleicht, Lappen wimperig gezähnt u. stark zusammenneigd. Sporen 10—12 μ im Durchm., Elateren 8 μ breit, Spire doppelt, locker. Vegetat. Vermehrg. durch 1—2zellige, dickwandige, 3- o. vieleckige, ziegel- o. granatrote Brutkörper, diese an den Lappen der oberen Bl. steriler o. männl. Pflanzen. — Auf schattigen, modernden Baumstümpfen, an Felsen, seltener auf d. Erde. Bg., Hochgeb. Selt. 4, 5. — Schlesien, Riesengebirge, Böhmen, Harz, Böhmer Wald, Oberbayern, Allgäu, Vorarlberg, Salzburg, Steiermark. — Jungermannia Web., J. densa N. v. E.

Sphenolobus Michauxi (Web.) Steph. **181.**

3. **A.** Ras. braungr. bis fast schwarz, dicht o. vereinzelt zw. Moosen, habituell der Andreaea petrophila s. ähnl. St. (Fig. 224, Seite 157) 2—5 cm l., niederliegd. o. aufr., oben nach vorn übergebogen, m. spärl. Rhizoiden. Obbl. im ausgebreiteten Zustand quadrat. o. eifg., einseitig nach oben gewendet und stark nach vorwärts gerichtet (deshalb St. an der Unterseite gewölbt), rinnenfg.-hohl, Bucht rechtwinkl., bis $^1/_3$, Lappen ungleich groß, zusammenneigd., spitz, Vorderlappen kleiner u. m. dem unteren Rande „über den St. übergreifend". Unbl. fehlen. 2häus. Blzellen (Fig. 225, Seite 157) deutl. in Reihen, klein, in der Mitte 10 × 15 bis 15 × 20 μ, in den Zipfeln

10—12 μ im Durchm. Membranen dick, gelbl., angulär stark verdickt. Weibl. Hüllbl. ungefähr von der Größe der übrigen Bl., aber an der Basis breiter, m. 2 spitzen Lappen. Perianth eingesenkt, tief faltig, oben bleich, m. fransig zerschlitzter, gelappter Mündung. Ab u. zu finden sich an der Außenfläche der Lappen der Mündung Wärzchen. — An schattig-feuchten Stellen, bes. auf Urgestein. Hin u. wieder. Sp. unbekannt, ebenso vegetat. Vermehrg. durch Brutkörper. — Schweiz, Vorarlberg, Tirol, Salzburg, Steiermark, Kärnten. — Jungermannia Gottsche.

Anastrophyllum Reichardti (Gottsche) Steph. **182.**

δ Bl. mit der hinteren Hälfte quer (Fig. 226, Seite 157), mit der vorderen schräg angeheftet, aus breitem Grunde eifg., am hinteren Rand (Fig. 227, Seite 157) stark längs zurückgerollt, oben sanft zurückgebogen und durch eine sehr seichte, stumpfe Bucht klein und ungleich stumpf 2lappig. Blzellen klein, gegen den Rand kleiner, derbwandig, in der Mitte 15 × 25 μ, am Rande 14 μ im Durchm., angulär 3eckig verdickt, Ölkörper 1—2, Kutikula glatt. Unbl. meist nur oben am St., haar- o. pfriemfg. 2häus. Weibl. Hüllbl. 2, in der Regel m. vielen zugespitzten Lappen, seltener 2teilig. Perianth die Hüllbl. weit überragd., breit keulenfg., oben faltig u. s. stark zusammengezogen, m. gezähnter Mündung. Sp. „schwarzbraun, länglichrund bis kurz walzenförmig, auf 1 cm langem Stiele, der im Querschnitt 10 Zellen im Durchmesser aufweist". Kapselwand 5schichtig. Vegetat. Vermehrg. durch polygonale, meist 2zellige, ovale o. birnfg., große Brutkörper, diese in rotbraunen Häufchen an der Spitze der Blattlappen o. am Stengelende. Ras. ausgedehnt, locker, dunkeloliven- o. braungr. o. bronzefarben. St. ab u. zu über 1 dm l., meist einfach, je nach dem Standort ± dicht beblättert. Bl. (Fig. 226) entweder in der Ebene ausgebreitet o. einseitig aufgerichtet. — An feuchten, kieselhaltigen Felsen u. auf Moorboden. Obere Bg. u. Hochgeb. Hin u. wieder. Perianth u. Sp. s. selt. 8. — Altvater-, Riesen- und Isergebirge, Vogtland, Thüringer Wald, Fichtelgebirge, Böhmer- und Schwarzwald, Vogesen, Bayern, Schweiz, Vorarlberg, Tirol, Salzburg, Steiermark, Kärnten. — Jungermannia Hook., Mesophylla Dum.

Anastrepta orcadensis (Hook.) Schiffn. **183.**

ε Bl. im unteren Teil des Stengels schief, im oberen quer angewachsen. Unbl. fehlen, bei Loph. confertifolia an sterilen Sprossen

1. (3) Pflanzen meist zu dünnen, flachen Überzügen von verschiedener Färbung vereinigt. Bl. rundlich-quadratisch, 12 bis 14 Zellen breit. Blzellen s. weit u. licht, 5—6eckig, dünnwandig. Perianth fast zylindrisch, ganz o. nur oben 3kantig.

Weibl. Hüllbl. 2-, seltener 3teilig, am Grunde miteinander verwachsen. Bucht bis etwa $^1/_3$, Lappen scharf zugespitzt.

Cephalozia bicuspidata 171.

2. Pflanzen trupp- o. herdenweise o. in kleinen, hellgelbgr., an sonnigen Stellen mehr olivengr. oder rötlichbraunen Räschen. St. kriechend, an der Spitze aufgerichtet, höchstens 1 cm l., meist einfach, mit s. reichl., dicht verfilzten, langen, weißl. Rhizoiden. Bl. dicht, halbstengelumfassd., einseitig aufgerichtet, hohl, eirundl. o. kreisrund, bzw. rundlich-quadrat. o. kurz rechteckig, Bucht bis $^1/_3$, scharf o. stumpf, rechtwinkl., Lappen gleichgroß, spitz. Blzellen zlch. groß, rundl.-quadrat. o. rektangulär, unten längl., in der Mitte 20 × 25 bis 25 × 30 μ, am Rande 20 μ im Durchm., dick- u. hellwandig u. in den Ecken stark verdickt, anfängl. m. dichten Chlorophyllkörnern u. runden Ölkörpern erfüllt, später im Mittelraume licht. Kutikula warzig. Unbl. fehlen. Einhäus. Weibl. Hüllbl. größer als die übr. Bl., oben 2—4lappig und unregelmäßig u. fein sägezähnig. Perianth groß, eifg. bis verkehrt eilängl., oben m. tiefen Falten, an der etwas zusammengezogenen u. meist bleichen Mündung wimperzähnig. Sp. braunrot, fast kugl., Klappen 3schichtig. Sporen 10—12 μ im Durchm., Elateren 8 μ breit, Spire doppelt. Brutkörper in rotbraunen Häufchen an den Lappenspitzen der oberen Bl., 1- u. 2zellig, sternfg., anfangs gelb, später bräunlichgelb. — Auf der Erde, an Wegen, Waldrändern, Abhängen, auf Triften, an Gräben. Eb. u. untere Bg. Zlch. verbr. Perianthien stets s. reichl. F—H. — Jungermannia Schmidel, J. commutata Hübener.

Lophozia bicrenata (Schmid.) Dum. **184.**

3. Pflanzen in braungrünen, kleinen, dichten, 1—3 cm hohen Rasen. Stengel kräftig, mit annähernd rechtwinklig abstehenden Ästen, mit zahlr., langen Rhizoiden, „dicht beblättert u. dadurch von charakteristischem Aussehen, von der Unterseite gesehen konvex, von der Oberseite treppenförmig-sparrig" (K. M.). Blätter ausgebreitet fast kreisrund, meist hohl, Bucht stumpfwinklig, halbmondförmig, Lappen stumpf, dreieckig. Blattzellen derbwandig, in der Mitte 20 × 25 bis 25 × 30 μ, in den Blattzipfeln 15—20 μ im Durchm., angulär dreieckig- oder knotig verdickt. „Perianth grün, gestreckt-eiförmig bis birnförmig, . . . bis weit herab mit tiefen Falten, an der zusammengezogenen Mündung mit kurzen Läppchen, welche kurze, einzellige (seltener zweizellige) Zähnchen tragen" (K. M.). Sporogon schwarzrot. Sporen dunkelbraun, fein warzig, 12—15 μ Durchm. Elateren doppeltspirig, Spire dunkelbraun, 8 m Durchm. Brutkörper ein- o. zweizellig, polygonal, gelbgrau bis rotbraun an den Blattlappen. — Auf feuchter Erde.

Alpen u. höhere Mittelgeb. Selten. — Elbsandsteingebirge, Harz, Niederhessen (Kaufunger Wald), Tirol, Steiermark, Schweiz.

Lophozia confertifolia Schiffner. **185.**

2. Blattzellen der Oberblätter in den Ecken nicht oder sehr undeutlich 3eckig verdickt.

A. Obbl. durch große kuglige oder quadratische, dickwandige, wasserhelle Zellen gesäumt.

I Obbl. dicht gestellt, gegenständig, unterschlächtig, länglich- oder kreisrund, auf der Oberseite des Stengels mit der Basis, auf der Stengelunterseite mit dem Grunde der Unterblätter verwachsen, sehr deutlich gesäumt durch besonders große dickwandige Zellen. Membranen wasserhell. Rasen blaugrün. Stengel bis 2 cm lang, meist einfach. Rhizoiden sehr lang und dicht, am Grunde der sehr schmalen, spießförmigen, kleinen, schwer sichtbaren (weil im Rhizoidenfilz versteckt) Unterblätter. Größere Formen ähneln nach K. M. Leptoscyphus Taylori, kleinere einer Haplozia. Marsupifere Art. — Auf Kalkfelsen. Sehr selten. Zweihäusig. — Salzburg, Steiermark, Kärnten. — Jungermannia Gottsche, Southbya Gottsche.

Arnellia fennica (Gottsche) Lindbg. **186.**

II Obbl. (Fig. 230, Seite 157) fast kreisrund, halbstengelumfassd., breit u. schräg inseriert (Fig. 229, Seite 157), an fertilen St. nach oben größer u. dichter werdend, etwas hohl; Saum, bes. der oberen Bl., zurückgebogen. Blzellen zartwandig, rundl.-vielseitig, am Saume 30 μ, in der Mitte 30 $\times$ 40 μ, am Grunde 30 $\times$ 50 μ im Durchm. Eckverdickungen schwach o. fehld. — nach K. d. M. B. deutlich 3eckig verdickt. — An den Bl. der kleinblättrigen Triebe fehlen meist die angulären Verdickungen und die Saumzellen. Ölkörper zu 2—3 in jeder Zelle, Kutikula „völlig glatt" (nach K. M.), „blatterig, unregelmäßig (fast netzig) punktiert" (nach K. v. Schles.). 2häusig. Saum der weibl. Hüllbl. deutl., Hüllbl. den Obbl. ähnl., doch größer. Perianth meist purpurrot, eifg., ungef. zur Hälfte in den Hüllbl. eingeschlossen, fast bis z. Basis m. 4—5 scharfen Kanten, diese oben oft m. vorspringenden Zähnchen o. warzigen Höckerchen, Mündung m. 4—5 dreieckigen Zipfeln, alle Zipfel oben mit ca. 30 langen, hyalinen Zähnen. Kalyptra oft rotviolett. Sp. klein, langgestielt, kugl., dunkelbr. Sporen hellbraun, fein gekörnelt, ca. 12 μ Durchm. Elateren halb so dick wie die Sporen, Spire doppelt. Ras. locker, $\pm$ rötl., selten gr. St. reich verästelt, 1—2 cm l., niederliegd., oft m. umherschweifenden Innovationen, an der Unterseite mit zahlr. Rhizoiden. — Auf feuchtem, kiesig-tonigem Boden, an Hohl- u.

Waldwegen. Eb. bis Hochgeb. Verbr. Sp. hfg. 4. Formenreich. — Jungermannia Smith, Nardia Lindbg., Solenostoma Steph., Eucalyx Loeske.

Haplozia crenulata (Sm.) Dum. **187.**

B. Rand der Obbl. nicht gesäumt.

I Unterblätter sehr deutlich.

α Unterblätter so breit oder etwas breiter als der Stengel.

1. Unterblätter bis $^1/_3$ bis höchstens $^1/_2$ geteilt, breiter als lang, bis zur Mitte durch eine schmale, stumpfe Bucht in meist 2 stumpfe Lappen geteilt. Oberblätter bald dicht, bald locker, sehr schräg inseriert, am Ventralrande deutlich herablaufend, wagerecht ausgebreitet, schief eirundlich, oben stumpf, zuweilen ausgerandet, selten zweispitzig. Blattzellen (Fig. 233, Seite 157) groß, licht, vielseitig, dünnwandig, in der Mitte 35 × 45 bis 35 × 60 μ im Durchm., angulär nicht oder schwach verdickt, mit randständigen Chloroplasten und wenigen, rundlich-ellipsoidischen, granulierten Ölkörpern. Einhäusig. Archegonien an sehr kurzen, aus den Achseln der Unterblätter entspringenden Ästchen. Perianth fehlt. Nach der Befruchtung wird die „Archegonienlage (Fig. 234, 235, Seite 157) in die Tiefe eines Sackes" versenkt, „der senkrecht zur Längsachse des Stengels steht." Dieser Fruchtsack kommt dadurch zustande, daß „eine ringförmige Gewebezone unterhalb der Einfügungsstelle der Archegonien stark wächst, ähnlich etwa wie bei der Bildung eines unterständigen Fruchtknotens oder einer Feige" (G. O., 1. Aufl., S. 315). Der Fruchtsack (Marsupium) besitzt an seiner Außenfläche Rhizoiden und ist an der Insertionsstelle bärtig. Die Innenwand ist mit zahlreichen Zellen ausgestattet, die wohl Schleim absondern. Die Marsupien kommen in sehr verschiedenen Verwandtschaftskreisen der Lebermoose vor, sind wohl als Anpassungen aufzufassen. Sporogon (Fig. 236, Seite 157) auf langem, rechtsgedrehtem, weißlichem Stiele, zylindrisch, schwarz, glänzend, Klappen spiralig rechts gedreht, Wand zweischichtig. Sporen tetraëdrisch-kuglig, hellbraun, undeutlich gekörnelt, 8—13 μ Durchmesser. Elateren 8—12 μ breit. Vegetative Vermehrung durch ein- bis zweizellige (Fig. 237, Seite 157) gelbgrüne, ungleichgroße Brutkörper, die am Ende von gewöhnlichen oder kleinblättrigen und dann aufrechten (orthotropen) Sprossen kugelige Häufchen bilden. Auf feuchtem Waldboden, mooriger Erde, modernden Stämmen. Ebene bis Hochgebirge. Sehr häufig. Sporogonien zuweilen häufig. 4. — Mnium L., Kantia Gray.

Calypogeia trichomanis Corda. **188.**

2. Unterblätter bis $^3/_4$ und noch tiefer geteilt.

a Lappen der sehr kleinen Unterblätter am Außenrande mit je

einem höckerartigen Zahne, Einschnitt spitzwinklig, meist bis zum Grunde reichend. Pflanze durchscheinend, bläulichgrün. Oberblätter breit-eiförmig, an der Spitze durch eine kleine Einbuchtung kurz-zweihöckerig- oder -zähnig. Ebene und untere Bergregion. An lehmigen, tonigen Stellen. — Brandenburg, Harz, Thüringen, Hannover, Hessen-Nassau, Bayern, Böhmen, Baden. — Mnium L., Jungermannia Scop., Jung. Calypogeia Raddi, Kantia Trichomanis forma fissa Lindbg.

Calypogeia fissa (L.) Raddi. **189.**

b Lappen der kreisrunden, bis unter die Mitte (bis $^3/_4$) geteilten Unterblätter ohne Zahn, eiförmig und stumpf. Stengel gelbgrün, an der Basis der Unterblätter mit langen Rhizoidenbüscheln. Oberblätter meist locker, stumpf-eiförmig, oben bisweilen mit 2 kurzen Lappen. Aus den Achseln der Unterblätter entspringen meist Gametangienstände in größerer Anzahl. Blattzellen sechseckig, angulär nicht oder nur schwach verdickt, Blattzellen 35—40 μ Durchm. Sporen 12—14 μ Durchm., Elateren 10 μ diam., doppeltspirig. — Bildet an moorigen Stellen, insbesondere auf Hochmooren gelbgrüne, flache, lockere Rasen, wächst aber auch einzeln zwischen Sumpfmoosen. Einhäusig. Sporogon. selten. Mai—Juni. — Pommern, Brandenburg, Hamburg, südl. Hannover, Niederhessen, Iser- u. Riesengebirge, Vogtland, Bayern, Baden, Schweiz. — Kantia Arn. et Perss., C. trichomanis var. sphagnicola Meyl., C. trichom. var. tenuis Evans.

Calypogeia sphagnicola (Arn. et Perss.) Warnst. et Loeske. **190.**

β Unterblätter zwei- bis dreimal so breit wie der Stengel.

1. Lappen der Unterblätter zugespitzt. Rasen dicht, meist gelbgrün, seltener braungrün, flach. Stengel verzweigt, an der Basis der Unterblätter Rhizoidenbüschel. Blätter herzeiförmig, flach, oft mit zurückgebogener Spitze. Unterblätter doppelt so breit wie der Stengel, Einschnitt annähernd rechtwinklig, bis $^1/_2$ u. $^3/_4$, Lappen spitz, breit-eiförmig. Blattzellen angulär dreieckig-verdickt, rundlich-sechseckig, 25 $\times$ 35 μ Durchm., Kutikula glatt oder papillös. Sporen und Elateren 8—10 μ Durchm., Spire doppelt, locker. Zweihäusig. — Auf morschem Holze. Mai—Juni. — Pommern, Harz, Böhmer Wald (Arbergebiet), Baden (bes. Feldberggebiet), Oberbayern, Allgäu, Oberpfalz, Schweiz, Tirol, Niederösterreich. — Kantia Arn. et Perss., C. Mülleriana Schiffn.

Calypogeia suecica (Arn. et Perss.) K. M. **191.**

2. Lappen der Unterblätter stumpf. Rasen gelbgrün (nicht blaugrün), oft weite Strecken überziehend. Stengel wenig verzweigt, am Grunde der Unterblätter lange Rhizoiden. Oberblätter an der Spitze abgerundet oder seicht ausgerandet, oval

bis breit-eiförmig, Blattzellen zartwandig, angulär hin und wieder schwach dreieckig-verdickt, in der Mitte 30 μ bis 30 $\times$ 35 μ Durchm., Kutikula glatt. Unterblätter kreisrund oder etwas breiter als lang, ganzrandig oder oben etwas ausgebuchtet bzw. eingeschnitten, einander sehr genähert, dem Stengel dicht angedrückt. Sporen 14 μ Durchm. — Auf der Erde, bes. auch auf Sandsteinfelsen, bisweilen auf morschem Holz. — Ostpreußen, Pommern, Sudeten, Sächsische Schweiz, Harz, Vogtland, Fichtelgebirge, Sauerland, Niederhessen, Nassau, Oberpfalz, Böhmer Wald, Schwarzwald, Alpen. — Kantia trichomanis v. Neesiana Mass. et Carest., Calypogeia integristipula Steph.

Calypogeia Neesiana (Mass. et Carest.) K. M. **192.**

II Unbl. fehlen.

α (3) Perianth mit den Hüllbl. bis zur Hälfte verwachsen, eifg., nicht o. kaum über die Hülle emporragend.

1. Ras. locker, trüb- o. bläulichgr. o. braunrot. St. meist 2 cm l. (bis 5 cm), niederliegd. o. aufsteigd., unterseits m. reichl., büschelig., purpurroten Rhizoiden. Obbl. kreisrund o. breit eifg., die unteren schief, die oberen (männl. u. weibl. Hüllbl.) quer inseriert, abstehd. u. vorwärts gerichtet. Blzellen zartwandig, meist rundl.-6seitig, nach dem Rande hin kleiner u. an diesem quadrat., am Rande 18—20 μ, in der Mitte 20 $\times$ 30 bis 32 $\times$ 45 μ im Durchm., angulär nicht o. nur s. schwach 3eckig verdickt, Ölkörper glatt, Kutikula deutl. warzig (Fig. 238, Seite 157) gestrichelt. Einhäusig. Weibl. Hüllbl. in 2 Paaren, oben stark zurückgebogen. Perianth birn- o. verkehrt-eifg., oben kegelfg. u. 2lippig, die beiden 3eckigen Lappen der Mündung oben quer gestutzt, gekerbt o. gespalten. Sp. längl.-kugl., langgestielt (bis 2 cm), klein, gelbbr., Wand 2schichtig. Sporen gelbbr., 16—18 μ Durchm. Elateren halb so breit u. etwa 100 μ lang, Spire 2—3teilig. — Auf feuchtem u. überrieseltem Urgebirgsgestein. Bes. Hochgeb. bis nied. Bg. Verbr. 6. — Gesenke, Iser- u. Riesengebirge, Harz, Meißner, Thüringer Wald, Böhmer Wald, Schwarzwald, Vogesen. — Jungermannia N. v. E., Haplozia Loeske.

Eucalyx obovatus (Nees.) Breidl. **193.**

2. Diese Art unterscheidet sich von der vor. durch geringere Größe (0,3—1 cm h.) und die gelbgrüne Farbe der Räschen. Die Rhizoiden sind meist wasserhell, bisweilen bräunl. o. rötl. Blattzellen in der Mitte 20 $\times$ 30 μ, am Rande 18—20 μ Durchm. Kutikula glatt oder warzig punktiert, wie gestrichelt, Ölkorper gekörnelt. Obbl. breit-elliptisch, halbstengelumfassend, fast quer inseriert, nach oben größer werdend, hohl. Sp. kugelig. Sporen 12—14 μ Durchmesser, Elateren 8 μ dick, doppelt-,

eng- und breitspirig. (Beschreibung nach K. M.) — Auf kiesig-sandigem Boden und Gestein. Bg. u. Hochgeb. Selten. 5. Der vor. sehr ähnlich. — Harz, Bayern, Schweiz, Vorarlberg, Tirol, Niederösterreich, Steiermark.

Eucalyx subellipticus (Lindbg.) Breidl. **194.**

β Perianth mit den Hüllbl. nicht verwachsen, über diese weit hinausragd., ei- bis keulenfg.

1. Perianth an der Spitze plötzl. zu einem kleinen, deutl. abgesetzten, warzenfg. Mündungskegel zusammengezogen, kugel.-eifg., gedunsen, bleichgr., oben mit 4—5 stumpfen Kanten; später verschwindet der kleine Kegel, die zusammengezogene Mündung zeigt dann mehrere — meist 4 — an der Spitze krenulierte, dreiseitige Lappen. Räschen dicht, s. niedr., stets hell- o. gelbgr. St. selt. über 0,5 cm h., einfach o. unter dem Gipfel sprossend, niederliegd. bis aufsteigd., unterseits m. dicht., lang., weißl. Rhizoiden. Obbl. fast kreisrund, schräg inseriert, am fertilen St. sich nach oben vergrößernd, aufr. u. sich dachziegel. deckd., am oberen Rande oft bisweilen sanft ausgebuchtet. Blzellen s. groß, durchsichtig, zartwandig, ohne anguläre Verdickungen, nach dem Rande hin kleiner, in der Mitte 35 × 45 bis 40 × 60 μ, am Rande 30 μ Durchm. m. 1 o. 2 s. großen, granulierten Ölkörpern. Sp. kugel., ca. 0,5 cm l. gestielt, rotbraun, Wand 2schichtig. Sporen tetraëdr.-kugel., fast glatt o. fein warzig, 10 μ Durchm. Elateren ca. 7 μ Durchm. Spire doppelt, rotbraun. Brutkörper einzellig, von verschiedener Gestalt, klein, in großer Menge an den Spitzenbl. — Auf sandig-tonigem Boden, an ausgetrockneten Gräben u. an ähnl. Stellen. Bes. Eb., seltener im Gebirge. Selten. 4, 5. — Pommern, Brandenburg, Sächs. Schweiz, Nordfriesische Inseln, um Hamburg, Göttingen u. Kassel, Westfalen, Rhön, Schlesien, Böhmen. — Jungermannia Lindenberg, Solenostoma Steph.

Haplozia caespiticia (Lindenbg.) Dum. **195.**

2. Perianth ohne warzenfg. Aufsatz an d. Mündung.

a Obbl. eifg. o. oval.

× (4) (Fig. 239, Seite 157) Ras. zlch. kräft., dunkel- o. schwarzgr., oft in den Boden gesenkt. St. 1—3 cm l., einfach o. m. keulig-verdickten Ästen, unters. m. zahlr., wasserhellen Rhizoiden. Obbl. locker, halbstengelumfassend, unten am St. kleiner. Blzellen zartwandig, angulär s. schwach verdickt, hexagonal, am Rande fast quadrat. u. kleiner, in der Mitte 20 × 40, am Rande 20 μ Durchm. Ölkörper klein, kugl. u. nur in geringer Zahl, Kutikula fast glatt. 2häusig. Weibl. Hüllbl. d. Obbl. ähnl., abstehd. Perianth eifg. bis keulig, entweder endständig o. in der Gabel von Seitensprossen, an der Mün-

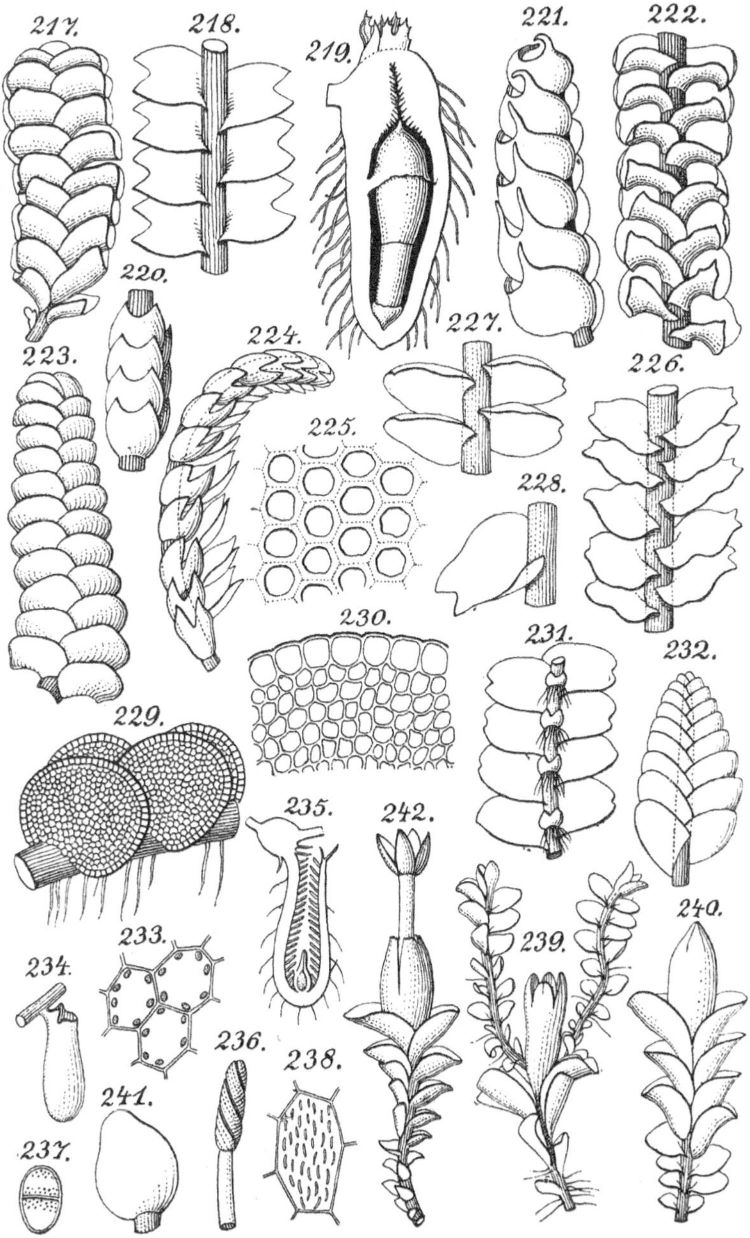
217.
218.
219.
220.
221.
222.
223.
224.
225.
226.
227.
228.
229.
230.
231.
232.
233.
234.
235.
236.
237.
238.
239.
240.
241.
242.

dung faltig (5—7 Falten), meist m. 5 gezähnelten Lappen. Sp. langgestielt, schwarz, kugl., Wand 2schichtig. Sporen fein warzig, rotbraun, ca. 16 μ Durchm. Elateren halb so breit u. 90 μ lang, Spire braunrot, doppelt. — Nur auf Kalk, an wasserreichen Stellen. Bes. Bg. Zlch. selt. Sehr formenreich. 5. — Harz, Hannover, Sauerland, Niederhessen, Elsaß, Baden, Württemberg, Bayern. — Jungermannia Tayl., J. tristis N. v. E., Haplozia tristis Dum.

Haplozia riparia (Tayl.) Dum. **196.**

×× Pflanzen bis 1 cm lang, in dichten, dunkelgrünen Räschen. Stengel niederliegend, mit zahlreichen, langen Rhizoiden. Blätter plump eiförmig, nach oben größer, hier mehr herzförmig-abgerundet. Blattzellen zartwandig, angulär ± verdickt, am Rande 10—12 μ, in der Mitte 20 μ bis 14 × 25 μ Durchm., Kutikula glatt oder gestrichelt-warzig, Ölkörper sehr klein. Perianth anfänglich eiförmig, später keulenförmig, gegen die Mündung stark zusammengezogen, an der dorsalen Seite mit tiefer Falte, Mündung gekerbt. Außenschicht der Sporogonklappen 14 Zellreihen breit, knotige Verdickungen (2—4) an den Längswänden, an den Querwänden nur vereinzelt. (Siehe Hapl. pum.) Sporogon fast kuglig. Sporen 15—18 μ, Elateren 8 μ Durchm., Spire doppelt. In Felsspalten und auf feuchter Erde. Selten. Einhäusig. 5, 6. — Schweiz, Südtirol.

Haplozia Schiffneri Loitlesb. **197.**

××× Ras. dunkelbraun- o. schwärzlichgr., meist locker, selten dicht. St. kurz, wenig verzweigt, derb, kriechd. o. aufsteigd., m. langen, dichten, bräunl. Rhizoiden. Obbl. locker (Fig. 241, Seite 157), die unteren s. schräg angeheftet, nach beiden Seiten ausgebreitet, längl. elliptisch, in der Mitte am breitesten, die oberen (Fig. 240, Seite 157) — männl. u. weibl. — Hüllbl. viel größer, quer angeheftet, aufr. abstehd., sackartig-hohl. Blzellen s. zartwandig, durchsichtig, angulär nicht o. kaum verdickt, Randzellen etwas kleiner, fast quadrat., in der Mitte 18 × 25, am Rande 12 μ Durchm., Kutikula warzig gestrichelt. Einhäusig. Perianth groß, doppelt so l. w. d. Hüllbl., längl. eifg. o. verlängert keulig, allmählich gegen die krenulierte und gefaltete Mündung verengt, nach Limpricht „gewöhnlich jederseits mit einer tieferen Falte an der Mündung schräg gestutzt u. klein gezahnt, später oft 2lippig". Sp. kurzgestielt, oval, rotbraun, m. scharf zugespitzten Klappen. Zellen der Außenschicht in 16—18 Längsreihen. Sporen gelbbr., meist 17—20 μ Durchm. Elateren nur 6—7 μ Durchm., Spire breit, doppelt. — Auf feuchtem Silikatgestein, aber auch auf Kalk. Hglreg. selt., bes. Bg. Hin u. wieder. Sp. meist reichl. 4. — Schlesien, Harz, Vogtland, Böhmen, Baden, Schweiz, Vorarlberg, Steiermark. — Jungermannia With., J. Zeyheri Hübener, Haplozia rostellata Dum.

Haplozia pumila (With.) Dum. **198.**

××× × Ras. klein, dicht, flach, gelbgr., St. s. kurz — bis 0,5 cm l. —, unters. m. dicht., weißl. o. bräunl. Rhizoiden, niederliegd. bis aufsteigd., an der Spitze gabelig o. büschelig verzweigt. Obbl. zlch. (Fig. 242, Seite 157) dicht, breit eifg., in der unteren Hälfte am breitesten, halbstengelumfassend, dachziegelig einander deckend. Blzellen zartwandig, angulär fast nicht verdickt, hexagonal, am Rande kleiner u. quadrat., am Grunde 20 × 35 bis 20 × 45, in der Mitte 20 × 35, am Rande 12—15 μ Durchm. Kutikula glatt, seltener undeutl. gekörnelt. 2häusig. Weibl. Hüllbl. größer als die Stbl. Perianth endständig, durch Bildung einer Innovation unterhalb desselben scheinbar seitenständig, walzig o. eifg., gegen die Mündung hin gefaltet u. zusammengezogen, an der Mündung selbst kurz 5zähnig; „später bis fast zur Mitte in 5 Lappen geteilt". Sp. auf 0,5 cm l. Stiele, Sporen glatt, 10—15 μ Durchm., kugl. Elateren 8 μ br. u. 100 μ l., Spiren doppelt, s. eng, rotbr. (Beschreibung nach K. M.). — Auf Kalkfelsen u. kalkhaltigem Gestein. Bes. Bg. Perianthien meist vorh. Sp. nicht selten. F. — Baden, Bayern, Schweiz, Tirol, Salzburg, Steiermark. — Jungermannia Schleich., J. pumila Limpr.

Haplozia atrovirens (Schleich.) Dum. **199.**

b Obbl. herzfg., ca. 1,4 mm l. u. 1,4 mm br., fast quer u. breit inseriert, den St. scheiden- o. tütenartig (Fig. 243, Seite 176) umschließd., ganzrandig. Blzellen s. zartwandig, angulär nicht o. nur s. schwach verdickt, polygonal (5, u. 6eckig), am Rande kleiner u. quadrat., am Grunde länger als breit, am Rande 20, in der Mitte 20 × 40, am Grunde 20 × 50 bis 25 × 80 μ Durchm. Kutikula warzig gestrichelt o. punktiert. 2häusig. Perianth lang keulenfg., die Hüllbl. weit überragd., an der zusammengezogenen Mündung gekerbt o. gelappt. Sp. länglichrund, kastanienbr., auf langem, spiralig gewundenem Stiele. Sporen ca. 18—20 μ Durchm. Elateren ca. 8 μ Durchm. und bis 150 μ lang, Spire doppelt, breit, eng. Rasen locker, kräftig, dunkelgrün oder braunrot. St. meist 3—5 cm lang, aufrecht, gegen die Mitte gabelig verästelt, am Grunde mit wenigen wasserhellen Rhizoiden und blattlos. Innovationen — nach Kummer — meist aus dem Grunde oder dem Gipfel, nach K. M. „gewöhnlich ohne Flagellen". — Bes. an Steinen in schnellfließenden Gewässern, bisweilen auch auf Erde. Bg. u.

Hochgeb. Hin und wieder. Perianthien selten. Sp. im Gebiet noch nicht gefunden. — Baden (bes. Feldberggebiet), Schweiz, Vorarlberg, Tirol. — Jungermannia Hook., Solenostoma Steph.

Haplozia cordifolia (Hook.) Dum. **200.**

γ **A.** Perianth fehlt. **A.** Blätter sehr dicht-schuppig, breiter als lang, an der Spitze seicht ausgerandet oder mit niedrigem, spitzem Einschnitt, Ränder und Lappen gebleicht oder ± stark zerstört, Blattzellen derbwandig, angulär schwach verdickt, am Rande 10, in der Mitte 20—25 μ Durchm., Kutikula glatt. Sporogon mit 4 Klappen sich öffnend, diese und jene Klappe teilt sich nochmals, so daß 5—7 Klappen entstehen. Sporen fein warzig, 12×14 μ Durchm., Elateren 6—8 μ breit, Spire locker und doppelt. Gehört zu den marsupiferen Lebermoosen. Stengel kriechend, mit dicken, in den Boden eindringenden Ästen, diese mit sehr zahlreichen Rhizoiden bildet auf festem Gestein dichte Überzüge von graugrüner Farbe. Sehr selten. — Salzburg. — Cesia Lindbg., Notoscyphus Steph.

Prasanthus suecicus (Gottsche) Lindenbg. **201.**

1. Bl. oben mit stumpfer Ausbuchtung[1]).

A. (3) Pflanzen bzw. Ras. weißl.-, licht-, hell- o. gelbgr.

I Unterblätter deutlich.

α St. mit Bl. 2—3 mm breit.

1. Ras. locker, bleichgr. St. 2—5 cm l., schlaff, niederliegend, aufsteigd. bis aufr., schwach verästelt, meist mit subfloralen, d. h. unter dem Perianth entspringenden, an der ventralen Stengelseite hervorsprossenden Trieben, Rhizoiden spärl. Obbl. (Fig. 244, Seite 176) in Gestalt u. Größe verschieden, flach, zart, am Dorsalrande etwas herablaufd., in der Ebene des St. ausgebreitet, im unteren Drittel am breitesten, viereckig-eifg., etwa 2 mm l., gegen die Spitze schief verschmälert, Bucht bis $^1/_5$ o. $^1/_4$, Lappen meist ungleich groß, lanzettl.-pfriemenfg., zugespitzt, gerade, meist divergierend[2]). Unbl. (Fig. 245, Seite 176) abstehd., durch eine tiefe Bucht in 2 pfriemenfg., ungleichgroße Lappen gespalten. Blzellen weit, polygonal, gleichgroß, meist s. durchsichtig, sehr zartwandig, in den Ecken nicht verdickt, in der Mitte 25 × 30 μ, in den Lappen 25 μ Durchm., Kutikula glatt o. fast glatt. 2häus. Weibl. Hüllbl. viel größer als die übrigen Obbl., eifg. o. rechteckig, mit ± tiefer, scharfer o. spitzer Bucht, Lappen 2, scharf zugespitzt, pfriemenfg.,

[1]) Stumpf nennt man die Ausbuchtung, wenn die beiden durch die Innenränder der Lappen gebildeten Linien zu einer abgerundeten Spitze zusammenlaufen.

[2]) L. bid. erzeugt bisweilen an den Blattspitzen Adventivpflänzchen, die der vegetativen Vermehrung dienen.

Ränder ganz o. gezähnt. Perianthien selten entwickelt u. dann in den Hüllbl. eingeschlossen, im entwickelten Zustand 3kantig, längl., Mündung tief 3lappig, jeder Lappen grob o. wimperig gezähnt. Sp. länglichrund, dunkelbr., Wand 3—5schichtig. Sporen dunkelbr., glatt, 15—18 μ Durchm., tetrëdr.-kugl. Elateren 8—10 μ breit, mit 2schenkliger, rotbrauner Spire. — Schattig-feuchte Stellen, Rasenplätze, Gärten, unter Gebüsch, an morschen Baumstümpfen, an Gräben, Hohlwegen, Steinen, Felsen. S. gemein. Eb., Bg. Sp. s. selt. Spätsommer. — Jungermannia L., Lophocolea lateralis Dum., L. latifolia N. v. E., L. Hookeriana N. v. E.

Lophocolea bidentata (L.) Dum. **202.**

2. Pflanzen einzeln o. in lockeren, schwammigen Rasen, gelb- o. braungr., bisweilen rötl., fettglänzend. St. 2—6 cm l., bräunlichgelb, verzweigt, m. kurzen, büscheligen Rhizoiden. Bl. horizontal ausgebreitet, vorwärts gerichtet, rundl.-eifg., oben weit herablaufd., meist m. seichter, halbmondfg. Bucht u. kleinen, stumpfl. o. spitzen Lappen. Blzellen 6eckig, locker, zartwandig, durchscheinend, angulär nicht o. nur schwach 3eckig verdickt, „Zellkörper unregelmäßig eckig bis elliptisch, später gekörnelt u. randständig" (Krypt.-Fl. v. Schles.), Kutikula glatt, Zellen in der Mitte 20×35, an der Spitze 20 μ Durchm. Unbl. halb so lang wie die Obbl., im Bogen anliegd., ganz o. bis zur Hälfte geteilt, lanzettl. o. eifg. 2häus. Weibl. Hüllbl. klein, tief 2—3teilig, dem keulen- o. spindelfg., gelbgr., oben 3—5faltigen, an der Mündung 3—5lappigen Perianth anliegd. Sp. oval, braun, Stiel 1 cm l. Sporen kugl., fein warzig punktiert, 12—15 μ Durchm. Elateren 12 μ breit, m. doppelter, br. Spire. Bzl. des Fruchtsackes vgl. Harp. scutatus. Moorige, sumpfige Plätze, seltener an Felsen. Bg., Hochgeb., selten Eb. Verbr. Sp. s. selt. S. — Ostpreußen, Pommern, Gesenke, Glatzer Geb., Riesen-, Iser- u. Erzgebirge, Böhmer Wald, Thüringen, Bayrischer Wald, Vogesen, Schwarzwald, Bayern, Schweiz, Vorarlberg, Tirol, Salzburg, Ober- und Niederösterreich, Steiermark, Kärnten. — Jungermannia N. v. E., J. vogesiaca Hübener, Lophocolea vogesiaca N. v. E.

Harpanthus Flotowianus N. v. E. **203.**

β St. m. Bl. 1—2 mm br.

1. Ras. flach, überzugartig, s. zart, licht- o. gelbgr. St. bis 1,5 cm l., reich verzweigt, Rhizoiden spärl., bes. an der Basis der Unbl. Bl. (Fig. 249, Seite 176) in der Ebene des St. horizontal ausgebreitet, ± dicht gestellt, ausgebreitet oval-4eckig, etwa in der Mitte am breitesten, Bucht seicht, höchstens bis ⅓, Lappen gleich o. ungleich groß, spitz o. stumpfl., gerade; oft

erscheinen die Blattlappenränder durch sehr starke Entwicklung von einzelligen, bleichgelbl. o. grünen, großen, kugl. Brutkörpern wie ausgefressen. Blzellen polygonal, zartwandig, in den Ecken nicht o. schwach 3eckig verdickt, in der Mitte 25—30, in den Zipfeln 20 μ Durchm. In jeder Zelle bis zu 6 Ölkörper. Unbl. klein, abstehd., fast bis zum Grunde in 2 pfriemenfg., ganzrandige o. seltener an den Außenrändern m. einem Zahne versehene Lappen gespalten. 2häus. Weibl. Hüllbl. größer als die übr. Obbl., längl. 4eckig, stumpf 2lappig. Perianth schmal u. lang, die Hüllbl. überragd., oben 3kantig, Mündung 3lappig, Lappen gezähnt, oft wie die Hüllbl. oben mit Brutkörpern. Sporen glatt, 10 μ Durchm., Elateren 8—10 μ breit, Spire doppelt. — An Wegerändern, Hohlwegen, Böschungen, Gräben, seltener an modernden Baumstümpfen. Eb., untere Bg. Zlch. selten. Sp. s. selten.

Lophocolea minor N. v. E. **204.**

2. (Fig. 246, Seite 176) Ras. gelbgr. St. 0,5—2 cm l., m. d. Bl. 1 mm br., meist reich verästelt, dicht mit Rhizoiden besetzt, m. klein- u. entfernt beblätterten, peitschenfg. Sprossen. Bl. (Fig. 247, Seite 176) rundl.-eifg., etwas hohl, gegeneinander geneigt, Bucht bis ⅓, breit u. stumpf (selt. scharf), Lappen kurz, breit, spitz, oft etwas gegeneinander geneigt. Blzellen gleichgroß, rundl., durchsichtig, in den Ecken stark 3eckig verdickt, in der Mitte 30—35, in den Zipfeln 20—25 μ Durchm., in jeder Zelle 4—8 Ölkörper, Kutikula glatt o. s. fein gekörnelt. Unbl. verhältnismäßig s. groß (Fig. 248, Seite 176), so l. w. d. Obbl., etwas abstehd., mit sichelfg. eingebogenen Spitzen, breit lanzettl.-pfriemenfg., Ränder ganz o. an der Basis beiderseits mit je einem Zahn. Ast der weibl. Infloreszenz s. kurz, knospenfg., weibl. Hüllbl. in 2 Paaren, etwa d. Obbl. an Größe u. Gestalt ähnl. Perianth eifg., das oberste Hüllbl. nur wenig überragd., oben m. 3stumpfen Kanten, Mündung gekerbt o. gezähnt. 2häus. Sp. oval, rotbr. Nach der Befruchtung der Eizelle des Archegoniums dringt der aus dieser sich entwickelnde Embryo schon früh mit seinem unteren Ende, dem Fuße, tief in das Gewebe des kurzen Ästchens ein, das an seiner Unterseite dadurch eine Vorwölbung erhält. Das Perianth erscheint dadurch in seinem unteren Teile fleischig. Auch die Kalyptra verwächst zu ⅔ m. dem fleischigen Abschnitt des Perianths (Marsupium). Sporen glatt, 9—10 μ Durchm., Elateren doppeltspirig, 8 μ Durchm. — An schattigen Felsen, auf moderndem Holze, seltener auf d. Erde. Hgl., Bg. Zlch. verbr. Sp. selt. S. — Schlesien, Iser- u. Elbsandsteingeb., Sachsen, Fichtelgebirge, Böhmen, Böhmer Wald, Harz, Deister, Süntel, um Göttingen, Rheinprovinz, Niederhessen, Elsaß-Lothringen, Baden, Württemberg, Bayern, Schweiz, Tirol,

Salzburg, Niederösterreich, Steiermark. — Jungermannia Web. et Mohr, J. stipulacea Hook., Lophozia Dum.

Harpanthus scutatus (W. et M.) Spruce. **205.**

II Unterblätter fehlend oder so gut wie fehlend.

α Perianthmündung gekerbt oder kerbig gezähnt.

1. Blattzellen 40 × 50, bzw. 40—50 μ Durchm.

a Blätter im Umfang rechteckig oder trapezisch, 1½ bis 2mal so lang wie breit, unten kleiner und entfernt gestellt, oben größer und dichter, im allgemeinen locker, sehr zart, bleichgrün, Buchten ± tief, Lappen ungleich groß, stumpf, breit, meist 2, auch 3 und 4, wellig verbogen. Blattzellen sehr groß, unregelmäßig polygonal, sehr zartwandig, angulär nicht verdickt, in der Mitte 40 × 50, in den Zipfeln 35 μ Durchm., Ölkörper zahlreich, klein, kuglig, glänzend, Kutikula glatt. Pflanzen einzeln oder herdenweise, sehr zart. Stengel 2—5 cm lang, hin- und hergebogen, einfach oder verästelt, an der Spitze oft mit peitschenförmigen Sprossen, ganz oder nur an der Unterseite bisweilen braunrot oder violett-purpurn, mit den in ihrem oberen Teil purpurnen Rhizoiden an Sumpfmoosen, bes. Sphagnum, sich anheftend. Weibliche Hüllblätter den oberen Blättern ähnlich, mit drei lanzettlichen Lappen. Perianth etwa 3 mm lang, keulenförmig, die Hüllblätter weit überragend, ebenfalls bleichgrün, an der Mündung kleinfaltig, gestutzt und gekerbt-gezähnt. Sporogon klein, oval, rotbraun, Wand 3—4schichtig. Sporen rotbraun, warzig, 13—18 μ Durchmesser, Elateren 8 μ Durchm., Spire zweischenklig. Vermehrung außerdem durch einzellige, kuglige oder eiförmige, bleichgrüne Brutkörper, diese in grünen Häufchen an den Lappenspitzen oberer Blätter. Zweihäusig. — In Mooren zwischen Moosen, besonders Sphagnum. Ebene. Ziemlich selten. 10. — Pommern, Brandenburg, um Hamburg, Tirol. — Jungermannia N. v. E., J. socia γ obtusa N. v. E.

Lophozia marchica (N. v. E.) Steph. **206.**

b Blätter flach ausgebreitet fast kreisrund oder rundlich-viereckig, in der Mitte meist 12—18 Zellen breit, bis ½ mit enger, abgerundeter Bucht und zwei dreieckigen, stumpfen Lappen, Blattzellen in der Mitte 30—45 μ Durchm. Stengel im Querschnitt bikonvex, mit 12—16 größeren, peripherischen Zellen, reich verzweigt, mit zahlreichen fleischigen, blattlosen oder spärlich beblätterten Ausläufern. Weibliche Hüllblätter größer als die übrigen Blätter, bis ½ durch eine stumpfliche Bucht in zwei Lappen geteilt oder tief 3—4teilig, Lappen lanzettlich, meist ganzrandig. Perianth die Hüllblätter weit überragend, lang-zylindrisch, oben dreikantig, an der Mündung zusammengezogen und kerbig gezähnt. Sporogon walzenförmig, schwarzbraun. Sporen feinwarzig, 14 μ Durchm., Elateren 14 μ Durchm., doppelt- und breitspirig. Perianthien fast immer vorhanden, Sporog. dagegen selten. Einhäusig. Auf mooriger Erde, an feuchten Felsen, modernden Baumstümpfen. Ebene selten, bes. Bg. und unteres Hochgeb. Ziemlich selten. F.—S. — Westpreußen, Brandenburg, Böhmen, Baden, Bayern, Schweiz, Vorarlberg, Tirol, Salzburg. — Jungermannia Austin, Cephalozia alpicola Massalongo, C. crassiflora Spruce.

Cephalozia pleniceps (Austin) Lindbg. **207.**

2. Blattzellen 25—35 μ Durchmesser, zartwandig, Stengel auf dem Querschnitt mit einem peripherischen Ring von 10—12 sehr großen Zellen, von denen die an der Oberseite des Stengels gelegenen die übrigen an Größe etwas übertreffen. Blätter in der Mitte 7—14 Zellen breit, mit zwei zusammengeneigten spitzen Lappen, Blattzellen meist 25—30 μ Durchm., zartwandig. Weibliche Hüllblätter bis ½ in zwei lanzettliche, am Außenrand beiderseits mit einem großen, stumpfen Zahn versehene Lappen geteilt oder drei- bis vierteilig. Perianth fast spindelförmig, die Hüllblätter weit überragend. Sporen rotbraun, 8—12 μ Durchm., Elateren 8—9 μ Durchm., gestreckt, Spire locker, doppelt, rotbraun. Vegetative Vermehrung durch einzellige, kuglige oder polygonale, bisweilen sternförmige Brutzellen, die, zu gelben Häufchen vereinigt, an den endständigen Blättern zarter Sprosse sich entwickeln. — Auf moderndem Holze von Nadelbäumen, in Mooren, an Felsen, seltener auf Erde. Ebene, bes. Bg., selten niederes Hochgeb. Ziemlich verbreitet. Perianthien meist vorhanden. S. Zweihäusig.

Cephalozia media Lindbg. **208.**

β Perianthmündung gewimpert oder tief zerschlitzt.

1. (3) Blätter in der Mitte 5—7 Zellen breit. Perianthmündung tief zerschlitzt, mit 12—14 lanzettlichen Lappen. Blattbucht rechtwinklig, aber unten stumpf, Lappen lanzettlich und zugespitzt, Blattzellen sehr groß, bis 45 × 50 Durchm. Weibliche Hüllblätter zweiteilig, Lappen lanzettlich und ganzrandig. Perianth weit aus den Hüllblättern hervorragend, dreikantig, zylindrisch. Auf morschem Holze. Mit Cephalozia reclusa, connivens und bicuspidata zu vergleichen. Sehr selten. — Baden, Schweiz, Böhmer Wald, Pommern. — Jungermannia Jack.

Cephalozia lacinulata (Jack.) Spruce. **209.**

2. Blätter in der Mitte 7—10 Zellen breit (Fig. 250, Seite 176). Bildet lockere o. dichte, gelbgr., dünne, überzugartige Rasen, seltener vereinzelt zwischen anderen Moosen, bes. Polstern von

Leucobryum vulg. u. Sphagnum. St. schlaff, kriechd. o. aufsteigd., s. zart, hellgr., reich verästelt, bis 5 cm l., auf dem Querschnitt mit 8—10 (Fig. 251, Seite 176) s. großen, zartwandigen Randzellen, Innenzellen dagegen klein u. derbwandig. Bei durchfallendem Lichte zeigt der Stengel eine dunklere Achse, die beiderseits von einem helleren Streifen, von jenen großen Zellen herrührd., eingefaßt wird. Sehr charakteristisch für diese Art! Rhizoiden kurz. Bl. (Fig. 252, Seite 176) locker, an der Dorsalseite am St. herablaufd., dadurch schief kreisrund, Bucht bis $\frac{1}{3}$, selten bis $\frac{1}{2}$, elliptisch, Lappen gegeneinandergeneigt, oft sich m. d. Spitzen berührd., spitz o. stumpfl. Blzellen groß, locker, durchsichtig bis wasserhell, unregelmäßig u. rundl. 5—6eckig, 45—50 μ u. größer, in den Ecken nicht o. kaum verdickt, Ölkörper fehlen. Kutikula s. fein warzig punktiert. Unbl. fehlen. Einhäus. Weibl. Hüllbl. zu mehreren Paaren, durch tiefe Einschnitte handfg. zerschlitzt, Lappen 3—5, lanzettl., ganzrandig. Perianth lang zylindrisch, aufgeblasen, zur Hälfte über die Hüllbl. emporgehoben, stumpf 3kantig, an der Mündung mit 3 langwimperhaarigen Lappen, Wimperhaare einzellreihig. Sporen fein warzig, 12—13 μ Durchm., Elateren ebenso breit. Spire doppelt. — Auf moorigem Boden, bes. in Hochmooren, schattenliebend, an altem Holze, auch an Felsen. Eb. bis Hochgeb. Ziemlich verbreitet. F. — Ost- und Westpreußen, Pommern, Brandenburg, Anhalt, Böhmen, Baden, Bayern, Schweiz, Vorarlberg, Tirol, Salzburg, Steiermark. — Jungermannia Dicks., Blepharostoma Dum., Trigonanthus Hartm.

Cephalozia connivens (Dicks.) Spruce **210.**

3. Blätter in der Mitte 10—12 Zellen breit.

a Weibliche Hüllblätter 2teilig, am Außenrand der beiden Lappen ± zahlreiche, stumpfe oder scharfe Zähne. Perianth weit aus den Hüllblättern hervorragend, oben dreikantig, Mündung mit langen Wimpern. Die männlichen Gametangienstände bilden sehr dicht beblätterte, nur 1—2 mm lange Ästchen von weißlichgrüner Farbe, „die gewöhnlich in normal beblätterte Triebe auslaufen". Männl. Hüllblätter an den Rändern stark und unregelmäßig dornig gezähnt. Auf dem Stengelquerschnitt fehlen die großen peripherischen Zellen, hierdurch, sowie durch kleineres Zellnetz und Einhäusigkeit von C. connivens verschieden. Bei C. media sind die Blattlappen gegeneinander geneigt, bei C. macrost. stehen sie gerade ab und sind auch länger zugespitzt. Die 2—4 Lappen der weibl. Hüllblätter von C. Loitlesb. sind langgestreckt-pfriemenförmig und ganzrandig, die von C. macrost. dagegen nur zugespitzt und am Rande stumpf oder scharf gezähnt. — Wohl nur in Mooren (zwischen Sphagnum). Rasen locker, gelbgrün. Zweihäusig. Selten. — Ostpreußen, Pommern, um Hamburg, Bayern, Baden, Württemberg.

Cephalozia macrostachya Kaalaas. **211.**

b Weibliche Hüllblätter in 2—4 ganzrandige, ungleichgroße, lange, pfriemenförmige Lappen geteilt. Stengel auf dem Querschnitt mit 10 großen, zartwandigen peripherischen Zellen und 14—16 derbwandigen, viel kleineren Innenzellen. Blattzellen derbwandig, 30—35 μ Durchm. Perianth verhältnismäßig sehr groß, oben faltig, bis weit hinab dreikantig. Sporen 12 μ, Elateren 10—12 μ Durchm. Einhäusig. — Auf Moorboden, oft in Gesellschaft anderer C-Arten. Selten. — Pommern, Baden, Bayern, Schweiz, Oberösterreich, Steiermark.

Cephalozia Loitlesbergeri Schiffn. **212.**

B. Pflanzen bzw. Rasen rein-, dunkelbraun- oder olivengrün, braun, schwarz- oder rotbraun bis fast schwarz, bei Ceph. fluitans bisweilen rötlich-violett.

I Pflanzen sehr klein, zart, meist nur wenige mm hoch.

α Blattzellen 10—25 μ Durchm.

1. **A.** Weibliche Hüllblätter den übrigen durchaus ähnlich, nur größer. Die winzigen, bis 3 mm hohen Pflänzchen in dichten, schwarzbraunen Überzügen. Stengel niederliegend, aufsteigend, mit zahlreichen, weißlichen Ästen, Rhizoiden lang, sehr zahlreich. Blätter breit-eiförmig, Bucht halbmondförmig, bis $^1/_5$, Lappen stumpf. Unterblätter in der Regel nur an den Enden des Stengels, klein, lanzettlich. Blattzellen zartwandig, angulär kaum verdickt, in der Mitte 14 × 18, in den Spitzen 12 μ Durchm., Ölkörper fehlen. Weibliche Hüllblätter den übrigen Oberblättern ähnlich. Perianth mit den Hüllblättern halb verwachsen, Mündung gekerbt. Sporen glatt, 10 μ Durchmesser, Elateren lockerspirig. — Auf der Erde an wasserdurchdrängten Stellen. Selten. 8. Zweihäusig. — Schweiz, Tirol, Salzburg, Steiermark, Kärnten. — Nardia Lindbg.

Alicularia Breidleri Limpr. **213.**

2. Weibliche Hüllblätter in 2 bis 3 scharf zugespitzte Lappen geteilt.

a Blätter in der Mitte 6—8 Zellen breit.

Cephalozia leucantha 172.

b Blätter in der Mitte 10—15 Zellen breit, im Umriß quadratisch oder breit-eiförmig, Bucht halbmondförmig, Lappen ± zugespitzt. Blattzellen quadratisch, fünf- und sechseckig, meist 15—18 μ Durchm., Membranen überall gleichdick. Weibliche Hüllblätter größer als die übrigen Blätter, meist in 2—3, am Rande dornig-gezähnte, spitze Lappen geteilt.

Perianth die Hüllblätter weit überragend, dreikantig, walzenförmig, Mündung lang und fransig gezähnt. Sporen 7 μ Durchmesser, braun, Elateren breit- und doppeltspirig, 7—9 μ breit. Vegetative Vermehrung durch einzellige Brutkörper, diese an der Spitze der oberen Blätter zarter Sprosse. Zweihäusig. — Bildet auf morschem Holze zarte, grüne Überzüge. Ebene selten, Bg. verbreitet. Mit C. media, leucantha und catenulata zu vergleichen. 6. — Riesen- und Isergebirge, sächsisch-böhmisches Sandsteingebirge. Vogtland, Böhmer Wald, Schwarzwald, Oberbayern, Vogesen, Schweiz, Vorarlberg, Niederösterreich, Steiermark. — Jungermannia Tayl., catenulata vieler Aut., Cephalozia catenulata Spruce.

Cephalozia reclusa (Tayl.) Dum. **214.**

β Blattzellen viel größer.

1. Weibliche Hüllblätter ganzrandig (bei C. bicuspidata seltener gezähnt).

a Zellen der Blattmitte 40 × 50 μ Durchmesser.

Cephalozia bicuspidata 171.

b Zellen der Blattmitte 25—35 μ Durchm. Blätter in der Mitte 10—12 Zellen breit, sehr stark ausgehöhlt, quadratisch bis breit-eiförmig. Weibliche Hüllblätter viel größer als die übrigen Blätter, Bucht bis ⅓, die beiden Lappen ganzrandig, scharf zugespitzt oder stumpf. Perianth dreikantig, an der Mündung mit 4—6 feingekerbten, kurzen Lappen. Pflänzchen winzig, zu braunschwarzen oder fast schwarzen Räschen vereinigt. — Auf der Erde und an Steinen im Hochgebirge. Mit C. bicuspidata nahe verwandt. Selten. — C. bicuspidata var. atra Arn. — Baden, Schweiz, Tirol.

Cephalozia ambigua Massalongo **215.**

2. Weibliche Hüllblätter am Rande dornig oder stumpf gezähnt, lappig-zerschlitzt oder stumpf-lappig.

a Blattzellen in der Mitte 35 × 45, auch 45 × 60 μ Durchm.

× Perianthmündung zerschlitzt. Stengelquerschnitt ähnlich wie bei Loitlesbergeri, pleniceps, Randzellen 12. Blattlappen meist gegeneinander geneigt, stumpf. Weibliche Hüllblätter bis unter die Mitte zweiteilig, Lappen lanzettlich, am Rande mit einer Anzahl grober Zähne. Perianth birnförmig oder zylindrisch, oben stumpf-3kantig. Sporen fein warzig, 8 μ Durchm., Elateren gerade, 10 μ breit. C. compacta steht wohl C. Loitlesbergeri am nächsten, nahe Verwandtschaft zeigt sie auch mit C. pleniceps und connivens. Bildet dichte, bräunliche Rasen auf Moorboden. Selten. — Pommern, Brandenburg, Baden, Bayern, Oberösterreich.

Cephalozia compacta Warnst. **216.**

× × Perianthmündung ganzrandig. Blzellen angulär nicht verdickt, zartwandig u. groß (30—50 μ Durchm.), St. je nach dem Standort an Länge verschieden, bes. lang bei der schwimmenden Form — bis 20 cm —, sonst nur meist wenige cm, stark verzweigt u. m. weißl., kleinbeblätterten o. blattlosen Ausläufern; m. spärl. Rhizoiden. Bl. s. locker, im ausgebreiteten Zustand deutl. elliptisch, Bucht bis $\frac{1}{3}$, zlch. eng, Lappen ungleich groß, stumpf. Unbl. klein, lanzettl., ganz o. an der Spitze m. 2 Lappen. 2häus. Weibl. Hüllbl. in 3 Paaren, Bucht bis etwa $\frac{1}{2}$, Lappen zurückgebogen, stumpf, schmal elliptisch. Perianthien, die selten vorkommen, walzenfg., über die Hüllbl. weit emporgehoben, oben 3kantig, Mündung gewellt o. gekerbt. Sp. schwarzbr., auf s. langem, (ca. 2 cm) hohem Stiele. Nach K. M. sollen die wenigen, zartwandigen Innenzellen (7) schon frühzeitig resorbiert werden, wodurch der Stiel hohl wird, im Gegensatz zu allen übrigen Cephalozien, bei denen die zentralen Zellen erhalten bleiben. Sporen rotbr., feinwarzig, 17—25 μ Durchm., mehr als doppelt so br. w. d. Elateren. Diese Art hat große Ähnlichkeit mit Gymnocolea inflata, mit der sie leicht verwechselt wird. — In der Eb. u. im Gebirge an torfigen Stellen, in Mooren u. Moorlöchern, oft schwimmend. Eb. anscheinend selten, häufiger im Geb. 6, 7. — Westpreußen, um Hamburg, Hannover, Harz, Riesen-, Iser- und Erzgebirge, Schwarzwald, Schweiz, Vorarlberg, Oberösterreich, Steiermark. — Jungermannia N. v. E., inflata forma fluitans N. v. E.

Cephalozia fluitans (N. v. E.) Spruce **217.**

b Blattzellen 20—25 μ Durchm.

Cephalozia Francisci 174.

II Pflanzen kräftig.

α Blattlappen meist spitz oder scharf zugespitzt. Rasen flach, dicht, oft ausgebreitet, grün, olivengrün, bräunlich oder rötlichgelb. Stengel 1—5 cm lang, niederliegend oder aufsteigend, unterseits rot oder dunkelbraun, mit dichten, langen, weißlichen, oft rötlichen Rhizoiden, wenig verzweigt. Oberblätter straff, rundlich-quadratisch, meist mit sehr niedriger, seichter, halbmondförmiger Bucht und sehr kurzen, meist spitzen, gegeneinander geneigten Lappen, untere Blätter mehr flach und seitlich abstehend, die oberen etwas hohl und aufgerichtet. Unterblätter nur in den Gametangienständen, lanzettlich-pfriemenförmig. Blattzellen rundlich, klein, derb- und braunwandig, angulär deutlich verdickt, in der Mitte 20 × 25, in den Lappen 18—20 μ Durchm., Ölkörper zahlreich, Kutikula meist rauh, selten glatt. Weibliche Hüllblätter größer als die Oberblätter, 2—3lappig. Perianth länglich walzenförmig, fast glatt, oben faltig und meist vierlappig. Sporogon länglich-rund, rot- oder violett-braun. Sporen dicht warzig, rotbraun, 8 μ Durchm., Elateren etwa ebenso breit, ca. 100 μ lang. Vegetative Vermehrung durch ein- oder zweizellige, vielgestaltige, oft sternförmige, gelbliche Brutkörper, diese in rost- oder mennigroten Häufchen an den Spitzen der oberen Blätter. — Auf kiesigem Boden, an Felsen, Abhängen, Hohlwegen, Grabenrändern. Ebene selten, bes. Bg. Verbreitet. Sporog. u. Perianthien selten. — Jungermannia Schleich., Göppertiana Hübener.

Lophozia alpestris (Schleich.) Evans **218.**

β Blattlappen stumpf.

1. Blattzellen in den Ecken sehr deutlich 3eckig und knotig verdickt, rundlich, in der Mitte 30, in den Zipfeln 25 μ Durchm., Kutikula warzig, wenn auch undeutlich. Sehr charakteristisch für diese Art sind die an der Spitze des Stengels stehenden, aufrechten, schmalen dreireihig beblätterten Sprosse, deren Blätter langgestreckt, an der Spitze unregelmäßig geteilt und durch Bildung von meist zweizelligen, ellipsoidischen Brutkörpern wie ausgefressen gezähnelt. Die übrigen Blätter eiförmig, Bucht spitzwinklig, unten abgerundet, bis ¼, Lappen stumpflich oder abgerundet, gleichgerichtet. Unbl. vorh., entweder einfach u. an jedem Rande unten m. einem längl. Zahne o. 2spaltig. St. kriechd., am Ende aufsteigd., an der Unterseite m. s. zahlr., langen, hellbr. Rhizoiden. Ras. braungr. — Liebt kalkhaltiges Substrat. Auf Felsen u. der Erde. Bg. Hochgeb., selten Eb. Zerstr. — Gesenke, Riesengebirge, Harz, Sauerland, Baden, Oberbayern, Schweiz, Salzburg, Steiermark. — Jungermannia Thed., J. Mülleri var. heteroc. N. v. E.

Lophozia heterocolpos (Thed.) Howe **219.**

2. Blattzellen in den Ecken schwach verdickt, zartwandig, in der Mitte 25 × 30, in den Zipfeln 20—25 μ im Durchm. Der Loph. ventric. nächstverwandt u. mit ihr zu vergleichen. An den Spitzen der obersten Stbl. fast immer ziegelrote o. rotbraune Häufchen — bei Loph. ventric. gelbgr. — ein- o. 2zelliger, vielgestaltiger Brutkörper. Die Bl. im allgem. mit denen v. Loph. ventricosa übereinstimmd., aber Lappen länger, oft hornartig, schmal 3eckig, gleichgerichtet und an der Spitze stumpf o. abgerundet. Weibl. Hüllbl. m. 2—3, ungleich großen breit 3eckigen, an den Rändern meist gezähnten Lappen. 2häus. Das Perianth ist deutl. keulenfg. (oben am breitesten), oben 5—7faltig u. plötzlich zusammengezoegn, Mündung 5—7lappig, jeder Lappen m. einzellreihigen Wimpern. St. weniger dicht beblättert als bei Loph. ventric., auch meist einfach u. Rhizoiden spärl. Ras. dunkelgr. o. br., 2—4 cm h. — Auf Felsen u. morschem Holze. Bg., Hochgeb. Zerstr. —

Iser-, Lausitzer- u. Erzgebirge, Fichtelgebirge, Böhmen, Harz, Thüringer Wald, Niederhessen, Baden, Schweiz, Tirol, Salzburg, Steiermark, Kärnten. — Jungermannia Lindbg., J. porphyroleuca γ attenuata N. v. E.

Lophozia longidens (Lindbg.) Macoun. **220.**

C. Pflanzen bzw. Rasen purpurrot o. rötlichviolett.

I. (3) Bucht der breit eifg. o. kreisrunden, zlch. dichtstehenden Bl. meist halbmondfg., Lappen breit 3eckig, meist spitz. Unbl. meist nur in den Infloreszenzen.

Lophozia alpestris 218.

II. Bucht der rundl.-eifg. Bl. seicht u. halbmondfg. Unbl. s. deutl., groß, halb so lang w. d. Obbl. Pflanzen fettglänzd.

Harpanthus Flotowianus 203.

III. Bucht der längl. elliptischen und s. entfernt gestellten Bl. bis ⅓, zlch. eng. Lappen längl. ellipt., stumpf. Unbl. s. klein.

Cephalozia fluitans 217.

3. Stengel mit Blättern, deren Bucht scharf oder stumpf ist.

A. Blattlappen scharf u. lang zugespitzt, lanzettl.-pfriemenfg., gleichgerichtet, etwas zusammengeneigt o. gespreizt. Ras. gr. o. gelbgr,. dicht. St. reich verzweigt, 1—2 cm l., Rhizoiden spärl. Obbl. zlch. dicht, ausgebreitet rechteckig, nach der Spitze gleichmäßig verschmälert, Bucht bis ¼, seicht und halbmondfg. o. rechtwinkl. und scharf. Blzellen groß, licht, zartwandig. in der Mitte 30 × 25, in den Zipfeln 25—34 μ Durchm. Unbl. weit abstehd., groß, in Gestalt u. Größe sehr wechselnd, oft tief 2teilig u. beiderseits m. einem Zahne. Einhäus. Weibl. Hüllbl. bis zu ⅔ dem Perianth anliegend, eifg. längl., größer, aber schmäler als die übr. Obbl., Einschnitt bis ⅓, s. scharf u. eng, Lappen 2, lanzettl., lang gewimpert. Perianth länger als die Hüllbl., längs scharf 3kantig, Kanten geflügelt u. ab u. zu gezähnt, an der Mündung dreilappig, Lappen wimperig o. ausgeschweift gezähnt. Sp., Sporen (15—16 μ Durchm.) u. Elateren denen von Loph. bid. ähnl., 8 μ breit. — An nassen Felsen und feuchten Waldstellen. Eb. selten, verbr. unt. Bg. Zerstr. Fast stets reichl. m. Perianthien. 4. — Riesengebirge, Brandenburg, Harz, Sachsen, Thüringen, Böhmen, Böhmer Wald, Niederhessen, Hessen-D., Vogesen, Schwarzwald, Bayern, Schweiz, Steiermark. — L. bidentata β cuspidata N. v. E.

Lophocolea cuspidata (N. v. E.) Limpr. **221.**

B. Blattlappen im Umriß von anderer Gestalt, bei den meisten Arten 3eckig o. breit 3eckig, bei Gymnoc. infl. eifg.

I (Fig. 253, 254, Seite 176) Blattlappen im Umriß deutl. eifg., an der Spitze abgerundet, gegeneinander geneigt. Ras. dicht o. locker, flach, weich, oft schwammig, fettglänzd., gr. o. braungr., seltener bräunl., rotbr. o. fast schwarz. St. 1—2 cm l., auch länger, niederliegd. o. aufsteigd., schlaff, fädig, oben meist m. zahlr., kleinblättr. Sprossen, Rhizoiden spärl. Bl. meist locker gestellt, schräg, die oberen mehr quer inseriert, gewölbt o. flach, halbstengelumfassd., oberhalb der Mitte am breitesten, Bucht $\frac{1}{3}$ bis $\frac{1}{2}$, eng u. stumpf. Blzellen groß, zartwandig, in der Mitte 20×25 bis 25×30, in den Zipfeln 20 μ Durchm., in den Ecken $\pm$ 3eckig verdickt, jede Zelle mit 2—5 ovalen, 5—10 μ großen Ölkörpern, Kutikula glatt, nur am Grunde gebräunter Bl. warzig punktiert. 2häus. Weibl. Hüllbl. 2, kleiner als die Obbl., Perianthium weit emporgehoben, gedunsen ei-, keulen- o. birnfg., glatt (ohne Falten!), an der Mündung m. 4—5 zusammenneigenden lappigen Zähnen. Sp. längl.-eifg., rotbr., 12—15 μ Durchm., Sporen fein punktiert. Elateren verbogen, 6—7 μ breit, mit 2schenkl., rotbr. Spire. — Auf Moorboden, in Sümpfen, Moorgräben. Eb. bis Hochgeb. Zlch. hfg. Perianthien hfg., Sp. s. selten. 4, 5. Veget. Vermehrg. durch abfallende Perianthien. Formenreich. — Jungermannia Huds., J. cordata Swartz, J. varia Mart., Lophozia Howe.

Gymnocolea inflata (Huds.) Dum. **222.**

II Blattlappen im Umriß von anderer Gestalt, meist 3eckig. (Bei Lophoc. heterophylla kommen nur die unteren Stbl. in Betracht, die oberen sind seicht ausgerandet.)

α (3) Rasen gelb- o. braungrün.

1. (Fig. 255, Seite 176) Bl. 2 gestaltig, die unteren mit scharfer, rechtwinkl. Bucht, Lappen 3eckig u. spitz, die oberen seicht ausgerandet, Lappen abgerundet, alle im Umriß eirund-rechteckig o. eirund-quadrat. Blzellen groß, zartwandig, in der Mitte 20×30, in den Zipfeln 20 μ Durchm., angulär schwach 3eckig verdickt, Ölkörper vorhanden. Weibl. Hüllbl. größer als die übr. Bl., längl. 4eckig o. zungenfg., oben verbogen, an der stumpfen Spitze m. 3—5 kurzen, stumpfen Lappen. Perianth aufsteigd., die Hüllbl. überragd., oben oder auch der ganzen Länge nach scharf dreikantig, an der Mündung mit 3 quergestutzten, rings grobgezähnten Lappen. Sp. auf bis 2 cm l. Stiele, Wand 4—6schicht. Sporen glatt, 8—10 μ Durchm. Elateren so br. w. d. Sporen, Spire 2schenklig, rotbr. — Auf morschem Holze, bes. von Nadelhölzern, auch auf Erde übergehend, selt. an Felsen. Eb. — Bg. zlch. verbr., Hochgeb. seltener. Perianthien stets reichl. 5—7. — Jungermannia Schrad.

Lophocolea heterophylla (Schrad.) Dum. **223.**

2. Untere u. obere Bl. im allgemeinen übereinstimmend.

a Unbl. vorhanden, bei Lophozia Mülleri im Rhizoidenfilz verborgen u. klein, bei Lophozia obtusa in der Regel nur an älteren Stengeln.

× (3) Ras. locker, ausgedehnt, gelb- o. braungr. St. 1—4 cm l., einfach o. wenig verzweigt, niederliegd. o. aufsteigd., m. langen, dichten Rhizoiden. Bl., bes. die unteren, in der Eb. des St., also wagerecht ausgebreitet, ausgebreitet im Umriß eifg. o. kreisrundl., Bucht bis $\frac{1}{4}$, halbmondfg., recht- o. stumpfwinklig, Lappen meist ungleich groß, der vordere in der Regel kleiner, spitz. Blzellen angulär 3eckig verdickt, in der Mitte 25 × 30 bis 30 × 40, in den Zipfeln 25 μ Durchmesser, Kutikula warzig punktiert o. gestrichelt. Unbl. stets deutl., aber klein lanzettl.-pfrieml., tief 2teilig o. vielteilig (geweihartig). 2häus. Weibl. Hüllbl. fast quer inseriert, größer als die übr. Bl., ausgebreitet ei- o. herzfg., m. niedrigem (bis $^1/_5$), aber scharfem, annähernd rechtwinklig. Einschnitt, Lappen spitz, ganzrandig o. gezähnt. Perianthien fast zylindrisch, groß, glatt, an d. Mündung plötzlich zusammengezogen, Lappen der Mündung durch hyaline Zellen gewimpert. Sporen 10—12, Elateren 8—10 μ Durchm. — An feuchten, schattigen Felsen, bes. auf Kalk, seltener auf der Erde. Eb. selten, häufiger Bg. u. Hochgeb. Zlch. verbr. 4—6. — Jungermannia N. v. E., J. Libertae Hübener, J. collaris N. v. E., J. acuta Lindenbg., Lophozia acuta Dum.

Lophozia Mülleri (N. v. E.) Dum. **224.**

× × Stattliche Art. Ras. locker o. schwammig, schlaff, groß, braungr. St. kräftig, mit den Bl. 3—4 mm breit, bis 1 dm l., einfach o. wenig verzweigt, an der Unterseite braun, kurz u. dicht m. weißl. o. bräunl. Rhizoiden besetzt. Bl. s. groß, schlaff, halbstengelumfassd., die unteren horizontal ausgebreitet, die oberen einseitig aufgerichtet, breiter als lang, im Umriß breitrundl.-4eckig, Bucht bis $\frac{1}{4}$, verschieden gestaltet, halbmondfg., recht- o. stumpfwinklig, Lappen breit 3eckig, spitz o. stumpf. Durch die nach unten umgebogenen, etwas welligen Blattränder (bes. der vordere ist stark umgebogen) ist das Bl. an seiner Oberfläche gewölbt. Blzellen s. groß, in der Mitte 30 × 35, am Rande 30 μ Durchm., angulär stark u. deutl. 3eckig o. knotig verdickt, Kutikula s. deutl. warzig gestrichelt. Unbl. ebenfalls s. groß, fast bis zum Grunde 2—3lappig, Lappen lanzettl., am Rande reich zerschlitzt. Einhäus. Weibl. Hüllbl. dem Perianth angedrückt u. den übr. Bl. ähnl., aber mit noch stärker umgebogenem, vorderen Rande u. Ränder unten fein gezähnt. Perianth zyl. o. keulenfg., glatt o. m. 1 o. 2 Falten, an der Mündung plötzl. zusammengezogen, „etwas geschnäbelt, fein gelappt, mit kurzen Cilien besetzt" (K. M.). Mit Lophozia Hornschuchiana zu vergleichen. Sporen 13—20, Elateren 10 μ Durchm. — In Moorsümpfen der Ebene. Zerstr. H. — Ostpreußen, Pommern, Brandenburg, Mecklenburg. — Jungermannia N. v. E., J. lophocoleoides Lindbg., Lophozia Rutheana Steph.

Lophozia Schultzi (N. v. E.) Schiffn. **225.**

××× Meist vereinzelt zw. Moosen o. seltener in lockeren, gelbgr. Ras. St. 3—6 cm l., niederliegd. bis aufr., einfach o. schwach verästelt, an d. Unterseite rotbraun u. m. kurzen Rhizoiden. Bl. (Fig. 256, Seite 176) wagerecht ausgebreitet, abgerundet-quadrat., zart, schlaff, Bucht bis etwa ⅓, meist abgerundet, Lappen 2, ab u. zu 3, eifg. u. an der Spitze gerundet. Blzellen groß, in der Mitte polygonal, an den Rändern quadrat. u. etwas kleiner, dünnwandig, angulär nicht o. nur s. schwach 3eckig verdickt, in der Mitte 30—35, am Rande 25—30 μ Durchm. Kutikula warzig punktiert o. gestrichelt. Unbl. klein, tief geteilt, Lappen lanzettl. u. am Rande oft gewimpert. Weibl. Hüllbl. (Fig. 257, Seite 176) dch. Einschnitte bis ½ in 2—4 Lappen geteilt. Habituell der Lophozia barbata ähnl., mit Lophozia Kunzeana u. Wenzeli zu vergleichen. — An bemoosten, felsigen Stellen, auf moorigem Boden. Bes. Bg. Zlch. selten. Sp. nach K. M. nur unvollkommen bekannt. — Glatzer Schneeberg, Vogtland, Harz, Thüringen, Bayern, Schweiz, Tirol, Salzburg, Steiermark. — Jungermannia Lindbg.

Lophozia obtusa (Lindbg.) Evans **226.**

b Unbl. so gut wie fehlend, nur in den Infloreszenzen meist deutlich. Ras. locker, gelb- o. braungr., fettglänzd. St. kräft. 2—6, nach anderen 3, 5 u. bis 15 cm l., an der Unterseite rotbraun, niederliegd. bis aufsteigd., fast einfach o. nur am Gipfel gabelig verzweigt, m. kurzen, spärl. Rhizoiden. Bl. meist locker gestellt u. sehr schlaff, die oberen fast quer inseriert, fast kreisrund (ausgebreitet!), etwas hohl, Bucht seicht stumpfwinklig u. am Grunde abgerundet, Lappen spitz o. stumpfl., oft einwärtsgebogen. Blzellen rundl., angulär $\pm$ 3eckig verdickt, in der Mitte 25 bis 25 $\times$ 30, in den Zipfeln 20—25 μ Durchm. Kutikula fein warzig punktiert. 2häus. Weibl. Hüllbl. größtenteils dem Perianth angedrückt, größer als die übr. Bl., Bucht tiefer, Lappen 2—3, zugespitzt, ungleich. Perianth 4—5 mm l., über die Hüllbl. weit emporgehoben, zylindrisch o. birnfg., im oberen Drittel m. 4—5 stumpfen Falten, nach der Mündung hin zusammengezogen, an dieser mit 4—5, kerbig-gezähnten, kleinen Lappen. Sporen fast glatt, 10 μ, Elateren 6—7 μ breit und 150 μ lang. Vegetat. Vermehrg. durch bleichgr., meist 2zellige, zartwandige Brutkörper, diese an den Blattspitzen. — An moorigen Stellen, an feuchten Felsen u. Steinen. Bes. Bg., auch Hochgeb. Zerstr. Sp. selt. 6. Mit Lophozia alpestris u. ventricosa zu vergleichen. — Riesengebirge, Niederhessen, Elsaß, Baden, Bayern, Schweiz, Oberösterreich, Salzburg, Steiermark. — Jungermannia N. v. E.

Lophozia Wenzeli (N. v. E.) Steph. **227.**

β Rasen rein- o. dunkelgr.

1. (3) Pflanzen herdenweise o. in dicht., flachen, gr., seltener bräunl. o. rotbraunen Räschen. St. 1—3 cm l., einfach o. verästelt, niedergestreckt, m. aufsteigender Spitze, an der Unterseite oft rötl. o. rotbraun, m. dicht. u. kurzen Rhizoiden. Bl. meist zlch. dicht, etwas fleischig, wagerecht ausgebreitet, flach, an der Stengeloberseite herablaufd., halbstengelumfassd., im ausgebreiteten Zustand rechteckig o. oval-quadrat., ungefähr in der Mitte am breitesten, Bucht bis etwa $1/3$ breit, stumpf, halbmondfg., Lappen kurz, spitz, gerade, meist 2, selten 3. Blzellen 5—6eckig, dünnwandig, angulär schwach 3eckig verdickt, in der Mitte 25 × 30, am Rande 25 μ Durchm. Chlorophyllkörner u. Ölkörper zahlr., Zellen später im Mittelraume licht, Kutikula glatt. 2häus. Weibl. Hüllbl. meist m. 2, ab und zu auch mit 3—5 spitzen Lappen, in ihrem unteren Teil dem Perianth anliegend, oben abstehd. Perianth lang, aufgeblasen eifg., weit über die Hüllbl. emporragd., gr., mit rötl. Anflug, glatt, nur oben faltig u. plötzlich zusammengezogen, Mündung gelappt-gezähnt. An der Spitze der Bl. fast immer blaßgr. o. gelbe, kugelige Häufchen meist einzelliger, vieleckiger o. fast sternförmiger Brutzellen. — Auf sandig-tonigem Boden, auf morschem Holze, an Felsen. Bes. Eb. bis Bg., seltener Hochgeb. Verbr. Sp. nicht selt. F.—H. Sehr formenreich. — Jungermannia Dicks.

Lophozia ventricosa (Dicks.) Dum. **228.**

2. Sehr stattliche Art! Ras. ausgedehnt, dunkelgr., ölglänzd., St. nach K. M. 2—8 cm l. u. 3—4 mm br., einfach o. verästelt, niederliegd. bis aufr., m. reichl., kurzen Rhizoiden. Bl. wagerecht abstehd. o. einseitig aufgerichtet, oben herablaufd., an der Oberseite etwas gewölbt, breit eifg., Bucht etwa bis $1/4$, meist halbmondfg., auch rechtwinklig-stumpf, Lappen 2, oft ungleich groß, in der Regel spitz. Blzellen s. weit, durchscheinend, zartwandig, angulär schwach 3eckig verdickt, in der Mitte 35 × 45 bis 40 × 60, in den Zipfeln 30—35 μ Durchm. Ölkörper zahlr., klein, Kutikula deutl. warzig punktiert o. gestreift. Unbl. klein. 2häus. Weibl. Hüllbl. den übr. Bl. ähnl., aber mit kleinerer u. seichterer Bucht. Perianth an

der zusammengezogenen Mündung 4faltig u. 4lappig. Sporen 12—15, Elateren kurz und 10—12 μ Durchm. — Nasse, moorige, kalkhaltige Plätze. Eb. selten, verbr. bes. Bg. Perianthien selt., Sp. s. selt. Mit Loph. Schultzi u. Mülleri zu vergleichen. — Riesengebirge, Harz, Schwarzwald, Vogesen, Schweiz, Bayern, Tirol, Niederösterreich, Steiermark. — Jungermannia N. v. E., J. bantryensis Hook., Lophozia bantr. Steph.

Lophozia Hornschuchiana (N. v. E.) Macoun. **229.**

3. Ras. stets gelbgr., dicht, flach, zart. St. niederliegd., durch s. lange, weiße Rhizoiden an das Substrat fest angeheftet, 0,5—1 cm l., meist m. zahlr., umherschweifenden, kleinblättrigen Sprossen. Bl. nicht horizontal ausgebreitet, einseitig auf- und nach vorn gerichtet, an fertilen St. nach oben größer u. dichter, an sterilen kleiner u. mehr entfernt gestellt, alle gewölbt, ausgebreitet kreisrund, Bucht etwa bis $^1/_5$, scharf o. stumpf, oft halbmondfg., Lappen spitz o. stumpf. Blzellen s. groß, licht, zartwandig, angulär nicht verdickt, in der Mitte 35 × 45, in den Zipfeln 30—35 μ Durchm. Kutikula fein warzig. Unbl. nur in den „Infloreszenzen“ deutl., aber auch hier oft fehld. 2häus. Weibl. Hüllbl. den übr. Bl. ähnl., 2-, selt. 3lappig, bisweilen am Rande m. seichten Buchten. Perianth walzen-, keulen- o. birnfg., glatt, nur oben m. 4 Falten, an der Mündung plötzlich zu einem röhrigen, wie aufgesetzt erscheinenden Wärzchen zusammengezogen u. 4lappig. Sporen 10—12, Elateren 7—8 μ Durchm., Spire doppelt, schmal, locker. Der Lophoz. Mülleri nahestehd. u. m. ihr zu vergleichen. — Bes. auf kalkhaltigem, feuchtem Boden, an Hohlwegen, Grabenwänden u. an ähnl. Stellen. Eb. bis Hochgeb. Hin u. wieder. 5—7. — Schlesien, Harz, Niederhessen, um Bonn und Darmstadt, Baden, Bayern, Schweiz, Tirol, Niederösterreich, Steiermark. — Jungermannia Gottsche, acuta Lindenberg ex parte, Lophozia gypsacea Schiffn.

Lophozia badensis (Gottsche) Schiffn. **230.**

γ Rasen braun oder fast schwarz, dicht. Stengel bis 1,5 cm lang, spärlich wurzelhaarig, niederliegend und aufsteigend. Wie bei G. inflata entspringt ein Teil der Äste in der Achsel eines nur einlappigen Stützblattes. Blätter ziemlich locker, Lappen schmal-dreieckig und im Gegensatz zu G. inflata meist spitz, seltener stumpf, Einschnitt scharf, bis $^1/_3$. Zellmembranen derb und dunkelbraun, angulär kaum verdickt, Kutikula glatt. Blattzellen in der Mitte 20 × 25 bis 25 × 30, in den Zipfeln 15 × 20 μ Durchm. Perianthien aufgeblasen-birnförmig, Mündung kurz gezähnt. — Sehr selten. — Südtirol, Salzburg. — Jungermannia Kaalaas, Lophozia Schiffner, Pleuroclada Steph.

Gymnocolea acutiloba (Kaalaas) K. M. **231.**

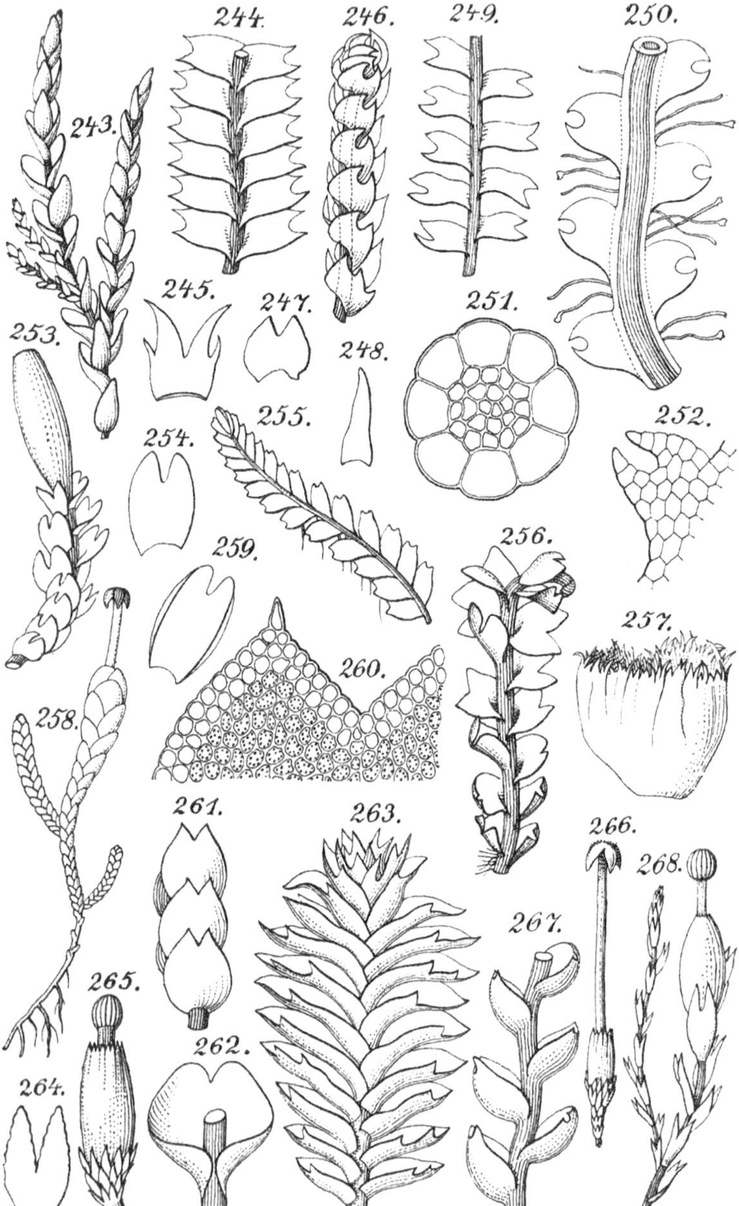

243.
244.
245.
246.
247.
248.
249.
250.
251.
252.
253.
254.
255.
256.
257.
258.
259.
260.
261.
262.
263.
264.
265.
266.
267.
268.

2. Blätter oben mit scharfer, ± tiefer, recht-, spitz- oder stumpfwinkliger Bucht.

A. Pflänzchen bzw. Rasen o. Räschen gelb- o. graugr., blaß- o. strohgelb, bei Lophozia longiflora oft rosa angeflogen. Ausschließlich Bewohner der montanen und alpinen Region. Nur Sphen. Heller. kommt auf Rinde und morschem Holze vor, die übrigen bevorzugen felsigen Untergrund.

I In allen Teilen viel kräftiger als Lophozia ventricosa, für deren Varietät sie von einigen gehalten wird. Rasen gelbgr. o. rötl., niedrig. St. niederliegend, an der Unterseite purpurn u. dicht m. Rhizoiden besetzt, einfach o. verzweigt. Bl. hohl, im Umriß ausgebreitet fast quadrat. Blzellen angulär deutl. 3eckig verdickt, in der Mitte 25, am Rande 20 μ Durchm. Weibl. Hüllbl. m. 3—5 ungleich großen Lappen, Buchten bis ¼. Perianth s. groß, 4—5 mm l., länglich eifg. o. fast walzenfg., weit über die Hüllbl. emporgehoben, oben 3faltig, unter der hyalinen, ganzrandigen, nicht lappigen Mündung oft rot. Sporen papillös, 15 μ Durchm., Elateren 8 μ breit u. 80—100 μ lang. Brutkörper — bei Lophoz. ventric. hfg. — kommen nur s. selten vor. — Anscheinend nur Bg. u. Hochgeb. Hin u. wieder. S. — Riesengebirge, Harz, Elsaß, Baden, Bayern, Schweiz, Vorarlberg, Tirol, Oberösterreich, Steiermark. — Jungermannia N. v. E.

Lophozia longiflora (N. v. E.) Schiffn. **232.**

II Pflanzen zart.

α Blattzipfel spitz.

1. Ras. weißl. blaugr., trocken graugr., polsterfg. o. ausgedehnt, dicht, seltener vereinzelt zwischen anderen Moosen. St. 0,5—3 cm l., drehrund (Fig. 258, Seite 176), dicht beieinander stehend, unten blattlos, nach oben s. dicht beblättert u. deshalb keulenfg., aufsteigd. o. aufr. Bl. breit eifg. (Fig. 259, Seite 176), hohl, Bucht scharf, spitzwinkl., bis ¼ o. ⅓, Lappen eifg., gleichgroß, Ränder schmal hyalin gesäumt o. ungesäumt. Blzellen rundl.-6eckig, angulär sehr stark verdickt, getüpfelt, in der Mitte 16—20 bis 20×30, am Rande 8, in den Zipfeln 12—15 μ Durchm., in jeder Zelle 2—5 Ölkörper, an den Rändern viel kleiner. Kutikula warzig rauh. Unbl. fehlen. 2häus. Weibl. Hüllbl. größer als die übr. Bl., Ränder umgerollt. Perianth fehlt. Kalyptra zart u. klein. Sp. kuglig, auf wenige mm hohem Stiele. Sporen fein warzig, 12—14 μ, Elateren 8 μ breit und etwa 120 μ lang, Spire eng. — An wenig feuchten, kalkfreien Felsen u. Felsblöcken. Bg. u. Hochgeb. Verbr. Sporenreife je nach der Höhenlage im Mai u. Juni, bzw. Juni bis August. — Altvater-, Riesen- und Fichtelgebirge, Harz, Böhmer Wald, Vogesen. — Jungermannia Lightf., Acolea Dum., Cesia Lindbg.

Gymnomitrium concinnatum (Lightf.) Corda **233.**

2. **A.** Pflanzen s. zart, bleichgelb o. blaßgr. o. braun, an der Spitze oft purpurn. St. nur wenige mm l., haarfein, drehrund, kriechd., am Ende aufgerichtet, unterseits überall m. langen, wasserhellen Rhizoiden, oft m. kleinblättrigen, schlanken Sprossen. Bl. zweizeilig abstehd., fast quadratisch, zusammengebogen, fast rinnig-hohl, Bucht bis $\frac{1}{2}$, fast rechtwinklig, Lappen 2, gleichgroß, scharf gespitzt, ab u. zu findet sich am Dorsalrande des Bl. noch ein kleiner Zahn. Blzellen derbwandig, in der Mitte 15×20 bis 20×25, in den Zipfeln 15—20 μ Durchm. Kutikula glatt o. warzig. Unbl. meist deutl., lanzettl.-pfrieml. 2häus. Weibl. Hüllbl. größer als die übr. Bl., 2- u. 3lappig, Lappen dornig gezähnt. Perianth kurz eifg., wenig emporgehoben, allmählich nach der Mündung hin etwas zusammengezogen, oben, aber oft auch weit hinab faltig, Mündung bleich, m. reich zerschlitzten Lappen. Die brutkörpertragenden Sprosse habituell von den andern s. abweichd. Sie sind aufr., nur am Grunde m. Rhizoiden versehen, außerdem liegen die kreisrunden, schuppenfg. Bl. dem St. dicht an. Sporen feinwarzig, 10 μ, Elateren 7 μ breit, Spire locker. — Ausschließl. an Baumrinde u. morschem Holze. Bg., Hochgeb. Zlch. selt. Sp. selt. 8. — Pommern, Schlesien, Baden, Bayern, Schweiz, Salzburg, Niederösterreich, Steiermark. — Jungermannia N. v. E., Diplophyllum Dum., Prionolobus Schiffn., Lophozia Boulay.

Sphenolobus Hellerianus (N. v. E.) Steph. **234.**

β Blattzipfel stumpf.

1. **A.** Räschen polsterfg., s. starr., 1—2 cm h., dicht, gelbgr., trocken graugr., schmutzigbraun o. schwarzgrau. Von Gymnom. concinnat. sofort durch den von 2 Seiten zusammengedrückten, also bandfg. St. zu unterscheiden und durch die außerordentlich dicht stehenden, einzeln kaum mit dem bloßen Auge zu unterscheidenden, an der Spitze nur schwach ausgerandeten, kurz- u. stumpflappigen Bl. Blattzellen in der Mitte 15×26, an der Spitze 12 μ Durchm. Saum hyalin. Sporen 12—15, Elateren 8 μ breit u. 100 μ lang. — Altvater- und Riesengebirge, Schweiz, Tirol, Salzburg, Steiermark. — Nur im Hochgeb. Hin u. wieder. — Acolea Dum., Cesia Carruther.

Gymnomitrium corallioides N. v. E. **235.**

2. Habituell dem Gymnom. concinnatum s. ähnl., von ihm u. G. corall. sofort zu unterscheiden durch die sehr scharfe, spitzwinklige Bucht und die beiden eifg., stumpfen, abgerundeten Blattlappen. Wird von manchen Autoren nur für eine Varietät von G. conc. gehalten, in dessen Gesellschaft sie oft vorkommt. — An dens. Stellen wie die übrigen Gymnomitria. Bg. u. Hochgeb. Zlch. selt. — Riesengebirge, Harz, Meißner, Rhön,

Böhmen, Vogesen, Schweiz, Steiermark. — Cesia Lindbg., G. concinn. var. obtus. Limpr.

Gymnomitrium obtusum (Lindbg.) Pears. **236.**

B. Pflanzen bzw. Ras. anders gefärbt (gr., grünl., braun- o. schwarzgr., braun, bräunl., gelbbräunl., rotbraun, braunschwarz o. schwarz).

I **A.** Bl. am Rande wasserhell gesäumt (Fig. 260), Saum 1—2 Zellen breit. Dem Gymn. corall. habituell s. ähnl., denn Bl. außerordentlich dicht (Fig. **260, 261,** Seite **176**) u. St. schmal bandförmig Polster dicht, braungr., ca. 1 cm h. Bl. dachziegelig, hohl, Bucht bis etwa $^1/_5$, sehr scharf, Lappen scharfspitzig, Spitzchen aufgesetzt, aus 1—2 Zellen bestehd. Blattzellen in der Mitte 20—25, in den Zipfeln 12—14 μ Durchm. „Die Spitzchen am Ende der Blattlappen fehlen ab und zu, so daß dann diese Art schwer zu erkennen ist und zu Verwechslung mit Gymnomitrium concinnatum Anlaß gibt. Bei genauerer Untersuchung findet man jedoch an einem oder dem anderen Blatte die Spitzchen" (K. M.). Sporen 10, Elateren 7 μ dick. — An nassen Stellen. Selten. — Schweiz, Tirol, Steiermark, Kärnten. — Cesia condensata Lindbg.

Marsupella apiculata Schiffn. **237.**

II Blattrand nicht hyalin gesäumt.

α **A.** Blattrand in seiner ganzen Länge s. deutl. nach außen umgerollt. (Siehe auch Marsup. aquatica.) Habituell einer Andreaea (Mohrenmoos) s. ähnl. u. leicht damit zu verwechseln. Ras. glänzd., starr, schwarzbr. bis schwarz, dicht. Bl. 2zeilig und vom St. sparrig abstehd., an der Insertionsstelle s. schmal, oben viel breiter u. mit 2 spitzen, durch eine spitzwinklige, aber unten stumpf. Bucht getrennten Lappen. Wände der Blzellen braun u. angulär knotig verdickt, in der Mitte 12 × 18, in den Zipfeln 10 μ Durchm. Sporen 12 μ, Elateren 6 μ breit und bis 100 μ lang. Unbl. u. Perianth fehlen, wie bei allen Gymnomitria. — Bes. auf Urgestein in den Hochalpen. Selt. Sp. s. selten. 8. — Schweiz, Tirol, Salzburg, Steiermark, Kärnten. — Sarcoscyphus N. v. E., Cesia, Nardia, Marsupella Lindbg.

Gymnomitrium revolutum (N. v. E.) Phil. **238.**

β Blattrand bei den meisten Arten flach, bei einigen nur z. T. etwas umgeschlagen.

1. **A.** Blzellen in den Ecken außerordentlich stark viereckig verdickt. Ras. schwarz u. dicht, bis **4** cm h. Bl. unten schmal, sonst breit eifg., Bucht bis $^1/_3$, etwa rechtwinkl., Lappen spitz, gegeneinander geneigt, mit schmalem, wenig umgebogenem Rande. Blattzellen in der Mitte **7—12,** am Grunde 12 × 25, in den Spitzen 7—9 μ Durchm. — Auf Urgestein in den Hoch-

alpen. Selten. — Schweiz, Tirol, Salzburg, Steiermark, Kärnten. — Sarcoscyphus Limpr., S. densifolius γ fascicularis Gottsche.

Gymnomitrium commutatum (Limpr.) Bernet **239.**

2. Wände der Blattzellen nicht o. in den Ecken $\pm$ 3eckig o. knotig verdickt.

a Die kreisrunden Bl. an der Spitze mit 2 stumpflichen o. abgerundeten, durch eine sehr niedrige, etwa bis $^1/_8$ der Blattlänge reichende, stumpfe Bucht getrennten, meist gleichgroßen Lappen, zweizeilig und sparrig vom St. abstehd. Blattränder, bes. die ventralen, sehr schmal umgerollt. Blattzellen in der Mitte 20 bis 18 $\times$ 34, am Grunde 25 $\times$ 60, am Rande 14 μ Durchm. Diese Form, früher meist als Varietät von Mars. emarginata beschrieben, ist heute von den meisten Autoren als „echte" Art anerkannt. Ras. rotbraun o. schwarzgr., bis 1 dm l., oft flutend, kräft. An Steinen in Bächen, an Wasserfällen, nassen Felsen. Nur Bg. Zlch. hfg. — Jungermannia emarginata β aquatica Lindenberg, Jungermannia Schrad., Sarcoscyphus Ehrharti β aquaticus N. v. E.

Marsupella aquatica (Lindenbg.) Schiffn. **240.**

b Blattbucht tiefer hinabreichend, bis $1/3$ u. $1/2$.

× Perianth fehlt. Obere Bg., Hochgeb. Unbl. fehlen.

O Pflänzchen wenige mm bis höchstens 1 cm h.

! Pflänzchen nur wenige mm h., deshalb leicht zu übersehen, in trüb- o. schwarzbraunen o. schwarzen, wie verbrannt aussehenden Räschen. St. am Grunde nackt, nach oben m. dichteren und an Größe stets zunehmenden Blättern, deshalb keulenfg. (Ähnl. wie b. Gymnom. concinn.) Bl. zweizeilig, aufr. abstehd., hohl, Bucht bis $1/4$, Lappen spitz o. stumpfl. Blzellen angulär stark verdickt, meist 10 μ Durchm. Mit Marsupella ustulata u. Sprucei zu vergleichen. Sporen 8—9 μ, Elateren 5—6 μ breit und 60 bis 70 μ lang, mit 4 Spiren. — An kieselhalt. Felsen u. Steinen. Bg., Hochgeb. Selten. — Riesengebirge, Schweiz, Salzburg. — Cesia Lindbg., Acolea brevissima Dum., Marsupella olivacea Spruce.

Gymnomitrium adustum N. v. E. **241.**

!! **A.** Pflänzchen höher als bei vor., bis 1 cm. Im Gegensatz zu vor. Art, deren St. nur spärl. Rhizoiden trägt, ist das Stämmchen dieser Art m. reichl. langen Rhizoiden ausgestattet. Die Bl. stehen dichter und liegen mehr dem St. an, die beiden Blattlappen sind einwärtsgebogen, die Zellen, wie bei vor. Art, zwar derbwandig, aber angulär nur s. schwach 3eckig verdickt, am Rande 9—10, in der Mitte 15 bis 12 $\times$ 20 μ Durchm. Räschen dicht, braun, gr. o. schwarz. Sporen papillös, 8—10 μ, Elateren 8—10 μ breit und etwa 100 μ lang, Spire 3—4teilig. — Auf Erde. Selten. — Schweiz, Tirol, Salzburg, Steiermark, Kärnten. — Cesia, Nardia Lindbg., Acolea Steph., Marsupella conferta Spruce.

Gymnomitrium varians (Lindbg.) Schiffn. **242.**

OO A. Pflänzchen 2—4 cm hoch. Habituell einer Andreaea s. ähnl. Räschen schwarz- o. rotbraun. Die zweizeilig angeordneten, sparrig abstehenden, zieml. locker gestellten, etwas hohlen, breit eifg. Blätter umfassen mit ihrem unteren Teil den St. scheidenartig. Der scharfe Einschnitt reicht bis etwa zur Hälfte der Bl., die beiden Lappen sind gleichgroß, stumpf und etwas einander zugewendet. Blzellen klein, Wände gelbbraun, angulär stark verdickt, in der Mitte 9 × 13, am Grunde 12 × 15, in den Zipfeln 8—10 μ Durchm. — Riesengebirge, Schweiz, Tirol, Vorarlberg. — Auf Urgestein der Hochalpen, s. selt. Bg. Selten. — Sarcoscyphus Gottsche, Cesia Lindbg.

Gymnomitrium alpinum (Gottsche) Schiffn. **243.**

×× Perianth vorhanden.

O Perianth unten mit den Hüllblättern verwachsen und in diesen eingeschlossen.

! Rasen grün, schmutzig rotbraun bis schwarz. Stengel locker beblättert, stark und unregelmäßig verästelt, mit schlanken Trieben und Stolonen, straff oder schlaff, mit weißlichen oder rötlichen Rhizoiden. Blätter im Umriß oval-rechteckig bis quadratisch und kreisförmig, mit abgerundeten oder stumpfen, halbkreisförmigen oder breitdreieckigen Lappen, Bucht bis ½, spitz-, stumpf- oder rechtwinklig scharf, Blattgrund der Stengel ± scheidenartig umfassend (Fig. 262, Seite 176). Blattzellen zartwandig, angulär ± deutlich dreieckig verdickt, am Rande eine Reihe quadratischer Zellen, in jeder Zelle mehrere kleine, kuglige bis längliche Ölkörper. Pflanzen bis 5 cm hoch. Sehr vielgestaltig. Zweihäusig. An nassen Stellen, an Felsen, in Bächen usw., bes. in der Bg. u. Hochgb. — Riesengebirge, Elsaß, Baden, Bayern, Schweiz, Tirol, Salzburg, Steiermark, Kärnten. — M. sphacelata Gies., Sarcoscyphus sph. Nees, Nardia sph. Carr., Sarcoscyphus Sull. De Not.

Marsupella Sullivanti De Not. **244.**

!! Blattränder am Grunde den Stengel nicht scheidig umfassend.

\+ A. Blätter sehr klein, so breit wie der haarfeine, bis 3 cm lange, unten blattlose Stengel, sehr locker gestellt, schuppenartig, im Umriß quadratisch, Bucht rechtwinklig, ⅓ bis ½, Lappen dreieckig, zugespitzt. Blattzellen derbwandig, 12 μ am Rande, in der Mitte 14 × 18 μ Durchm., meist mit mehreren rundlichen Ölkörpern und glatter Kutikula. Rasen dicht, braun oder grün. — Sehr selten. Zweihäusig. — Riesengebirge, Steiermark, Kärnten. — Jungermannia nevicensis Carr., Sarcoscyphus capillaris Limpr. Ist wohl mit der z. B. in Skandinavien, in den rumänischen Karpathen vorkommenden M. Boecki identisch.

Marsupella nevicensis (Carr.) Kaalaas. **245.**

++ Blätter viel breiter als der Stengel.

? (4) Stengel bis 5 mm hoch.

△ (3) St. bisweilen 5 mm hoch. Räschen grün u. schwarzbraun, auf Kieselgestein, habituell der M. ustul. sehr ähnlich. Sie unterscheidet sich von dieser durch das größere Blattzellnetz und die schwach 3eckige anguläre Verdickung. Zellen an den Blattspitzen 15—18 μ, in der Mitte 15 × 25 μ Durchm. Einhäusig. Besonders in der unteren Bergregion auf Urgestein und Sandsteinfelsen. Sehr selten. — Sarcoscyphus Limpr. — Riesen- und Fichtelgebirge, Vogtland, Böhmen, Vogesen, Baden, Bayern, Schweiz, Salzburg, Steiermark.

Marsupella Sprucei (Limpr.) Bernet. **246.**

△△ Diese bisher von wenigen Stellen bekannt gewordene, sehr kleine Art (St. nur wenige mm hoch) wächst in schwarzen oder grünen Überzügen auf Urgesteinsfelsen der höheren Bergregion und des Hochgebirges. Die Blätter nehmen an Größe nach der Stengelspitze hin allmählich zu. Die Blattzellen sind angulär deutlich 3eckig-knotig verdickt und führen 2—4 große Ölkörper. Die weiblichen Hüllblätter übertreffen an Größe die übr. Blätter bedeutend. Blattzellen in den Lappen 8—10, gegen die Mitte 15 × 25, am Grunde 15 × 18 μ Durchm. Sporen 7 μ, Elateren 5—7 μ breit und 100 μ lang, Spire ca. 2 μ breit, doppelt. 6, 7. Einhäusig. — Jungermannia Hübener, Nardia Spruce, Sarcoscyphus adustus Spruce. — Riesen- und Isergebirge, Harz, Schwarzwald, Schweiz, Salzburg, Steiermark.

Marsupella ustulata (Hüben.) Spruce **247.**

△△△ Stengel bis 5 cm hoch, sehr dicht beblättert, kätzchenartig. Blätter ausgebreitet eiförmig, mit rechtwinkliger, scharfer Bucht, $\frac{1}{4}$ bis $\frac{1}{3}$. Blattzellen derbwandig, in der Mitte 16 × 25, in den Zipfeln 12 μ Durchm. Perianth aus der Hülle nur wenig hervorragend, mit gekerbter Mündung. Sporogon kurz und dick gestielt.

Sporen 12 μ Durchm., Elateren 100 μ lang, Spire locker. Räschen dunkelgrün, winzig, dicht. Nur auf Urgestein in den Alpen. Sehr selten. Zweihäusig. — Kärnten. — Sarcoscyphus Limpr. — Habituell Gymnom. adustum sehr ähnlich.

Marsupella pygmaea (Limpr.) Steph. **248.**

?? Stengel 0,5—1 cm hoch. Rasen sehr dicht, niedrig, braungrün, dunkelbraun bis schwärzlich, flach, oft weithin sich erstreckd. Stengel aufrecht oder aufsteigend, sehr zart, die fertilen nach oben mit dichter gestellten und größer werdenden Blättern, die Äste und kleinblättrigen Sprosse gleichmäßig beblättert. Blätter aufrecht- oder fast rechtwinklig und sparrig abstehend, im Umriß rundlich-quadratisch, rinnig-hohl. Bucht scharf, fast bis zur Mitte, Lappen meist spitz, dreieckig. Blattzellen rundlich, angulär stark dreieckig verdickt, in der Mitte 12 × 15 bis 14 × 20, in den Zipfeln 12—14 μ Durchm., Ölkörper 2—3. Weibliche Hüllblätter größer als die Stengelblätter, mit scharfer, aber weniger tiefer Bucht. Perianth von den Hüllblättern eingeschlossen, an der Spitze gekerbt oder gefaltet. Zweihäusig. — Eine der häufigeren M.-Arten. Besonders in Wäldern an Wegen, auf nackter Erde, seltener an Felsen. Sporen 8—9, Elateren 7—8 μ breit. 5, 6. — Jungermannia W. et M., Sarcoscyphus N. v. E.

Marsupella Funcki (W. et M.) Dum. **249.**

??? Stengel 1—3 cm hoch.

△ (3) Diese sehr seltene, ausschließlich der Bergregion und dem Hochgebirge angehörige Art ist leicht an den entfernt gestellten, sparrig abstehenden, verhältnismäßig sehr großen Blättern zu erkennen. Sie sind von breit eiförmig-quadratischer oder fast kreisrunder Gestalt, an der Insertionsstelle plötzlich verschmälert und schon über dieser sehr breit. Blattzellen angulär dreieckig verdickt, in der Mitte 16—20, in der Spitze 12—14 μ Durchm., mit mehreren kleinen Ölkörpern. Die scharfe Bucht reicht etwa bis zu ⅓. Sporen feinwarzig, 8—12 μ Durchm., Elateren 10—12 μ Durchm. Einhäusig. — Besonders auf kieselhaltigen Felsen. — Sarcoscyphus, Nardia Lindbg. — Harz (Brocken), Schwarzwald (Feldberg), Salzburg, Niederösterreich, Steiermark, Kärnten.

Marsupella sparsifolia (Lindbg.) Dum. **250.**

△△ **A.** Stengel bis 1—2 cm hoch, fast rhizoidenfrei. Blätter ziemlich dicht, abstehend, hohl, breit-eiförmig, mit zwei ebenfalls eiförmigen, stumpf zugespitzten Lappen, Bucht bis $\frac{1}{3}$, scharf- und rechtwinklig, Ränder bisweilen schwach zurückgerollt. Blattzellen dickwandig, in der Mitte 12×15 bis $12 \times 20\,\mu$, in den Zipfeln 8—12 μ Durchm., in jeder Zelle 2—3 Ölkörper. Sporen 9—12 μ, fast glatt, Elateren 8—10 μ breit, Spire doppelt und eng. Rasen schmutziggrün bis schwarz. — Auf Erde in Felsspalten. Zweihäusig. Sehr selten. — Baden (Feldberggebiet), Böhmer Wald. — Mit M. Funcki zu vergleichen.

Marsupella badensis Schiffner **251.**

△△△ Stengel bis 2,5 cm lang, unten blattlos, mit zahlreichen Ästen, Stolonen und langen Rhizoiden. Blätter sehr regelmäßig abstehend, im ausgebreiteten Zustand quadratisch oder eiförmig, Lappen zugespitzt, durch scharfen, rechtwinkligen, $\frac{1}{4}$ bis $\frac{1}{3}$ reichenden Einschnitt getrennt. Blattzellen verhältnismäßig sehr groß, zartwandig, angulär schwach, aber deutlich dreieckig verdickt, in der Mitte 20×25 bis $25 \times 30\,\mu$, in den Zipfeln 17—20 μ Durchm. Rasen niederliegend, schwarz. Sporen 11—12 μ, Elateren 8 μ Durchm., Spire doppelt breit. Zweihäusig. Sehr selten. — Baden (Feldberggebiet), Bayr. Alpen, Tirol.

Marsupella ramosa K. M. n. sp. **252.**

???? Stengel bis 5 cm hoch. Rasen dicht, trüb- oder gelblichgrün, rotbraun oder schwarz, aufrecht oder aufsteigend, ziemlich dicht und gleichmäßig beblättert, bei den fertilen Sprossen nehmen die Blätter an Größe nach oben hin zu. Blätter zweizeilig, aufrecht oder fast rechtwinklig abstehend, fast kreisrund, rinnig hohl, Einschnitt $\frac{1}{5}$ bis $\frac{1}{3}$, stumpfwinklig, aber scharf, Lappen breit-3eckig, spitz oder stumpflich. Blattzellen in der Mitte 12×18—$20\,\mu$ Durchm., in den Zipfeln 12—15 μ Durchm., angulär stark 3eckig oder knotig verdickt, Ölkörper 2—3, länglich, ziemlich groß. Weibliche Hüllblätter wenig größer als die übrigen, mit dem Perianth bis zur Mitte verwachsen. Sporen feinwarzig, 12 μ Durchm., Elateren ca. 100—150 μ lang und 12—15 μ breit, Spire doppelt locker. Zweihäusig. — An feuchten Stellen, Felsen, Wasserfällen, zwischen nassem Geröll. Bergreg. u. Hochgeb. verbreitet, Ebene selten. Ende des J., Anfang des A. — Riesen- u. Fichtelgebirge, Vogtland, Böhmen, Vogesen, Baden, Bayern, Schweiz, Salzburg, Steiermark. — Jungermannia Ehrh., Nardia Lindbg., Sarcoscyphus Ehrharti Corda.

Marsupella emarginata (Ehrh.) Dum. **253.**

OO Perianth über die Hüllblatter emporragend.

! Stämmchen 0,5—4 cm hoch.

\+ **A.** Rand der Blattlappen (Fig. 264, Seite 176) ausgefressen- o. kerbig gezähnt. Ras. dicht, fast polsterfg., 1—2 cm, auch bis über 5 cm h., braungr., im Alter blauweiß. St. aufr., durch die dichtstehenden, dachziegelig einander deckenden Bl. drehrund-fadenfg. (kätzchenfg.), reich verästelt, Rhizoiden nur am Grunde. Bl. winzig (Fig. 264, Seite 176), eifg., bauchig-hohl, Bucht schmal u. scharf, Lappen ei-lanzettl. u. spitz. Blzellen gegen den Rand quadrat., sonst 5- u. 6eckig bis rechteckig, in den Zipfeln 12—14 μ Durchm. 2häus. Weibl. Hüllbl. größer als die übr. Bl., Lappen 2, größer u. deutl. gekerbt-gezähnt. Perianth (Fig. 265, 266, Seite 176) etwa zur Hälfte über die Hüllbl. emporgehoben, aufwärts m. vielen Falten, an der Mündung zusammengezogen u. unregelmäß. gelappt u. gezähnt. Sporen rotbraun, 12—15 μ im Durchm., feinwarzig, Elateren 8—9 μ breit. — An feuchten Felsen. Zlch. selt. — Riesengebirge, Erzgebirge, Schweiz, Vorarlberg, Tirol, Steiermark. — Jungermannia Lightf., Chandonanthus Lindbg.

Anthelia julacea (Lightf.) Dum. **254.**

\+\+ Blattlappen ganzrandig (bei Anthel. Jur. an den Blattzipfeln kaum gekerbt).

? Unterbl. deutl., bei Pleuroclada u. Hygrobiella s. groß, mit den Obbl. in 3 deutl. Reihen stehend.

△ (4) **A.** Unterbl. halb so groß wie die Obbl., eifg. bis breit lanzettlich, einfach. Ras. dicht, ausgedehnt, bleich-, gelbl.-, seltener braungr., dicht der Unterlage angedrückt. St. niederliegd. o. zw. anderen Moosen aufsteigd. bis aufr., mit seitlichen Ästchen aus der Achsel eines stets ungeteilten Blattes. Obbl. fast quer angewachsen, sehr stark ausgehöhlt (Fig. 267, Seite 176), in ausgebreitetem Zustand rundl. bis quadrat., Lappen im Umriß breit 3eckig, zugespitzt, durch eine bis zu ⅓ der Blattlänge reichende enge Bucht voneinander getrennt. Blattzellen dünnwandig, 20—30 μ Durchm. 2häus. Weibl. Hüllbl. größer als die übrigen Obbl., im Umriß eifg. Perianth walzenfg., im oberen Teile 3kantig, die Hüllbl. weit überragd., an der Mündung gekerbt. Sporogonwand 2schichtig, Längswände der äußeren Schicht m. Verdickungen, Innenschicht m. Halbringfasern. Sporen rotbraun, etwa 13 μ im Durchm. Elateren ebenso breit, Spire doppelt, locker, rotbraun. — In den Alpen auf Urgestein, s. selten auf Kalk, in Felsklüften, auf steinigem, feuchtem Boden. Hin u.

wieder. Sp. selt. 8. — Schweiz, Vorarlberg, Tirol, Salzburg, Steiermark, Kärnten. — Jungermannia Hook., Cephalozia Dum.

Pleuroclada albescens (Hook.) Spruce **255.**

△△ **A.** Unterbl. s. groß, lanzettl., ungeteilt o. kurz 2teilig, fast so groß wie die Obbl. Ras. schwarz- o. rotbraun, selten grünl., dicht, 0,5—2 cm h. Stämmchen im durchfallenden Lichte beiderseits mit einer Reihe hellerer Zellen, wie bei Cephalozia connivens. Stützblatt am Grunde der Äste 2teilig. Rhizoiden rötlich-violett, s. spärlich. Obbl. (Fig. 268, 269, Seite 176, 196) locker, zart, aufr.-abstehd., nach oben schnell größer werdend, kielig, im ausgebreiteten Zustand eifg. bis rechteckig, m. ± tiefer, enger Bucht u. stumpfen Lappen. Blzellen s. locker, in der Größe s. schwankend, meist verlängert rektangulär, Membranen braun u. angulär nicht verdickt. — 2häus. Weibl. Hüllbl. von den oberen Obbl. nicht verschieden, vom Perianth abstehd. Perianth s. lang keulen- bis walzenfg., im oberen Teil stumpf 3kantig, s. weit über die Hüllbl. emporragd. Mündung 3lappig, gezähnt. Wegen der fast regelmäßigen, 3zeiligen Beblätterung hat diese Art habituell große Ähnlichkeit mit einem Laubmoos. — Bes. auf Silikatgesteinen, seltener auf der Erde an Bachrändern. Perianthien hfg. F. — Elbsandsteingebirge, Schweiz, Tirol, Salzburg. — Jungermannia Hook., Gymnocolea Dum., Cephalozia Lindbg., Jungermannia Hübeneriana N. v. E., Gymnocolea Hüb., Dum.

Hygrobiella laxifolia (Hook.) Spruce **256.**

△△△ **A.** Rasen gelbbraun, ausgedehnt. Stengel aufrecht, meist einfach. Obbl. einseitswendig (Fig. 270, S. 196), Rand wenig u. grob gezähnt oder stumpfhöckerig, Einschnitt bis zur Mitte, Lappen lanzettlich, meist ungleich groß (Fig. 271, S. 196). Unterblätter bis $\frac{1}{3}$ geteilt (Fig. 272, S. 196), Lappen ungleich groß. Blattzellen angulär sehr stark knotig verdickt, von sternförmiger Gestalt, 20—25 μ im Durchm. — Bayrische Alpen, bes. Tirol, Salzburg. — Schisma Sendtneri Nees., S. stramineum Dum., Herberta straminea Trevisan.

Sendtnera Sauteriana N. v. E. **257.**

△△△△ **A.** Rasen krustenförmig, braungrün, sehr niedrig (nur wenige mm hoch). Blätter ganzrandig oder höchstens an den Zipfeln schwach gekerbt. Zellen zartwandig, angulär nicht verdickt, Kutikula warzig. Perianth tief faltig, bis ³⁄₄ zerschlitzt. Sporen hellbraun, 16—18 μ im Durchm. Elateren 6—8 μ dick. — In den Alpen, sowohl auf Urgestein als auch auf Kalk, auch im Riesengebirge. 7. — Jungermannia Limpr., J. nivalis Swartz, J. julacea var. clavuligera N. v. E., Anthelia nivalis Lindbg.

Anthelia Juratzkana (Limpr.) Trevisan. **258.**

?? Unterblätter fehlen.

× Pflanzen in verwebten, flachen, meist bräunl., überzugartigen Rasen o. vereinzelt zwischen anderen Moosen eingesprengt. St. 1—3 cm l., fädig, hin- u. hergebogen, niederliegd. o. aufsteigd., $\pm$ verästelt, gleichmäßig zweizeilig beblättert. Bl. klein, im Winkel von ca. 50^0 abstehd., zlch. dicht, halbstengelumfassd., durch die zusammenneigenden Blattflächen kahnfg. hohl u. kielfaltig (Fig. 273, Seite 196), Lappen gegeneinander geneigt. Blzellen klein, unregelmäßig polygonal, in der Mitte 12 × 20 bis 20 × 25, in den Zipfeln 10—20 μ Durchm., Wände u. Ecken gleichmäßig verdickt. 2häus. Weibl. Pflanzen größer als die sterilen, reich verzweigt, Bl. dicht-dachziegelig. Weibl. Hüllbl. größer als die übr. Bl., aufr., dem Perianth angedrückt, 2—3-lappig. Perianth fast walzenfg., oben plötzl. zusammengezogen und m. (5) tiefen Falten, Mündung mit 4—5, wimperig gezähnten, zusammenneigenden Lappen. Sporen fein warzig, 12—15 μ, Elateren 8 μ Durchm. Veget. Vermehrg. dch. meist 2zellige, dunkelgelbe, oft einer stumpf 4seitigen Doppelpyramide ähnelnde Brutkörper, diese in rotbraunen o. blaßrötl. Häufchen an den Spitzen von Gipfelblättern. — Auf der Erde, bes. aber an kieselhaltigen Felsen. Eb. selt., häufig Hgl. bis Hochgeb. S. — Jungermannia Crantz, Diplophyllum Dum., D. gypsophilum Loeske, Sphenolobus gypso. Loeske, Lophozia Schiffn.

Sphenolobus minutus (Crantz) Steph. **259.**

×× Steht der L. ventricosa sehr nahe, ist aber kleiner (Stengel bis 1 cm hoch) und wächst ausschließlich auf morschem Holze in höheren Gebirgen. Sie unterscheidet sich von dieser durch die Farbe der Rasen (braungrün, meist rotbraun), durch die angulär sehr stark verdickten Blattzellwände, durch die ziemlich tief geteilten Blätter (bis ½) und durch die Perianthmündung (mit 10—12 kurzen eiförmigen Läppchen). Stengel meist stark verzweigt, dicht mit Rhizoiden besetzt. Blätter sehr hohl, eiförmig oder rechteckig, Lappen ganzrandig, dreieckig, zugespitzt, Blattzellen in der Mitte 25 μ, in den Lappen 15—20 μ Durchm., Kutikula glatt. Perianth die Hüllblätter weit überragend, lang-zylindrisch, an der Mündung faltig. Sporogon länglich-rund, Stiel 1 cm hoch. Sporen 10 μ, Elateren 8 μ Durchm., sehr lang und vielfach gekrümmt. Zweihäusig. Selten. — Baden, Schweiz, Tirol, Steiermark. — Jungermannia Lindbg. et Arn., J. porphyroleuca var. gutt. Warnst.

Lophozia guttulata (Lindbg. et Arn.) Evans **260.**

!! Äußerst kleine, meist nur wenige mm hohe Arten.

\+ (3) Seltenes, bes. in der Bg. u. im Hochgebirge, ausschließlich auf Rinde und morschem Holze wachsendes Lebermoos von meist blaßgelber Färbung, 2—6 mm hoch.

Sphenolobus Hellerianus 234.

++ Ausschließlich auf der Erde, an Felsen, in Mooren (Hochmooren) zwischen Sphagnum und anderen Moosen wachsende Arten.

Cephaloziella. Siehe Seite 188.

+++ **A.** An nassen Felsen (Urgestein, Sandstein, seltener Kalk). gern in der Nähe von Wasserfällen. Stengel nur bis 1 cm lang, aus dickwandigen, quadratischen Zellen aufgebaut, am Grunde weich verästelt, mit spärlichen Rhizoiden. Blätter stark gefaltet, mit stumpfen, ganzrandigen, unten 8—10 Zellen breiten Lappen, Einschnitt scharf rechtwinklig, untere Blätter sehr klein, schuppenförmig. Blattzellen meist quadratisch, 10—12 μ diam., derbwandig, Kutikula glatt. Perianth etwa zur Hälfte aus den Hüllblättern hervorragend, kurz-birnförmig, an der Vorderseite mit langer, breiter, tiefer Falte, gegen die Mündung verengt, diese mit derbwandigen Zähnen. Sporen glatt, 12—14 μ Durchm., Elateren gekrümmt, 8 μ breit, ca. 70 μ lang, Spire breit und doppelt. Zweihäusig. Rasen flach, dicht, rotbraun bis braungrün. Sehr selten. — Schweiz, Vorarlberg, Tirol. — Diplophyllum Carr., Jungermannia Carr., Hygrobiella Spruce, Cephalozia Lindbg., Sphenolobus filiformis Wollny.

Eremonotus myriocarpus (Carr.) Pears. **261.**

Bestimmungstabelle der Cephaloziellen.

Wegen ihrer Kleinheit und aus anderen Gründen (verwickelte Synonymik) gehören die Cephaloziellen zu den am schwierigsten zu bestimmenden Lebermoosen. Sie verlangen ein besonders gründliches Studium und eine sehr sorgfältige Präparation. Stets müssen unversehrte, vollständige Pflänzchen (keine Bruchstücke!) zur Untersuchung ausgewählt werden. Frisches Material ist aus naheliegenden Gründen getrocknetem vorzuziehen. Um die einzelnen Teile besser hervortreten zu lassen, empfiehlt es sich, die Pflänzchen mit einem Farbstoff schwach zu tingieren. Da die Bestimmung der in diesem Buche beschriebenen Arten ohne Ergründung der selbst für den Eingeweihten schwer festzustellenden Blütenstandsverhältnisse möglich ist, so möge sich der Anfänger mit Untersuchungen nach dieser Richtung hin nicht aufhalten. Die Blattform und was sonst an den Blättern zu sehen ist (Tiefe des Einschnitts, Größe und Zahl der Zellen am Grunde der Blattlappen, sonstige Eigentümlichkeiten der Zellen, wie Wandstärke, anguläre Verdickungen, kutikulare Anfügungen, Beschaffenheit des Randes) ist nur deutlich an sorgfältig losgelösten und unter dem Deckglas flach ausgebreiteten Blättern zu erkennen. Starke Vergrößerungen sind in vielen Fällen nicht zu entbehren. Will man die Unterblätter sehen, so ist es ratsam, das Stämmchen von der Unterseite bei kräftiger Durchleuchtung und Anwendung starker Vergrößerungen zu betrachten. Die besten Merkmale zur Unterscheidung der Arten bieten die weiblichen Hüllblätter, der Anfänger möge deshalb die hierauf bezüglichen Angaben in den Beschreibungen beachten[1]).

A. Blattlappen der sterilen Sprosse am Grunde 3 bis 6 Zellen breit.

I Blattlappen am Rande gezähnt (bez. C. Raddiana und rubella siehe auch unter II).

α (3) Blattlappen am Grunde 3 bis 5 Zellen breit. Die äußerst zarten, gelbgrünen, sehr schlaffen Pflänzchen bilden auf nacktem Torfe, an Torfgräben und zwischen anderen Moosen in Hochmooren spinnwebenartige Überzüge. Stengel nur wenige mm lang, weitläufig beblättert, mit kurzen, spärlichen Rhizoiden, mit länglichen Warzen. Blätter fast quer inseriert, an sterilen Sprossen locker, an fertilen dichter, Einschnitt bis ³/₄ und tiefer, jeder der beiden abstehenden, zugespitzten Lappen am Grunde 3—5 Zellen breit. Am Blattrand können die Zähne auch fehlen oder es findet sich am Grunde jederseits ein langer, spitzer Zahn, Blattzellen rektangulär, 14×20 bis 14×30 μ Durchm., Kutikula meist glatt, bisweilen spärlich warzig. Perianth sehr groß, die Hüllblätter weit überragend, walzenförmig, oben dreikantig, Mündung gekerbt. Weibliche Hüllblätter mit zwei lanzettlichen, am äußeren Rande dornig gezähnten Lappen. Sporogon kurzzylindrisch, rostrot. Sporen feinwarzig, 10—11 μ Durchm., rotbraun, Elateren 7 μ breit, 170—200 μ lang. Spire locker doppelt. F. Einhäusig. Zlch. selten. — Pommern, Böhmen, Brandenburg,

[1]) Diese Winke sind entnommen: Müller, K.: Die Lebermoose, in Rabenhorsts Kryptogamenflora, Bd. VI, Abt. II., S. 111—113.

Niederhessen, Baden, Schweiz, Steiermark. — Jungermannia L., Cephaloziella Lindbg.

Cephaloziella elachista (Jack) Schiffner **262.**

β Blattlappen am Grunde vier Zellen breit. Die winzigen gelbbraunen Pflänzchen bilden auf morschem Holze, an Rinde und faulenden Baumstümpfen krustenartige Überzüge. Stengel wie bei vor., aber ohne Warzen. Beblätterung dicht, Blattbucht bis $\frac{1}{2}$, stumpf, Lappen eiförmig, stumpf, gegeneinander geneigt, am Rande gezähnt oder glatt, Blattzellen 10—12 μ Durchm., rundlich-quadratisch, Kutikula glatt. Weibliche Hüllblätter mit zwei oder mehr scharf zugespitzten, am Rande gekerbten oder gezähnten Lappen, Bucht $\frac{1}{3}$ bis $\frac{1}{2}$. Perianth nicht, wie bei vor. Art, nach der Mündung hin nicht zusammengezogen, sondern gerade abgestutzt und an der Mündung gekerbt, schwach 3 bis-4faltig, kleiner als bei C. elachista. Sporogon eiförmig, wie die 6—7 μ Durchm. Sporen rotbraun, Elateren gerade, 7 μ breit, mit lockerer Spire. Brutkörper zweizellig. Spätsommer. Vielleicht Var. von C. myriantha. Einhäusig. Sehr selten. — Jungermannia Massal., Cephalozia Massal. — Niederösterreich und Steiermark.

Cephaloziella Raddiana (Massal.) Schiffner **263.**

γ Blattlappen am Grunde 4 bis 6 Zellen breit, lanzettlich, stumpflich (selten schwach gezähnelt), gerade, Blattzellen 12—15 μ Durchm., Wände derb, Kutikula fast glatt. Perianth zylindrisch bis gestreckt-eiförmig, in der Mitte oft purpurn gefärbt, oben drei- bis vierfaltig, Mündung ausgebleicht und gekerbt. Sporen feinwarzig, 7 μ Durchm., Elateren gerade, 8 μ breit, Spire rotbraun, doppelt. Stengel bis 6 mm lang, dicht wurzelhaarig. Bildet auf der Erde zarte Überzüge von dunkelbrauner bis rötlicher Farbe. Hin und wieder. S. Einhäusig. Untere Bg., selten im Geb. Mit C. Hampeana und Starkei zu vergleichen. — Jungermannia Nees, Jungerm. bifida Schreb. ?, Cephaloziella bifida Schiffner, Cephalozia bif. Lindbg., Jungerm. divaricata Nees, Cephalozia div. Heeg, Cephaloziella div. Warnst., Cephalozia rubriflora C. Jensen.

Cephaloziella rubella (Nees) Warnst. **264.**

II Blattlappen am Rande glatt.

α (5) Blattlappen am Grunde 3—5 Zellen breit.

Cephaloziella elachista 262.

β Blattlappen am Grunde 4 Zellen breit.

Cephaloziella Raddiana 263.

γ Blattlappen am Grunde 4—5 Zellen breit.

1. (3) Stengel wie bei C. elach. mit länglichen Warzen (deshalb striatula), mit spärlichen, kurzen Rhizoiden. Blattstellung wie

bei C. elach. Blattbucht bis 3/4, Lappen oft gespreizt, stumpf zugespitzt, lanzettlich, meist ganzrandig, Kutikula glatt oder warzig-rauh, Blattzellen sehr derbwandig, rundlich bis rechteckig, 10×12 bis $10 \times 20\ \mu$ Durchm. Weibliche Hüllblätter durch scharfe Bucht (bis 1/2) in zwei lanzettliche, am Außenrande scharf und ungleich gesägte Lappen geteilt. Perianth zylindrisch, oben dreikantig, an der Mündung ausgebleicht und gekerbt. Sporen glatt, 7—8 μ Durchm., Elateren bis 100 μ lang, so breit wie die Sporen, gerade, Spire eng. Steht der C. elachista sehr nahe. Bildet winzige, kleine gelbgrüne Räschen in Mooren, wächst aber auch zwischen anderen Moosen an Felsen und sogar an Findlingen. Verbreitet. Einhäusig. S. — Pommern, Brandenburg, Niederhessen. — Cephalozia C. Jensen, Prionolobus Schiffn. — Die von Warnstorf beschriebene C. subdentata gehört zu C. striatula.

Cephaloziella striatula (Jensen) Douin. **265.**

2. Kutikula des 2—3 mm langen Stengels glatt. Räschen dunkelgrün, schwarz- oder rotbraun, dicht. Blätter ausgebreitet rundlich-quadratisch, bis 1/2, geteilt, hohl, Blattlappen eiförmig, spitz oder stumpf, Blattzellen rundlich-sechseckig, derbwandig, 12—15 μ Durchm., Kutikula mit wasserhellen Papillen, selten glatt. Weibliche Hüllblätter, bis 1/2 in zwei grobgezähnte Lappen geteilt. Perianth spindelförmig, gegen die Mündung zusammengezogen, oben mit 3—5 tiefen Falten, mit ausgebleichter Mündung, diese mit 5 dreieckigen, gestutzten oder gekerbten Zipfeln. Sporen glatt, 7 μ Durchm., Elateren ebenso breit, gestreckt, Spire eng und doppelt. Brutkörper zweizellig. Einhäusig. S. — Auf der Erde. Eb., Bg. Verbreitet. — Westpreußen, Pommern, Brandenburg, Schlesien, Böhmen, Baden, Schweiz, Niederösterreich, Steiermark. — Cephalozia Lindbg., C. Jackii Limpr., Cephaloziella Jackii Schiffn.

Cephaloziella myriantha (Lindbg.) Schiffn. **266.**

3. Kutikula des bis 1 cm langen Stengels glatt. Bildet gelblich- oder braungrüne Überzüge auf lehmig-sandigem Boden. Blätter locker, ausgebreitet quadratisch, Einschnitt bis 1/2, Lappen ganzrandig, eiförmig, spitz oder stumpf, Blattzellen quadratisch, 12×15 bis $18 \times 25\ \mu$ Durchm., zartwandig, Kutikula glatt. Weibl. Hüllblätter sehr viel größer als die übrigen Blätter. Einschnitt bis 1/3 und rechtwinklig, meist zwei, selten drei scharf zugespitzte Lappen, Rand ganz oder fein gezähnelt. Perianth an der ausgebleichten Mündung gekerbt, mit seiner oberen Hälfte die Hüllblätter überragend, oben nicht zusammengezogen. Mit C. myriantha zu vergleichen. Eb., Bg. Selten. Einhäusig. C. gracillima Douin u. C. stellulifera ge-

hören nach K. M. in den Formenkreis dieser Art. — Brandenburg, Böhmen, Schweiz.

Cephaloziella Limprichtii Warnst. **267.**

δ **A.** Blattlappen am Grunde 5 bis 6 Zellen breit, stumpf zugespitzt oder abgerundet, Bucht bis ½, Blattzellen derbwandig, angulär schwach verdickt, 18—20 μ Durchm., Kutikula glatt. Lappen der weiblichen Hüllblätter ausgebleicht, stumpf-dreieckig, Ränder gekerbt. Perianth gestreckt-walzenförmig, 3—4kantig, Mündung gekerbt. Sporen 13—15 μ Durchm., Elateren 10—12 μ breit, Spire locker. Am nächsten mit C. Starkei verwandt. Stengel bis 2 cm lang, Rasen polsterförmig, dicht, schwarz. Blätter sehr locker. S. Sehr selten. — Schweiz. — Jungermannia Jack., Cephalozia Dum., C. divaricata var. grimsulana Kaalaas, Hygrobiella Kaalaasii Bryhn.

Cephaloziella grimsulana (Jack.) K. M. **268.**

ε Blattlappen am Grunde 4 bis 6 Zellen breit.

Cephaloziella rubella 264.

B. Blattlappen am Grunde 6 bis 12 Zellen breit.

I Blattlappen am Rande gezähnt.

α (3) Blattlappen am Grunde 6 bis 8 Zellen breit. Bildet auf Erde zarte, grüne bis braungrüne Überzüge. Stengel niederliegend, bis 1 cm lang, Äste und Rhizoiden spärlich. Blätter am Stengelende dicht gestellt, sonst locker, sparrig abstehend und zurückgekrümmt, die beiden stumpfen, eiförmigen Lappen durch einen rechtwinkligen, bis zur Blattmitte reichenden Einschnitt getrennt. Unterblätter im Bereiche der weiblichen Gametangien deutlich, lanzettlich bis eiförmig, die obersten zweiteilig, Lappen ganzrandig oder gezähnt. Blattzellen zartwandig, angulär nicht verdickt, 12—18 μ Durchm., Kutikula glatt. Weibliche Hüllblätter abstehend, kraus verbogen und an den Rändern der Lappen scharf gezähnt. Perianth eiförmig, zu ½ oder ⅓ die Hülle überragend, 4—5faltig, mit gekerbter Mündung. Sporen fein warzig, 8—9 μ breit, Elateren 9 μ breit, Spire eng, rot. Einhäusig. An denselben Stellen von C. Starkei. — Jungermannia Nees, Cephalozia divaricata Heeg, Cephaloziella div. Warnst., trivialis Schiffn.

Cephaloziella Hampeana Schiffn. **269.**

β Blattlappen am Grunde 7 bis 8 Zellen breit. Blattränder fertiler wie steriler Stengel deutlich und grob gezähnt, außerdem an der Blattaußenfläche, besonders nach dem Grunde hin, eine größere Anzahl von ein- oder mehrzelligen Zähnen, woran diese Art sofort erkannt werden kann. Pflänzchen braun oder dunkelgrün. St. mit weitläufig gestellten, oft sparrig abstehenden, in ausgebreitetem Zustand quadratischen Blättern, die durch eine bis zu 1/3 oder 1/2 der Blattlänge reichende, stumpfwinklige Bucht in 2, am Rande grob gezähnte Lappen gespalten sind. Unterblätter deutlich. Blattzellen 8—12 μ Durchm., starkwandig, angulär schwach verdickt. Kutikula warzig. Zweihäusig. Sporen nur 5—6 μ breit und glatt. Veget. Vermehrg. durch grüne, meist einzellige, 10 μ Durchm. haltende Brutkörper. — Auf lehmig-sandigem Boden, über erdbedeckten Felsen. Eb. u. Bg. Selten. — Pommern, Böhmen, Baden, Bayern. — Cephalozia papillosa Douin, asprella Steph., Cephaloziella Douini Schiffn., asperifolia C. Jensen.

Cephaloziella papillosa (Douin) Schiffn. **270.**

γ Blattlappen am Grunde 7 bis 12 Zellen breit, dreieckig, scharf zugespitzt, am Rande unregelmäßig grob und sehr scharf gesägt. Blätter kugelig ausgehöhlt, Bucht stumpfwinklig, bis 1/2, Blattzellen derbwandig, 20 μ bis 14 × 25 μ Durchm., Kutikula glatt. Weibliche Hüllblätter zweiteilig, Bucht bis unter die Mitte, Lappen scharf zugespitzt und am Rande mit großen, langen, scharfen Zähnen. Perianth tief faltig, 4—5kantig, Mündung gerade abgestutzt und fein lappig-gezähnt. An schattigen, feuchten Stellen, auf Felsen und der Erde in Wäldern. 2—3. Sehr selten. — Jungermannia Raddi, Cephalozia Lindbg., Anthelia Dum., Prionolobus Schiffn. — Durch die angegebenen Merkmale leicht von allen übrigen C-Arten zu unterscheiden.

Cephaloziella dentata (Raddi) K. M. **271.**

II Blattlappen am Rande glatt.

α (4) Blattlappen am Grunde 6 bis 7 Zellen breit, dreieckig, meist stumpf. Blätter locker, abstehend, Zellen zartwandig, 15—20 μ Durchm., Kutikula glatt. Weibliche Hüllblätter zwei- bis dreilappig, Lappen stumpf und gewellt. Perianth nur 1 mm lang, birnförmig, oben drei- bis vierfaltig, Mündung mit mehreren breiten, gekerbten Lappen. Sporen fein warzig, 6—8 μ Durchm. Stengel bis 2 mm lang, mit langen Rhizoiden. Bildet auf lehmig-sandigem Boden meist hellgrüne, seltener rotbraune, dichte Überzüge. F. Sehr selten. — Brandenburg, Schlesien. — Cephalozia Lindbg., Cephaloziella pyriflora Douin.

Cephaloziella integerrima (Lindbg. Warnst. **272.**

β Blattlappen am Grunde 6 bis 8 Zellen breit.

Cephaloziella Hampeana 269.

γ Blattlappen am Grunde 6 bis 12 Zellen breit, dreieckig, spitz oder stumpf. Weibliche Hüllblätter mit zwei, scharf zugespitzten, spärlich und fein gezähnten Lappen, Bucht bis 1/2. Blattzellen derbwandig, vier- bis sechseckig, angulär verdickt, sehr engmaschig, meist 6—8 μ Durchm., Kutikula papillös oder glatt.

Perianth lang walzenförmig, tief gefaltet, Mündung abgestutzt und gekerbt. Sporen und Elateren 6—7 μ Durchm., letztere doppeltspirig. Zwischen Moosen an Felsen und auf der Erde dunkelgrüne, dichte Räschen bildend. Stengel bis 6 mm lang. Einhäusig. Sehr selten. S. — Westpreußen, Pommern, Schlesien, Oberlausitz, Steiermark. — Cephalozia Heeg.
Cephaloziella elegans (Heeg) K. M. **273.**

δ Blattlappen am Grunde 7 bis 10 Zellen breit. Diese Art ist wohl die häufigste unter den einheimischen Cephaloziellen. Sie wächst in flachen, überzugartigen, braunen, braunschwarzen, dunkelgrünen, oft schwärzlichen Räschen bes. an lichten Stellen, auf festem Heideboden, an Felsen, Gräben- u. Wegrändern u. an ähnlichen Plätzen. St. meist bis 0,5, selten bis 1 cm l., verästelt, m. spärl. Rhizoiden. Bl. ausgebreitet im Umriß quadratisch, mit scharfer, rechtwinkliger Bucht, Lappen dreieckig, spitz. Unterbl. stets deutlich, meist einfach, eifg. o. lanzettl., bisweilen zweiteilig, bogig vom St. abstehend und mit der Spitze ihm zugewendet. Blattzellen 10—14 μ Durchm., zartwandig u. mit glatter Kutikula. 2häusig. Ränder der größeren, weibl. Hüllbl. gezähnelt. Die beiden obersten Hüllblätter sind m. dem Hüllunterbl. verwachsen und bilden mit ihm einen dem Perianth dicht anliegenden Becher. Spitzen u. Ränder der Hüllbl. bleich, ebenso der obere Abschnitt des zur Hälfte über die Hüllbl. emporgehobenen 3—5faltigen Perianths. Sporen u. Elateren 7—8 μ breit, erstere glatt. Vegetat. Vermehrg. durch 2zellige, blattbürtige Brutkörper. — Bes. Ebene bis obere Bg., in höherer Lage seltener. Sp. selt. S. — Jungermannia byssacea Roth, divaricata Smith, Cephalozia byss. Heeg, div. Dum.
Cephaloziella Starkei (Funck) Schiffn. **274.**

G. Obbl. am gerundeten Endrande durch 3—5 wellenförmige, unregelmäßige Einbuchtungen wellig kraus oder gelappt und schwach gewellt oder abgerundet und am Rande unregelmäßig gezähnt, sehr schief angeheftet, unterschlächtig, mit sehr zarten Zellwänden. Kleine Erd- oder Schlammoose von saftgrüner Farbe. St. mit langen, purpurvioletten Rhizoiden am Substrat fest angeheftet, an der Rückenseite flach, an der Bauchseite gewölbt, am Ende in der Regel gabelig geteilt. Blzellen s. zartwandig, licht, s. weit, 5- u. 6seitig, chlorophyllreich. Membranen angulär nicht verdickt u. glatt. Perianth glockenfg., mit weitem, lappigem Munde. Sp. kugelig, in unregelmäßigen Stücken o. mit 4 unregelmäßigen Klappen sich öffnend, Wand 2schichtig, innere Schicht mit ± deutl. Halbringfasern. Sporen groß, Außenschicht deutl. gefeldert oder mit gabelig verzweigten Leisten. Elateren mit lockerer, 2—4teiliger Spire.

A. (4) (Fig. 274, Seite 196). Sporen im Durchmesser 40—45 μ und am Rande durch die vorspringenden Fältchen (Fig. 275, Seite 196) der Außenschicht mit 16—20 (nach K. M.) Zähnchen. Die an der Sporenoberfläche verlaufenden Fältchen[1]) sind gabelig verzweigt, bilden aber nur selten Felder. Einhäus. — Auf schlammigem Boden. Nach K. M. reift sie ihre Sporen im Okt. u. Nov. Zerstreut. — Jungermannia L., Codonia Dum.

Fossombronia pusilla (L.) Dum. **275.**

B. Kleiner als vor. und am Stengelende schopfig kraus, der Lophozia incisa habituell s. ähnl. Sporen im Durchmesser 40 μ breit, dunkelbraun u. am Rande mit 30—32 kurzen Zähnchen, Fältchen auf der Sporenoberfläche spitzwinklig gabelig. — Sporenreife nach K. M. im Oktober u. November. An ähnl. Orten wie vor., aber häufiger. — Jungermannia Corda, Codonia Dum., Fossombronia pusilla vieler Aut., Foss. cristata Lindbg.

Fossombronia Wondraczeki Dum. **276.**

C. In Deutschland nur von wenigen Stellen bekannt. Pflänzchen immer einzeln, sehr klein, blaugrün, meist aufrecht und unverzweigt, am Grunde mit violetten Rhizoiden. Blätter groß, fast quer angeheftet, wellig verbogen, unregelmäßig 2—3lappig, Lappen ± einwärts gekrümmt. Hülle endständig, groß, birnförmig, oberwärts dicht faltig und unregelmäßig gezähnt. Sporogon kuglig, klein, schwarz, glänzend, Wand zweischichtig, Außenschicht ohne Verdickungen, Innenschicht mit braunroten, halbringförmigen Verdickungen. Sporen rotbraun, sehr klein, 20—25 μ im Durchm., Exospor mit polygonalen, verschieden großen, oft auch unvollständigen Feldern, am Rande stumpf gekerbt. Elateren kurz, 6 μ dick, 2spirig. — Auf feuchtem Sandbogen, in Sandausstichen. Mai—September. — Simodon incurvus Lindbg.

Fossombronia incurva Lindbg. **277.**

D. Sporen nach K. M. im Durchmesser 38—45 μ, an der Oberfläche regelm. 4—6eckig gefeldert. Felder nach K. M. 8—10 μ groß und im Sporendurchmesser deren 6—7, Rand durch die vorspringenden Fältchen gezackt. — Sporogonreife im Spätsommer (K. M.), nach Limpricht im Spätherbst. Auf moorigem, schlammigem Boden, an Seeufern. Zerstreut. — F. angulosa var. Dumortieri Husnot. — Westpreußen, Brandenburg, bei Hamburg, Schleswig-Holstein, Sachsen, Harz, Baden, Bayern, Böhmen, Württemberg, Niederösterreich, Kärnten, Steiermark, Tirol.

Fossombronia Dumortieri (Hüben. u. Genth) Lindbg. **278.**

---

[1]) Zur Sichtbarmachung verwende man konzentrierte Schwefelsäure.

H. Fig. 276, Seite 196. Stämmchen einige mm bis 1 cm, gewöhnl. bis 8 mm hoch, einzeln oder kleine Rasen bildend. Blzellen sehr zartwandig, gestreckt 6 seitig, bes. die der oberen Bl. chlorophyllreich. 2 häus. Antheridien groß, kuglig, zur Reifezeit orange. Perianth u. Hülle fehlen. Kalyptra zylindrisch, sehr groß, weit aus den oberen Bl. hervorragd., blaßgrün, an der Mündung mit lappigen Zähnen. Sp. langgestielt, 2—3-, selten 4 klappig, Wand einschichtig, jede Zelle mit je einer dicken Längsfaser. Elateren m. 2 lockeren Spiren. — S.—H. — Westpreußen, Brandenburg, Mecklenburg, Schleswig-Holstein, um Hamburg, Schlesien, Böhmen, Schweiz, Vorarlberg, Tirol. — Auf feuchtem, sandig-moorigem Boden, in Ausstichen. Sehr selten. — Jungermannia Hook., Gymnomitrium Corda, Scalius Gray, Scalia Lindbg.

Haplomitrium Hookeri N. v. E. **279.**

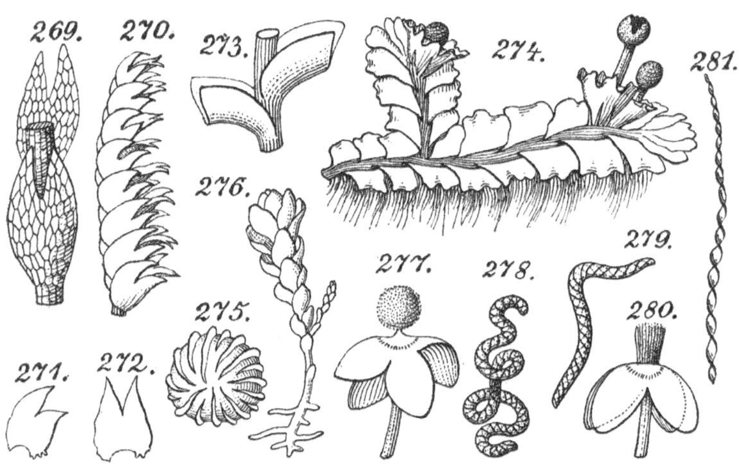

IV. Systematische Übersicht über die Lebermoose.

Wie bei den Laubmoosen wechseln auch bei den Hepaticae zwei Generationen, eine geschlechtliche (proëmbryonale, haploide), der Gametophyt, mit einer ungeschlechtlichen (embryonalen, diploiden), dem Sporophyten[1]) ab. Die Blätter der Lebermoose sind im Gegensatz zu denen der Laubmoose stets einschichtig (Ausnahmen ver-

[1]) Der Sporophyt beeinflußt die habituellen Eigentümlichkeiten des Gametophyten fast gar nicht, letzterer stellt das dar, was man für gewöhnlich als ein Moos bezeichnet.

schwindend wenige), also rippenlos. Das aus der befruchteten Eizelle des Archegoniums sich entwickelnde Sporogonium (in den meisten Werken „Kapsel" genannt) bleibt entweder im Archegoniumbauche eingeschlossen oder es durchbricht letzteren an der Spitze, ohne indessen irgendwelche Teile desselben mit in die Höhe zu heben, wie dies bei den Laubmoosen der Fall ist, deren Sporogon eine Kalyptra (Haube) trägt. Zum Unterschiede von den mehrzelligen Rhizoiden der Laubmoose sind die der Hepaticae immer einzellig.

I. Reihe: **Marchantiales.** Die proëmbryonale Generation ist stets ein Thallus von ausgesprochen dorsoventralem Bau. Er ist in seinem oberen Teile mit Chloroplasten führendem Gewebe, mit Luftkammern (Atemhöhlen) ausgestattet, die bei den meisten Arten durch Atemöffnungen mit der Außenwelt in Verbindung stehen, im unteren Teil dagegen aus weniger differenziertem Gewebe zusammengesetzt, dem Chloroplasten fehlen. An der unteren Fläche glatte und Zäpfchenrhizoiden und Bauchschuppen in zwei oder drei Reihen. Antheridien und Archegonien entweder einzeln im Thallus versenkt oder zu mehreren zu gestielten oder ungestielten Gametangienständen vereinigt. Sporogon meist kuglig, auf kurzem Stiele oder ungestielt, mit oder ohne Fuß. In den Sporogonien Sporen und Elateren oder nur Sporen.

I. Familie: **Ricciaceae.** Geschlechtsorgane in den gabelig verzweigten, flach ausgebreiteten, meist strahlen-, stern- oder scheibenförmige Rosetten bildenden Thallus versenkt, entweder zerstreut (Riccia, Ricciella) oder reihenweise inmitten des Thallus (Ricciocarpus). Die Lage der Antheridien kann an dem bei vielen Arten über den Thallus hervortretenden, stiftförmigen Auswuchs erkannt werden. An den Stellen, wo Archegonien liegen, ist die Thallusoberfläche warzenartig vorgewölbt, seltener tritt diese Vorwölbung an der Unterseite auf. Da aus der Eizelle nur der Sporenbehälter hervorgeht, fehlen Fuß und Stiel. Die einschichtige Wand des Sporogons geht frühzeitig zugrunde, die großen Sporen gelangen durch Verwitterung des Thallus ins Freie. Elateren fehlen. Bauchschuppen klein (Riccia, Ricciella) oder linealisch[1]) (Ricciocarpus). Das Assimilationsgewebe entweder aus senkrechten Pfeilern, von denen je 4 einen langgestreckten Hohlraum umschließen, bestehend (Riccia) oder in Form von Luftkammern entwickelt (Ricciocarpus). Kleine 1- o. 2jährige Erd- oder Wassermoose. — Riccia, Ricciocarpus, Tesselina.

1. **Riccia.** Thallus 4schichtig. Untere Epidermis aus 1—2 Zelllagen bestehend (siehe schemat. Fig. III der Einleitung), mit glatten (g) u. Zäpfchen-Rhizoiden (z), meist mit Bauchschup-

---

[1]) Da diese Chlorophyll führen, kommen sie wohl auch für die Assimilation in Betracht. Außerdem verhindern sie das Umkippen des an der Wasseroberfläche schwimmenden Thallus (Segelboot).

pen (b). Über der unteren Epidermis das stärkehaltige, meist chlorophyllfreie, selten Ölkörper führende Grundgewebe (G), darüber ± hohe, chlorophyllreiche Zellfäden (p), die sich seitlich berühren und zu je 4 einen Interzellularraum umschließen. Die obere Epidermis wird durch die abweichend gestalteten Endzellen der pfeilerartigen Zellfäden (o) dargestellt. Mehrere Arten mit borstenartigen Cilien am Thallusrande. Die das jugendliche Antheridium umgebenden Thalluszellen wachsen zu einem Walle heran, der sich später nach oben hin zu den über den Thallus emporragenden Antheridienstiften verlängert, die einen der Entleerung der Spermatozoiden dienenden Ausführungsgang umschließen. Archegonien ohne erkennbare Anordnung im Thallus zerstreut. Ein Perianth fehlt. Archegonbauch immer 1schichtig. Sporogonwand 1schichtig, vor der Sporenreife verschwindend. Mit Ausnahme von Riccia fluitans Erdmoose. — Riccia bifurca **40**, Bischoffii **33**, Breidleri **44**, ciliata **34**, Crozalsii **32**, crystallina **60**, fluitans **56**, Frostii **57**, glauca **39**, Huebeneriana **59**, intumescens **36**, Lescuriana **41**, Michelii **35**, nigrella **37**, pseudo-Frostii **58**, pseudopapillosa **38**, sorocarpa **45**, subbifurca **43**, Warnstorfii **42**.

2. **Ricciocarpus.** Abweichend von den Riccien Grundgewebe sehr wenig entwickelt. Das Assimilationsgewebe besteht aus einer größeren Anzahl übereinanderliegender Kammern. Jede Kammer der Oberseite steht durch eine kleine, von 5—6 Zellen umgebene Atemöffnung mit der Außenwelt in Verbindung. Bauchschuppen sehr lang. Antheridien und Archegonien in deutlich umschriebenen Ständen, erstere in Längsreihen oder in Zickzacklinien oder paarweise, letztere in Reihen einzeln oder zu zweien. Hals des Archegoniums infolge Wucherung von Thalluszellen mit einer rudimentären Hülle. — Ricciocarpus natans **61**.

3. **Tesselina.** Antheridien und Archegonien in Ständen, letztere von großen eiförmigen Hüllen, die Luftkammern mit Atemöffnungen aufweisen, umgeben. Luftkammern sechseckig, vertikal gestreckt, mit einfachen Atemöffnungen. Bauchschuppen zweireihig, beiderseits der Mittelrippe, sehr groß, weißlich, dreiseitig, den Thallusrand überragend. In den Sporogonien neben Sporen sterile Zellen in geringer Menge. — Tesselina pyramidata **64**.

II. Familie: **Marchantiaceae.** Gametangien entweder gruppenweise in den Thallus versenkt oder auf stielartigen Trägern emporgehoben. An fertigen Sporophyten sind Sporogon, Stiel und Fuß zu unterscheiden. Sporogonwand einschichtig, Zellwände öfter mit eigenartigen Verdickungsleisten. Im Sporogon Sporen und Elateren gemischt. Das Sporogon öffnet sich mit einem Deckel. Dieser löst sich entweder als unversehrtes

Stück ab oder er zerfällt in einzelne Zellen. Der als Urne stehenbleibende Rest der Sporogonwand spaltet sich nachträglich vom Rande her meist in mehrere Klappen. Der ausdauernde, dorsoventrale Thallus an der Rückenseite mit Luftkammern und Atemöffnungen. Auf dem Boden der Luftkammern meist chlorohpyllöse Zellfäden. An der Bauchseite des Thallus zwei oder drei Reihen Bauchschuppen, sowie glatte und Zäpfchen-Rhizoiden. Thallus in der Regel kräftig und meist gabelig verzweigt.

I. Unterfamilie: **Targionicae.** Atemhöhlen mit einfachen Atemöffnungen vorhanden. Antheridien an ventralen, kurzen Thalluszweigen, Archegonien nicht auf Trägern, am vorderen, unteren Thallusrand in einer Hülle zu mehreren vereinigt. Zur Entwicklung gelangt nur ein Sporophyt, an dem Fuß, Stiel und Sporogonium zu unterscheiden sind. Elateren mit Spiralfasern. — Targionia hypophylla **52.**

II. Unterfamilie: **Marchanticae.** Atemhöhlen mit Zellsprossungen und einfachen oder tonnenförmigen Atemöffnungen. Antheridien zu Ständen vereinigt, die bei Marchantia und Preissia gestielt sind. Archegonien ebenfalls zu einem Stande vereinigt, der stets von einem stielartigen Träger emporgehoben wird. Sporophyt wie bei den Targionieae.

I. Gruppe: **Simplices.** Die Gametangien bilden kein Zweigsystem.

I. Untergruppe: **Astroporae.** Atemöffnungen (von der Thallusoberseite gesehen) durch die stark verdickten, radialen Wände der Schließzellen sternförmig. Luftkammern ohne Zellsprossungen. Das Sporogon öffnet sich mit mehreren unregelmäßigen Klappen. Perianth fehlt. Sporogonwand einschichtig, Wände mit zahlreichen Ringfasern.

1. **Clevea.** Antheridien regellos in der Mitte des Thallus und in dessen Gewebe versenkt. Träger des weiblichen Gametangienstandes ohne Bauchrinne und auf der Thallusoberseite entspringend, nur oben mit Schuppen. — Clevea hyalina **62.**

2. **Sauteria.** Antheridien wie bei vor. oder an Seitenästen, die an der Bauchseite des Thallus entspringen. Die weibl. Gametangienstände entspringen am Ende der Hauptzweige, der Träger besitzt eine Bauchrinne, Schuppen selten am oberen Trägerende. — Sauteria alpina **63.**

3. **Peltolepis.** Antheridien zu scharf begrenzten, scheibenförmigen Ständen vereinigt. Weibl. Gametangienstand auf einem mit zwei Bauchrinnen versehenen, oben mit Hüllschuppen ausgestatteten, in einer Ausbuchtung des Thalluslappens entspringenden Träger. — Peltolepis grandis **65.**

II. Untergruppe: **Operculatae.** — Die Schließzellen der stets einfachen Atemöffnungen mit annähernd gleichmäßig verdickten Wänden, Atemöffnung nicht sternförmig. Luftkammern mit Zellsprossungen. Das Sporogon öffnet sich mit einem Deckel, oder die Sporogonwand zerfällt in unregelmäßige Stücke. Sporogonwand ohne Ringfasern. Träger des weibl. Gametangienstandes mit 1 Bauchrinne.

1. **Reboulia.** Antheridien in scharf begrenzten, scheiben- o. halbkreisförmigen, warzigen Auftreibungen an der Thallusoberseite oder auf Seitenästen. Weibl. Gametangienstand endständig in einer Ausbuchtung des Thallus, Träger an beiden Enden mit zahlr. Spreuschuppen. Sporogon ohne Perianth, in einer muschelartigen, durch einen Längsriß sich öffnenden Hülle. Das Sporogon öffnet sich durch Zerfall seines obersten Abschnitts in mehreren unregelmäßigen Plattenstücken. — Reboulia hemisphaerica **49.**
2. **Grimaldia.** Antheridienstände meist endständig, sonst w. b. vor. Weibl. Gametangienstand entweder auf ders. Pflanze wie die männl. oder auf getrennten Individuen. Träger w. b. vor. Sporogon in glockenförmiger Hülle, mit einem Deckel sich öffnend. Perianth fehlt. — Grimaldia dichotoma **54**, fragrans **55**, pilosa **67**.
3. **Neesiella.** Antheridienstände zu mehreren an kurzen Ästen. Träger des weibl. Gametangienstandes an beiden Enden mit spärlichen Spreuschuppen. Das perianthlose, mit einem Deckel sich öffnende Sporogon in kugliger Hülle. — Neesiella rupestris **68**.
4. **Fimbriaria.** Das Sporogon wird von einer kugligen Hülle eingeschlossen. Außerdem ist ein weit aus der Hülle heraushängendes, später in eine größere Anzahl linealischer Stücke sich spaltendes Perianth vorhanden. — Fimbriaria fragrans **53**, Lindenbergiana **51**, pilosa **66**.

II. Gruppe: **Compositae.** Die Gametangien bilden ein Zweigsystem. Luftkammern mit Zellsprossungen. Atemöffnungen einfach und tonnenförmig. Perianth vorhanden oder fehlt.

1. **Fegatella.** Männl. Gametangienstände ungestielt. Weibl. Gametangienstand gestielt, mit 1 Bauchrinne. Atemöffnungen einfach. Thallus an der Oberseite ohne Brutbecher. Perianth fehlt. In jeder Hülle ein kurzgestieltes Sporogonium. Zellen der Sporogonwand mit ringförmigen Verdickungen. — Fegatella conica **48**.
2. **Lunularia.** Männliche Gametangien wie bei vor. Weiblicher Gametangienstand gestielt, ohne Bauchrinne. Atemöffnungen einfach. Thallus an der Oberseite mit halbmondförmigen Brutbechern. Perianth fehlt. Hüllen zu vier, gekreuzt, röhrig, in jeder 1—2 langgestielte Sporogonien.

Zellen der Sporogonwand ohne Verdickungsleisten. — Lunularia cruciata **46**.

3. **Preissia.** Männliche Gametangienstände gestielt. Weibl. Gametangienstände meist vierstrahlig, gestielt, mit 2 Bauchrinnen. Atemöffnungen tonnenförmig. Thallus an der Oberseite ohne Brutbecher. Perianth glockenförmig. Hülle unter den Lappen und zwischen zwei Strahlen mit 2—3 langgestielten Sporogonien. Zellen der Sporogonwand mit Verdickungen. — Preissia commutata **50**.

4. **Marchantia.** Männliche und weibliche Gametangienstände auf hohen Trägern, erstere meist neunstrahlig, Träger mit 2 Bauchrinnen. Atemöffnungen tonnenförmig. Thallus an der Oberseite mit kreisrunden Brutbechern. Perianth kelchartig. Hülle zwischen den Strahlen muschelförmig und mit mehreren langgestielten Sporogonien. Zellen der Sporogonwand mit Verdickungen. — Marchantia polymorpha **47**.

II. Reihe: **Jungermanniales.** Proëmbryonale Generation entweder ein anatomisch meist wenig differenzierter Thallus oder ein dreireihig beblättertes Stämmchen. Luftkammern und Atemöffnungen fehlen. Sporophyt immer in einen Stiel und ein meist vierklappiges, kolumellaloses Sporogon gesondert. Im Inneren des letzteren Sporen und Elateren. Die Archegonien gehen aus der Scheitelregion des Stämmchens hervor oder entstehen unterhalb der Sproßspitze. Rhizoiden stets glatt.

I. Unterreihe: **Jungermanniaceae anakrogynae.** Die Archegonien entstehen unterhalb des Sproßscheitels, dieser ist also, da er nicht verbraucht wird, imstande, das Wachstum des Sprosses fortzusetzen. Proëmbryonale Generation mit Ausnahme von Fossombronia und Haplomitrium ein Thallus.

I. Ordnung: **Anelatereae.** Elateren fehlen in den Sporogonien.

III. Familie: **Sphaerocarpoideae.** Thallus klein, rosettig, am Rande gelappt, aus wenigen Schichten bestehend. Antheridien und Archegonien von einer die Thallusoberfläche überragenden, am oberen Ende offenen, ei- oder birnförmigen, chlorophyllösen Hülle umgeben. Hüllen zahlreich. In jeder weiblichen Hülle ein Archegonium. Sporogon kuglig, Wand einschichtig. Zwischen den großen Sporen, die auch im reifen Zustand zu Tetraden vereinigt bleiben, kleinere, sterile, kuglige Zellen (Nährzellen). Zweihäusig. — Sphaerocarpus terrestris **73**.

II. Ordnung: **Elatereae.** In den Sporenbehältern außer Sporen noch Elateren, deren wasserhelle Wand mit einer oder mehreren Spiralleisten ausgestattet ist. Proëmbryonale Generation ein dorsiventral gebauter, mehrschichtiger Thallus, oder ein beblättertes Stämmchen, in letzteren Falle entweder dem Substrat angedrückt und mit zwei Reihen schief inserierter Blätter (Fossombronia) oder aufrecht und mit radiärer Verteilung der Blätter. Sporogon auf langem Stiele. Wand des Sporogons ein- oder mehrschichtig, meist in vier Klappen zur Zeit der Sporenreife aufreißend.

A. Die proëmbryonale Generation ist stets ein Thallus.

α An der Innenseite der Spitzen der Sporogonklappen oder in der Mitte der Sporogonbasis Elaterenträger.

IV. Familie: **Aneureae.** Thallus ohne Mittelrippe. Gametangien an der Oberseite kurzer, seitlicher Thalluszweige. Sporogon oval, langgestielt, mit vier Klappen sich öffnend. Innenseiten der Klappenspitzen mit Elaterenträgern. — Aneura incurvata **91**, latifrons **89**, multifida **90**, palmata **87**, pinguis **86**, sinuata **88**.

V. Familie: **Metzgerieae.** Thallus schmal bandförmig, mit sehr deutlicher, an der Unterseite stark hervortretender, mehrschichtiger Mittelrippe. Gametangien an der Oberseite kleiner, schneckenförmig eingerollter, an der Thallusunterseite befindlicher Ästchen. Sporogon kuglig, mit vier Klappen aufspringend. Elaterenträger wie bei vor. — Metzgeria fruticulosa **69**, furcata **78**, conjugata **71**, pubescens **70**.

VI. Familie: **Haplolaeneae.** Thallus breit bandförmig, bei Blasia am Rande deutlich gelappt. Elaterenträger (bei Blasia nur wenig entwickelt) inmitten der Sporogonbasis. Sporogon öffnet sich mit vier Klappen.

1. **Pellia.** Antheridien in der Mitte Thallusoberseite in Höhlungen. Die Lage der Antheridien ist leicht an den warzenförmigen Auftreibungen zu erkennen. Archegonien zu mehreren in einer nach dem Thallusende hin gerichteten, offenen, kelchartigen Hülle, ebenfalls in der Mitte des Thallus, vor den Antheridien. Kalyptra deutlich, zylindrisch, oben erweitert. Sporen schon vor der Ausstreuung zu mehrzelligen Gebilden herangewachsen. Am Grunde des Sporogons ein Elaterenträger. — Pellia calycina **85**, epiphylla **83**, Neesiana **84**.
2. **Blasia.** — Blasia pusilla **72**.

β Elaterenträger fehlen.

VII. Familie: **Diplomitrieae.** Stiel des Sporogons am Grunde von einer doppelten Hülle umgeben. Die äußere Hülle umgibt in Gestalt kleiner Blättchen die viel größere innere Hülle, diese umschließt die Kalyptra.

1. **Blyttia.** Thallus mit einem sehr deutlichen Strang langgestreckter, dickwandiger, englumiger, getüpfelter Zellen. — Blyttia Lyellii **82**.
2. **Moerckia.** Thallus aus durchaus gleichartigen Zellen gebildet, ein Zentralstrang fehlt. — Moerckia Blyttii **80**, Flotowiana **81**, hibernica **79**.

B. Die proëmbryonale Generation ist ein beblättertes Stämmchen. Elaterenträger fehlen.

VIII. Familie: **Codonieae.** Stengel mit zweischneidiger Scheitelzelle, dicht dem Substrat anliegend, mit zwei Reihen sehr schräg inserierter, am Rande gewellter Blätter. — Fossombronia Dumortieri **278**, incurva **277**, pusilla **275**, Wondraczeki **276**.

IX. Familie: **Haplomitrieae.** — Stengel mit dreischneidiger Scheitelzelle, aufrecht, Blätter in drei Reihen, allseitig am Stengel angeheftet. — Haplomitrium Hookeri **279**.

II. Unterreihe: **Jungermanniaceae akrogynae.** Die Archegonien verwenden zu ihrem Aufbau den Sproßscheitel, es schließt also mit ihm das Wachstum des Sprosses ab. Proëmbryonale Generation in Stengel und Blätter gesondert. Blätter in drei Reihen, zwei Reihen von Oberblättern und meist eine Reihe kleinerer und abweichend gestalteter Unterblätter oder Amphigastrien.

I. Ordnung: **Jungermannieae.** Sporogonwand bis zum Grunde in vier Klappen gespalten (exkl. Madotheca). Elateren in großer Menge, mit zwei oder mehr Spiren, nicht an den Klappen angewachsen.

A. Blätter, falls nicht ganzrandig, mit annähernd gleichgroßen Lappen (exkl. Ptilidium und Trichocolea), flach und hohl.

X. Familie: **Ptilidioideae.** Blätter quer oder fast quer inseriert, 3—4lappig oder -teilig oder zweiteilig oder in sehr zahlreiche haarförmige Wimpern zerschlitzt, Rand ganz, gezähnt oder gewimpert. Unterblätter deutlich, bei manchen Arten so groß wie die Oberblätter.

1. **Anthelia.** Nur in der alpinen Region vorkommend. Pflanzen in dichten, blau- und braungrünen, dichten, einige mm bis 5 cm hohen Rasen. Blätter in zwei lanzettliche bis $\frac{1}{2}$ oder $\frac{2}{3}$ geteilt, am Rande oft knotig gelappt, sich dicht dachziegelig deckend. — Anthelia julacea **254**, Juratzkana **258**.
2. **Blepharostoma.** Rasen hellgrün. Blätter fast bis zum Grunde in 4 borstenförmige Lappen geteilt, Lappen einzellreihig. — Blepharostoma trichophyllum **95**.
3. **Chandonanthus.** Rasen gelbbraun, zlch. hoch. Blätter fast bis zum Grunde in 3—4 lanzettliche oder eiförmige Lappen gespalten, Lappen am Rande mit ungleich großen Zähnen. Pflanzen durch die scharf ausgeprägte dreireihige Beblätterung drehrund. Unterblätter bis zum Grunde in zwei lanzettliche Lappen gespalten, Lappen am Grunde wimperartig gezähnt. — Chandonanthus setiformis **97**.
4. **Ptilidium.** Meist gebräunte, an trockenen Stellen wachsende Moose. Oberblätter bis unter die Mitte hand-

förmig geteilt, Abschnitte am Rande langgewimpert. Unterblätter den Oberblättern ähnlich. Rhizoiden vorhanden. Perianth keulen- oder birnförmig, plattgedrückt mit wimperiger Mündung. — Ptilidium ciliare **93**, pulcherrimum **92**.

5. **Sendtnera.** Bis 15 cm hohe, Felsen bewohnende, dichte Polster bildende, gelbbraune bis braungrüne Moose mit deutlich einseitswendiger Beblätterung. Blätter bis ½ oder ⅓, zweilappig, Lappen sichelförmig zurückgebogen, ganzrandig. Das Blatt wird vom Grunde ab in der Mitte von einem sich oben gabelnden breiten rippenartigen Zellstrang durchzogen. Unterblätter fast wagerecht abstehend. Perianth mit sechs tiefen Längsfalten, an der Mündung mit 6 langen, schmalen Lappen. — Sendtnera Sauteriana **257**.
6. **Trichocoleae.** Blaßgrünes, feuchtigkeitsliebendes Moos. Oberblätter fast bis zum Grunde geteilt, Abschnitte vielfach verästelt und in haarfeine Lacinien gespalten. Unterblätter ähnlich. Rhizoiden fehlen. Perianth fehlt, an dessen Stelle ein fleischiger, gestreckt keulenförmiger, außen behaarter, aus dem Stengelgewebe hervorgegangener Fruchtsack (Marsupium). — Trichocolea tomentella **94**.

XI. Familie: **Epigonantheae.** Blätter ganzrandig oder durch zwei bis drei, höchstens bis zur Blattmitte reichende Einschnitte in zwei bis vier Zipfel gespalten, quer oder schief inseriert, immer unterschlächtig, flach oder kahnförmig hohl. Weibliche Gametangien in der Regel am Ende des Hauptsprosses. Perianth meist vorhanden, eiförmig oder zylindrisch, selten dreikantig, eine Kante auf der morphologischen Oberseite, zwei auf den Flanken.

1. **Alicularia.** Rasenbildende Erd- o. Felsmoose. Obbl. ausgebreitet o. gegeneinandergeneigt, ± schief o. fast quer angeheftet, rundl., ganzrandig o. an der Spitze ausgerandet. Unbl. klein, lanzettl. bis pfriemenfg., abstehd. Perianth klein, mit mehreren Hüllblattpaaren z. T. verwachsen. Bei manchen Arten entsteht dadurch, daß sich der Fuß des Sporogons tief in das Stengelgewebe einbohrt, an der Unterseite des Stengels eine Vorwölbung. — Alicularia Breidleri **213**, compressa **122**, geoscyphus **120**, scalaris **121**.
2. **Anastrepta.** Siehe die Beschreibung von Anastrepta orcadensis **183**.
3. **Anastrophyllum.** Vgl. die Beschreibung von Anastrophyllum Reichardti **182**.
4. **Arnellia.** Ansehnliches, blaugrünes, rasenbildendes, kalkliebendes, alpines Moos. Beblätterung sehr regel-

mäßig, dicht. Blätter gegenständig, je zwei an der Basis mit den Rändern verwachsen. Unterblätter vorhanden. Weibliche Gametangien am Ende des Stengels, mit herabhängendem, eiförmigem Fruchtsack. Weibl. Hüllblätter in drei Paaren. Perianth am oberen Fruchtsackrand angewachsen. — Arnellia fennica **186**.

5. **Chiloscyphus.** Größere, bleich- bis dunkelgrüne Moose. Obbl. fast wagerecht inseriert, unterschlächtig, im Umriß quadratisch bis rechteckig, quer gestutzt bis ausgerandet. Unterbl. s. deutl., klein, meist tief 2teilig. Antheridien an kurzen Seitenästchen, meist 1 Antheridium von dem säckchenförmigen Grunde eines Hüllblattes umschlossen. Weibl. „Infloreszenz" gleichfalls an kurzen Seitenästchen. Perianth becherfg., Mündung 3lappig. Kalyptra birnfg., meist länger als das Perianth. Sporogonwand 4- bis 5schichtig. — Chiloscyphus pallescens **117**, polyanthus **116**.

6. **Eucalyx.** Stengel mit braunen o. violetten Rhizoiden. Obbl. wechselständig, rundlich bis oval, ungeteilt. Unterbl. fehlen. Die weibl. Hüllblätter, in der Regel 2 Paar, verwachsen unter sich nicht, wohl aber mit dem Perianth bis zur Hälfte. Perianth groß, vierfaltig, oben zusammengezogen. Sporogonwand zweischichtig. — Eucalyx hyalinus **129**, obovatus **193**, subellipticus **194**.

7. **Geocalyx.** Die Gattungscharaktere sind in der Beschreibung von Geocalyx graveolens enthalten. Einen zusammenfassenden Überblick über die Bildung der Fruchtsäcke bei Jungermannien gibt K. Müller auf Seite 847—852 in Rabenhorsts Krypt.-Flora, Bd. VI. — Geocalyx graveolens **170**.

8. **Gymnomitrium.** Kleine, felsbewohnende Hochgebirgsmoose von blaßgr., olivengr., bräunlicher u. schwärzl. Farbe. Obbl. 2reihig, quer angeheftet, 2lappig. Unterbl. fehlen. Blzellen angulär meist s. stark verdickt. Charakteristisch f. diese Gattung ist der Mangel eines Perianths. Kalyptra bleich, kurz u. zart. Wand des Sporogons 2schichtig. — Gymnomitrium adustum **241**, alpinum **243**, commutatum **239**, concinnatum **233**, corallioides **235**, obtusum **236**, revolutum **238**, varians **242**.

9. **Gymnocolea.** Fertile Stengel meist unverzweigt, bei den sterilen entspringen die Äste 1. in der Achsel eines ungeteilten Blattes, 2. in der Achsel eines zweilappigen Blattes und 3. interkalar an der Bauchseite des Stengels. Hüllblätter vom Perianth abstehend. Perianth faltenlos, keulenförmig, mit sehr enger Mündung. Sporogonwand zweischichtig. — Gymnocolea acutiloba **231**, inflata **222**.

10. **Haplozia.** Meist größere, Felsen u. Erde bewohnende Moose. Obbl. stets ungeteilt, im Umriß je nach Art wechselnd. Unterbl. fehlen. Perianth die weibl. Hüllbl. weit überragend, ei- o. keulenfg., entweder faltenlos oder oben mit 4—5 Falten o. oben gefaltet u. plötzlich zu einem Spitzchen zusammengezogen. Das Perianth ist frei, also mit den Hüllbl. nicht verwachsen. Sporogonwand 2schicht. — Haplozia atrovirens **199**, Breidleri **131**, caespiticia **195**, cordifolia **200**, crenulata **187**, lanceolata **118**, pumila **198**, riparia **196**, Schiffneri **197**, sphaerocarpa **130**.
11. **Harpanthus.** Obbl. stumpf- u. kurz 2lappig, rundl.-eifg., s. schräg angeheftet, an der Dorsalseite etwas herablaufd. Antheridien u. Archegonien an sehr kurzen, in der Achsel eines Unterblattes und an der Bauchseite des Stengels entspringenden Ästchen. Der Sporophyt dringt tief in das Stengelgewebe ein, daher das Perianth im unteren Teile fleischig. Auch die Kalyptra verwächst zum Teil mit dem Perianth. Sporogonwand wie bei vor. — Harpanthus Flotowianus **203**, scutatus **205**.
12. **Jamesoniella.** Größere Moose. Blätter ungeteilt, quer angeheftet, dem Stengel dicht anliegend, sich dachziegelig deckend. Unterblätter vorhanden. Perianth die Hülle weit überragend, groß, zylindrisch, stumpfdreikantig, Mündung lang gewimpert. Sporogonwand vierschichtig. — Jamesoniella autumnalis **127**, undulifolia **128**.
13. **Leptoscyphus.** Stengel mit seitlichen Ästen und langen Rhizoidenbüscheln. Oberblätter ungeteilt, schräg angeheftet, halbstengelumfassend. Unterblätter vorhanden. Perianth groß, aufgeblasen und oben zusammengedrückt, mit zweilippiger, gekerbter oder gezähnter Mündung. Randzellen des Sporogonstiels im Verhältnis zu den inneren sehr groß und derbwandig. Sporogonwand vierschichtig. — Leptoscyphus anomalus **125**, Taylori **119**.
14. **Lophocolea.** Meist flach- und lockerrasige Erdmoose von gelbgrüner oder bleicher Farbe. Stengel reich verästelt, Äste seitlich. Rhizoiden in Büscheln. Oberblätter sehr schräg angeheftet, seitlich ausgebreitet, an der Oberseite meist herablaufend und in der Regel zweiteilig. Unterblätter tief-2spaltig mit 2teiligen oder zerschlitzten Abschnitten. Weibliche Hüllblätter größer als die Oberblätter und meist tiefer gespalten, dem dreikantigen Perianth anliegend. Mündung dreilappig und kammartig gezähnt. Sporogonwand 4—5schichtig. — Lophocolea bidentata **202**, cuspidata **221**, heterophylla **223**, minor **204**.

15. **Lophozia.** Oberblätter stets zwei- oder mehrlappig, meist schief, selten fast quer angeheftet und an der Rückenseite herablaufend. Unterblätter oft am Stengel nicht vorhanden, doch in der Regel im Bereiche der Gametangien, meist zweispaltig und an der Mündung gewimpert oder gezähnt. Weibliche Hüllblätter die Oberblätter an Größe übertreffend. Perianth frei, aus den Hüllblättern hervorragend, ei- oder walzenförmig, gefaltet, mit gelappter oder gezähnter Mündung. Wand des ellipsoidischen Sporogons 2—4schichtig. — Lophozia alpestris **218**, badensis **230**, barbata **104**, Baueriana **101**, bicrenata **184**, confertifolia **185**, decolorans **176**, excisa **177**, Floerkei **106**, gracilis **107**, grandiretis **175**, guttulata **260**, heterocolpos **219**, Hornschuchiana **229**, incisa, Kunzeana **173**, longidens **220**, longiflora **232**, lycopodioides **100**, marchica **206**, Mildeana **102**, Mülleri **224**, obtusa **226**, quadriloba **103**, quinquedentata **111**, Schultzi **225**, ventricosa **228**, Wenzeli **227**.

16. **Marsupella.** Perianth in den Hüllblättern versteckt und mit ihnen an der Basis verwachsen. — Marsupella aquatica **240**, apiculata **237**, badensis **251**, condensata **178**, emarginata **253**, Funcki **249**, nevicensis **245**, pygmaea **248**, ramosa **252**, sparsifolia **250**, Sprucei **246**, Sullivanti **244**, ustulata **247**.

17. **Pedinophyllum.** Durch die Blattform und den Habitus an Chiloscyphus erinnernde Moose mit reich verzweigtem Stengel. Oberblätter im Umriß abgerundet rechteckig, in der Regel ganzrandig, bisweilen mit schwacher Ausbuchtung oder kurz zweilappig, sehr schräg u. fast längs angeheftet. Unterblätter vorhanden. Perianth beiderseits flach zusammengedrückt, mit gekrümmter, gestutzter oder gezähnter Mündung. Sporogon länglicheiförmig, Sporogonwand fünfschichtig. — Pedinophyllum interruptum **115**.

18. **Plagiochila.** Hauptachse kriechend, mit zahlreichen, aufrechten oder niederliegenden Ästen. Oberblätter schräg angeheftet, unterschlächtig, nach oben dichter, an der Oberseite herablaufend, halbstengelumfassend, ungeteilt, Rand gezähnt oder ganz, Vorderrand nach unten zurückgekrümmt. Unterblätter winzig, fädig, bisweilen fehlend. Perianth in der oberen Hälfte sehr stark seitlich zusammengedrückt, Mündung ähnlich wie bei vor. Sporogon wie bei vor. Sporogonwand vielschichtig. — Plagiochila asplenioides **114**.

19. **Prasanthus.** Hochgebirgsmoos. Stengel dicht beblättert, mit fleischigen, ventralen Sprossen. Oberblätter quer angeheftet, oval, am Vorderrande sehr schwach aus-

gebuchtet. Unterblätter sehr klein. Perianth fehlt. Der Fuß des Sporogons bohrt sich ziemlich tief in das unten keulenartig vorgetriebene Stengelgewebe ein. — Prasanthus suecicus **201**.

20. **Sphenolobus.** Sehr künstliche Gattung u. mit Lophozia s. nahe verwandt. Obbl. 2lappig, bei einigen Arten gleich oder ungleich 2- bis 3lappig, hohl. Unterbl. fehlen, bisweilen solche im Bereiche der Gametangien. — Sphenolobus exsectiformis **113**, exsectus **112**, Hellerianus **234**, Michauxi **181**, minutus **259**, politus **110**, saxicolus **180**.

XII. Familie: **Trigonantheae.** Blätter ganzrandig oder durch sehr verschieden tiefe Einschnitte in zwei, drei oder mehr Abschnitte zerlegt, quer oder schief inseriert, ober- oder unterschlächtig, flach oder ausgehöhlt. Weibliche Infloreszenz fast stets endständig an kurzen, ventralen Ästen. Perianth gewöhnlich dreiseitig, zum Unterschied von den Epigoniantheae, aber eine Kante an der morphologischen Unterseite, zwei an den Seiten.

1. **Calypogeia.** Meist größere Moose von bläulich- oder gelblichgrüner Farbe. Blätter meist breit-eifg., mit abgerundeter oder ausgerandeter Spitze, oberschlächtig. Unterblätter stets sehr deutlich, ganzrandig oder eingeschnitten. Weibliche Hüllblätter kleiner als die übrigen Blätter. Perianth fehlt. Marsupium dickwandig, 2—3 mm lang. Sporogon zylindrisch, Klappen spiralig gedreht. — Calypogeia fissa **189**, Neesiana **192**, sphagnicola **190**, suecica **191**, trichomanss **188**.
2. **Cephalozia.** Vgl. das unter 3 Mitgeteilte. — Cephalozia ambigua **215**, bicuspidata **171**, compacta **216**, connivens **210**, fluitans **217**, Francisci **174**, lacinulata **209**, leucantha **172**, Loitlesbergeri **212**, macrostachya **211**, media **208**, pleniceps **207**, reclusa **214**.
3. **Cephaloziella.** Kleine u. kleinste Lebermoose von gelbgr., brauner bis schwärzl. Färbung. St. wenige mm l., kriechd., Äste entweder fast nur ventral, wie bei 2, oder aus der Achsel der Blätter u. ventral wie bei 3, Rindenzellen des St. bei 2 oft viel größer als die Innenzellen, bei 3 dagegen Außen- u. Innenzellen in der Größe zlch, übereinstimmend. Bl. bei 2 breiter als der St., schräg o. fast längs inseriert, bei 3 dagegen etwa von Stengelbreite u. fast quer angeheftet, bei beiden Gattungen 2lappig. Rand der Obbl. bei 2 ganz, bei 3 ganzrandig o. dornig gezähnt. Unterbl. bei 2 u. 3, falls vorhanden, sehr klein. Blzellen bei 2 verhältnismäßig groß, bei 3 dagegen s. klein. Bei beiden Gattungen sind die Hüllblätter mit den Hüllunterbl. zu

einer Art Becher verwachsen. Das weit aus den Hüllbl. hervorragende prismatische o. birnförmige Perianth 3—6kantig, dessen Mündung ganz, gezähnt o. gewimpert, bei 3 nicht gewimpert. Der Sporogonstiel von 2 auf dem Querschnitt mit 8 größeren Rinden- u. 4 inneren Zellen, der von 3 im ganzen in der Regel mit 4 Zellen. — Cephaloziella dentata **278**, elachista **262**, elegans **273**, grimsulana **268**, Hampeana **269**, integerrima **272**, Limprichtii **267**, myriantha **266**, papillosa **270**, Raddiana **263**, rubella **264**, Starkei **274**, striatula **265**.

4. **Eremonotus.** Winziges, rotbraunes, cephaloziellaähnliches Moos. **261.**
5. **Hygrobiella.** Vgl. Beschreibung von Hygrobiella laxifolia **256.**
6. **Lepidozia.** Kleine Moose. St. reich u. fiederig verzweigt. Äste oft flagellenartig verlängert, Flagellen kleinblättrig, Stolonen vorhanden. Obbl. u. Unterbl. breit, tief 3- bis 4lappig. Äste seitlich in der Achsel aus 2lappigen Obbl. entspringend. Perianth längl. bis zylindrisch, oben stumpf-3kantig zusammengezogen, an der Mündung gezähnt o. gewimpert. — Lepidozia pinnata, reptans **105**, setacea **96**, silvatica **98**, trichoclados **99.**
7. **Mastigobryum.** Kräftige Moose mit scheinbar gabelig verzweigtem St. Sehr charakteristisch sind die zahlreichen, kleinblättrigen, in den Achseln der Unterblätter entspringenden Flagellen. Obbl. asymmetrisch eifg. Unterblätter breit, 3—5zähnig, Ränder ganz oder gesägt. Perianth spindelförmig und an einer Seite meist tiefgespalten. — Mastigobryum deflexum **109**, trilobatum **108.**
8. **Nowellia.** Charakteristisch sind die breiten, fast quer inserierten, kugelartig ausgehöhlten, durch eine stumpfe weite Bucht in 2 lange einwärts gekrümmte Lappen geteilte Oberblätter. An deren hinterem Rande ein durch Einrollung eines Teiles des Blattes entstandener Wassersack. Perianth zylindrisch, die Hüllblätter weit überragend, oben 3kantig, Mündung gewimpert. Sterile St. ohne Unterblätter. — Nowellia curvifolia **179.**
9. **Odontoschisma.** St. an der Bauchseite mit zahlr. Stolonen. Obbl. ungeteilt, kreisrund oder rundl.-elliptisch. Unterblätter nur im Bereiche der Gametangien oder der gemmentragenden Sprosse. Perianth zylindrisch, oben 3kantig, an der Mündung gezähnt oder gewimpert. — Odontoschisma denudatum **126**, elongatum **124**, Macouni **123**, Sphagni **132.**
10. **Pleuroclada.** Pleuroclada albescens **255.**

B. Blätter gefaltet 2lappig, gekielt. Blattlappen von sehr verschiedener Größe.

I. Blattoberlappen viel größer (3—6mal) als der Unterlappen. Blätter oberschlächtig.

XIII. Familie: **Raduloideae.** Unterblätter fehlen. — Radula complanata **138**, Lindbergiana **139**.

XIV. Familie: **Madothecoideae.** Unterblätter vorhanden. — Madotheca Baueri **143**, Cordaeana **144**, levigata **145**, platyphylla **141**, platyphylloidea **142**.

II. Blattunterlappen größer als der Blattoberlappen. Blätter gekielt, unterschlächtig. Unterblätter fehlen. Perianth meist am Rücken zusammengedrückt.

XV. Familie **Scapanioideae.**

1. **Diplophyllum.** — Diplophyllum albicans **148**, obtusifolium **152**, ovatum **153**, taxifolium **151**.

2. **Scapania.** — Scapania aequiloba **162**, aspera **163**, compacta **160**, crassiretis **168**, curta **158**, cuspiduligera **161**, dentata **154**, helvetica **159**, irrigua **157**, nemorosa **167**, obliqua **165**, paludicola **166**, paludosa **149**, subalpina **164**, uliginosa **156**, umbrosa **150**, undulata **155**, verrucosa **169**.

II. Ordnung: **Jubuleae.** Sporogonwand nur bis zu ¾ in vier Klappen gespalten. Elateren einspirig, trompetenförmig, an der Innenseite der Sporogonklappen angewachsen. Blattunterlappen viel kleiner als der Oberlappen.

XVI. Familie: **Lejeuneae.** Unterlappen flach, nicht ausgehöhlt. — Cololejeunea calcarea **140**, Lejeunea cavifolia **146**, Mikrolejeunea ulicina **147**.

XVII. Familie: **Frullanieae.** Blattunterlappen als ein hohles helm- oder kapuzenförmiges oder annähernd walzenförmiges Öhrchen ausgebildet. — Frullania dilatata **135**, fragilifolia **133**, Jackii **137**, saxicola **136**, Tamarisci **134**.

III. Reihe: **Anthocerotales.** Die proëmbryonale Generation ist thalloidisch. Bauchschuppen an der Thallusunterseite fehlen. Einhäusig. Gametangien in den Thallus versenkt. Sporogon schotenförmig, mit 2 Klappen sich öffnend. Columella vorhanden. Elateren in Zellreihen ausgebildet.

XVIII. Familie: **Anthocerotaceae.** — Anthoceros crispulus **75**, levis **77**, punctatus **76**, Notothylas valvata **74**.

Literatur.

A. Werke und Abhandlungen floristischen Inhalts. (Auf Vollständigkeit machen beide Verzeichnisse keinen Anspruch.)

Bauer, E.: Beitr. z. Moosflora Westböhm. u. d. Erzgeb. Lotos, Bd. XIII, 1893; ders.: Beitr. z. Moosflora Böhmens. Deutsch. Bot. Monatsschr. 1896; ders.: Bryolog.-florist. Beiträge aus Böhmen. Ibid. 1897; ders.: Beitr. z. Moosflora Böhmens. Lotos 1897; ders.: Bryol. Bericht aus d. Erzgeb. Deutsch. Bot. Monatsschr. 1900; ders.: Neue Beitr. z. Kenntnis d. Moosflora Westböhmens u. d. Erzgeb. Ibid. 1900; ders.: Beitr. z. Kenntn. der Laub- u. Lebermoosflora Böhmens. Lotos 1904. — Bauer, P.: Übers. d. Laub- u. Leberm. u. Farne im Großherzogt. Hessen. Oberhess. Ges. f. Natur- u. Heilkde. VI. Gießen 1857; ders.: Nachtrag. Ebenda. VII (1859), XIII (1869). — Baruch: Aus d. Kryptogamenflora v. Paderborn. Westf. Provinzialver. f. Wiss. u. Kunst. Bot. Sekt. — Bayrhoffer, J. D. W.: Übers. d. Moose, Leberm. u. Flechten d. Taunus. Nassauisch. Ver. f. Naturk. Wiesbad. 1849. — Beck, G.: Übersicht der bisher bek. Kryptogamen Niederösterr. Verh. d. K. K. zool.-bot. Ges. Wien, Bd. XXXVII, S. 253—380. — Beckhaus: Beitr. z. Kryptogamenflora Westfalens. Nat. Ver. f. Rhld. u. Westf. XII, XIII (1855,56), Nachtrag 1 u. 2, ebenda XIII u. XIV (1856,57). — Bernau, K.: D. Moosflora d. Umgeg. v. Halle. Hedwigia 1916. — Brockhausen: Bryol. Beitr. aus Westfalen. Ber. d. Bot. Sekt. des Westf. Ver. f. Wiss. u. Kunst. Münster, XXXXIII (1915). — Burckel, G.: Catalogue des Hépat. et des Mousses d'Alsace. Colmar 1892. — **Děděceck,** J.: Sphagna bohemica. Verhandl. d. K. Böhm. Ges. d. Wiss. 1883; ders.: D. Lebermoose Böhmens. Archiv f. naturw. Landesdurchforschg. Böhmens. Prag 1886. — Dietrich, D. N. F.: Deutschlds. cryptog. Gewächse. Jena 1843—46. — Dietzow, L.: Die Moosflora von Grünhagen, Kr. Pr. Holland. 31. Ber. d. Westpr. Bot.-Zool. Ver. Danzig. 1909, p. 1—21; ders.: I. Nachtrag. Ibid. 32. Ber. 1910, p. 91—98; ders.: II. Nachtr. Ibid. 34. Ber. Danzig 1912, p. 185—189; ders.: Ostpreußens Moosflora. Jahrb. f. 1910 des Dtsch. Lehrerver. f. Naturk., Provinzialver. Ostpreuß. Königsberg 1911, p. 11—24; ders.: Der augenblickl. Stand der Moor- u. Moosforschg. in Ostpreuß. Ibid. 1911, 1912. — **Eiben,** C. E.: Die Laub- u. Lebermoose Ostfrieslands. 1887. — **Familler,** J.: Die Laubmoose (inkl. Torfmoose) Bayerns. Denkschr. d. Kgl. bayr. bot. Ges. Regensburg. X. N. F. V. Bd. 1911, 1912; ders.: Die Lebermoose Bayerns. Denkschr. d.

Kgl. bayr. bot. Ges. Regensburg. XIII. N. F. VII. Bd. 1917 u. XIV. N. F. VIII. Bd. 1920; ders.: Die Lebermoose Bayerns. I. u. II. Bayr. Bot. Ges. in Regensburg, Neue Folge VII, bzw. Bd. VIII. — Ficinus, H. u. Schubert, C.: Flora d. Gegd. um Dresden. 1823. — Focke, W. O.: Versuch einer Moosflora d. Umgeg. v. Bremen. Abh. d. naturw. Ver. zu Bremen, Bd. X, S. 165—184. — **Genth,** C. F. F.: Flora des Herzogtums Nassau. Mainz 1836. — Goldschmidt, M.: Notizen zur Lebermoos-Flora d. Rhöngeb. Jahresber. d. Ver. f. Naturk. Kassel. XLIX, 1903—1905, Bd. LI, S. 1—8, Bd. LII, S. 1—4. — Grimme, A.: Flora d. Kreises Melsungen. Bericht LII des Ver. f. Naturk. zu Kassel. — Grütter, M.: Beitr. z. Moosflora d. Kreises Schwetz. 18. Ber. d. Westpr.-Bot.-Zool.-Vereins, Danzig 1895, p. 397—407; ders.: Die Moosvegetation der Romintener Heide. Jahresber. d. Preuß. Bot. Ver. Königsberg. 1896,97, S. 15—18. — **Hahn,** G.: D. Moosflora d. Hainbergs u. d. anliegenden Wälder usw. Gera 1906,07. — Hampe, E.: Flora Hercynica. Die Laub- u. Lebermoose. Halle 1873. — Heeg, M.: Die Lebermoose Niederösterreichs. 1893. — Herpell, G.: Die Laub- u. Lebermoose in d. Umgeg. von St. Goar. 1897. Verhdl. d. Naturhist. Ver. f. Rhld. u. Westf. 1870, 1876. — Holler, A.: Die Laub- u. Torfmoose bei Augsburg. 1873; ders.: Lebermoose des Kreises Schwaben u. Neuburg. Ber. d. naturw. Ver. Augsburg. 1902. — Jaap, O.: Weitere Beiträge z. Moosfl. d. Umgeg. v. Hamburg. Verh. Natw. Ver. Hamburg. 3. Folge, XIII, S. 105—151; ders.: Beitr. z. Moosflora d. Umgeb. v. Hamburg. Verh. Natw. Ver. Hamburg. 3. Folge, VII, S. 1—42; ders.: Zur Kryptogamenfl. d. nordfries. Insel Röm. Natw. Ver. f. S.-H. Bd. XII, Heft 2, S. 316—347. — Jack, J. B.: Zu den Lebermoosstudien in Baden. 1900. — Janzen, P.: Bryologische Mitteil. 19. Ber. d. Westpr. Bot.-Zool. Ver. Danzig 1896, S. 249—250. — **Kalmuss,** F.: Die Leber- und Laubmoose im Stadt- und Landkreise Elbing. 19. Ber. d. Westpr. Bot.-Zool. Ver. Danzig. 1896, p. 180—217. — Klinggräff, v.: Die Leber- u. Laubmoose West- u. Ostpreußens. Danzig 1893. — Köhler, M.: Beiträge zur Lebermoosflora des Kasseler Gebietes. Ber. d. Ver. f. Naturk. in Kassel, LVI, 1925. — Koppe, F.: Die niedere Flora insbes. d. Moosflora geschützter u. schützenswerter Gebiete in der Grenzmark. Mitt. über Naturdenkmalpfl. in d. Grenzmark. Schneidemühl 1926. — **Laubinger,** C.: Laub- u. Lebermoose von Niederhessen u. Münden. Ber. d. Ver. f. Naturk. zu Kassel. 1903, 1905. — Lickleder, M.: Die Lebermoose von Metten (Bayern). 1894. — Liebe u. Fürbringer: Verzeichn. d. i. d. Jahr. 1863—1865 in der Umgeg. von Gera neu aufgef. Kryptogamen usw. Gera 1864. — Limpricht, K. G.: Neue schles. Sphagna. Hedwigia 1875; ders.: Laub- und Lebermoose in „Kryptogamen-Flora von Schlesien“, Bd. I. Breslau 1876. — Loeske, L.: Moosflora des Harzes. Berlin 1903; ders.: Beiträge z. Moosflora d. Harzes. Verhandl. des Bot. Ver. f. d. Prov. Brandenburg. Bd. XLIII; ders.: I. Nachtrag z. Moosflora d. Harzes.

Ibid. Ascherson-Festschrift; ders.: II. Nachtrag usw. Ibid. Bd. XLVI; ders.: Bryologisches vom Harze usw. Ibid. Bd. XLVII; ders.: Die Moose des Arlberggebietes. Hedwigia XLV; ders.: Zur Moosflora d. Zillertaler Alpen. Ibid. XLIX; ders.: Zur Moosflora von Füssen u. Hohenschwangau. Ibid. L; ders.: Bryolog. Beobacht. aus den Allgäuer Alpen. Verhdlg. d. Bot. Ver. Prov. Brandenburg IL. — Lorch, W. u. Laubenburg, K.: Die Kryptog. des Bergischen Landes. Ber. d. Naturw. Ver. Elberfeld. 1897. — **Martius,** K. F. Ph. von: Flora cryptogam. Erlangens. usw. Nürnberg 1817. — Matouschek, F.: Bryol.-florist. Beitr. aus Böhmen. Lotos 1895, 1896, 1897, 1900; ders.: A. d. Jeschken- u. Isergeb. Mitt. d. Ver. d. Naturfr. i. Reichenberg. 1896; ders.: Österr. Bot. Zeitschr. 1897; ders.: Deutsch. Bot. Monatsschr. 1897; ders.: Mitt. d. Ver. d. Naturfr. i. Reichenberg 1901, 1903. — Migula, W.: Kryptog.-Flora v. Deutschl., Deutsch-Österr. u. d. Schweiz. Gera 1904. — Milde, J.: Bryologia Silesiaca 1869. — Mönch, C.: Methodus plantas horti botanici et agri Marburgensis a staminum sita describendi. Marburg 1794. S. 748—752. — Mönkemeyer, W.: Beitr. z. Moosfl. d. Erzgeb. Hedwigia 1905. — Müller, Fr.: Die Oldenburgische Moosflora. Abh. d. Naturw. Ver. zu Bremen. Bd. X, 1888, S. 185—202; ders.: Beitr. z. Moosfl. d. ostfries. Inseln Baltrum und Langeoog. Natw. Ver. Bremen 1895, Bd. XIII, Heft 3; ders.: Zur Moosflora d. Ins. Wangerooge und Juist. Natw. Ver. Bremen. Bd. XIV, Heft 3; ders.: Die Moosflora von Borkum. Natw. Ver. zu Bremen. 1889, Bd. XVI, Heft 2; ders.: Ein Nachtrag z. Moosfl. d. Herzogt. Oldenburg. Natw. Ver. Bremen. 1901, Bd. XVII, Heft 1. — Müller, Karl (Freiburg): Beiträge zur Lebermoosflora Badens. Mitt. des Bad. Bot. Ver. 1898; ders.: Übersicht der badischen Lebermoose. Ibid. 1899; ders.: Moosflora des Feldberggebiets. Ein Beitrag zur Kenntnis der bad. Kryptogamenflora. Karlsruhe 1899; ders.: Ber. über die im Jahre 1899 in Baden gesammelten Lebermoose. Bot. Centralbl. Bd. LXXXII, 1900; ders.: Über die im Jahre 1900 in Baden gesammelten Lebermoose. Bot. Centralbl. Beiheft, Bd. X, 1901; ders.: Über die Vegetation des „Zastlerlochs" und der „Zastlerwand" am Feldberge, speziell über deren Moose. Mitt. d. Bad. Bot. Ver. 1901; ders.: Über die Vegetation des Feldseekessels am Feldberg, speziell über dessen Moose. Mitt. d. Bad. Bot. Ver. 1901; ders.: Über die im Jahre 1901 in Baden gesammelten Lebermoose. Bot. Centralbl., Beihefte, Bd. XIII, 1902; ders.: Neue Bürger der badischen Lebermoos-Flora I. Mitt. d. Bad. Bot. Ver. 1902; ders.: Beitrag zur oberbayr. Lebermoosflora. Mitt. d. Bayr. Bot. Ges. 1903; ders.: Neue und kritische Lebermoose. Bull. de l'Herb. Boiss. Tome III, Genf 1903; ders.: Über die in Baden in den Jahren 1902 und 1903 gesammelten Lebermoose. Bot. Centralbl. Beihefte. 1904, Bd. XVII; ders.: Über die in Baden im Jahre 1904 gesammelten Lebermoose. Bot. Centralbl. Beihefte. Bd. XVIII, 1905; ders.: Neues über die badischen Lebermoose in den Jahren 1905 und 1906. Bot. Centralbl. Beihefte.

Bd. XXII, 1907; ders.: Neue Bürger der Badischen Lebermoosflora II. Mitt. d. Bad. Bot. Ver. 1908; ders.: Neue Bürger der badisch. Lebermoosflora. III. Mitt. d. Bad. Land.-Ver. f. Naturk. u. Naturschutz. Freiburg i. B., 1924, Heft 12,13. — **Paul,** H.: Über den gegenwärtig. Stand der Torfmoosforschung in Oberbayern. X. Ber. d. Bayr. Bot. Ges. in München. 1905. — Paul, H. u. v. Schönau, K.: Die Kryptogamenflora des Naturschutzgebietes Berchtesgaden. Festschrift d. Sekt. Bercht. des Deutsch. u. Österr. Alpenvereins, 1925. — Pfeiffer, L.: Flora von Niederhessen und Münden. Bd. II. Kassel 1847,55. — Prahl, P.: Laubmoosflora v. Schlesw.-Holst. Schrift. d. Natw. Ver. f. S.-H. Bd. X, 2. Heft, S. 147—223. — **Quelle,** F.: Göttingens Moosvegetation. Nordhausen, 1902. — **Rabenhorst,** L.: Flora Lusatica. II. Bd. 1840; ders.: Kryptogam.-Flora v. Sachs., d. Oberlaus., Thür. u. Nordböhm. m. Berücksicht. d. benachb. Länder. Leipzig 1863. I. Abt.; ders.: Flora v. Elster u. Umgeg. in Dr. R. Flechsig, Bad Elster i. Vogtland. — Rakete, R.: Bryol. u. lichenolog. Beobacht. i. Süden d. Görlitzer Heide. Abh. d. Naturf. Ges. zu Görlitz. 1811—1911; ders.: Laub- u. Leberm. im heimatl. Nadelwalde. Eine florist.-biol. Skizze. Schles. Lehr.-Ver. f. Naturkde. 1907,08. Görlitz 1909. — Röll, J.: Die Torfmoose der thüring. Flora. Irmischia IV, 1884; ders.: Beitr. z. Torfmoosflora des Rhöngeb. Allgem. bot. Zeitschr. XVII, 1911; ders.: Beitr. z. Moosfl. d. Erzgeb. Hedwigia 1905, 1912; ders.: Die Thüringer Torf- u. Laubmoose. Hedwigia LVI (1915); ders.: Mitt. d. Thür. bot. Vereins. XXXII. Heft, 1915; ders.: Dritter Beitr. zur Torfmoosflora der Rhön. Hedwigia 1921. — Russ, G. Ph.: Die Gefäßkryptog., Laub- u. Lebermoose d. Wetterau. Hanau 1858. — **Schade,** F. A.: D. Lebermoosfl. d. Oberlausitz. Isis (Bautzen) 1921; ders.: Pflanzenökol. Stud. a. d. Felswänden d. Sächs. Schweiz. Englers Bot. Jahrb. 1912; ders.: Die kryptogam. Pflanzengesellschaft a. d. Felswänden d. Sächs. Schweiz. Ber. d. Deutsch. Bot. Ges. 1923; ders.: Die Lebermoose Sachsens. Abhandl. der „Isis“ (Dresden) 1921,22. — Schiffner, V. u. Schmidt, A.: Moosfl. d. nördl. Böhmens. Lotos 1887. — Schiffner, V.: Beitr. z. Kenntn. d. Moospfl. Böhmens. Lotos. 1920; ders.: Neue Beitr. z. Bryologie Nordböhm. u. d. Riesengeb. Lotos 1896; ders.: Nachweis einiger f. d. böhm. Flora neuer Bryophyten usw. Lotos 1900; ders.: Ergebnisse d. bryol. Excursion. in Nord-Böhm. u. i. Riesengeb. im Sommer 1904. Lotos 1903; ders.: Kritische Bemerk. ü. d. europ. Lebermoose. Lotos. 1901, 1903, 1905, 1910, 1911, 1912, 1914; ders.: Beilage z. d. Ber. d. naturw.-medic. Ver. in Innsbruck. 1914. — Schiller, K.: Erstes Verz. d. i. d. Dresdner Heide bis Ende 1883 gef. Laub-, Leber- u. Torfm. Isis. (Dresden) 1883. — Schinnerl: Über den gegenwärtigen Stand der Lebermoosforschung in Oberbayern. Ber. d. Bayr. Bot. Ges. München. 1904. — Schliephacke, K.: Die Torfmoose d. thüring. Flora. Irmischia II, 1882. — Schmidt, H.: Beitr. z. Moosflora, insbes. d. Bergischen Landes. Nat. Ver. f. Rhld. u. Westf. 1914; ders.: Die Mooswelt der Hildener Heide, ebenda

1921,22; ders.: in dem Jahresber. d. Nat. Ver. zu Elberfeld 1912. — Schmidt, R. u. Müller, O.: Cryptogamen-Flora v. Gera. Halle 1858; dies.: II. Nachtr. z. Flor. v. Gera. Gesellsch. d. Freunde d. Naturw. Gera. 1859. — Schulze, J. Chr.: Flora Dresdens u. s. Umgeb. Isis (Dresden) 1881. — Schwab, A.: Torfmoosflora des Fichtelgebirges. Denkschr. d. Kgl. bayr. bot. Ges. Regensburg. 1903; ders.: Torfmoose des Fichtelgebirges. Denkschr. d. Kgl. bayr. bot. Ges. Regensburg, X, N. F. IV (1907). — Sehlmeyer, G.: Verz. d. Kryptogamen, welche um Köln u. in einigen anderen usw. Nat. Ver. f. Rhld. u. Westf. II. 1845. — Solms-Laubach: Die Marchantiaceae-Cleveideae u. ihre Verbreitung. Bot. Ztg. 1899. — Spindler, M.: Moose d. Vogtland. Hedwigia 1912. — Stephani, F.: Verzeichn. d. i. d. Umgeg. v. Zschopau i. Erzgeb. beob. Laub- u. Leberm. Annaberg-Buchholzer Ver. f. Naturk. 1876. — **Timm,** R.: Beitr. z. Kenntn. unserer Moosflora. Abh. aus d. Geb. d. Naturw. XIX, Heft 2, Hamburg 1910, S. 3—48; ders.: Zwei bemerkenswerte Torfmoose in Schleswig-Holstein. Allgem. Bot. Zeitschr. 1915; ders.: Neue wicht. Moosfunde aus d. nordwestl. Deutschland. Allgem. Bot. Zeitschr. 1916, Nr. 1—4, S. 17—27; ders.: Die Moosfl. einiger uns. Hochmoore, insbes. die des Himmelmoores bei Quickborn. Verh. d. Natw. Ver. Hamburg. 3. Folge XI, S. 34—59; ders.: Die Moosbesiedlung uns. Steindeiche. Verh. Natw. Ver. Hamburg. 3. Folge XXIV, S. 1—64. — Trautmann, C.: Beitr. z. Moosflora d. Oberlaus. Isis (Bautzen) 1916—1918. — **Vogel,** H.: Gefäßkrypt., Laub- u. Leberm. d. Umgeg. v. Penig. Ver. f. Naturk. zu Zwickau. 1877. — **Warnstorff,** C.: Die Moosvegetation der Tuchler Heide usw. 19. Ber. d. Westpr. Bot.-Zool. Vereins, Danzig 1896, p. 111—179; ders.: Leber- und Torfmoose in „Kryptogamenflora d. Mark Brandenburg". Bd. I. Berlin 1903. — Watzel, C.: Cryptogamenflora v. B.-Leipa. Progr. d. Leipaer Oberrealsch. 1874. — Wehrhahn, W.: Flora der Laub- und Lebermoose f. d. Umgebung der Stadt Hannover. Verlag Engelhard u. Co., Hannover 1921; ders.: Flora d. Leberm. d. Gebiet. d. Stadt Hannover u. d. südl. Teils von Calenberg bis Hameln. — Wenderoth, G. F. W.: Versuch einer Charakteristik der Flora von Kurhessen. 1839. — Will, O.: Übersicht über die bisher in d. Umgeb. v. Guben (Niederlausitz) beob. Leber-, Torf- u. Laubmoose. Allgem. bot. Zeitschr. 1900. — **Zahn,** H.: Die Sphagnen des Regnitzgebiets. Deutsch. bot. Monatsschr., XV (1893). — **Zschacke,** H.: Bryol. Spaziergänge in der Umgeb. v. Mittweida. Deutsch. Bot. Monatsschr. 1900.

B. Werke systematischen (z. T. auch floristischen), morphologischen, physiologischen, entwicklungsgeschichtlichen und biologischen Inhalts.

Bischoff: Bemerkungen über d. Lebermoose. Acta Acad. Caes. Leop. Carol. 1835. — Campbell: The structure and development of the Mosses and Ferns. London 1905. — **Corda**: Deutschlands Jungermannien. Sturm's Flora. 6 Hefte. Mit 48 Taf. 1835. — **Dumortier,** B.: Hepaticae Europaeae. Brüssel 1874. — **Ekart,** D. Th. Ph.: Synopsis Jungermanniarum in Germania vicinisque terris hucusque cognitarum fig. illustrata. Coburgi 1832. — **Göbel,** K.: Zur Embryologie der Archegoniaten. Arb. d. Bot. Inst. Würzburg 1880; ders.: Die Muscineen in Schenks Handb. d. Bot. (Encyklopädie der Naturwiss.) Breslau 1882; ders.: Organographie der Pflanzen. 2. Aufl. Zweiter Teil. Spezielle Organographie. 1. Heft: Bryophyten. S. 515—902. Jena 1915. — Gottsche, C. M., Lindenberg, J. B. G. u. Nees von Esenbeck, C. G.: Synopsis Hepaticarum. Hamburgi 1844. — **Hofmeister,** W.: Vergleichende Untersuchungen der Keimung, Entfaltung und Fruchtbildung höherer Kryptogamen und der Samenbildung der Gymnospermen. M. 33 Taf. 1851. — Hooker, W. J.: British Jungermanniae. Mit Abb. London 1813—1816. — Hübener, J. W. P.: Hepaticologia Germanica. Mannheim 1834. — **Kienitz-Gerloff:** Beitr. z. Entwicklungsgeschichte des Lebermoosspor. Diss. Berlin 1873; ders.: Vergleichende Untersuch. über die Entwicklungsgesch. d. Lebermoosspor. Bot. Ztg. 1874; ders.: Neue Beitr. zur Entwicklungsgesch. d. Lebermoosspor. Ebenda 1875. — **Leitgeb,** H.: Untersuchungen über die Lebermoose. 4 Bände. 1874—1881. — **Müller,** K. (Freiburg): Die Lebermoose, in Dr. L. Rabenhorsts Kryptogamen-Flora von Deutschland, Österreich und der Schweiz. 2. Bände, Leipzig; ders.: Monographie der Lebermoosgattung Scapania. Abh. d. Kaiserl. Leop.-Carol. Deutschen Akad. d. Naturforscher. Bd. LXXXIII. — **Nees von Esenbeck,** C. G.: Naturgeschichte der Europäischen Lebermoose. 4 Bände. Berlin 1833, 1836, Breslau 1838. — **Schiffner,** V.: Die Lebermoose, in Engler und Prantls „Natürliche Pflanzenfamilien". Leipzig 1893; — Schimper, W. Ph.: Recherches anatomiques et morphologiques sur les Mousses. 1848; ders.: Histoire naturelle des Sphaignes. Mémoires présentés par divers savants a l'académie des sciences. Bd. 15. Paris 1858; ders.: Versuch einer Entwicklungsgeschichte der Torfmoose. Stuttgart 1858. M. 27 Taf. — Stephani, F.: Deutschlands Jungermannien in Abbildungen nach der Natur. Bot. Verein Landshut 1879; ders.: Species hepaticarum. — Sturm: Deutschlands Flora in Abbildungen. II. Abt., 1798—1839. Nürnberg. — **Warnstorf,** C.: Sphagnales-Sphagnaceae (Sphagnologia universalis) in A. Engler „Das Pflanzenreich". Leipzig.

Verzeichnis der Arten, Synonyma und Abbildungen.

Erste Zahl: Seitenzahl des Buches; zweite, fettgedruckte Zahl: Fortlaufende Nummer; dritte (bzw. vierte und fünfte) Zahl: Seitenzahl der Figurentafeln; vierte usw. Zahl: Fortlaufende Nummern in den Figurentafeln. Die Synonyma sind durch kursiven Druck kenntlich gemacht.

Verzeichnis der Gattungsnamen.

(Fortlaufende Nummern.)

Verzeichnis der Abkürzungen der Autorennamen.

Aongstr. = Aongström.
Arn. et Jens. = Arnell und Jensen.
Arn. et Perss. = Arnell und Persson.
Aust. = Austin.

Berggr. = Berggreen.
Bisch. = Bischoff.
Breidl. = Breidler.
Brid. = Bridel.

Carr. = Carruther.
C. M. = Carl Müller (Freiburg).
Cogn. = Cogniard.

De Cand. = De Candolle.
De Not. = De Notaris.
Dicks. = Dickson.
Dum. = Dumortier.

Ehrh. = Ehrhart.

Gies. = Gieseke.

Hartm. = Hartmann.
Hedw. = Hedwig.
Hoffm. = Hoffmann.
Hook. = Hooker.
Horn. = Hornemann.
Hornsch. = Hornschuch.
Hueb. o. Hueben. = Huebener.

Jur. = Juratzka.

K. M. = Karl Müller (Freiburg).
v. Klinggr. = von Klinggräff.

L. = Linné.
Lib. = Libert.
Lightf. = Lightfoot.
Limpr. = Limpricht.
Lindbg. = Lindbg.
Lindenbg. = Lindenberg.
Loitlesb. = Loitlesberger.

M. et N. = Montagne und Nees von Esenbeck.
Mart. = Martius.
Mass. oder Massal. = Massalongo.
Mich. = Michaux.
Meyl. = Meylan.
Mitt. = Mitten.
Mont. = Montagne.

N. v. E. = Nees von Esenbeck.
Neck. = Necker.

Perss. = Persson.
Phil. = Philibert.

Russ. = Russow.

Schiffn. = Schiffner.
Schpr. oder Schimp. = Schimper.
Schleich. = Schleicher.
Schmid. = Schmidel.
Schrad. = Schrader.
Schwägr. = Schwägrichen.
Scop. = Scopoli.
Sendtn. = Sendtner.
Sm. = Smith.
Steph. = Stephani.
Sull. = Sullivant.
Sw. = Swartz.

Tayl. = Taylor.
Thed. = Thedenius.

W. et M. = Weber und Mohr.
Wahlbg. od. Wahlenbg. = Wahlenberg.
Wallr. = Wallroth.
Warnst. = Warnstorf.
Web. = Weber.
Wils. = Wilson.
With. = Withering.

Die Farnpflanzen (Pteridophyta).

Von

Oberstleutnant a. D. **Guido Brause †.**

Für die 2. Auflage revidiert von **Heinrich Andres-Bonn.**
(Allgemeiner Teil revidiert von **R. Pilger,** Lycopodiaceae von **E. Pritzel,**
Selaginellaceae von **O. Ch. Schmidt**).

A. Allgemeiner Teil.

I. Allgemeine Übersicht.

Die ersten Spuren der Pteridophyten finden sich in den Versteinerungen des älteren Paläozoikums; so treten im Silur schon die seltsamen, noch wenig gegliederten Psilophyten auf, die ins Devon herüberreichen, wo dann auch schon echte Farne in größerer Zahl vorhanden sind. Den Höhepunkt ihrer Bedeutung in der Pflanzenwelt erreichten dann die Pteridophyten in der Steinkohlenzeit (Karbon), in welcher die mächtigen Formen der mit den heutigen Selaginellen verwandten Lepidophyten (Sigillarien und Lepidodendren), sowie die zu den Equisetales zu rechnenden Calamarien waldbildend auftraten, während die Farne zum Teil selbst baumartig, zum größten Teil aber niedriger, den Unterwuchs dieser Wälder bildeten. Freilich fehlte es im Karbon auch an Gymnospermen nicht, unter denen besonders die heute ausgestorbenen Cordaiten mit ihren langen Blättern bemerkenswert sind, und neuere Forschungen haben ergeben, daß viele bislang zu den Farnen gerechnete Formen samentragende Cycadophyten waren, in der Belaubung noch den Farnen ähnlich.

Die Riesenformen der Pteridophyten, wie sie in der Karbonzeit lebten, sind geschwunden; nur kleinere Formen sind besonders unter den Lycopodiales und Equisetales übrig geblieben, bei den Farnen sind die Baumfarne der wärmeren Länder Reste ehemaliger stolzer Entwicklung.

Die Pteridophyten nähern sich in ihrem Aufbau schon in vielen Beziehungen den Blütenpflanzen; so zeigen sie stets eine deutliche Gliederung in Stamm und Blatt und sind von Gefäßbündeln durchzogen, die der Leitung der Nährstoffe dienen. Deutliche Entwicklungsstufen sind erkennbar; die höchststehenden Formen leiten direkt zu den Blütenpflanzen hinüber. Bei den isosporen (gleichsporigen) Eufilicinen geht aus der ungeschlechtlich entwickelten Spore ein verhältnismäßig großes monöcisches (männliche und weibliche Geschlechtsorgane erzeugendes) Prothallium hervor, das selbständig vegetiert. Bei den heterosporen (ungleichsporigen) Hydropteridineae entwickelt die größere Spore (Makrospore) ein kleines, sich von der Spore nicht trennendes, doch chlorophyllhaltiges, nur Archegonien (weibliche Organe) tragendes Prothallium, während die kleinere Spore (Mikrospore) nur ein rudimentäres, einzelliges, chlorophyllfreies Prothallium erzeugt, das nur zwei kleine Antheridien (männliche Organe) hervorbringt. Bei den Selaginellaceae und Isoëtaceae geht die Entwicklung des Prothalliums völlig innerhalb der Spore vor sich; die Mikrosporen entwickeln ein nur aus einer Zelle und einem Antheridium bestehendes Prothallium, das bis zur Reife der Spermatozoiden in der Spore eingeschlossen bleibt, die Makrosporen ein etwas kräftigeres, dessen die wenigen Archegonien tragender Scheitel durch Aufreißen der Sporenmembran freigelegt wird. Im Übergang zu typischer Heterosporie und in der Reduktion des unselbständig werdenden Prothalliums zeigt sich die Annäherung an die gymnospermen Blütenpflanzen: der Embryosack der Samenanlage kann mit der Makrospore, das Pollenkorn mit der Mikrospore homologisiert werden. In dieser Beziehung ist auch als bemerkenswerte Tatsache hervorzuheben, daß noch bei einigen primitiven Gymnospermen (Cycadaceae, Ginkgo) die Befruchtung wie bei den Archegoniaten durch Spermatozoiden erfolgt, während sonst überall bei den Blütenpflanzen der männliche Kern durch den Pollenschlauch zur Eizelle befördert wird.

Entwicklungsgang.

Im Entwicklungsgang der Pteridophyten wechseln stets eine geschlechtliche und eine ungeschlechtliche Generation, ein Gametophyt und ein Sporophyt, miteinander ab (Generationswechsel). Betrachten wir zunächst die isosporen Formen, also etwa die Eufilicinen. Die Vermehrung geschieht durch die große Zahl gleichartiger Sporen, die von der ungeschlechtlichen Generation, der großen Farnpflanze, erzeugt werden. Aus der Spore erwächst die geschlechtliche Generation, das kleine Prothallium, ein meist ungefähr herzförmiges Gebilde, das mit feinen Haarwurzeln (Rhizoiden) befestigt ist (Fig. I). Es trägt auf der Unterseite die Geschlechtsorgane, die Antheridien und Archegonien (Fig. II). Die Antheridien gehen aus einer Zelle hervor, die durch Teilung eine Schicht von Wandzellen und eine Gruppe von Spermatozoid-Mutterzellen erzeugt. Die Spermatozoiden (Samenfäden) sind mit vielen Geißeln versehen. Die Archegonien sind flaschenförmig, der dickere Bauchteil ist eingesenkt, der

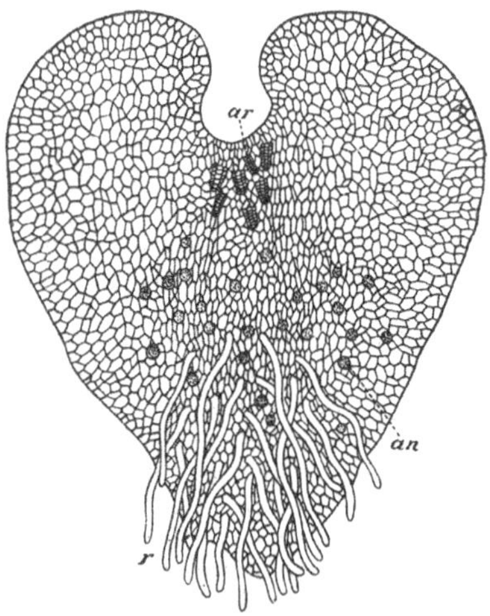

Fig. I. Farn-Prothallium von der Unterseite. *an* Antheridien, *ar* Archegonien, *r* Rhizoiden.

Hals, dessen Zellen zwischen sich einen Kanal freilassen, ist vorgestreckt. Am Grunde des Bauchteiles liegt die Eizelle, darüber die sogenannte Bauchkanalzelle. Die Befruchtung der Eizelle wird vollzogen, indem ein Spermatozoid durch den Hals des Archegoniums zum Ei gelangt und in dieses eindringt. Es ist klar, daß die Befruchtung nur durch Vermittlung von Flüssigkeit vor sich gehen kann; die Prothallien können also nur auf feuchtem Boden leben. Bei den gleichfalls isosporen Equiseten sind die Prothallien diözisch, tragen also entweder nur Archegonien oder nur Antheridien und sind unregelmäßig verzweigt oder gelappt, bei den Lycopodien sind sie oft chlorophyllos, unterirdisch lebend, dick, von verschiedener Gestalt, knollig oder rübenförmig.

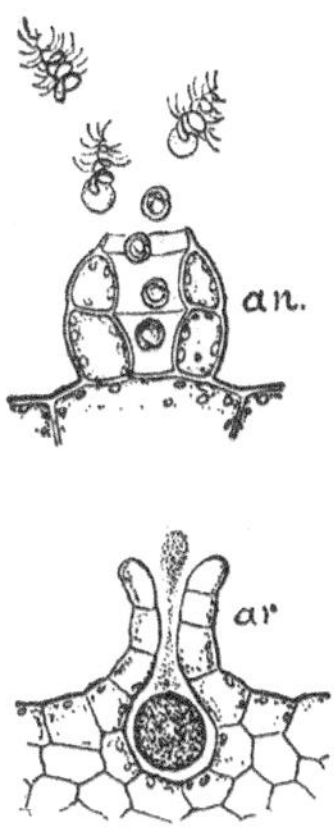

Fig. II. Geschlechtsorgane eines Farn-Prothalliums, stark vergr. *an* Antheridien, die Spermatozoiden entlassend, *ar* Archegonium mit Eizelle. (Nach Luerssen.)

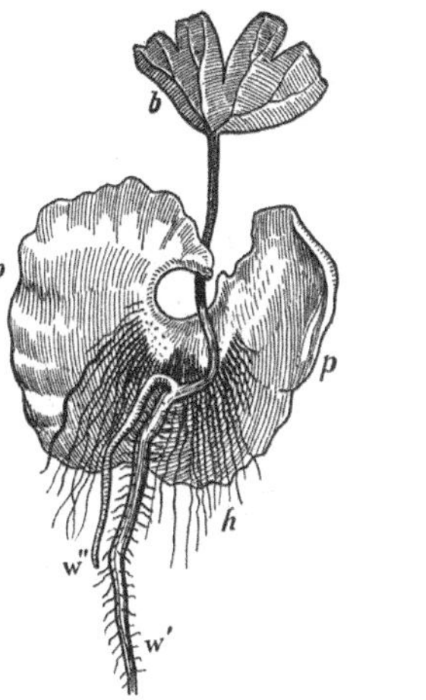

Fig. III. Junge Farnpflanze im Zusammenhang mit dem Prothallium, *p* Prothallium, *w'* die erste Wurzel, *w''* eine Nebenwurzel, *b* das erste Blatt der Farnpflanze. (Nach Sachs.)

Aus der befruchteten Eizelle geht die ungeschlechtliche Generation, der Sporophyt hervor (Fig. III); diese Generation ist im vegetativen Bau und in der Entwicklung der Sporen, die durch den Wind verbreitet werden, an das Luftleben angepaßt. Die Farnpflanzen besitzen meist als Stengelorgan ein kriechendes Rhizom, das reich gefiederte große Blätter (Wedel) trägt, die in der Jugend an der Spitze eingerollt sind. Bemerkenswert ist im Gegensatz zu den Bryophyten die Entwicklung wohlausgebildeter Gefäßbündel und zwar vom konzentrischen Typus, bei dem das große, treppenförmige Gefäße enthaltende Xylem (Holzteil zur Wasserleitung) rings vom Phloem (Siebteil zur Leitung organischer Substanzen) umgeben ist. Bei den Equiseten sind die Blätter am Sporophyten klein, schuppenförmig, quirlig und unterwärts zu einer den Stengel umgebenden Scheide verwachsen. Die Stengel der Lycopodien sind gabelig verzweigt und mit kleinen schuppen- oder nadelförmigen Blättern dicht bekleidet.

Der Sporophyt erzeugt auf ungeschlechtlichem Wege in großen Mengen die Sporen, die im Inneren von Sporangien entstehen, rundlichen, gestielten Kapseln, die bei der Reife aufspringen, um das Ausstreuen der Sporen zu ermöglichen. Die Sporangien sind auf den Wedeln in Gruppen (Sori) von sehr verschiedener charakteristischer Form angeordnet, über die im nächsten Abschnitt näher berichtet wird. Sie entstehen aus einer einzelnen Oberflächenzelle und sind bei der Reife von einer einschichtigen Wandung umgeben, während im Inneren die Sporen je zu vier in den Sporenmutterzellen ausgebildet werden. Zur Öffnung ist die Wand bei den Eufilicinen mit

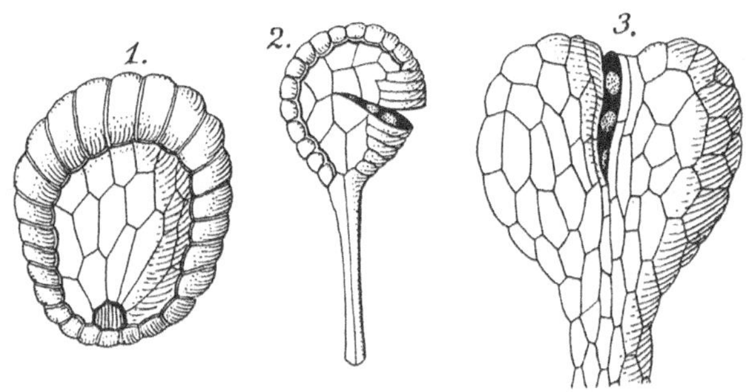

Fig. IV. Sporangien: 1. Hymenophyllum. — 2. Polypodium, Ring nicht geschlossen. — 3. Osmunda.

einer Zellreihe versehen, deren Innen- und Seitenwände stark verdickt sind, während die Außenwände zart bleiben (Fig. IV). Diese Zellreihe bildet um das Sporangium einen vollständigen (Hymenophyllum) oder unvollständigen Ring, den sogen. Annulus, welcher bei der Reife durch Kohäsionsmechanismus zum Zerreißen gebracht wird. Nur bei Osmunda wird der Ring durch eine kleine, unterhalb des Scheitels gelegene Gruppe polygonaler, dickwandiger Zellen ersetzt, von welcher aus sich das Sporangium mit einem durch zartere Zellen vorgeschriebenen Riß über den Scheitel hinweg öffnet.

Die Sporangien der übrigen Pteridophyten-Klassen sind ringlos und öffnen sich verschiedenartig. Bei den Equiseten stehen die Sporangien an schildförmigen Sporophyllen, die am Ende des Sporophyten ährenartig gedrängt sind, bei den Lycopodien stehen sie einzeln am Grunde der Sporophylle, die auch hier ährenartig vereint sind.

Zu den heterosporen Pteridophyten gehören die Hydropteridineae, die Selaginellaceae und die Isoëtaceae. Es zeigt sich also, daß sich die Heterosporie in verschiedenen Gruppen der Pteridophyten unabhängig herausgebildet hat.

Die Reduktion der Prothallien wurde schon oben hervorgehoben; der Sporophyt zeigt sehr verschiedenartige Ausbildung und Form der Makro- und Mikrosporangien; hierüber ist der spezielle Teil zu vergleichen.

Noch ist zu bemerken, daß die Regelmäßigkeit des Generationswechsels durch abnorme Entwicklung unterbrochen werden kann. So kann Apogamie eintreten, indem das aus der Spore hervorgegangene Prothallium keine Geschlechtsorgane bildet oder dieselben wenigstens nicht funktionieren, dafür aber Laubknospen an dem Prothallium entstehen, die zu normalen, sporenbildenden Pflanzen auswachsen (Dryopteris filix mas, Osmunda regalis).

Eine vegetative Vermehrung kann erfolgen durch Zerteilung eines kriechenden Rhizoms, indem das abgetrennte Rhizomstück zur selbständigen Pflanze wird, oder durch Adventivknospen. Diese gehen aus einer einzigen Oberflächenzelle des Farnwedels hervor, entwickeln sich, auf der Mutterpflanze sitzend, zu einem derselben entsprechenden Pflänzchen, fallen ab, fassen Wurzel und wachsen dann selbständig weiter. Solche Adventivknospen kommen bei unseren Farnen kaum, bei außereuropäischen, besonders afrikanischen öfter vor.

Endlich ist die Aposporie der Farne zu erwähnen, bei der auf den Blättern Prothallien entstehen, die Geschlechtsorgane haben und zu normalen, sporenbildenden Pflanzen auswachsen. Diese Prothallien bilden sich an dem Stiel oder der Wand der Sporangien selbst, deren Entwicklungsgang unterbrochen wird, oder an den Blattspitzen. Der Vorgang ist hier ein ähnlicher wie bei den Adventivsprossen, aber während bei Aposporie wirkliche Prothallien da sind, entwickelt die einzige Oberflächenzelle, aus der eine Adventivknospe hervorgeht, unmittelbar eine dreiseitig sich segmentierende Scheitelzelle, die im Laufe der Entwicklung den Wachstums- und Teilungsmodus der Mutterpflanze annimmt.

Einteilung und Bestimmen der Eufilicineae.

Die Sporangien stehen fast nie allein, sondern in Gruppen, deren verschiedenartige Formen für die Einteilung der Farne in Gattungen den ersten Anhalt bieten. Eine solche Gruppe heiß Sorus. Die Sori stehen in den meisten Fällen auf der Unterseite der Blattfläche und sind den Blattnerven aufgesetzt. Eine Ausnahme hiervon macht die Gattung Hymenophyllum, bei welcher die Sporangien nicht unterständig, sondern randständig an der Verlängerung des Nervenendes um ein fadenförmiges Receptaculum angesetzt sind und von einer becherförmigen Hülle fest umschlossen werden. Unsere übrigen Farngattungen zeigen keine solche festen Hüllen, sondern begnügen sich mit schleierartig über die Sori gebreiteten Decken (Indusien), oder der umgerollte Blattrand dient als Schutz, oder es fehlt überhaupt jeder Schleier. — Sori der verschiedenen Farngattungen s. Fig. V.

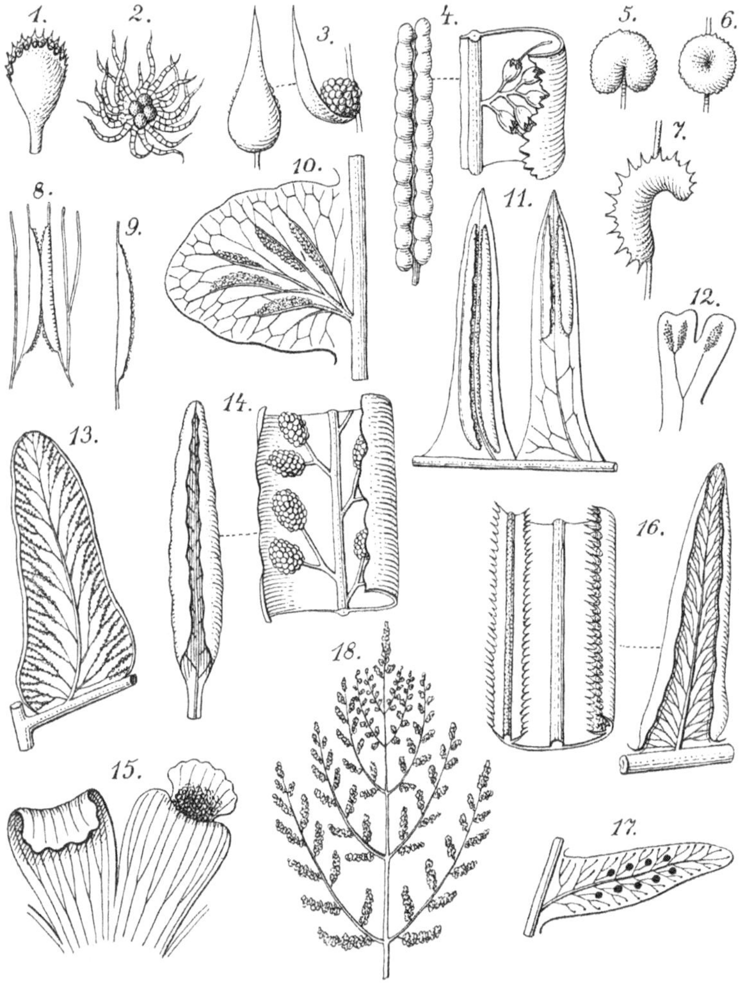

Fig. V. Sori. 1. Hymenophyllum. — 2. Woodsia. — 3. Cystopteris. — 4. Struthiopteris. — 5. Nephrodium. — 6. Polystichum. — 7. Athyrium. — 8. Scolopendrium. — 9. Asplenium. — 10. Ceterach. — 11. Blechnum. — 12. Anogramma. — 13. Notholaena. — 14. Cryptogramma. — 15. Adiantum. — 16. Pteridium. — 17. Polypodium. — 18. Osmunda. Die *anastomosierende* Nervatur der Gattungen Ceterach und Blechnum ist bei Fig. V 10. und 11. zu ersehen.

Weiter von Bedeutung für das Bestimmen der Farne ist die Anordnung und Verzweigung der Nerven. Dieselben können frei sein, d. h. nebeneinander herlaufen, ohne sich zu verbinden, oder sie werden durch Queräste miteinander verbunden, sie anastomosieren. Letzteres tritt bei unseren Farnen nur bei der Gattung Ceterach und den Sporenblättern von Blechnum ein. Vorherrschend ist die fiederige Anordnung, bei welcher deutlich ein Mittelnerv ausgebildet ist; eine wesentliche Abweichung ist nur die fächerige Anordnung (Adiantum). Je nach dem Grad ihrer Verzweigung werden sie in Nerven 1.—3. Ordnung eingeteilt. Zu beachten ist, ob die Nerven bis an den Blattrand gehen oder vorher enden, ob sie gleichmäßig stark bleiben oder am Kopf verdickt sind, ob sie bei gezähntem Blattrande in die Spitze der Zähne oder in die Buchten ausgehen,

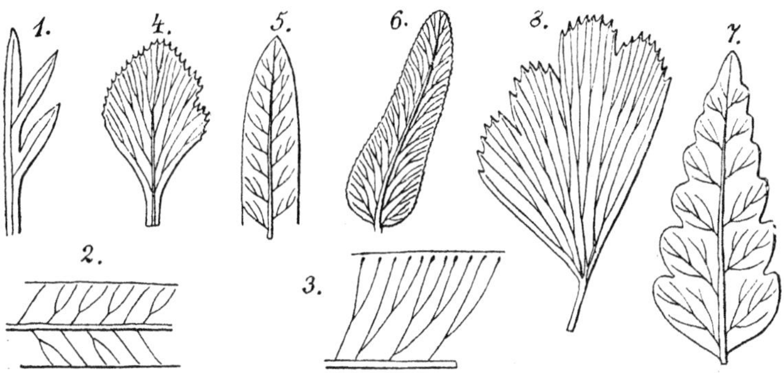

Fig. VI. Nervatur. 1. Caenopteridis. — 2. Ctenopteridis. — 3. Taeniopteridis. — 4. Sphenopteridis. — 5. Eupteridis. — 6. Neuropteridis. — 7. Pecopteridis. — 8. Cyclopteridis.

und ob sie gegen das Licht gehalten durchsichtig oder undurchsichtig sind. Die wichtigsten Typen der Nervatur unserer Farne s. Fig. VI.

Wenn der erste Nerv 2. Ordnung von dem Mittelnerven der Fieder in deren oberen Fiederhälfte abzweigt, so heißt diese Anordnung anadrom, zweigt er in der unteren Hälfte ab, katadrom.

Meistenteils sind die Farne an einzelnen Stellen, besonders an dem Stamm, dem Blattstiel, der Rachis und den Nerven, mit einfachen, seltener mit Drüsenhaaren oder mit Spreuschuppen bekleidet. Diese Bekleidung ist sehr zu beachten, da sie bei zweifelhaften, schwer zu bestimmenden Exemplaren ausschlaggebend sein kann. Die Spreuschuppen haben meist einschichtige, chlorophyllose Zellen mit entweder zarten, gleichfarbigen Wänden — paleae cystopteroideae —, oder ihre Seitenwände sind bedeutend verdickt und braun gefärbt — pal. clathratae — und lassen die Schuppe gegittert erscheinen (bei Asplenium, Ceterach, Scolopendrium). Ab und zu sind bei letzterer Form die die Oberfläche begrenzenden Zellwände stellenweise verdickt (Asplenium trichomanes); wenn eine solche Verdickung in der Mitte der Schuppe gelegen ist, so sieht dieselbe wie ein Mittelnerv aus, ist aber nur ein Scheinnerv. — Die Schuppen sind entweder mit breiter Basis befestigt oder schildförmig nur an einem Punkt angeheftet. Nach der Beschaffenheit des Randes können sie ganzrandig, gezähnt, gewimpert oder gefranst sein s. Fig. VII.

Zwischen den Sporangien finden sich bei manchen Farnarten Haarbildungen von sehr verschiedener Gestalt — Paraphysen —, welche entweder von dem Stiel der Sporangien oder von dem Receptaculum ausgehen. Bei unseren Arten hat nur Hymenophyllum tunbridgense am Grunde des Receptaculums unterhalb der Sporangien zuweilen einige sehr kleine, einfache Paraphysen.

Die Benennungen für die Form der Blattabschnitte, für den Rand (Kerbung, Zähnelung usw.) sind dieselben, wie sie auch für die Blütenpflanzen gebräuchlich sind.

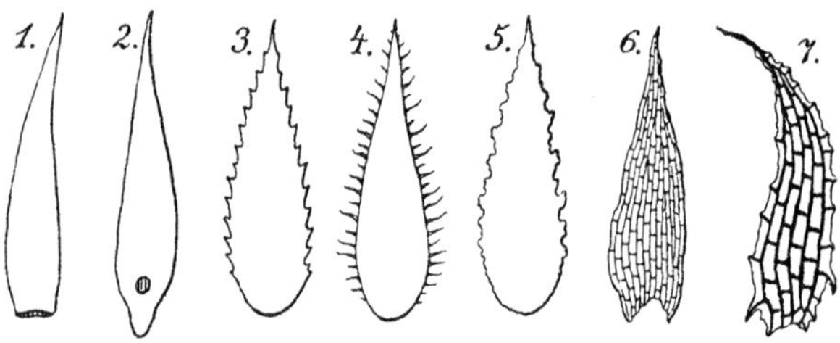

Fig. VII. Schuppen. 1. mit breiter Basis angeheftet. — 2. schildförmig befestigt. — 3. gezähnt. — 4. gewimpert. — 5. gefranst. — 6. palea cystopteroidea. — 7. p. clathrata.

Der Stiel des Blattes trennt sich meist regellos vom Rhizom; bei manchen Gattungen ist aber durch eine spezielle Trennungsschicht am Grunde des Stieles oder auch etwas höher hinauf eine Abgliederungsstelle vorgeschrieben, an welcher der gegliederte Stiel nach dem Abbrechen eine seiner Querschnittsform entsprechende Narbe hinterläßt. Liegt die Abgliederungsstelle über der Blattstielbasis, so bleibt nach dem Abbrechen am Rhizom ein mehr oder minder langes Stück des Stieles, das Phyllopodium, zurück. — Die Blattspreite kann einfach oder gefiedert sein. Einfach ist sie, wenn keine seitlichen Einschnitte bis an die Mittelrippe (Rhachis) herangehen. Gehen sie bis an die Mittelrippe heran, so daß zu beiden Seiten derselben vollständig voneinander getrennte Abschnitte — Fiedern 1. Ordnung — entstehen, so ist die Spreite einfach gefiedert. Der Mittelnerv einer sochen Fieder heißt Costa. Sind die Fiedern in dem Raum zwischen Costa und Rand bis höchstens zur Hälfte eingeschnitten, so heißen sie fiederspaltig; geht die Teiung über die Hälfte hinaus, aber nicht ganz an die Costa heran, so sind sie fiederteilig. Gehen die Einschnitte bis an die Costa heran, so entstehen hierdurch neue gesonderte Abschnitte, die Fiedern 2. Ordnung, und bei weiterer Teilung Fiedern 3. und 4. Ordnung.

II. Das Sammeln und Präparieren der Farne.

Ehe man Farne sammelt, verschafft man sich eine allgemeine Übersicht über dieselben so weit, daß man die unterscheidenden Merkmale der Gattungen schon kennt und mit Hilfe eines Leitfadens an der lebenden Pflanze den Versuch machen kann, diese zu bestimmen. Der Blick schärft sich sehr rasch, wenn man erst weiß, worauf es ankommt. Als Handwerkszeug dienen eine Anzahl Bogen grauen ungeleimten Löschpapiers oder Zeitungen, welche zweckmäßig zwischen 2 Holz- oder dicken Pappdeckeln durch Riemen fest zusammengehalten werden, und ein derbes, scharfes Taschenmesser; letzteres ist unentbehrlich. Den Farn schneide man stets vorsichtig so tief ab, daß man möglichst den ganzen Stiel und die häufig vorkommenden Spreuschuppen erhält, aber das Rhizom nicht verletzt. Dieses muß unter allen Umständen geschont werden, um nicht die ganze Pflanze zu vernichten. Den abgeschnittenen Farn lege man sofort sehr vorsichtig in einen der grauen Bogen und schnalle dann die Bogen wieder fest ein. Ist das Exemplar für den Bogen zu groß, so biege man es nicht, sondern schneide es entsprechend durch, lege jeden Teil in einen besonderen Bogen und achte dabei, besonders bei zerteilteren Formen mit zartem Laub, darauf, daß die Fiederchen und Abschnitte ganz glatt zu liegen kommen. Sorgfältigste Behandlung ist unbedingt erforderlich, da das Laub der meisten Farne sich sehr bald einrollt und dann gar nicht wieder in Ordnung zu bekommen ist. Erlauben es die Umstände, so sammle man zu verschiedenen Jahreszeiten: die Schuppen und sonstige Bekleidung wird am besten die junge, (vegetativ eben erst) voll entwickelte Pflanze zeigen; der Schleier ist am besten zu sehen, wenn er ganz jung ist und die Sori darunter, noch in der Entwicklung begriffen, kaum hervortreten; das letzte Stadium bringt die Sporenreife, doch dürfen die Sporen weder unreif, noch allzureif und ausgestreut sein. Von Anfang an gewöhne man sich, gleich beim Sammeln kurze schriftliche Bemerkungen zu jeder Pflanze zu machen. Jede Pflanze erhält eine Nummer, Ortsangabe, Datum, kurze Stichworte über den Standort und die Bodenbeschaffenheit sowie sonst bemerkenswerte Wahrnehmungen. Zu Hause sind die gesammelten Pflanzen in frische, trockene Bogen umzulegen und sofort in die Presse zu bringen. Zu unterst kommt in die Presse eine Lage Löschpapier (4—5 leere Bogen) oder Pappe, darauf ein Bogen mit den eingelegten Pflanzen, darüber wieder eine Lage leerer Bogen usw. Täglicher Wechsel der Zwischenlagen (trocken!) ist anfangs unbedingt erforderlich, sonst werden die Pflanzen schwarz. Schachtelhalme werden leicht schwarz; man trocknet sie am besten am Ofen oder mit dem Plätteisen; die Zwischenlagen sind dann alle 2—3 Stunden zu erneuern. Man kann die frischen Stengel auch einige Minuten leichten Schwefeldämpfen aussetzen, sie behalten dann die natürliche Farbe. Im allgemeinen ist festzuhalten: kurzes, scharfes Trocknen bei erhöhter Temperatur erfordert mehr Aufmerksamkeit und Mühe, erhält aber möglichst die natürliche Farbe der Pflanzen. Fürs Herbar wird die getrocknete Pflanze auf einen Bogen starken Papiers befestigt und mit Etikette versehen, die außer Namen und Fundort wichtige Beobachtungen und den Namen des Sammlers enthält. Farne werden in der Sammlung selten von Insekten zerstört, nur Osmunda macht eine Ausnahme.

B. Spezieller Teil.

Systematische Übersicht.

Pteridophyta (Farnpflanzen).

(Einteilung nach Engler-Prantl, Natürl. Pflanzenfamilien I[4].)

A. Stamm meist unterirdisch, kriechend oder aufsteigend, ungegliedert. Blätter mehr oder minder reich gegliedert, im Verhältnis zu dem Stamm ansehnlich und kräftig entwickelt. Sporangien zahlreich, zu kleinen Gruppen vereinigt auf den Laubblättern gleichen oder veränderten Blättern.

I. **Filicales.**

B. Stamm unterirdisch, gegliedert, oberirdisch Sprosse entsendend. Blätter im Verhältnis zum Stamm klein, quirlständig; die sporentragenden endständig an den Sprossen zu Ähren vereinigt, ihre Zähne zu schildförmigen Sporangienträgern umgewandelt; die sporenlosen zu einer gezähnten, die Basis des darüber stehenden Internodiums rings umfassenden Scheide vereinigt.

II. **Equisetales.**

C. Stamm ungegliedert, selten gegliedert, mit kleinen, einfachen, zahlreichen Blättern; die sporentragenden am Grunde ihrer Oberseite ein einzelnes Sporangium tragend, meist zu endständigen Ähren vereinigt. Immergrüne Gewächse.

III. **Lycopodiales.**

I. Klasse: Filicales.

1. Prothallium unterirdisch, mehrschichtig; Geschlechtsorgane eingesenkt. Blätter in der Knospenlage aufrecht oder nur mit der Spitze hakenförmig eingebogen oder mit der ganzen Spreite zurückgeschlagen, auf der Innenseite den Sporangienstand — eine gestielte Ähre oder eine Rispe — entwickelnd, so daß das Blatt in einen sporenlosen und einen sporentragenden Teil gegliedert wird. Sporangien aus einer Gruppe von Epidermiszellen hervorgehend, mit mehrschichtiger Wand, ohne Ring, in das Gewebe des sporentragenden Blatteiles eingesenkt oder als kugelige Kapseln über den Blattrand hinausragend. Gleichsporig.

1. **Ophioglossales.**

2. Antheridien nicht in das Prothallium gesenkt. Sporangien aus einer einzigen Epidermiszelle hervorgehend. Gleichsporig und ungleichsporig.

A. Gleichsporig. Prothallium oberirdisch, chlorophyllreich, mit beiderlei Geschlechtsorganen versehen. Blätter in der Knospenlage schneckenförmig eingerollt. Sporangien mit einschichtiger Wand und Ring (ausgenommen Osmunda).
2. **Eufilicineae.**

B. Ungleichsporig. Makro- und Mikrosporen in gesonderten Sporangien; die Makrosporen entwickeln ein mehr oder minder rudimentäres Prothallium, welches nur Archegonien führt, die Mikrosporen ein wenig-zelliges Prothallium mit nur 1—2 Antheridien. Sporangien mit einschichtiger Wand, ohne Ring. Blätter in der Knospenlage der Länge nach einfach zusammengefaltet oder spiralig eingerollt.
3. **Hydropteridineae.**

1. Unterklasse: **Ophioglossales.**

Nur eine Familie. Meist kleine ausdauernde Pflanzen mit meist sehr kurzem, aufrechtem, fast zylindrischem oder verkehrt-kegelförmigem, selten knollenförmigem Rhizom, dessen fleischige, verhältnismäßig dicke Wurzeln entweder unverzweigt, ausläuferartig sind und aus Adventivknospen neue Pflanzen entwickeln, oder mehrfach verzweigt sind und keine Adventivknospen bilden.
Ophioglossaceae. (S. 16.)

2. Unterklasse: **Eufilicineae.**

Sorus randständig, an einem die Fortsetzung eines Nervs über den Blattrand hinaus bildenden Receptaculum. Sporangien sitzend, Ring vollständig, wagerecht oder schief. Indusium unterständig, 2lappig, becher- oder röhrenförmig. Sporen tetraëdrisch-kugelig.
1. **Hymenophyllaceae.** (S. 25.)

Sorus auf der Blattunterseite, auf den Nerven, mit und ohne Schleier. Sporangien mit unvollständigem Ring, quer aufspringend, meist gestielt. Sporen bilateral oder tetraëdrisch-kugelig.
2. **Polypodiaceae.** (S. 26.)

Sporangium ohne Ring; dieser durch eine Gruppe dickwandiger Zellen ersetzt, von welcher aus das Sporangium über Scheitel und Bauchseite aufspringt. Schleier fehlt. Sporen tetraëdrisch-kugelig.
3. **Osmundaceae.** (S. 23.)

3. Unterklasse: **Hydropteridineae.**

1. Kleine, höchstens mittelgroße, kriechende, seltener schwimmende, meist ausdauernde Sumpf- und Uferpflanzen. Blätter in der Knospe spiralig eingerollt. Sporenkapseln Makro- und Mikrosporangien enthaltend.
1. **Marsiliaceae.** (S. 80.)

2. Zarte, auf der Wasseroberfläche schwimmende, meist einjährige Pflanzen. Blätter in der Knospe der Länge nach gefaltet. Sporenkapseln einfächerig, eingeschlechtlich, nur Mikro- oder nur Makrosporangien enthaltend.

A. Wurzellose Schwimmpflanzen mit schwachem, kaum fiederig verzweigtem Stengel. Blätter in wechselständigen, 3gliederigen Quirlen, mit je zwei rücken- und gegenständigen, flachen, ungeteilten und schwimmenden Luftblättern und einem ins Wasser hängenden wurzelähnlichen Wasserblatte. Sporenkapsel am Grunde des Wasserblattes.

2. **Salviniaceae.** (S. 81).

B. Zarte, kleine Pflänzchen von moosähnlichem Aussehen mit reichlich fiederig verzweigtem Stengel, mit Wurzeln. Blätter wechselständig, auf der Rückseite zweizeilig gestellt, tief zweilappig. Der obere größere Lappen schwimmend, der untere kleinere untergetaucht. Sporenkapseln zu 2—4 an dem untergetauchten Blattabschnitt des untersten Blattes eines Sprosses.

3. **Azollaceae.** (S. 82.)

II. Klasse: **Equisetales** (Schachtelhalme).

Nur eine Familie. Prothallium ein vielfach gelappter, chlorophyllhaltiger, selbständiger, eingeschlechtlicher Gewebekörper. Rhizom mehr oder minder verzweigt, oberirdische Sprosse entsendend. Letztere bleiben meist nur während einer Vegetationsperiode erhalten und können nur bei einigen Arten (E. hiemale, trachyodon, scirpoides) mehrere Jahre ausdauern. In ihrem Bau stimmen oberirdische und unterirdische Sprosse im allgemeinen überein; jeder Sproß besteht aus einer Reihe von Gliedern (Internodien), welche bei den unterirdischen mehr oder weniger solide, bei den oberirdischen dagegen meist hohl sind. Reife Sporangien sackartig mit einschichtiger ringloser Wand, welche zahlreiche, gleichgestaltete, kugelige oder eirunde Sporen umschließt.

Equisetaceae. (S. 83.)

III. Klasse: **Lycopodiales** (Bärlappgewächse).

Blätter ohne häutigen Auswuchs (Ligula) an der Basis. Sporen gleichartig. Aus der Spore geht ein rudimentärer Vorkeim und aus diesem durch Sprossung das unterirdisch selbständig vegetierende, knollenartige, monöcische Prothallium mit eingesenkten, sich nur wenig hervorwölbenden Antheridien und nur mit dem Halse hervorragenden Archegonien hervor.

L. eligulatae.

Blätter mit häutigem Auswuchs. Sporen zweigestaltig, als Makro- und Mikrosporen in verschiedenen Sporangien entwickelt. Männliches Prothallium nur aus einer vegetativen Zelle und einem Antheridium bestehend, bis zur Reife der Samenfäden (Spermatozoiden) in der Mikrospore eingeschlossen bleibend. Das kräftigere weibliche Prothallium bildet einen Zellkörper, welchen die Makrospore ausfüllt, denselben dann nur am Scheitel durchbricht und einige eingesenkte, nicht oder kaum hervorragende Archegonien zeigt.

L. ligulatae.

1. Unterklasse: **L. eligulatae.**

Nur eine Familie. Blätter ungeteilt. Sporangien mehr oder minder nierenförmig, mit mehrschichtiger, ringloser Wand, einfächerig, muschelartig zweiklappig aufspringend. Sporen tetraëdrisch-kugelig.

Lycopodiaceae. (S. 104.)

2. Unterklasse: **L. ligulatae.**

1. Zarte, Feuchtigkeit und Schatten liebende, ausdauernde Landpflanzen. Stengel dünn, mit kleinen, nur mit einem Mittelnerven versehenen Blättern. Sporangien in der Blattachsel angelegt, später auf das Blatt hinüberrückend, zuletzt frei auf dem Blattgrunde stehend, einfächerig, kapselartig aufspringend. Sporenblätter eine Ähre bildend. In den Makrosporangien gewöhnlich 4 Makrosporen, in den Mikrosporangien eine große Anzahl Mikrosporen. Mikrosporangien meist in der größeren oberen Hälfte der Ähre, in der kleineren unteren die Makrosporangien, sehr verschieden an Zahl und Anordnung. Die Entwicklung des Prothalliums geht völlig in der Spore vor sich; Antheridien und Archegonien nicht hervorragend.

Selaginellaceae. (S. 108.)

2. Binsenartige, ausdauernde Gewächse, deren Vegetation bei unseren Arten nie ganz unterbrochen wird, mit knollenartigem, unterirdischem, unverzweigtem, von einer Blattrosette umgebenem Stamm. Blätter pfriemlich, am Grunde scheidig verbreitert, sich gegenseitig umfassend. Unterhalb der Ligula der Sporenblätter eine tiefe Grube (Fovea), in welcher die Sporangien, stets einzeln, ein Makro- oder Mikrosporangium, zur Reife gelangen; die Grube durch ein von dem oberen Grubenrand ausgehendes Häutchen (Segel) mehr oder minder abgeschlossen. Makro- und Mikrosporangien wesentlich gleich gestaltet, groß, länglich oder rundlich, unvollständig gefächert, nach der Reife nur durch Verwesung der mehrschichtigen, ringlosen Wand sich öffnend. Entwicklung des Prothalliums ähnlich wie bei voriger Familie.

Isoëtaceae. (S. 109.)

1. Familie: **Ophioglossaceae.**

Meist kleine ausdauernde Pflanzen mit kurzem, bisweilen knolligem, meist aufrechtem Rhizom. Fertile Blätter aus einem oberen, die Sporangien tragenden, und einem unteren, sporenlosen Teil bestehend. Sporen tetraëdrisch-kugelig. — Mit 2 Gattungen:

1. Sporangien in je einer Reihe an den Seitenrändern des schmal-linealen, ungeteilten, fertilen Blattabschnittes eingesenkt, nur als schwache Wölbungen hervortretend. Steriler Blatteil meist auch ungeteilt, mit Netzaderung versehen.

Ophioglossum.

2. Sporangien an den Rändern der schmalen Abschnitte des fertilen Blatteiles, kugelig, nicht eingesenkt, später sämtlich nach dem sterilen Blattabschnitt zugewendet. Steriler Blatteil fast stets geteilt. Nerven nicht anastomosierend.

Botrychium.

Gattung: **Ophioglossum** L.

Rhizom bei den bodenständigen Arten kurz, aufrecht, mit langen, fleischigen, horizontal kriechenden, unverzweigten, zuweilen Adventivsprosse bildenden Wurzeln. Blätter dicht gedrängt, spiralig angeordnet, jährlich nur eins, selten zu 2 oder 3 erscheinend. Ihr Wachstum ist ein außerordentlich langsames. Erst im 4. Jahre des unter einer scheidenartigen Hülle unterirdisch vor sich gehenden Wachstums der Blattanlage entsteht der Stiel und erst im nächsten, 5. Jahre tritt die Pflanze über den Boden. Die Anlage des fertilen Blattabschnittes geht zu gleicher Zeit mit der Entstehung des sterilen Abschnittes vor sich, indem sich eine oder zwei Zellen an der Spreitenbasis stark vergrößern und durch zahlreiche Teilungen eine Erhöhung bilden, welche von den Rändern des sich weiter entwickelnden und dabei stark ausdehnenden sterilen Blattabschnittes mantelartig umgeben wird. — Bei uns nur eine Art.

Blätter bis 30 cm lang, gelbgrün, fleischig, matt glänzend. Blattstiel bis 15 cm lang, mehr oder minder unterirdisch, am Grunde von der zerrissenen, braunen Hülle umgeben. Steriler Blatteil eiförmig bis länglich, mit keilförmigem Grunde herablaufend, ganzrandig, ohne Mittelnerven. Fertiler Blatteil aus dem Grunde des sterilen entspringend, lang gestielt (Stiel bis 16 cm), mit einer bis 5 cm langen, 3—4 mm breiten, in eine kurze sporangienfreie Spitze ausgehenden Sporangienähre. Nicht überwinternd.

Auf etwas feuchten, kurzrasigen Wiesen, an Waldrändern und in Wäldern; in der Ebene und im Gebirge, bis 1400 m ansteigend, meist truppweise, durch das ganze Gebiet zerstreut; nicht häufig. — Juni, Juli. (Fig. 43.)

(Natterzunge.) **O. vulgatum** L.

Wenig veränderliche Art:

1. Steriler Blatteil ziemlich wechselnd in der Form; lineal-lanzettlich, schmal-lanzettlich oder lanzettlich, meistenteils stumpflich, 5—12 cm lang, 1,2—2,5 cm breit. — Brodowin in d. Uckermark.

var. **Englerianum** Ulbrich.

2. Blätter viel kleiner, bis 10 cm lang, in der Regel zu 2—3. Steriler Blatteil lanzettlich, zugespitzt, fertiler jederseits mit 7—13 Sporangien.

var. **polyphyllum** A. Br.

Mißbildungen: Gabelungen und mehrfache Teilungen der Sporangienähre oder 2 vollständig ausgebildete Ähren nebeneinander (Seite 111).

Gattung: **Botrychium** Swartz.

Botrychium hat ein gleich langsames Wachstum wie Ophioglossum. Blätter in der Knospe nur zum Teil aufrecht, im oberen Teil hakig abwärts gekrümmt oder ganz umgeschlagen; jährlich einzeln, nur bei B. multifidum häufiger zu 2—3 erscheinend, meist fleischig, nur bei B. virginianum dünnhäutig, alle matt glänzend. Rhizom kurz, aufrecht; die fleischigen, verzweigten Wurzeln nicht wie bei Ophioglossum Adventivsprosse bildend.

I. Blätter stets kahl, länglich oder dreieckig, bis 2fach gefiedert. Ober- und Unterseite mit Spaltöffnungen.

A. Blätter mehrzeilig angeordnet. Der Stiel des sporentragenden Blatteiles entspringt in der Nähe der Basis der sterilen Spreite, etwa in oder über der Mitte der Blattlänge.

a) Sporentragender Blatteil meist lang gestielt, den sporenlosen überragend. Nerv. Cyclopteridis.

1. Blätter bis 30 cm lang, gelbgrün. Stiel bis 15 cm lang, etwa der Länge des sporentragenden Blatteiles entsprechend. Sporenlose Spreite länglich, mit rundlichem oder gestutztem Scheitel, fiederteilig, mit jederseits 2—9, aus keilförmigem Grunde schief-trapezoidischen, ganzrandigen bis schwach gekerbten, meist sich deckenden Fiederabschnitten. Sporentragender Teil meist 2fach gefiedert, zuletzt zusammengezogen.

Auf nicht zu feuchten, kurzrasigen Wiesen, grasigen Hängen, lichten Waldstellen. Durch das ganze Gebiet verbreitet, aber sehr zerstreut. In der Ebene wie im Gebirge, bis 2500 m ansteigend. — Juni—Aug. — (Fig. 44.)

(Mondraute.) **B. lunaria** (L.) Sw.

Sehr vielgestaltiger Farn, der leicht und oft abändert:

1. Segmente der sporenlosen Spreite ganzrandig oder nur schwach gekerbt bis wellig.

f. **normale** Roep.

2. Segmente der sporenlosen Spreite tief gekerbt oder eingeschnitten gekerbt bis seicht gelappt. Lappen vorne gestutzt, ganzrandig oder schwach gekerbt.

f. **subincisum** Roep.

3. Segmente der sporenlosen Spreite mehr oder weniger (oft unregelmäßig) handförmig eingeschnitten (je nach ihrer Breite) oder tief gekerbt.

f. **incisum** Milde.

4. Segmente der sporenlosen Spreite jederseits mit 2—3 tiefen Einschnitten, die fast bis an den Mittelnerv reichen und von diesem im spitzen Winkel abgehen.

f. **subbipinnatum** F. Wirtgen.

Auch die Länge des gemeinsamen Stieles, die Länge der beiden Abschnitte zueinander, der Umriß des sporenlosen Blatteiles, die Entfernung der Fiedern voneinander, sowie auch die Zahl der vorhandenen Blätter unterliegt großen Abweichungen. Man kann danach unterscheiden:

a) Trennung der beiden Abschnitte im untersten Drittel der Blattlänge; gemeinschaftlicher Stengel also sehr kurz. (Die Form kann B. simplex var. compositum ähnlich werden.)

f. **brevipes** F. Wirtgen.

b) Trennung der beiden Abschnitte im obersten Drittel oder Viertel der Blattlänge; gemeinschaftlicher Stengel sehr lang.

f. **longipes** F. Wirtgen.

c) Sporenloser Abschnitt erheblich gestielt.

f. **petiolatum** F. Wirtgen.

d) Sporenloser Abschnitt eiförmig bis breit-eiförmig, die untersten Fiedern am größten, nach oben rasch an Größe abnehmend.

f. **ovatum** Milde.

e) Sporenloser Abschnitt den andern weit überragend.

f. **longifolium** F. Wirtgen.

f) Fiedern des sporenlosen Abschnittes weit voneinander entfernt, die Entfernung der einzelnen Fiedern bis doppelt so groß als ihre Breite.

f. **remotum** F. Wirtgen.

g) Fiedern dicht, sich dachziegelartig deckend.

f. **imbricatum** Roeper.

h) Aus einem Rhizom erheben sich mehrere normale Blätter. Jede Blattbasis mit Scheide.

f. **multicaule** Christ.

i) Fiedern des sporenlosen Abschnittes am Rand ungeteilt, mit 1—2 kleinen fingerartigen, langen, schmalen Zipfeln.

f. **caudatum** F. Wirtgen.

B. lunaria neigt sehr zu monströsen Bildungen, namentlich in der Anordnung und Verteilung der Sori, Umwandelung des sporenlosen Abschnittes in einen sporentragenden (m. fertilescens) und umgekehrt (m. frondosum, Seite 111). Sehr auffällig ist namentlich:

Untere Abschnitte des sporenlosen Blattabschnittes ziemlich gleich, vergrößert, keilförmig in den langen Stiel verschmälert. Scheitel des Blattabschnittes hoch gewölbt, durch Kerbung drei- oder mehrlappig (tripartitum).

m. **cristatum.**

b) Sporentragender Blatteil kurz gestielt, den sporenlosen meist wenig überragend. Nerv. Sphenopteridis.

2. Blätter bis 23 cm lang, dünnfleischig, gelblichgrün. Blattstiel bis 18 cm lang. Sporenlose Spreite eiförmig bis dreieckig, bis 4,5 cm lang, bis 2fach fiederteilig. Abschnitte I 3—4paarig, spitzwinklig nach oben gerichtet, oder das unterste gegenständige Paar fast rechtwinklig abstehend und dann gewöhnlich bogig aufwärtsgekrümmt, alle meist locker gestellt, seltener genähert, aus verschmälertem Grunde lanzettlich, spitz, bei schwächeren Exemplaren nur eingeschnitten gesägt, bei stärkeren die untersten bis fiederteilig, mit bis 4 Paar an Umfang rasch abnehmender, lanzettlicher bis länglicher, ganzrandiger bis gesägter, spitzer bis stumpflicher, auf der abwärts gekehrten Seite der Abschnitte I oft kräftiger entwickelter oder nur da vorhandener Abschnitte II. —

Bisher nur von vereinzelten Standorten in den hohen Alpentälern von Tirol und der Schweiz bekannt. — Juli, Aug. (Fig. 46.)

B. lanceolatum (Gmelin) Ångstr.

3. Blätter bis 20 cm lang, dickfleischig, starr, gelblich- oder auch bläulich-grün. Stiel bis 12 cm lang, an seinem unteren Teil zuweilen rotbraun angelaufen, bei kräftigen Exemplaren oft auffallend plump. Sporenlose Spreite eiförmig bis länglich, stumpf bis gestutzt, fiederteilig bis 2fach fiederteilig, mit fiederspaltigen Abschnitten. Abschnitte I 2—6paarig, meist gegenständig, rechtwinklig bis aufrecht abstehend, locker gestellt, seltener bis zur Berührung genähert, eiförmig bis länglich, stumpf bis gestutzt, bei kleineren Exemplaren zuweilen fast rhombisch. Abschnitte II lineal bis länglich oder bisweilen breit-keilförmig, stumpf bis gestutzt, ganzrandig oder stumpf gekerbt, selten gelappt. Sporentragender Blatteil meist verhältnismäßig kurz, 2—3fach gefiedert, länglich bis eiförmig oder dreieckig. —

Auf trockenen bis dürren Triften, kurzbegrasten Wiesen, in lichten Wäldern, meist vereinzelt, seltener truppweise, oft mit B. lunaria zusammen, aber seltener als letztere. Meist in der Ebene, aber auch im Gebirge, bis 1500 m ansteigend. Am verbreitetsten in Mecklenburg, Pommern, Ost- und Westpreußen, Brandenburg, Schlesien; spärlicher in Schleswig-Holstein, einigen Nordseeinseln, im westl.

und südl. Deutschland, in den Alpen und Karpathen. — Juni, Juli. (Fig 45.) (B. ramosum Aschers.)

B. matricariaefolium A. Br.

Ändert in der Entwicklung der sporenlosen Spreite ab:

1. Kümmer- oder Jugendform mit kleinen, rhombischen, stumpf gekerbten oder schwach eingeschnittenen Fiederabschnitten I.
f. **subintegrum** Milde.

2. Die 2 oder 3 untersten Abschnitte I auffallend vergrößert, das zweite Paar bisweilen das längste, die Spreite daher fast rundlich oder fast dreieckig.
var. **palmatum** Milde.

3. Unterstes (einziges) Abschnittspaar steil aufrecht abstehend, außerdem nur noch ein senkrechter Mittelabschnitt vorhanden, so daß die Spreite fächerförmig, dreizählig, aus 3 annähernd gleichen Fiederteilen zusammengesetzt ist.
var. **compositum** Milde.

Mißbildungen ähnlich wie bei B. lunaria: Sporenlose oder sporentragende Blattabschnitte gabelspaltig. — Sporangien oder Sporangiengruppen auf Abschnitten der sporenlosen Spreite, oder diese vollständig in einen rispenartigen Sporangienstand umgewandelt. (m. fertilescens.) — Aus dem Mittelnerv der sporenlosen Spreite entspringt ein zweiter sporentragender Blatteil (Seite 111).

B. Blätter zweizeilig. Sporentragender Blatteil unter der Mitte der Blattlänge entspringend, lang gestielt, weit überragend. Nerv. Cyclopteridis. (Fig. VI.)

4. Kleinste Form, meist 8 cm, selten bis 15 cm hoch. Blattstiel nur 0,5—1,5 cm lang. Sporenlose Spreite im Umriß und Teilung sehr verschieden, ei- bis herzförmig, rundlich, ungeteilt bis fiederteilig, oder die untersten Abschnitte so gefördert, daß jeder von ihnen der einfachen Spreite gleicht; verhältnismäßig dünnfleischig. Sporentragender Teil ein- bis zweifach gefiedert, mit oft sehr verkürzten Fiedern; bei den kleinsten Formen zuweilen ungeteilt, ährenförmig.

Selten. An Fluß- und Seeufern, auf kurzgrasigen Triften, unter lichtem Gebüsch. Fast nur im nordöstl. Teil unseres Gebietes: Ost- und Westpreußen, Pommern, Mecklenburg, Brandenburg, Schlesien, Prov. Sachsen. Nur vereinzelt im Nordwesten und in den Alpen, bis 2300 m ansteigend. — Mai, Juni, in den Alpen Juli. (Fig. 47.)

B. simplex Hitchcock.

Ändert in der Form und der mehr oder minder großen Teilung der sporenlosen Spreite ab:

1. Pflanze nur 1,75—4 cm, selten 6 cm lang. Sporenlose Spreite eiförmig, rundlich bis verkehrt-eiförmig, am Grunde abgerundet

oder allmählich in den Stiel verschmälert. Sporentragender Teil meist einfach ährenförmig oder am Grunde mit 1—2 sehr kurzen Ästen.

var. **simplicissimum** Milde.

2. Blatt bis 9 cm hoch. Sporenlose Spreite elliptisch bis herzeiförmig, fiederspaltig bis fiederteilig, mit 1—3 Paar meist gegenständiger, aus breitem Grunde länglicher bis schiefverkehrt-eiförmiger Abschnitte. Sporentragender Teil meist einfach gefiedert, mit oft sehr verkürzten Fiedern.

var. **incisum** Milde.

3. Blätter bis 9 cm, seltener 15 cm hoch. Sporenlose Spreite fiederteilig, mit 1—5 Paar Abschnitten, die 2 untersten auffallend vergrößert und entfernter stehend, zuweilen fast gestielt und fiederlappig. Sporentragender Blatteil 1—2fach gefiedert.

var. **subcompositum** Milde.

4. Blätter bis 15 cm hoch. Sporenlose Spreite durch Vergrößerung der untersten Abschnitte 3zählig, sämtliche Abschnitte I in Größe, Form und Teilung einander gleich: schwach gelappt oder fast leierförmig oder mit 2—4 Paar Abschnitten II. Sporentragender Teil 1—2fach gefiedert.

var. **compositum** Milde.

Mißbildungen (s. B. lunaria) häufig: Sporenlose oder sporentragende Blattabschnitte gegabelt. — Sporangien oder -gruppen auf Abschnitten der sporenlosen Spreite, oder diese vollständig in einen Sporangienstand umgewandelt (also mehrere sporentragende Abschnitte, m. fertilescens). — Mehrere sporenlose Abschnitte. — Am sporenlosen Abschnitte ein oder mehrere sporentragende Abschnitte. (Seite 111).

II. Blätter stets wenigstens Reste von Behaarung zeigend. Spreiten meist breiter als lang, dreieckig, bis 4fach gefiedert. Spaltöffnungen nur auf der Unterseite.

5. Blätter zweizeilig; jährlich oft 2, seltener 3—4 erscheinend, aber meist nur eins davon, ganz vereinzelt zwei sporentragend. Sporentragende Blätter bis 26 cm, sporenlose bis 10 cm hoch, dickfleischig. Blattstiel nur 1—4 cm lang, von Scheidenteilen umgeben. Sporenlose Spreite meist stark abstehend, auf etwa 6 cm langem, häufig rot angelaufenem Stiele, dreieckig, bis 8 cm lang, 2—8 cm breit, stumpf, 2—3fach gefiedert und durch starke Entwicklung des untersten Fiederpaares häufig mehr oder weniger dreizählig. Fiedern I zwei- bis sechspaarig, meist gegenständig, die oberen sitzend, untere gestielt, das unterste, größte Paar mit meist stärker entwickelter unterer Hälfte, zuweilen jede der beiden Fiedern dem Rest der

Spreite annähernd entsprechend. Letzte Abschnitte rundlich bis eiförmig, mit rundlichem oder gestutztem Scheitel, ganzrandig oder schwach gekerbt. Nerv. Cyclopteridis. Sporentragender Blatteil mit 3—17 cm langem, im unteren Teil oft rötlich angelaufenem Stiel, den sporenlosen weit überragend, mit 2—3fach gefiederter Spreite. — Ändert nur in der Größe und in der mehr oder minder starken Teilung der Blätter ab. — Mißbildungen selten.

Auf trockenen, sonnigen Hängen, kurzgrasigen Wiesen, in und am Rande von Nadelwäldern. Zerstreut; oft in Gesellschaft von B. lunaria oder B. matricariaefolium. Am häufigsten in Ost- und Westpreußen, Pommern, Mecklenburg, östl. Thüringen, Brandenburg Posen, Böhmen, Mähren. Nur ganz vereinzelt in Bayern, Württemberg, Vogesen, Tirol (bis 1700 m ansteigend). In der Schweiz ganz fehlend. — Juli, Aug., im Gebirge von Ende Juli bis Mitte Sept. (Fig. 48.)

(B. rutaefolium A. Br., B. matricariae Sprengel.)

B. multifidum (Gmel.) Rupr.

6. Blätter mehrzeilig; jährlich einzeln erscheinend, bis 80 cm hoch, mit krautiger, selten dünnlederiger Spreite. Blattstiel bis 36 cm lang, oft rötlich überlaufen. Sporenloser Blatteil meist breiter als lang, bis 40 cm breit, dreieckig, spitz, fast sitzend, bis 4fach gefiedert. Unterste Fiedern I die längsten, kurz gestielt, in ihrer abwärts gekehrten Hälfte häufig breiter entwickelt, ihre ersten Fiedern II stets kürzer als die folgenden. Die übrigen Fiedern I allmählich kürzer gestielt, dann mit zusammengezogenem, bis zuletzt breitem Grunde sitzend, die obersten an der Rachis herablaufend, jederseits 7—14. Abschnitte letzter Ordnung meist länglich, stumpflich, eingeschnitten-gezähnt bis fiederspaltig. Nerv. Eupteridis mit kurz vor der Zahnspitze endigenden Nerven. Sporentragender Teil lang gestielt, den sporenlosen weit überragend, der Basis der sporenlosen Spreite entspringend, mit verhältnismäßig kleiner, eiförmiger, bis 3fach gefiederter Spreite.

Selten. Schattige Wald- und Bergwiesen in den Alpen, bis 1000 m ansteigend. Auffallenderweise versprengt in Ostpreußen.

B. virginianum (L.) Sw.

2. Familie: **Osmundaceae.**

Ausdauernde, ansehnliche Farne mit meist aufrechtem Rhizom. Blätter spiralig gestellt, in der Jugend haarfilzig, später kahl. Blattstiel nicht gegliedert, am Grunde scheidig verbreitert. Sori schleierlos, auf der Unterseite gewöhnlicher Blätter oder geknäuelt auf Ober- und Unterseite parenchymfreier Blätter oder Blatteile. Sporangien kurz und dick gestielt, mit rudimentärem Ring, welcher durch eine kleine, unterhalb des Scheitels gelegene Gruppe dickwandiger Zellen ersetzt wird, von welcher aus das Sporangium über den Scheitel hinweg in vertikaler Richtung aufspringt. Sporen tetraëdrisch-kugelig. — Bei uns nur

Gattung: **Osmunda** L.

Sporangien geknäuelt an besonderen Blattabschnitten; sporenloser Blatteil anders gestaltet. Fiedern gegliedert angefügt. — Bei uns nur eine Art.

Rhizom mit den zahlreichen schwarzen Wurzeln und den verbleibenden Blattstielresten einen rundlichen Ballen bildend, mehrfach verzweigt; Äste aufsteigend bis aufrecht, bis 7 cm lang. Blätter spiralig dicht gedrängt, 60 cm bis 1,60 m lang, die letzten nur rudimentär als Niederblätter zum Winterschutz der Endknospe des Rhizoms entwickelt. Blattstiel kürzer, höchstens so lang als die Spreite, am Grunde etwa 1 cm, sonst bis 6 mm dick, bräunlich gelb, am Grunde jederseits mit einem etwa 1 cm breiten, 8 cm hohen Flügel versehen, in der Jugend braunwollig, später kahl. Spreite bis 1,20 m lang, 40 cm breit, eiförmig bis länglich, 2fach gefiedert, kahl, bei dem sporenlosen Blatt in eine endständige, bis zum nächsten Fiederpaar schmal herablaufende Fieder, bei den sporentragenden Blättern mit den sporentragenden (5—9) Fiedern ausgehend. Fiedern I 7—9paarig, meist gegenständig, nach oben gerichtet, meist entfernt gestellt, kurz gestielt, meist ungleichhälftig; Fiedern II unterhalb der Costa etwas länger. Fiedern II entfernt stehend, sehr kurz gestielt, die letzten sitzend, länglich, stumpflich, bis 8 cm lang, 1,5 cm breit, ein wenig nach vorn geneigt, zuweilen am Grunde seicht gelappt, meist in der oberen Hälfte oder in der ganzen Ausdehnung flach gekerbt bis klein und stumpf gesägt, selten ganzrandig. Nerv. Neuropteridis; Nervenenden in die Zahnbuchten auslaufend. Sporentragende Blätter meist mit 2—3 Paar unterer steriler Fiedern I; über diesen, plötzlich verkürzt, 5—9 Paar gefiedert-fiederspaltige Fiedern I, deren Fiedern II sehr verschmälert und dicht mit geknäuelten Sporangien besetzt sind. Nicht überwinternd. — Von der normalen endständigen Stellung des sporentragenden Blatteiles treten vielfach Abweichungen auf: die obersten und die untersten Fiedern tragen Sporangien, die mittleren nicht, oder nur die mittleren sind sporangientragend, oder nur einzelne Fiedern II, sogar nur Teile derselben, und dann meistens am Grunde der Fiedern II.

Auf feuchtem Torfboden, in Mooren und Brüchen; sehr zerstreut, auf weite Strecken ganz fehlend. Am häufigsten im mittleren und westl. Norddeutschland, im östl. Mitteldeutschland viel seltener; in Ostpreußen ganz fehlend. Südwärts bis in die Schweiz, dort aber nur vereinzelt. In Bayern (?) (nur in der Rheinpfalz vorkommend) und Tirol fehlend. Vereinzelt im nördl. Böhmen und in Galizien. — Juni, Juli. (Fig. 39.)

(Königsfarn.) **O. regalis** L.

Bemerkenswerte Abänderungen:

1. Fiedern II aus breiterem, bisweilen beiderseits geöhrtem Grunde länglich bis lanzettlich, spitz bis zugespitzt, deutlich gesägt. Nervenäste in die Zahnspitzen auslaufend.
var. **acuminata** Milde.

2. Fiedern II länglich-lanzettlich bis lanzettlich, dicht und scharf kleingesägt.
var. **Plumierii** Milde.

Mißbildungen: Gabelungen des Blattes, des Stieles, der Fiedern I und II, und die zerfressen aussehende Form. (Seite 111.) Beachtenswert ist:

Blatt einfach gefiedert und doppelspreitig.
m. **simplicipinnatum** Wirtgen.

3. Familie: Hymenophyllaceae.

Bei uns nur

Gattung: **Hymenophyllum** Smith.

Ausdauernde, zarte, krautige Pflanzen mit meist dünnem, kriechendem, bewurzeltem Rhizom. Blätter zweizeilig gestellt. Indusium bis über die Mitte gespalten oder bis zum Grunde zweiteilig. Receptaculum meist von dem Indusium eingeschlossen, selten darüber hinausragend, zuweilen unterhalb der Sporangien mit einfachen Paraphysen besetzt. — Aus dieser Gattung (meist tropische Arten) bei uns nur 1 Art.

Moosartig kleines Gewächs. Rhizom fadenförmig, verzweigt, mit bis 6 cm langen, gestielten, länglich-eiförmigen, zweifach-fiederteiligen, zarten, durchscheinenden Blättern. Stiel fadendünn, rund, etwa halb so lang als die Spreite, im oberen Teil ebenso wie die Rachis geflügelt. Abschnitte I wechselständig, ziemlich dicht gestellt, nach oben gerichtet, in der unteren Blatthälfte beiderseits, in der oberen nur auf der der Blattspitze zugewendeten Seite fiederteilig, mit linealen, zuweilen 2spaltigen, abgestumpften, entfernt-scharfgesägten Zipfeln. Sori wenig zahlreich, nur in der oberen Blatthälfte und nur einer für jeden Abschnitt I, den sehr kurzen, der Rachis benachbarten Lappennerven aufgesetzt. Indusium tief 2klappig, die halbrunden bis verkehrt-eiförmigen Klappen scharf gesägt. Jung sind das Rhizom und der Blattstiel mit Haaren versehen, welche aber bald verschwinden, so daß die ältere Pflanze kahl erscheint. — Zwischen Moos an stets feuchten, schattigen Sandsteinfelsen mit großer Luftfeuchtigkeit und -wärme. „Uttenwalder Grund, Wehlen"; im Basteigebiet, im Tal der Schwarzen Ernz im Großhzgt. Luxemburg, im Sandsteingebiet am Nordhange der Vogesen. Hauptsächlich in den westeuropäischen Küstengebieten. — Aug. (Fig. 1.)
H. tunbridgense Sm.

4. Familie: Polypodiaceae.

1. Blattstiel häufig gegliedert angefügt. Sori auf dem Rücken der zuweilen an ihrem Ende keulenförmig verdickten Nerven. Schleier unterständig, häufig verkümmernd. Sporen bilateral.

Woodsieae. (S. 26.)

2. Blattstiel ungegliedert angefügt. Blattrand stets unverändert. Sori auf dem Rücken oder dem Ende der Nerven. Schleier oberständig, oft fehlend. Sporen bilateral.

Aspidieae. (S. 32.)

3. Blattstiel ungegliedert. Blattrand zuweilen umgeschlagen. Sori meist länglich, längs des Nerven. Schleier oberständig. Sporen bilateral.

Asplenieae. (S. 48.)

4. Blattstiel ungegliedert. Blattrand häufig umgeschlagen, den Sorus überdachend. Sori länglich bis lineal, randständig, seitlich verschmelzend, oder unterseits vom Ende oder Rücken der Nerven entspringend. Schleier, wenn vorhanden, rudimentär, vom Blattrande überdeckt. Sporen meist tetraëdrisch-kugelig.

Pterideae. (S. 71.)

5. Blattstiel gegliedert. Sori ohne Schleier, auf dem Rücken oder dem Ende der Nerven, zuweilen eingesenkt. Sporen bilateral und tetraëdrisch-kugelig.

Polypodieae. (S. 76.)

1. Unterfamilie: Woodsieae.

a) Sporenblätter nicht zusammengezogen.

1. Schleier schüsselförmig, allseits angewachsen, in Fransen geteilt und zurückgeschlagen.

Woodsia.

2. Schleier an der Innenseite angewachsen, an den Seiten und nach dem Blattrande hin frei, gewölbt, über den Sorus herübergebogen, zuletzt zurückgeschlagen, eilanzettlich, zugespitzt. Blattstiel nicht gegliedert angefügt.

Cystopteris.

b) Sporenblätter stark zusammengezogen.

3. Abschnitte der Sporenblätter bis zur Mittelrippe eingerollt, die Sori verdeckend. Schleier unterständig, nach dem Blattrande hin frei, den Sorus von oben völlig einschließend, bald verschrumpfend. Blattstiel ungegliedert.

Struthiopteris.

Gattung: Woodsia R. Brown.

Kleine Gebirgsfarne mit krautigen, gebüschelten, meist einfach gefiederten, nicht überwinternden Blättern. Blattstiel nicht am

Grunde, sondern (bei unseren Arten) in seiner unteren Hälfte gegliedert.

1. Rhizom kriechend bis aufsteigend, mehr oder weniger verzweigt, mit bleibenden Blattstielstümpfen dicht besetzt. Blätter überall mit Spreuschuppen und Gliederhaaren versehen. Blattstiel glänzend rotbraun, so lang oder kürzer als die Spreite, seine Abgliederungsstelle unter, seltener in der Mitte gelegen. Spreite weichkrautig (an sonnigen Standorten etwas derber), schmal-länglich bis lanzettlich, ebenso wie die Fiedern stumpflich zugespitzt; obere Fiedern dicht, untere allmählich etwas entfernter gestellt. Sori gewöhnlich dem Abschnittsrande genähert, zuletzt zusammenfließend.

W. ilvensis (L.) R. Br.

Zerfällt in 2 Formen:

a) Größere, kräftigere Form. Blätter bis 25 cm lang, mit bleibenden Spreuschuppen und Gliederhaaren. Blattstiel meist etwas kürzer, seltener so lang oder länger als die in der Regel nur aus wenig verschmälertem Grunde lanzettliche Spreite. Fiedern 8—20paarig, eiförmig-länglich, fiederspaltig bis fiederteilig, die unteren kurz gestielt. Abschnitte jederseits 5—8, dicht gestellt, länglich mit rundlichem Scheitel, am Innenrande ganzrandig oder schwach gekerbt, am Außenrande tiefer, bis fiederspaltig eingeschnitten. Nerven kurz vor dem Abschnittsrand endigend, meist mit schwach verdicktem Kopf. —

Auf sonnigen, kahlen Felsen, Schutt, Geröll; selten auf Kalk. Sehr zerstreut, an ihren Standorten aber gesellig. Meist in niederen Gebirgen: Harz, Thüringen, Frankenwald, Rhön, Sachsen, Schlesien, nördl. Böhmen, Mähren, Baden, aber auch in den Alpen, bis 2000 m ansteigend, Tirol, Schweiz und in den Karpathen. — Juli, Aug. (Fig. 2.) (W. ilvensis R. Br.)

Subspecies **W. rufidula** Aschers.

b) Kleiner, zarter, meist schwächer mit Haaren und Schuppen bekleidet, im Alter oft fast kahl. Blätter bis 17 cm lang. Blattstiel in der Regel viel kürzer (bis 7 cm lang) als die längliche bis lineal-längliche, gelblichgrüne Spreite. Fiedern 8—14paarig, meist rechtwinklig abstehend, dreieckig-eiförmig bis eiförmig-länglich, die unteren etwas kürzer, rundlicher, ganz kurz gestielt. Fiederabschnitte jederseits 1—4, aus keilförmig verschmälertem Grunde verkehrt- oder schief-eiförmig mit abgerundetem Scheitel, ganzrandig oder schwach gekerbt. Nervenenden kaum verdickt. Sori aus verhältnismäßig wenigen Sporangien gebildet, klein. —

Nur in den Felsenspalten der Hochgebirge, von 700—2600 m; Riesengebirge, Gesenke, Tatra, Alpen; nur ausnahmsweise auf Kalk. — Aug., Sept. (Fig. 3.) (W. hyperborea R. Br.)

Subspecies **W. alpina** (Bolton) Gray.

2. Rhizom aufsteigend, rasig verzweigt. Blätter nur 2,5—11,5 cm hoch, dünnhäutig, durchscheinend. Blattstiel am Grunde schwarz-

braun, mit Schuppen versehen, sonst gelblich, meist viel kürzer als die lineal-lanzettliche, meist scharf zugespitzte, gefiedert-fiederteilige, kahle Spreite. Obere Fiedern dicht, mittlere und besonders untere allmählich entfernter stehend; unterste fast rundlich, tief fiederteilig, die folgenden aus schiefkeiliger Basis rhombisch-eiförmig. Fiederabschnitte jederseits 1—3, aus keiliger Basis verkehrt eiförmig, am oberen Rande gekerbt. Nervenenden meist unverdickt. Sori mittelständig oder dem Abschnittsrande etwas näher. — Nur in den Dolomiten der Süd-Alpen, bis 2000 m ansteigend. — Juli, Aug.

W. glabella R. Brown.

Gattung: **Cystopteris** Bernhardi.

Kleine bis mittelgroße, reich zerteilte Pflanzen, mit zarten, nicht überwinternden Blättern. Stiele nur spärlich an ihrem unteren Teile mit leicht verschwindenden Spreuschuppen versehen. Sori auf dem Rücken der bis zum Rande gehenden, am Ende nicht verdickten Nerven.

A. Rhizom kurz, liegend, büschelig dicht beblättert. Unterste Fiedern kürzer als die folgenden.

1. Blätter dünnkrautig, bis 50 cm hoch. Der strohfarbene, nur am Grunde, selten bis zur Spreite hinauf braune, zerbrechliche, bis 27 cm lange Stiel kürzer als die länglich-eiförmige oder lanzettliche, bis 3fach gefiederte Spreite. Fiedern 7—18paarig, in der Form sehr wechselnd, eiförmig bis länglich-lanzettlich, am Blattscheitel dicht stehend, sitzend, wechselständig, allmählich nach der Spreitenbasis zu entfernter gestellt, kurz gestielt, die untersten gegenständig, etwas kürzer und abwärts gerichtet. Fiedern II bzw. Fiederabschnitte I auch sehr verschieden gestaltet, mehr oder minder zerteilt, meist länglich, stumpflich. Abschnitte letzter Ordnung eiförmig oder länglich, meist ungeteilt bis ganz schwach gekerbt. Nerven in die Spitzen der Zähne auslaufend. Sori meist auf der Mitte der Nervenäste. Sporen mit spitzen Stacheln besetzt. —

Meist an schattigen, feuchten, einige Formen aber auch an sonnigen Orten; hauptsächlich im Gebirge, bis 2500 m ansteigend, weniger häufig in der Ebene. Schluchten, Hohlwege, Baumwurzeln, Felsenspalten, alte Mauern und Brunnen; gesellig. — Juli—Sept. (Fig. 4.)

C. fragilis (L.) Bernh.

Sehr veränderlich, mit ineinander übergehenden, schwer zu begrenzenden Abänderungen. Die wichtigsten sind:

1. Spreite meist einfach gefiedert-fiederteilig. Abschnitte I meist dicht gestellt, durch einen Flügel verbunden, sitzend, eingeschnitten oder fiederteilig. Abschnitte II eiförmig, ganzrandig bis wellig gekerbt oder stumpf gezähnt. — Häufig. An sonnigen Standorten.

var. **dentata** Hook.

2. Spreite 2- bis 3fach gefiedert-fiederteilig. Fiedern II spitz, locker stehend, die ersten kurz gestielt bis gefiedert-fiederteilig, die folgenden sitzend, allmählich weniger zerteilt, immer breitere Basis annehmend. Abschnitte letzter Ordnung länglich, kurz gezähnt bis fiederspaltig. — Größte Form, an feuchten, schattigen Orten, besonders im Gebirge.
var. **anthriscifolia** Koch.

3. Spreite 2—3fach gefiedert. Fiedern II länglich-eiförmig, stumpflich, locker gestellt bis genähert, oft stark nach vorn geneigt, meist nur fiederspaltig, mit aus keiligem Grunde verkehrt-eiförmigen, stumpfen, kurz gezähnten Abschnitten. — Seltener. Vereinzelt an nassen, schattigen Orten.
var. **cynapiifolia** Koch.

4. Sehr zart, dunkelgrün. Spreite bis 2fach gefiedert-fiederteilig. Fiedern II weit auseinander gestellt, lanzettlich, spitz, mit lanzettlichen bis länglichen, lang und spitz gezähnten Abschnitten. — An immer feuchten, berieselten Standorten.
var. **angustata** (Hoffm.) Koch.

5. Derbere Form. Spreite bis 3fach gefiedert. Fiedern II eiförmig, spitz; die größeren mit eiförmigen bis länglichen, eingeschnitten-kammartig gezähnten Abschnitten, die kleineren nur eingeschnitten-gezähnt; alle Zähne sehr verlängert, zum Teil ausgerandet und das Nervenende in den Einschnitt auslaufend. — Baden, Jura, Kalkalpen.
var. **acutidentata** Döll.

6. Spreite dreieckig, das unterste Fiederpaar das längste. — Selten. Riesengebirge.
var. **deltoidea** Milde.

7. Blätter bis 18 cm, doppelt gefiedert, länglich, an der Costa und den Nerven mit gegliederten Spreuhaaren. Ober- und Unterseite, besonders am Rande mit ganz kurzen, einzelligen Drüsenhaaren besetzt. — Dolomiten Süd-Tirols.
var. **Huteri** Milde.

Mißbildungen: Gabelungen der Blattspitze oder der Fiedern, sowie eine verkümmerte Form (erosa), bei welcher die Fiedern ausgefressen gezähnelt erscheinen. (S. 111.)

2. Blätter bis 38 cm lang. Spreite lanzettlich bis länglich, meist erheblich länger als der Blattstiel, 2—3fach gefiedert. Abschnitte der Fiedern II aus keilförmigem Grunde eiförmig bis länglich, eingeschnitten- bis fiederteilig-gezähnt. Zähne linealisch, stumpf oder gestutzt, meist ausgerandet bis eingeschnitten; Nervenenden in die Buchten auslaufend. —

Im Geröll und in Felsenspalten der höheren Gebirge des südlichen Europas, bis 2700 m ansteigend. Schweizer Jura, Alpen, Karpathen. — Juli. Aug.

C. regia (L.) Desv.

In zwei Formen:

1. Fiedern bzw. Abschnitte III verhältnismäßig kurz und breit, aus keiligem Grunde eiförmig bis länglich, meist mit kurzen, gedrängten Zähnen.

var. **fumariiformis** Koch.

2. Abschnitte III schmäler und länger, bis schmal länglich; die linealen Zähne länger und entfernter stehend. — Typische Form der höheren Alpenregion.

var. **alpina** Koch.

B. Rhizom lang, kriechend, mit entfernt stehenden Blättern. Unterstes Fiederpaar das längste.

3. Rhizom dünn, spärlich verzweigt, dunkelbraun. Blätter gewöhnlich nur einzeln oder zu wenigen vorhanden, bis 42 cm lang. Blattstiele strohgelb, nach dem Grunde zu allmählich dunkelbraun werdend, bis doppelt so lang als die dreieckige, bis 4fach gefiederte, unterseits an Rachis und Nerven mit kurzen Gliederhaaren und kleinen Drüsenhärchen besetzte Spreite. Fiedern I nach oben gerichtet, die untersten ungleich gehälftet (Fiedern II unter der Costa länger und zerteilter als die über der Costa). Die übrigen Fiedern I nach dem spitzen Blattscheitel zu rasch an Länge abnehmend, genähert, gestielt bis schließlich sitzend und mit schmalem Flügel an der Rachis herablaufend. Fiedern III eiförmig, durch einen schmalen Saum verbunden, fiederteilig mit gezähnten Abschnitten. Nervenenden in die Bucht der kurzen, oft ausgerandeten Zähne auslaufend. Sori klein, der Mitte des Nerven aufgesetzt. Schleier zart, meist kahl, selten etwas drüsig.

Schattige, feuchte Felsen, Schutthalden, Geröll der höheren Bergregion, von etwa 1000—2400 m. Fast stets auf Kalk. Jura, Alpen, Karpathen. — Juli, Aug. (Fig. 5.)

C. montana (Lam.) Link.

4. Blätter bis 40 cm lang, kahl. Spreite dreieckig-eiförmig bis eiförmig. Unterstes Fiederpaar weniger ungleichhälftig als bei voriger Art, die basalen Fiedern II unterhalb der Costa kürzer als die nächstfolgenden. Fiedern III aus keiligem Grunde eiförmig, fiederspaltig bis fiederteilig, mit verkehrt-eiförmigen bis länglichen oder linealischen, gestutzten und gezähnten Läppchen. Zähne fast sämtlich ausgerandet bis eingeschnitten; Nerven in die Bucht der Zähne auslaufend. Sori klein; Schleier mit gelben Drüsenhärchen dicht besetzt. Sporen mit kurzen, stumpfen Stacheln versehen.

An schattigen Felsen, Baumstümpfen, in feuchten Schluchten der östl. Sudeten und Karpathen. Nach Christ auch bei Berchtesgaden. — Juli, Aug. (Fig. 6.)

C. sudetica A. Braun et Milde.

Bastard.

Rhizom kurz, dick wie bei C. fragilis. Blätter in allen Teilen sehr zart. Stiel sehr dünn, 10 cm lang. Spreite ebenso lang, dreieckig breitoval, unterste 2 Fiederpaare die längsten. Rachis fast haardünn, dunkel. Fiedern aus breiter Basis oval, zugespitzt. Fiederchen geschweift-keilig. Abschnitte III lanzettlich, schmal, etwas herablaufend, tief spitz gelappt. Lappen kurz gezähnt. Nerven in die Spitze der Zähne auslaufend. — Schweizer Jura.

C. fragilis × **montana** Christ.

Gattung: **Struthiopteris** Willd.

Kräftige, stattliche Farne, deren schräg gestellte sterile Blätter einen Trichter bilden, in dessen Mitte die kürzeren, durch die eingerollten Fiedern starren Sporenblätter — bis zu 6 — für sich gerade aufrecht stehen. Sporenblätter überwinternd. Nerv. Pecopteridis. — In Europa nur eine Art.

Rhizom kurz, kräftig, aufrecht, unterirdische Ausläufer treibend, welche an ihrem Scheitel über der Erde einen neuen Stock bilden. Spreite länglich, die größte Breite liegt nahe dem kurz zugespitzten Scheitel, nach der Basis zu sehr allmählich verschmälert, schließlich in ganz kurze Läppchen ausgehend. Laubblätter bis 1,7 m lang und 3,5 cm breit, gefiedert-fiederteilig, kurz gestielt. Stiel bis 12 cm lang, am Grunde schwarzbraun, dicht mit Schuppen besetzt, weiter hinauf grün, seltener rötlich, nur spärlich mit leicht abfallenden Spreuschuppen versehen und ebenso wie die Rachis jung feinfilzig, später kahl. Fiedern lineal-lanzettlich, dicht gestellt, die oberen nach oben gerichtet, mittlere horizontal, unterste nach unten geneigt. Fiederabschnitte sitzend, gedrängt, länglich, stumpf, meist ganzrandig. Sporenblätter bis 60 cm lang, im Umriß ähnlich, der Stiel etwas länger, die untersten Fiedern noch kleiner als bei den Laubblättern, nur noch Knötchen bildend, alle Fiedern nach oben gerichtet. Fiederabschnitte nach dem Mittelnerv der Fieder zu eingerollt, die auf den Seitennerven (jederseits 2—3) stehenden Sori bedeckend. Sori klein, anfangs von dem an der Spitze zerschlissenen, zarten Schleier bedeckt, schließlich zusammenfließend, den mittleren Teil des Abschnittes ausfüllend. Die überwinternden Sporenblätter verstreuen die Sporen erst im folgenden Frühjahr. —

Zerstreut. An steinigen, beschatteten Ufern, auf nassen Waldwiesen, in der Ebene und im Gebirge, bis 1500 m ansteigend; gesellig. West- und Ostpreußen, Hinterpommern, Schleswig, Nieder-Schlesien, Lausitz, Sachsen, Fichtelgebirge, Bayr. Wald, Harz,

Westfalen, Rheinprovinz, Vogesen, Hessen, Baden, Tirol. — Juli—Sept. (Fig. 7.)

(Str. germanica Willd., Onoclea str. Hoffm.)
(Straußfarn.) **St. Filicastrum** All.

Neigt wenig zu Abänderungen. An den Laubblättern sind die Fiederabschnitte zuweilen gesägt (f. serrata) oder grob gezähnt (f. grandidens) oder die basalen auffallend verlängert und nach der Rachis zu geschwungen. Bei den Sporenblättern kommt es vor, daß sie zum Teil eingerollte fertile, zum Teil normale sterile Fiedern haben, oder daß dazwischen noch einige Fiedern stehen, welche an der Basis einige sterile, im übrigen aber eingerollte fertile Abschnitte zeigen. — Mißbildungen: Gabelungen der Blattspitze oder der Fiedern.

2. Unterfamilie: **Aspidieae.**

Sori auf dem Rücken der Nerven. Schleier auf der Spitze eines mehr oder minder über die Blattfläche hervorragenden Rezeptakels; bei nierenförmigen in der Bucht, bei kreisrunden in der Mitte schildförmig befestigt; zuweilen ganz fehlend. Sporenblätter den Laubblättern meist gleich. Blattstiel ungegliedert.

A. Schleier nierenförmig, oft fehlend. Blätter meist weichkrautig, nicht überwinternd. Nerven bei unseren Arten frei.
Nephrodium.

B. Schleier schildförmig, zuweilen fehlend. Blätter derb, oft lederig, überwinternd. Blattrand oft grannig gezähnt.
Polystichum.

Gattung: **Nephrodium** Rich.

(Dryopteris Adanson.)

a) Blätter gefiedert-fiederspaltig. Basalabschnitte der Fiedern der Rachis angewachsen und herablaufend.
Decursivae.

1. Rhizom kriechend, dünn, schwarzbraun, mit entfernt stehenden Blättern. Stiel gelb, am Fuße dunkelbraun, mit leicht abfallenden Spreuschuppen dünn besetzt, bis 35 cm lang. Spreite bis 20 cm lang, etwa ebenso breit, herzförmig, in den Scheitel lang zugespitzt, unterseits mit kurzen, weißen Härchen, oberseits und am Rande spärlich mit längeren Haaren besetzt. Fiedern I bis auf das unterste (oder 2 unterste) Paar lineal-lanzettlich mit breit angewachsener, herablaufender Basis, gedrängt, beinahe gegenständig, eingeschnitten bis fiederteilig, die oberen etwas nach oben gerichtet, mittlere horizontal, die untersten etwa ebenso lang wie die nächst höheren, an der Basis verschmälert, lanzettlich, etwas entfernter stehend, nach abwärts gebogen. Sori dem Abschnittsrande genähert, obere rundlich, untere häufig länglich; ohne Schleier. Sporangien mit einer Borste auf dem Scheitel. —

In schattigen Wäldern, an Wasserläufen, quelligen Orten, moosigen Felsen, Baumstümpfen, in Brüchen. In der Ebene zerstreut; häufiger im Gebirge, bis 2400 m ansteigend. — Juli, Aug. (Fig. 8.)

(Buchenfarn.) **N. phegopteris** (L.) Prantl.

b) Fiedern I bis über die Mitte eingeschnitten. Seitenadern gegabelt.

Furcatoveniae.

α) Beide Gabeläste einen Sorus tragend. Schleier klein, drüsig, gezähnelt, bald verschwindend.

2. Rhizom dünn, weit kriechend, schwarz, mit entfernt stehenden, bis 1 m und darüber langen Blättern. Stiel dünn, zerbrechlich, gelb, am Grunde schwarzbraun, spärlich mit Spreuschuppen versehen, bei Laubblättern meist kürzer, bei Sporenblättern so lang oder etwas länger als die lanzettliche oder längliche, zum Scheitel allmählich zugespitzte, an der Basis wenig oder gar nicht verschmälerte, weichkrautige Spreite. Fiedern jederseits 10—30, fast sitzend, lineal-lanzettlich, meist wechselständig, etwas nach oben gerichtet bis horizontal. Fiederabschnitte länglich oder lineal-länglich, meist gerade und dicht stehend, ganzrandig oder schwach gezähnelt, das erste Paar oft auffallend länger als die folgenden. Sori meist über die ganze Spreite verbreitet, etwa in der Mitte zwischen Mittelnerv und Abschnittsrand, von den eingerollten, spitzdreieckig erscheinenden Abschnittsrändern umrahmt, zuletzt zusammenfließend.

Sehr gesellig; an Rändern von Sumpfwiesen, Mooren, Brüchen. Häufig in der Ebene, seltener im Gebirge, bis 1200 m ansteigend. — Juli bis Sept. (Fig. 9.)

(Sumpffarn.) **N. thelypteris** (L.) Strempel.

Wenig veränderlich. Nur die Fiederabschnitte sind bisweilen etwas tiefer eingeschnitten (f. incisum) oder dichter gestellt und sich deckend (f. imbricatum), oder die basalen ohrartig (f. auritulum) verlängert. — Mißbildungen: Gabelungen des Blattes oder einzelner Fiedern, oder Fiederabschnitte kraus verkrümmt. (S. 111.)

3. Rhizom kurz, dick, schräg aufrecht, mit trichterförmig gestellten, bis 1 m langen Blättern. Stiele verhältnismäßig kurz (6 bis 24 cm), bis an die Rachis hinauf spärlich mit gelbbraunen Schuppen besetzt, an der Basis wenig verdickt, schwarzbraun, sonst grün. Spreite weich, bis 90 cm lang, länglich-lanzettlich, von der Mitte aus nach oben allmählich, nach unten stärker verschmälert, gefiedert-fiederteilig, unterseits gelbdrüsig. Fiedern sitzend, lineal-lanzettlich, obere ziemlich dicht stehend, nach oben gerichtet, mittlere horizontal, allmählich entfernter, untere oft abwärts gerichtet, immer kürzer werdend, unterste (4—5) dreieckig. Fiederabschnitte länglich, stumpf, dicht stehend, gerade oder nur wenig geneigt, ganzrandig, selten gekerbt. Sori klein aber zahlreich, nahe dem Abschnittsrande. Angenehm aromatisch duftend.

Auf feuchtem oder etwas moorigem Boden, in lichten, sonnigen Wäldern, an Waldrändern, Gräben; oft gesellig. Vorzugsweise Gebirgsfarn, bis 2100 m ansteigend, seltener in der Ebene, nach dem Norden unseres Gebietes immer seltener werdend. — Juli—Sept. (Fig. 10.) (Aspidium montanum Ascherson.)

(Bergfarn.) N. **oreopteris** (Ehrh.) Desv.

Wenig veränderlich:

1. Fiederabschnitte deutlich und oft tief gezähnt.
f. **crenatum** Milde.

2. Spitze des Blattes und der Fiedern lang vorgezogen.
f. **caudatum** Moore.

3. Blatt und Fiedern sehr stumpf, untere im Umrisse ein gleichseitiges Dreieck.
f. **pseudo-cristatum** Krieger.

4. Fiederabschnitte groß, breit, rundlich-eiförmig und am Rande wellig.
f. **rotundatum** (Lbbrg.) Aschers.

5. Blatt lanzettlich, bis 80 cm lang und 15 cm breit. Fiederabschnitte schmal, nach vorne gekrümmt.
f. **angustifrons** Waisbecker.

Mißbildungen: Verschieden tiefe Gabelungen der Blattspitze oder der Fiedern, oder gekräuselte oder ausgefresseneingeschnittene Fiederabschnitte. (Seite 111.)

β) Meist nur der vordere Gabelast einen Sorus tragend. Schleier bleibend. Fiederabschnitte stets gezähnt.

4. Rhizom kräftig, aufsteigend. Blätter büschelig, einen Trichter bildend, bis 1,5 m lang. Blattstiel viel kürzer als die Spreite, gelblich, mit schwarzbrauner, stark verdickter Basis, bis 30 cm lang, mit Schuppen versehen. Spreite bis 1 m lang, derbkrautig, unterseits blasser und mit Spreuschuppen besetzt, länglich, nach der Basis wenig verschmälert, gefiedert-fiederspaltig bis 2fach gefiedert. Fiedern lineal-lanzettlich, sehr kurz gestielt, zugespitzt, 20 bis 35paarig, obere schwach nach oben gerichtet, die übrigen meist horizontal. Fiederabschnitte dicht und beinahe senkrecht stehend, länglich, stumpf, am ganzen Rande kerbig gesägt. Sori groß, nur etwa bis zur Hälfte der Spreite heruntergehend, meist nur 2paarig in dem unteren Teil der Fiederabschnitte, dem Mittelnerven genähert. Schleier derb, kahl, ganzrandig, flach oder gewölbt und dann mit seinem nach unten umgebogenen Rande den Sorus von unten umfassend.

Im ganzen Gebiet ziemlich häufig, an schattigen, feuchten Standorten wie auf trockenen, sonnigen Hängen, vereinzelt und gesellig, in der Ebene wie im Gebirge, bis 2600 m ansteigend. — Juli—Sept. (Fig. 11.)

(Wurmfarn.) **N. filix mas** (L.) Rich.

Reich an Abänderungen. Hervorgehoben seien:

A. Schleier flach oder nur wenig gewölbt.

1. Fiederabschnitte fast ganzrandig bis undeutlich oder nur am Scheitel klein gesägt.
var. **subintegrum** Döll.

2. Abschnitte am Seitenrande gesägt, am Scheitel gesägt-gezähnt.
var. **crenatum** Milde.

3. Fiedern jederseits etwa 13, fast oder völlig wagerecht abstehend, ziemlich gedrängt, nur die untersten etwas entfernter, dreieckig-eiförmig, stumpf; mittlere verlängert-dreieckig, zugespitzt, oberste lanzettlich. Fiederabschnitte ringsum gekerbt-gesägt.
var. **Barnesii** Moore.

4. Blätter meist bis 1 m lang, schlaff mit überhängender Spitze; nur der Blattstiel reich mit Schuppen versehen. Fiedern II länglich bis lanzettlich, mit länglichen, ringsum gesägten Abschnitten, von denen die unteren nicht besonders gefördert sind. Sori klein, nicht zusammenfließend.
var. **incisum** Moore.

5. Blätter bis 80 cm lang, schlaff, spärlich spreuschuppig. Fiedern I genähert bis häufig mit den Rändern sich deckend. Fiedern II dreieckig, am hinteren Rande wenig eingeschnitten, bogig herablaufend, am vorderen Rande fast gerade, stärker eingeschnitten. Meist steril.
f. **heleopteris** Milde.

Wichtigste Formen:

a) Fiedern II deutlich gestielt (6—10 mm).
f. **petiolatum.**

b) Fiedern II und Fiederabschnitte sich deckend.
f. **imbricatum.**

c) Fiedern II im unteren und mittleren Teile des Blattes weit voneinander entfernt (mindestens um ihre Breite) und schmal lanzettlich.
f. **laxum.**

d) Fiedern II spitz, mit schmaler, lang und fein ausgezogener Spitze.
f. **acuminatum.**

e) Fiedern II klein, tief gezähnt. (Das Blatt sieht N. Villarsii ähnlich.)
f. **pseudo-rigidum.**

B. Schleier mit umgebogenem, den Sorus von unten umfassendem Rande.

Blätter bis 1,6 m lang, 30 cm und darüber breit. Blattstiel mit breitlanzettlichen, oft schwarzbraun gefleckten, Rachis und Mittelnerven der Fiedern mit schmäleren, haarartig fein zugespitzten, glänzenden, braunen Spreuschuppen dicht besetzt. Spreite länglich-lanzettlich, bis 2fach gefiedert. Fiedern I lineal-lanzettlich, oft lang zugespitzt, gerade oder sichelförmig gebogen. Fiedern II bzw. Fiederabschnitte länglich, stumpflich, meist geradestehend, fast ganzrandig, nur am Scheitel gesägt. Oft überwinternd. —

Im Mittelmeergebiet zu Hause, geht diese Form über das südl. Tirol und die südl. Schweiz kaum hinaus. Nach Milde ist ein Standort im Großherzogtum Baden.

Subspec. **N. paleaceum** (Don.).

Mißbildungen: verschiedentlichste Gabelungen der Blattspitze, der Fiedern und des Blattstieles, sowie zerfressen aussehende Formen, bei denen sich die Veränderungen bis auf den Schleier erstrecken. (Seite 111.)

(N. filix mas × spinulosum S. 39; × austriacum S. 40.)

c) Blattzähne stachelspitzig. Rhizom aufrecht. Schleier derb, bleibend.

Spinulosae.

α) Sporen- und Laubblätter gleich gerichtet.

5. Blätter büschelig, bis 65 cm lang, besonders unterseits mit gelblichen Drüsenhaaren besetzt. Blattstiel etwa halb so lang als die Spreite, kräftig, gelblich, mit verdickter, dunkelbrauner Basis, wie die Rachis mit hellbraunen Schuppen besetzt. Spreite länglich-lanzettlich, bis 40 cm lang, an der Basis wenig oder gar nicht verschmälert, zweifach gefiedert-fiederspaltig bis fiederteilig. Fiedern I ziemlich dicht stehend, die unteren zuweilen etwas entfernter, dreieckig-eiförmig, kurzgestielt, horizontal oder wenig nach oben gerichtet. Fiedern II länglich-lanzettlich, die Basalfiedern (auf und unter der Costa) gegenständig, oder die untere Basalfieder zweigt sich zuerst ab (katadrom), die übrigen wechselständig; die größeren fiederteilig, die übrigen immer weniger tief eingeschnitten, die kleinsten am Grunde zusammenfließend. Fiederabschnitte eiförmig oder länglich mit kurzen, breiten, meist kurz-stachelspitzigen Zähnen versehen. Sori mittelgroß, oft nur im oberen Teil der Spreite, aber häufig auch bis zum Grunde der Spreite herabgehend, zweireihig, dem Mittelnerven und den Einschnitten genähert, zuletzt sich berührend oder zusammenfließend. Schleier flach oder ein wenig nach unten umgebogen, drüsig. —

Nur im Gebirge auf Hängen und im Geröll, bis 2200 m ansteigend, selten bis zu 500 m hinabsteigend; Kalk bevorzugend. Im Jura und in den Alpen. Nicht überwinternd. — Juli, Aug. (D. rigida Underwood.)
N. Villarsii (Bell.) Beck.

Bei uns nur die oben beschriebene Subspezies **N. rigidum.** (Hoffm.).

6. Blätter dicht büschelig, sehr verschieden lang. Stiele am Grunde verdickt und dicht mit Schuppen besetzt, tiefrinnig. Spreite länglich bis dreieckig-eiförmig, 2—4fach gefiedert. Fiedern I locker gestellt bis genähert, obere sitzend, länglich-lanzettlich, mittlere und untere je weiter nach der Spreitenbasis zu, desto breiter an ihrer Basis und dreieckiger werdend und desto länger gestielt; unterste Fiederpaare gegenständig, ungleichhälftig. Fiedern II länglich bis eiförmig-länglich, verschieden dicht gestellt. Fiederabschnitte bzw. Fiedern III länglich, stumpf, eingeschnitten-gezähnt oder gesägt bis fiederspaltig. (D. spinulosa O. Kuntze.)
(Dornfarn.) **N. spinulosum** (Müller) Strempel.

Zerfällt in 2 Unterarten:

A. Blätter bis 90 cm lang, derb, hellgrün, kahl, an geschützten Orten zuweilen überwinternd. Blattstiele dünn, zerbrechlich, gelblichgrün, am Grunde dunkelbraun, dicht mit Schuppen besetzt, sonst wie die Rachis sparsam mit Spreuschuppen versehen, oft so lang oder selbst etwas länger als die längliche, in den Scheitel ziemlich kurz zugespitzte, an der Basis nicht oder wenig verschmälerte, bis 3fach gefiederte Spreite. Die untersten 1—2 Fiederpaare stark ungleichhälftig, fast eiförmig-dreieckig, die folgenden allmählich gleichhälftig, eiförmig-länglich. Fiedern II des untersten Fiederpaares unterhalb der Costa länger als über derselben, bis doppelt so lang, häufig unter spitzeren Winkeln abstehend; erste Fieder II über der Costa länger als die folgenden. Sori mittelgroß, 2reihig, dem Mittelnerven genähert. Schleier unregelmäßig gezähnelt, selten mit Drüsenhaaren besetzt.

Im ganzen Gebiet ziemlich häufig; an feuchten wie an trockenen Standorten, ohne Bevorzugung besonderer Bodenarten; häufig gesellig. In der Ebene und namentlich im niederen Gebirge verbreitet; steigt bis über 2600 m an. — Juli, Aug. (Fig. 12.)
Subspecies **N. eu-spinulosum** (Aschers.) Hayek.

Ändert ab:

1. Blätter bis 90 cm lang, 15—20 cm breit, weich, dunkelgrün. Spreite schmal-länglich, so lang oder etwas länger als der Stiel, mit meist locker gestellten Fiedern II.
var. **exaltatum** Lasch.

2. Blätter derber, gelblichgrün, straff, sonst ähnlich voriger. Spreite sehr schmal länglich, am Grunde kaum verschmälert; Fiedern II sehr genähert.
var. **elevatum** A. Br.

3. Stiel, Rachis, Unterseite und Rand der Spreite mit kurzen, einzelligen Drüsenhärchen besetzt.
var. **glandulosum** Milde.

Mißbildungen: Verschiedenartige Gabelungen des Blattstieles, der Blattspitze und der Fiedern, sowie auffallend unregelmäßige Bildungen der Fiedern I und II. (Seite 111.)

B. Rhizom aufsteigend, bis faustdick. Blätter schlaff, dunkelgrün, mit gelblichen Drüsenhärchen besetzt, bis 1,5 m lang, 40 cm breit. Blattstiele meist kürzer als die Spreite, gelb, an der stark angeschwollenen Basis dunkelbraun, mit großen, beinahe ganzrandigen, mit dunkleren Mittelflecken versehenen Schuppen dicht besetzt. Letztere verteilen sich bis auf die Rachis und die Unterseite der Spreite, werden aber, je höher hinauf, immer kleiner und blasser. Spreite bis 1 m lang, eiförmig-länglich bis dreieckig, 3—4fach gefiedert, lang zugespitzt. Fiedern I genähert, nur die untersten zuweilen entfernter, ungleichhälftig, ihre basale Fieder II unterhalb der Costa gestielt und etwa doppelt so lang als die entsprechende oberhalb der Costa; letztere meist kürzer als die folgende. Sori größer, ähnlich gestellt wie bei N. eu-spinulosum, über die ganze Spreite verbreitet. Schleier sehr häufig mit den Drüsenhärchen der Spreite, besonders am Rande, besetzt.

Seltener in der Ebene, häufig und gesellig im höheren Gebirge, bis 2200 m ansteigend. — Juli, Aug. (D. dilatata Hoffm.)
Subspecies **N. austriacum** (Jacq.) Woynar.

Ändert ab:

1. Blätter kurzgestielt. Spreite dreieckig; unterstes Fiederpaar das längste, horizontal abstehend, mit auffallend starker Verlängerung seiner unteren Hälfte.
var. **deltoideum** Milde.

2. Blattstiel so lang oder länger als die eiförmig-längliche, meist reich spreuschuppige Spreite; unterstes Fiederpaar stark ungleichhälftig, kürzer als die folgenden.
var. **oblongum** Milde.

3. Schuppen des Blattstieles blaß-kupferfarben, ohne dunkle Mittelflecke. Unterste Fiedern I die längsten. Blattzähne stumpf, nicht stachelspitzig.
var. **muticum** A. Br.

4. Blätter straff, dunkelgrün. Spreite länglich-eiförmig bis eiförmig-lanzettlich. Fiedern I länglich, stumpf, nach oben geschwungen.
var. **collinum** Moore.

Formen:

a) Spreite länglich-lanzettlich oder lanzettlich, lang ausgezogen zugespitzt, 2fach gefiedert-fiederteilig. Fiedern I schmal, entfernt gestellt. Fiedern II länglich, locker stehend.
f. **Chanteriae.**

b) Spreite eiförmig-länglich. Fiedern I und II schmal-lanzettlich, lang und fein zugespitzt.

f. **elegans.**

c) Fiedern I mindestens um ihre Breite auseinandergestellt. Fiedern II locker stehend.

f. **remotum.**

d) Blätter nur 35 cm lang. Spreite länglich- oder dreieckig-eiförmig, 2fach gefiedert; unterstes Fiederpaar nur wenig ungleichhälftig. Spreuschuppen hellbraun, selten dunkel gefleckt.

f. **dumetorum.**

d) Fiedern I und II und Abschnitte sich mehr oder minder deckend.

f. **imbricatum.**

Mißbildungen: Gabelungen des Stiels, der Blattspitze, der Spreite und der Fiedern, Vergrößerung des untersten Fiederpaares, Verkürzung der Fiedern. (Seite 111.)

Bastarde.

Rhizom kräftig, aufsteigend. Blätter gebüschelt, derb, 33 bis 80 cm lang. Blattstiel bis 24 cm lang, strohgelb, am Grunde dunkelbraun, dicht mit gelbbraunen Spreuschuppen besetzt, nur ½ (und weniger) so lang als die länglich-lanzettliche, allmählich in den Scheitel zugespitzte, an der Basis nur wenig oder gar nicht verschmälerte, 2fach gefiederte, hellgrüne, unterseits blassere, drüsenlose Spreite. Fiedern I 16—27paarig, meist nach oben gerichtet, seltener horizontal, die obersten sitzend, dichtstehend, die übrigen allmählich weiter auseinander gestellt, zunehmend gestielt, das unterste Paar ungleichhälftig, dreieckig, die übrigen allmählich schmäler werdend bis lineal-lanzettlich. Fiedern II länglich, stumpflich, fiederspaltig bis fiederteilig, mit länglichen, stachelspitzig gezähnten Abschnitten. Sori mittelgroß, 2reihig in den Fiedern II bzw. den größeren Abschnitten, dem Mittelnerven genähert, mit schwach gewölbtem, etwas ausgefressen-gezähneltem, drüsenlosem Schleier. — Steht in der Tracht N. spinulosum näher, aber letztere ist länger gestielt, breiter in der Spreite, die Fiedern sind breiter, zerteilter, besonders die untersten, Zähne länger gespitzt.

Zwischen den Eltern. Selten. Bekannt von den Vogesen, aus Baden, Rheinprovinz, Thüringen, Sachsen, Tirol, Schweiz. — Sporangien Juli, Aug. (Aspidium remotum A. Br.)

N. filix mas × spinulosum (A. Braun).

Pflanze meist größer als voriger Bastard, Spreite verhältnismäßig breiter, 60 cm Länge zu 18—20 cm Breite. Mittlere und obere Fiedern länger, an der Basis wenig verbreitert, lanzettlich, weniger entfernt, nach oben dicht gestellt. Fiedern II deutlich getrennt, spitz-oval, untere tief eingeschnitten-gezähnt und Zähne scharf kleingezähnt. Stiel wie bei N. austriacum derber, zerbrechlich. Schuppen zahlreich, abstehend, pfriemlich-lanzettlich, hell- bis tiefbraun, mit einigen großen, ovalen ohne deutlichen dunkleren Mittelfleck gemischt. — Von N. filix mas durch die breiten, scharf, fast grannig gezähnten, durch Abstände getrennten Fiedern II und die länger gestielte, an der Basis deltoide Spreite unterschieden. — Nur vereinzelt bekannt aus der Rheinprovinz, den Vogesen, dem Schwarzwald, Tirol, Schweiz. (A. filix mas × dilatatum Christ.)

N. filix mas × austriacum (Christ.).

β) Laub- und Sporenblätter verschieden gerichtet.

7. Blätter locker gebüschelt; Sporenblätter bis 1 m lang, steif aufrecht, Laubblätter kürzer, nur bis 45 cm lang, schräg nach außen abstehend. Blattstiele bei den Laubblättern etwa halb so lang, bei den Sporenblättern ⅔ bis fast so lang als die Spreite. Spreite schmallänglich, kurz zugespitzt, nach der Basis zu wenig verschmälert, gefiedert-fiederteilig. Fiedern bis 20paarig, meist nach oben gerichtet; die untersten gestielt, aus herzförmigem Grunde dreieckig, etwas entfernt gestellt; die übrigen nach dem Blattscheitel hin allmählich schmäler werdend, kürzer gestielt und dichter gestellt, bis die oberen sitzend, länglich-lanzettlich werden. Fiedern der Sporenblätter meist länger und breiter, spitzer und weiter auseinander gestellt; die soritragenden (obere und ein Teil der mittleren) rechtwinklig zur Blattfläche oder auch vollständig herumgedreht, so daß die Unterseite nach oben kommt. Fiederabschnitte länglich, stumpf, genähert; die Abschnitte unter der Costa bei den Fiedern der unteren Blatthälfte in der Regel länger und schräger gestellt als die über der Costa. Größere Abschnitte eingeschnitten bis fiederspaltig mit gezähnten Abschnitten, kleinere scharf fein gesägt mit stachelspitzigen Zähnen. Sori groß, dem Mittelnerven genähert, mit kahlem, ganzrandigem Schleier. — Laubblätter oft überwinternd.

In Brüchern, Mooren, buschigen Sümpfen. Am häufigsten im nördl. und östl. Flachlande unseres Gebietes, gegen Südwesten und Süden seltener werdend, im Gebirge nur vereinzelt. — Juli bis Sept. (Fig. 13.)

(Kammfarn.) **N. cristatum** (L.) Michx.

Blatt schmal, nur 6—9 cm breit und fast bis zur Spitze gleichbreit, stumpf, oberste Fiedern plötzlich abnehmend. Abschnitt I fast sitzend, kurz, mit abgerundeter Spitze, bis 4,5 cm lang. Abschnitte II kurz, länglichrund, abgerundet; sterile am Rande klein, fertile schärfer und grober gesägt,

var. **obtusum** F. Wirtgen.

Ändert auch in der Tiefe der Einschnitte in die Fiederabschnitte unwesentlich ab. — An Mißbildungen kommen häufig Gabelungen in sehr verschiedener Form an der Blattspitze oder an den Fiedern vor. (Seite 111.)

Bastard.

Rhizom kräftig, aufsteigend, mit locker gebüschelten, hellgrünen, schlaffen, bis 80 cm langen Blättern. Blattstiel bis 33 cm lang, etwa $\frac{1}{2}$ bis fast so lang als die Spreite, gelb, nur an der Basis dicht mit bleibenden, im übrigen ebenso wie die Rachis nur spärlich mit zarten, leicht vergänglichen Spreuschuppen versehen. Spreite bis 55 cm lang und 19 cm breit, länglich-lanzettlich, an der Basis wenig oder gar nicht verschmälert, 2—3fach gefiedert. Fiedern I im allgemeinen bei den Laubblättern näher aneinander gestellt als bei den Sporenblättern, alle meist nach oben gerichtet, nur die unteren mehr horizontal; die untersten dreieckig, ungleich gehälftet, gestielt; mittlere allmählich aus breiter Basis länglich-lanzettlich, kürzer gestielt, in die oberen, schmal-lanzettlichen, sitzenden übergehend. Fiedern II dicht gestellt, länglich mit rundlichem Scheitel; an den Abschnitten stachelspitzige Sägezähne. Sori zweireihig in den Fiedern II und den größeren Fiederabschnitten, ziemlich groß, dem Mittelnerven genähert. Sporen und zuweilen die Sporangien fehlschlagend. — Steht in der Tracht N. cristatum nahe, ist aber stärker zerteilt.

Vereinzelt an den Standorten des N. cristatum, in Brüchern, bebuschten Mooren; Ost- und Westpreußen, Brandenburg, Schlesien, Sachsen, Harz, Braunschweig, Rheinprovinz. — Sporangien Juli, Aug. (Aspidium uliginosum Nyman.)

N. spinulosum × cristatum (Lasch).

Mißbildungen: Gabelungen der Blattspitze und Fiedern, sowie die wie zerfressen aussehende Form erosa (Seite 111.)

d) Blätter dreieckig, unterste Fiedern bei weitem die größten, ihre Fiedern II unterhalb der Costa viel länger und reicher gegliedert als diejenigen oberhalb der Costa. Rhizom kriechend. Schleier fehlend.

Decompositae.

8. Rhizom dünn, glänzend schwarz, kriechend, mit unregelmäßig entfernt stehenden, bis 45 cm langen, schlaffen, dünnkrautigen, kahlen, lebhaft grünen, unterseits blasseren Blättern. Stiele zerbrechlich, gelblich, nur an der Basis schwarzbraun, mit sehr zarten, hellbraunen Spreuschuppen besetzt, 2—3mal länger als die dreieckige, bis 3fach gefiederte, fast horizontal übergebogene Spreite. Fiedern I 6—9paarig, meist gegenständig, die obersten mit herablaufender Basis sitzend, dichtstehend, die folgenden allmählich weiter auseinander gestellt; nur das unterste (bisweilen 2) Fiederpaar lang gestielt, ungleich gehälftet. Fiedern II länglich bis länglich-lanzettlich, ein-

geschnitten bis gekerbt, diejenigen des untersten Fiederpaares fiederteilig bis gefiedert, ihre erste Fieder II unterhalb der Costa etwa so groß wie die ganze drittunterste Fieder I; ihre erste Fieder II oberhalb der Costa meist etwas länger als die folgende. Letzte Abschnitte länglich, stumpflich bis abgerundet, ganzrandig bis gekerbt oder fiederspaltig. Sori dem Abschnittsrande genähert.

Zerstreut. An feuchten Standorten, Bach- und Grabenrändern, in schattigen Wäldern; am häufigsten im Gebirge, bis über 2000 m ansteigend, aber auch in der Ebene. — Juli, Aug. (Fig. 14.) (Polypodium Dryopteris L., D. Linnaeana Christens.)

(Eichenfarn.) **N. dryopteris** (L.) Mich.

Mißbildungen: siehe N. Robertianum.

9. Rhizom ziemlich kräftig, matt schwarzbraun, kriechend. Blätter unregelmäßig entfernt stehend, bis 60 cm lang, mäßig derb, glanzlos, auf der Unterseite wie am Rande, auf dem Stiel, der Rachis und deren Verzweigungen mit kurzen, gelblichen Drüsenhärchen besetzt. Blattstiel bis 40 cm lang, länger als die etwas zurückgebrochene, bis 26 cm lange, dreieckig-eiförmige, ziemlich lang zugespitzte, 2fach gefiedert-fiederteilige Spreite. Fiedern I fast horizontal, obere genähert, sitzend, folgende an Entfernung und Verbreiterung rasch zunehmend; die beiden untersten Fiederpaare dünngestielt, besonders das unterste Paar ungleichhälftig. Fiedern II länglich-eiförmig, stumpflich, unterhalb der Costa des untersten Fiederpaares bei weitem die längsten, die erste von ihnen der viertuntersten Fieder I an Größe entsprechend. Abschnitte letzter Ordnung länglich-lanzettlich, abgerundet, zuweilen ihr schwach gekerbter Rand etwas eingerollt. Sori dem Abschnittsrande genähert.

Besonders auf Kalk. Am häufigsten im Gebirge, in den Alpen bis über 2000 m ansteigend, in den mitteldeutschen Gebirgen nur zerstreut, im nördl. Flachlande nur noch ganz vereinzelt. — Juli, Aug. (Fig. 15.)

(Storchschnabel-Farn.) **N. Robertianum** (Hoffm.) Prantl.

Wenig veränderlich. — Mißbildungen: Gabelungen der Blattspitze, unregelmäßige Verkürzungen und Verlängerungen der Fiedern I und II. (Seite 111.)

Gattung: **Polystichum** Roth (Schildfarn).

Unsere Arten sind ansehnliche Farne mit derben, meist reich spreuschuppigen, kurzgestielten, lanzettlichen, spiralig-büscheligen Blättern an kräftigem, aufsteigendem Rhizom. Nerv. Neuropteridis.

A. Blätter einfach gefiedert.

1. Blätter derb lederig, bis 65 cm lang, überwinternd. Stiel kurz, 2—7 cm lang, kräftig, am Grunde schwarzbraun, sonst grünlich bis strohfarben, dicht mit großen Spreuschuppen besetzt. Rachis und Unterseite der Spreite mit kleineren, helleren Schuppen versehen. Spreite bis 50 cm lang, lanzettlich, in den Scheitel kurz zugespitzt,

nach der Basis hin allmählich stark verschmälert. Fiedern jederseits 30—50, genähert, nur die untersten etwas auseinandergestellt und kurz dreieckig bis eiförmig, die übrigen aus ganzrandigem, in der unteren Hälfte keilförmigem, in der oberen Hälfte spitz geöhrtem Grunde lanzettlich, spitz, nach oben geschwungen, scharf stachelspitzig gesägt, in eine Stachelborste ausgehend. Sori meist nur im oberen Drittel der Spreite, meist 2reihig, je eine Reihe zwischen Mittelnerv und Fiederrand, groß, zuletzt zusammenfließend. Schleier groß, schwach und unregelmäßig gezähnt.

Hochgebirgsfarn von 900—2500 m, in die Ebene nur durch die Flußtäler vereinzelt herabgelangend; seltener schon in den Mittelgebirgen. Alpen, Vogesen, Jura, Rheinisches Schiefergebirge, Fichtelgebirge, Riesen-, Erzgebirge. — Aug., Sept. (Fig. 16.)

P. lonchitis (L.) Roth.

Ändert wenig ab:

1. Fiedern dicht und kammförmig, doppelt gesägt. Sägezähne spitz und steif lang begrannt. Meist kleinere Pflanzen.
f. **longearistatum** Christ.

2. Fiedern sehr schmal, bis 6mal so lang als breit, voneinander entfernt, ganzrandig oder mit kleinen unbegrannten Zähnen.
f. **inaristatum** Geisenh.

3. Große Pflanze mit sehr stark entwickeltem, rechtwinklig abstehendem Öhrchen der Oberseite der Fiederbasis und öfters auch einem kleineren Öhrchen an der Unterseite.
f. **hastatum** Christ.

4. Fiedern sehr genähert, etwa von der Mitte des Blattes sich deckend, nur ganz nach oben an Länge abnehmend, so daß das Blatt dann ziemlich plötzlich zugespitzt ist.
f. **imbricatum** Geisenh.

5. Blätter sehr schmal, in der Mitte am breitesten. Fiedern gerade, scharf gezähnt.
f. angustatum Geisenh.

Mißbildungen: Gabelungen der Blattspitze, der Fiedern, sowie Verkümmerungen einzelner Blatteile. (Seite 111.)

B. Blätter mehrfach gefiedert.

2. Blätter bis 1 m lang, meist überwinternd. Stiel 6—20 cm lang, dick, dicht mit Schuppen besetzt. Spreite oberseits kahl, matt glänzend, unterseits mit leicht abfallenden Schüppchen bekleidet, lanzettlich, nach der Basis ziemlich stark verschmälert, 2fach gefiedert, derblederig und meist starr. Fiedern I aus sehr ungleichhälftigem Grunde länglich-lanzettlich bis lanzettlich, zugespitzt, genähert, horizontal gestellt oder etwas geschwungen nach oben gerichtet. Erste Fieder II oberhalb der Costa bedeutend größer als

die folgenden, senkrecht stehend, an die Rachis gepreßt, fast gestielt, stachelspitzig geöhrelt; die übrigen Fiedern bzw. -abschnitte meist nach vorn geneigt, sitzend, gedrängt, trapezoidisch-eiförmig (die größeren schwach geöhrelt), plötzlich in eine Stachelspitze ausgezogen, der Rand mehr oder weniger stachelspitzig gesägt. Sori meist nur in der oberen Spreitenhälfte, mittelgroß, in der Mitte zwischen Mittelnerv und Abschnittsrand oder dem Mittelnerv etwas näher, zuletzt zusammenfließend. Schleier derb, bleibend. — In Gebirgswäldern, bis 2000 m ansteigend. Im Flachlande kaum vorkommend. Vielfach kultiviert. — Juli, Okt. (Fig. 17.) (Aspidium l. Sw.)

P. lobatum (Hudson) Presl.

Ändert ab:

1. Blätter schmäler, länglich-lanzettlich mit sehr dicht stehenden Fiedern I und sehr gedrängten, tief und langstachelspitzig gesägten Fiedern II. Schuppenbesatz im allgemeinen sehr dicht. Spreite weicher, der weißliche Schuppenbesatz an der Unterseite dichter und ausdauernder. Erste Fieder über der Costa nicht oder wenig größer als die folgenden. — Namentlich in den Alpen; auch im Jura.
   var. **aristatum** Christ.
2. Fiedern II fast gestielt, eiförmig-länglich, die meisten mit zahnartigem, scharf stachelspitzigem Ohr.
   f. **auriculatum** Luerss.
3. Besonders die erste Fieder II über der Costa bis tief fiederteilig, mit 3—6paarigen Lappen; die meisten Fiedern II gestielt. Am stärksten zerteilte, große Form (bis 1 m lang).
   f. **subtripinnatum** Milde.
4. Blätter groß, mit schwärzlich-kupferfarbenen Spreuschuppen. Erste Fieder über der Costa bis doppelt so lang als die folgende.
   f. **umbraticum** Kunze.
5. Fiedern II oft gestielt, bis 18 mm lang, aus breiteiförmigem Grunde sich rasch verschmälernd.
   f. **longilobum** Milde.
6. Blätter etwa 35 cm lang, schmal- bis fast lineal-lanzettlich, starr. Fiedern II nur bis 5 mm lang, 2,5 mm breit, die größeren, namentlich die erste obere, meist kurzgestielt.
   f. **microlobum** Milde.
7. Schwache Form mit rundlich-ovalen, mit breitem Grunde angewachsenen, ungeöhrelten, geschweift-zugespitzten, kaum gezähnten Fiederabschnitten.
   f. **rotundatum** Döll.

Mißbildungen: Blatt oder Fiedern gegabelt oder mehrfach geteilt, oder einzelne Fiedern I unregelmäßig verkürzt. (Seite 111.)

3. Blattstiel länger als bei voriger Art, bis 30 cm lang, sonst aber in seinen wesentlichen Merkmalen mit ihm übereinstimmend. Spreite bis 70 cm lang, 30 cm breit, eilanzettlich, lang zugespitzt, am Grunde meist nur wenig verschmälert, weniger derb, papierartig, meist etwas schlaff, gesättigt- bis bläulich-grün, glanzlos, unterseits etwas heller und etwas reicher mit blassen Spreuschuppen versehen als die vorige Art, 2—3fach gefiedert. Fiedern I lineal-lanzettlich, im oberen Teile der Spreite nach oben gerichtet, genähert, die folgenden allmählich weiter auseinander gestellt, allmählich horizontal, unterste oft etwas abwärts gerichtet, alle kurzgestielt. Fiedern II fast sämtlich senkrecht stehend, mit Ausnahme der letzten, zusammenfließenden kurzgestielt, am Grunde geöhrt, am Rande meist angedrückt-, seltener abstehend-stachelspitzig gesägt; die erste oberhalb der Costa nicht oder nur wenig größer als die folgenden, häufig, wie auch noch einige folgende, fiederig-eingeschnitten, namentlich das basale Ohr oft durch einen bis fast zur Mittelrippe reichenden Einschnitt abgesondert. Sori kleiner, meist das Ende des Nerven einnehmend, mit zarterem Schleier. Im Süden überwinternd, bei uns kaum.

Ebenso wie P. lobatum in Gebirgswäldern, aber nur in tieferen Lagen; bei uns viel seltener als vorige Art. Nur vereinzelt im Elsaß bei Zabern, in der Rheinprovinz, Baden, Luxemburg, südl. Schweiz. — Juni bis Aug. (Fig. 18.) (Aspidium angulare Kit., Polypodium aculeatum L., Asp. aculeatum Sw.)

P. setigerum (Forsk.) Woynar.

Ändert ähnlich ab wie P. lobatum.

1. Fiedern II lang zugespitzt, fast ganzrandig, mit wenigen, liegenden Grannenzähnen; Öhrchen sehr groß, fast von der Größe der Fieder. Fieder II dreieckig, in 2 rechtwinklige Zacken endigend.

   f. **auriculatum** Christ.

2. Form mit nur 4—6 mm langen, zahlreichen Fiedern II.

   f. **microlobum** Warnst.

3. Fiedern II rundlich abgestumpft, fast ganzrandig.

   f. **rotundatum** Christ.

4. Größere Fiedern II fiederteilig bis gefiedert, namentlich das basale Ohr bis zum Mittelnerven frei. Den größten Formen angehörend. Hauptsächlich in Südeuropa.

   f. **hastulatum** Ten.

Mißbildungen wie bei lobatum. (Seite 111.)

4. Blattstiel kräftig, 2—15 cm lang, grünlich, am Grunde schwarzbraun, ebenso wie die Rachis und deren Verzweigungen mit glänzend blaß- oder kupferbraunen Schuppen besetzt. Spreite länglich-lanzettlich, kurz zugespitzt, nach der Basis hin stark verschmälert, bis 120 cm lang, 30 cm breit, etwas schlaff, häutig-papierartig, nicht

überwinternd, unterseits blasser, mit weißlichen Spreuschüppchen versehen, 2—3fach gefiedert. Fiedern I aus kaum verbreitertem Grunde länglich, obere kurz zugespitzt, gedrängt, untere etwas lockerer stehend, stumpflich, alle meist rechtwinklig abstehend, bis 30paarig. Fiedern II fast senkrecht gestellt, 5—16 mm lang, 3—8 mm breit, sehr kurz gestielt, aus ganzrandigem, vorn rundlich geöhrtem, hinten keilförmigem Grunde trapezoidisch-länglich, stumpflich, in eine Granne auslaufend, am Rande kerbig-weichstachelig gesägt; die ersten kaum oder wenig größer als die folgenden, aber häufig bis fiederteilig eingeschnitten; die größeren Zähne meist mit 1—2 kleinen, bisweilen selbst stachelspitzigen Seitenzähnchen versehen. Sori meist nur in der oberen Spreitenhälfte, groß, meist endständig auf dem vorderen Ast des gegabelten Nerven, zweireihig, dem Mittelnerven mehr genähert als dem Abschnittsrande. Schleier zart, hinfällig.

Nicht häufig. In nicht zu feuchten Gebirgswäldern, an sonnigen, freien Hängen, bis 1500 m ansteigend. Am häufigsten im niederen Gesenke in Schlesien; zerstreut im Eulen- und Isergebirge, Karpathen, Sächsische Schweiz, Odenwald, Schwarzwald, Oberbayern, Tirol, Schweiz. — Juli, Aug. (Fig. 19.)

P. Braunii (Spenn.) Fee.

Ändert in ähnlicher Weise wie die beiden vorigen Arten ab in die Formen: rotundatum, subtripinnatum, microlobum.

Bastarde.

1. Blätter ganz kurz gestielt, lanzettlich, einfach gefiedert, nach oben und unten allmählich aber stark verschmälert. Stiel, Rachis und Unterseite der Spreite reich mit Spreuschuppen versehen. Fiedern eingeschnitten gesägt, nur an der Basis tief geteilt und dieser Abschnitt vergrößert und geöhrelt. Umriß der Zähne ovallänglich wie bei P. lobatum, weniger steif begrannt wie bei P. lonchitis.

An den Standorten der Eltern; meist einzeln. In der höheren Bergregion, wo die Gebiete der Eltern zusammenstoßen, nicht selten; in der Schweiz der verbreitetste Polystichum-Bastard. — Sporangien Juli, Aug. (Aspidium illyricum Borb.)

P. lobatum × lonchitis (Murb.) Hayek.

Tritt nach Christ (Farnkr. Schweiz 119) in 3 Stufen auf:

a) Kleinste Form. Spreite bis 29 cm lang, derblederig, in der oberen Hälfte wie P. lonchitis, nur etwas steiler und tiefer gezähnt. Untere Fiedern mit abgetrennten Öhrchen und tiefen, zahlreichen, ovalen, spitzen Lappen. Sori sich fast berührend, aber nicht zusammenfließend.

P. lobatum × perlonchitis.

b) Spreite 45 cm lang. Fiedern aus breiter Basis sichelförmig ovallanzettlich zugespitzt, an der Basis mit einem großen, bis zum Mittelnerven abgetrennten Öhrchen, im übrigen Teil zunächst bis zu $\frac{2}{3}$, schließlich nur bis zur Hälfte eingeschnitten und in dichtstehende spitz- oval geschweifte, seicht gezähnte oder ganzrandige, begrannte Lappen geteilt. Sori von der Mitte der Fieder bis zum Scheitel einreihig an jeder Seite des Mittelnerves, etwas zusammenfließend. Nur die oberste Spitze des Blattes ähnelt P. lonchitis.

P. aequelobatum × lonchitis.

e) Am tiefsten eingeschnittene Form. Spreite bis 10 cm breit, sehr lang in die Basis verschmälert, mit zuletzt ganz breitdreieckigen Fiedern; erste Fieder II viel größer als die anderen, deutlich etwas entfernt; die folgenden auch bis nahe dem Mittelnerven der Fieder eingeschnitten, oval-länglich, geschweift gespitzt, ungeöhrelt. Sori sehr groß, vom Scheitel bis zur Mitte der Fieder einzeln, in den größeren vorderen Abschnitten zu mehreren in den Abschnitten.

P. perlobatum × lonchitis.

2. Große, wie P. lobatum etwas starre Form, mit reichlichen Schuppen versehen, im unteren Teil des Blattes mehr P. setigerum, im oberen mehr P. lobatum gleichend. Blätter wie bei P. setigerum länger gestielt, an der Basis der Spreite wenig verschmälert. Fiedern II um die Hälfte größer als bei P. setigerum, weniger zahlreich, breiter gestielt; Zähne mehr oval als bei P. lobatum und auch das Öhrchen oft mehrmals tief eingeschnitten, in starre Grannen verlaufend; erste Fiedern II oberhalb der Costa nicht oder nur wenig größer als die folgenden. Sori zahlreich, klein, nicht zusammenfließend, unregelmäßig, ungleich, mit wenigen Sporangien; Schleier verkümmert.

Zwischen den Eltern; selten. Baden (Freiburg), Elsaß (Stampftal), Südl. Schweiz. — Sporangien Juli, Aug. (Aspidium Bicknellii Christ., P. lobatum × aculeatum Christ.)

P. lobatum × setigerum (Christ.) Woynar.

Mit Christ kann man unterscheiden, je nach der Form des setigerum, die an der Kreuzung beteiligt ist:

1. Kleine Form; rundlich abgestumpfte, schwach begrannte Fiedern II bzw. Abschnitte.

var. **rotundatum.**

2. Habitus von P. Braunii; Fiedern II der unteren Fiedern I sehr groß, 1,3 cm lang, 0,6 cm breit, fast ganzrandig, nur nach der Spitze hin begrannt, dünnlederig, aber wintergrün.

var. **pseudo-Braunii.**

3. Sehr große Form, bis 90 cm lang. Stiel 1,5 cm dick, 12 cm lang. Unterste Fiedern I etwas kürzer. Fiedern II sehr kurz, abgesetzt gestielt, sichelig, breit lanzettlich, sehr stark geöhrelt,

tief eingeschnitten gesägt; Ohr parallel der Costa, nicht rundlich.

var. **hastulatum.**

4. Fiedern II deutlich gestielt, kleiner, tiefer und wiederholter gelappt als bei P. setigerum, welchem es sonst näher steht. Sori sehr klein, punktförmig, verkümmert.

var. **persetigerum** × **lobatum.**

3. Große, bis 1 m hohe, in der unteren Hälfte mehr an P. Braunii, in der oberen mehr an P. lobatum erinnernde Form. Blattstiel kräftig, bis 20 cm lang, ebenso wie die Rachis dicht mit Schuppen besetzt, mehrmals kürzer als die dünnlederige, länglich-lanzettliche, nach der Basis zu etwas verschmälerte, unterseits blassere, mit haardünnen Spreuschüppchen versehene Spreite. Fiedern I aus meist etwas verbreitertem Grunde länglich-lanzettlich, obere ziemlich dicht, die übrigen allmählich etwas entfernter gestellt, alle fast rechtwinklig abstehend. Fiedern II nach vorn geneigt, nur an den unteren Fiedern I fast senkrecht stehend, alle stachelig-kerbig-gesägt, ziemlich dichtgestellt, die größeren gestielt und geöhrt. Erste Fieder II über der Costa nur wenig bis beträchtlich größer als die folgenden und bei den größten Blattformen in ihrer unteren Hälfte fiederspaltig bis fiederteilig. Sori nur in der oberen Spreitenhälfte, ziemlich groß, in 2 Reihen, meist dem Ende des vorderen Nervenastes aufsitzend, mit bleibendem Schleier.

An den Standorten der Eltern. Häufiger nur im Gesenke, in Baden, Tirol, der Schweiz, selten. — Sporangien Juli, Aug. (Aspidium Luerssenii Dörfler, A. lobatiforme Waisb.)

P. lobatum × **Braunii** Luerssen.

(P. setigerum × Braunii Woynar. = P. Wirtgenii Hahne, bereits aus Steiermark bekannt, mag auch in unseren Gebieten auftreten).

3. Unterfamilie: **Asplenieae.**

A. Sori parallel den Seitennerven befestigt.

A.-Aspleniinae.

a) Spreuschuppen zartzellig.

1. Sori länglich, oft hakenförmig über den sorustragenden Nerven übergreifend oder 2 Sori zu beiden Seiten des Nerven. Schleier entsprechend länglich, linien- oder hakenförmig, dem Rücken der Nerven angeheftet, gegen den Mittelnerven des Abschnittes frei, nur bei den Doppelsori der eine gegen den Mittelnerven, der andere gegen den Abschnittsrand geöffnet.

Athyrium.

b) Spreuschuppen starkzellig.

2. Sori je einer an dem Nerven. Schleier benachbarter Sori paarweise sich gegeneinander öffnend. Spreuschuppen ohne Scheinnerv, am Rande mit eine Drüsenzelle tragenden Wimpern.

Phyllitis.

3. Sori je einer an dem Nerven. Schleier den freien Rand fast stets dem Mittelnerven des Abschnittes zuwendend.

Asplenium.

4. Sori je einer an dem Nerven, anfangs von den Spreuschuppen der Blattunterseite verdeckt, mit verkümmertem Schleier.

Ceterach.

B. Sori auf einer Nervenanastomose parallel zum Mittelnerven der Fieder.

A.-Blechninae.

5. Laubblätter mit freien, Sporenblätter mit anastomosierenden Nerven. Sori zusammenhängend, meist die ganze Länge des Abschnittes einnehmend; der lange, schmale Schleier auf seiner Außenseite dem Rezeptakel angeheftet, sein dem Mittelnerven zugekehrter Innenrand frei.

Blechnum.

Gattung: **Athyrium** Roth.

Größere Pflanzen mit meist aufrechtem Rhizom, gebüschelten, in Trichterform gestellten, nicht überwinternden Blättern. Sori meist einzeln auf erhabenem Rezeptakel. Blattstie ungegliedert. — Bei uns 2 Arten.

1. Rhizom kräftig. Blätter weichkrautig, schlaff, kahl, 2—3fach gefiedert. Spreite bis 1 m lang, elliptisch-länglich oder länglich, nach der Basis hin verschieden verschmälert, 3—4mal so lang als der an der Basis verdickte, schwarzbraune, mit dunkelbraunen Spreuschuppen besetzte, sonst graugrüne, verhältnismäßig schwache Blattstiel. Rachis und Costa nur in der Jugend schwach mit kleinen, schmalen Schüppchen versehen, bald kahl. Fiedern I aus breitem Grunde lineal- bis länglich-lanzettlich, meist allmählich und lang zugespitzt, mehr oder weniger nach oben gerichtet, nur die untersten zuweilen horizontal abstehend oder abwärts gerichtet bis zurückgebogen, mittlere und obere genähert, untere entfernter gestellt. Fiedern II länglich bis lanzettlich, spitz, am Rande verschieden tief eingeschnitten, oft etwas nach vorwärts gekrümmt, sitzend, mit schmalem Flügel herablaufend, ziemlich dicht stehend. Fiederabschnitte länglich, stumpf, gezähnt. . Sori in 2 Reihen dicht an dem Mittelnerven, über die ganze Spreite verbreitet, mit zartem, aber ziemlich ausdauerndem, gewimpertem Schleier. — Sehr veränderliche Pflanze in ihrer Größe, der Länge des Blattstieles, der Form, Zerteilung und Zähnung der Spreite, der Dicke und Färbung des Blattes und der Ausbildung der Sori. Sonnige Standorte lassen sie kleiner aber derber, straffer, bleicher, weniger zerteilt werden, während schattige, feuchte sie zur höchsten Entwicklung kommen lassen, so daß sie höher und zerteilter, ihr Laub zarter und lebhafter gefärbt wird. Auch die Sori nehmen an dieser größeren oder geringeren Kraftentwicklung teil; schwächere Pflanzen zeigen meist längliche oder verschwommene Formen der Sori, während die kräftigeren sehr viel hakenförmige entwickeln.

Durch das ganze Gebiet verbreitet; häufig. An schattigen, feuchten, aber auch an freien, sonnigen Standorten, in der Ebene wie im Gebirge, bis 2000 m ansteigend; auf allen Bodenarten. — Juli—Sept. (Fig. 20.)

(Frauenfarn.) **A. filix femina** (L.) Roth.

Die zahlreichen Formen dieser Art gehen so allmählich ineinander über, daß sich scharfe Grenzen nicht ziehen lassen. Es werden 3 Hauptgruppen unterschieden:

1. Kleinere Formen, etwa bis 30 cm hoch, 2fach gefiedert. Fiedern II ringsum einfach- oder gezähnt-gesägt; diejenigen der Sporenblätter oft schmäler als bei den Laubblättern. Sori fast alle gestreckt, mit länglichem Schleier.

var. **dentatum** Milde.

2. Blätter bis 1 m hoch, 2fach gefiedert. Fiedern II tiefer eingeschnitten-gezähnt bis fiederspaltig, ihre untersten Abschnitte an der Spitze mit 3, die folgenden mit 2 Zähnen, die Fiederspitze einfach gezähnt. Untere Sori hakenförmig oder die untersten hufeisen- oder nierenförmig, die übrigen gestreckt.

var. **fissidens** Milde.

3. Größte und zerteilteste Form, meist schattiger, feuchter Gebirgsstandorte, bis 1,5 m hoch, sehr zart, fast 3fach gefiedert. Fiedern II zugespitzt, mit länglichen, am ganzen Rande eingeschnittengesägten Abschnitten. Untere Abschnitte mit 2 Sorusreihen (jederseits 2—4), folgende mit einem Soruspaar, die übrigen mit einzelnem Sorus am Grunde; Sori zum großen Teil haken- oder hufeisenförmig.

var. **multidentatum** Milde.

Durch Behaarung ändert ab:

Blattstiel und besonders die Rachis, weniger ihre Verzweigungen unterseits mit kurzen, weißlichen, 1—2zelligen, blasig angeschwollenen, leicht abfallenden Härchen besetzt.

var. **pruinosum** Moore.

Mißbildungen; verschiedenartigste Gabelungen der Blattspitze, der Spreite und der Fiedern, Blattspitze und Fiedern mit fächerförmiger krauser Spitze. (Seite 111.)

Ferner:

Fiedern II meist grob gezähnt, unregelmäßig abgestumpft, verkürzt oder auf grob- und gespreizt-gabelspaltige Lappen beschränkt, mit zuweilen sichelförmiger Rückwärtskrümmung.

m. **laciniatum.**

Fiedern I ungleich lang, ein- oder mehrfach gegabelt. Fiedern II sehr unregelmäßig, aus breitem Grunde verschmälert und bis auf den Mittelnerven verschrumpft oder am Grunde verschmälert und nach dem Scheitel hin verbreitert; zuweilen gabelig geteilt, oft ungleichhälftig und ungleich gezähnt.

m. **inexpletum.**

2. Große Hochgebirgsform. Blätter bis 2 m lang. Stiele höchstens $1/3$ so lang als die Spreite, an der Basis verdickt, schwarzbraun, mit zarten, hellbraunen Spreuschuppen besetzt, im übrigen Teil grünlich, sparsamer mit kleineren Schuppen versehen. Spreite weichkrautig, bis 1,45 m lang, 36 cm breit, länglich-lanzettlich, kahl, nur an der Rachis und deren Verzweigungen sparsam mit kleinen Schüppchen besetzt, unterseits blasser, 2fach gefiedert-fiederspaltig bis 3fach gefiedert. Fiedern I locker gestellt, nach der Spreitenbasis zu allmählich weiter auseinander stehend, nach oben gerichtet, die Spitzen bisweilen bogig abwärts gekrümmt, kurzgestielt, lanzettlich, allmählich zugespitzt. Fiedern II lanzettlich, kurz zugespitzt bis stumpflich, fiederspaltig bis fiederteilig oder gefiedert. Fiederabschnitte stumpf bis abgerundet, einfach gesägt oder bei größeren Pflanzen fiederspaltig und ihre Läppchen 2—4zähnig, bei allen die Zähne breit, stark zugespitzt, aufrecht oder nach vorn, selten nach rückwärts gerichtet. Sori klein, jung den Athyriumcharakter deutlich zeigend (nieren-, hakenförmig), später rundlich und scheinbar schleierlos, da die kleinen, rudimentären, gewimperten Schleier verschrumpft und von den Sporangien verdeckt sind. — Von dem nahestehenden A. filix femina unterscheidet es sich durch die etwas straffere Haltung und dunklere Färbung der Blätter, durch die stumpferen, breiteren, kürzer gezähnten Fiederabschnitte und die kleineren Sori.

Gewissermaßen die Fortsetzung von A. filix femina in höhere Regionen, bis 2400 m ansteigend, selten unter 800 m herabsteigend. Gesellig. Schwarzwald, Vogesen, Harz, Thüringer Wald, Frankenwald, Böhmer Wald, Gesenke, Riesen-, Iser-, Erzgebirge, Alpen, Beskiden, Tatra. — Jul.—Sept.

A. alpestre (Hoppe) Rylands.

Ändert in ähnlicher Weise wie A. filix femina ab; es werden auch hier die allmählich ineinander übergehenden 3 Hauptgruppen: dentatum — fissidens — multidentatum unterschieden.

Gattung: **Phyllitis** Hill.

Kleine oder mittelgroße Farne mit aufsteigendem bis fast aufrechtem Rhizom. Blätter gebüschelt, einfach, meist ungeteilt, fleischig oder lederig, überwinternd. — Bei uns nur eine Art.

Stiel kräftig, wechselnd lang, meist um vieles kürzer als die Spreite, mit Schuppen dicht besetzt, nicht abgliedernd. Spreite aus herzförmigem Grunde lineal- oder länglich-lanzettlich, kurz gespitzt bis stumpf, meist ganzrandig, bis 60 cm lang, 8 cm breit, hellgrün, matt glänzend, in der Jugend unterseits mit angedrückten, sehr schmalen Spreuschuppen besetzt, zuweilen kurz über der Basis an den Seitenrändern buchtig ausgebogt. Nerv. Taeniopteridis mit schräg stehenden, bis 3fach gegabelten, in plötzlicher Verdickung kurz vor dem Blattrande endigenden Nerven. Sori sehr wechselnd in der Länge und der Anzahl, linealisch, zuletzt zu dicken, braunen Wülsten anschwellend, der eine Sorus auf dem vorderen Ast eines Sekundärnerven, der folgende auf dem hinteren Ast des nächsten Sekundärnerven, ihre einander zugekehrten Schleier mit den freien Rändern sich berührend.

In schattigen, steinigen Wäldern, feuchten Felsspalten, Höhlungen. Hauptsächlich in gebirgigen Gegenden (in den Alpen bis 2000 m), dort auch gesellig; seltener in der Ebene; fehlt im Flachlande östlich der Elbe gänzlich; in Thüringen, Sachsen, Schlesien, Böhmen, Mähren, nördl. Bayern nur vereinzelt. In den Alpen bis in die alpine Region ansteigend. — Juli—Sept. (Fig. 21.) (Scolopendrium vulgare Smith.)

(Hirschzunge.) **Ph. scolopendrium** (L.) Newman.

Formen:

1. Blatt sehr schmal und lang.
f. **attenuatum** Moore.

2. Blatt breiter als bei der normalen Form.
f. **platypteron** Borb.

Über die Mißbildungen dieser Art sagt Luerssen (Farnpfl. 121): „So außerordentlich die Pflanze in unseren Gärten zur Bildung von Monstrositäten geneigt ist und so oft solche in England gefunden werden, so selten scheinen dieselben in unserem Florengebiete aufzutreten". Es wurden beobachtet: ein- und mehrfache Gabelung der Blätter, Kräuselung des Blattrandes, Kerbung und Lappung des Blattrandes, zwei Blattspreiten auf einem Stiel, Mittelrippe unter der Spitze hornartig austretend. (Seite 111.)

Gattung: **Asplenium** L.

Die europäischen Arten sind kleinere, krautige bis lederige Farne von sehr verschiedener Form. Rhizom kurz, spiralig beblättert. Blattstiele nicht angegliedert. Nerven frei. Blätter häufig überw nternd.

I. Blätter dichotom, hand- oder fiederförmig in 2—3, selten 5 lineal-keilförmige Segmente geteilt. Überwinternd. — Nerv. Sphenopteridis ohne deutlichen Mittelnerv.
Sect. **Acropteris.**

A. Spreite kahl.

1. Rhizom kurz kriechend, sehr dicht beblättert. Blätter bis 17 cm lang, starr, lederig. Blattstiel mehrmals länger als die Spreite, bis 12 cm lang, an der Basis glänzend rotbraun, sonst grün, oberseits tief, auf den Flanken seicht gefurcht. Spreite unregelmäßig gabelteilig, meist abwechselnd 3zählig gefiedert, dunkelgrün, matt glänzend, kahl. Fiedern aus keilförmigem Grunde lineal-lanzettlich, teilweise gestielt, die untersten, zuweilen auch die nächsten, mit einem seitenständigen, etwas kleineren Segment; Fiedern am Rande wulstig verdickt, am Scheitel tief eingeschnitten-gezähnt, in 2—6 lineal-lanzettliche gerade oder mit der Spitze nach außen gebogene Zähne ausgehend. Sori lang, lineal, später zusammenfließend und die ganze Unterseite bedeckend; Schleier ganzrandig, etwas gewölbt, später zurückgeschlagen.

An trockenen, sonnigen Orten, Mauern, Felsenspalten, zwischen Geröll. Hauptsächlich im Gebirge, bis 2500 m ansteigend, seltener in der Ebene. Im mittleren und südlichen Teil des Gebietes ziemlich häufig, im norddeutschen Flachlande selten; vereinzelt in Holstein, Rügen, Mecklenburg, Brandenburg, Dessau, Westpreußen. Sehr selten auf Kalk. — Juli, Aug. (Fig. 22.)

A. septentrionale L. Hoffm.

(A. septentrionale × trichomanes s. Seite, 57, × ruta muraria Seite 60.)·

Mißbildungen: Verkürzung der Fiedern pp. (S. 112.).

2. Rhizom kriechend bis aufsteigend, mit Schuppen ohne Scheinnerv. Blätter bis 17 cm lang, derbkrautig, hellgrün, überwinternd. Blattstiele bis 10 cm lang, etwa ebenso lang als die Spreite, bis zur Mitte, selten darüber hinaus, glänzend kastanienbraun, ungeflügelt, oberseits gefurcht wie die Rachis. Spreite an der Basis am breitesten und oft zweifach-, sonst einfach gefiedert, in einen stumpflichen, lappenartigen, fiederspaltigen Scheitel ausgehend. Fiedern 2 bis 5paarig, nach der Spreitenbasis zu allmählich weiter auseinander gestellt, die untersten 1—2 Paare gestielt, gefiedert oder fiederteilig, die folgenden meist mit einem linealen Lappen an der Basis, die oberen ungeteilt, sitzend, keilig, oft gegen die Rachis sichelförmig gekrümmt; Fiedern und Abschnitte an dem stumpfen, abgerundeten oder gestutzten Scheitel gekerbt. Nerv. Sphenopteridis ohne vortretende Mittelrippe. Sori lineal, in jedem Abschnitt 2—4, mit ganzrandigem Schleier.

Hauptsächlich im Gebirge, in Felsspalten, zwischen Geröll, nur auf kalkfreiem Boden. Nicht häufig. Im nördl. Flachlande nur von Mecklenburg und einem Standort bei Straßburg in der Uckermark bekannt. — Sporangien Juli, Aug. (A. germanicum Aut.; A. tricho manes × septentrionale Aschers.)

A. Breynii Retz.

Ändert ab:

Spreite fast dreieckig, jederseits 4—5 mehr abstehende Fiedern, unterste verlängert, bis 2 cm lang; 2—3 unterste dünn gestielt, mit 1—3 Fiedern II und einer gelappten Spitze. Fiedern II keilig-oval-stumpf, mit 3—6 kurzen, dreieckigen Zähnchen. Blattstiel bis in die Hälfte der Spreite hinauf rotbraun.

var. **Kneuckeri** Christ.

B. Spreite drüsig-gliederhaarig.

3. Rhizom kurz, kriechend, verzweigt. Blätter bis 10 cm lang. Blattstiel fadenförmig, am Grunde glänzend rotbraun, sonst grün, an seinem oberen Teil mit kurzen, abstehenden Gliederhärchen besetzt und nach außen gebogen, mehrfach länger als die lederige, glanzlose, beiderseits und am Rande drüsig-gliederhaarige, bis 2 cm lange, dreispaltige bis dreizählig-gefiederte, durch den gebogenen Stiel nach auswärts gekrümmte Spreite. Abschnitte aus keilförmigem Grunde rhombisch-länglich, stumpf, sitzend bis kurz gestielt, gekerbt bis kerbig-gesägt, der mittlere, größte etwas tiefer eingeschnitten. Sori 2reihig, breit-lineal, schräg stehend, mit zarthäutigem, ausgefressen-gezähnelten Schleier.

Zerstreut in den Alpen. Am häufigsten im südl. Tirol in den Dolomitalpen, bis 2000 m ansteigend; in kleinen Höhlungen nistend, oft in Gesellschaft von A. ruta muraria. Auf Dolomit beschränkt. — Juli, Aug. (Fig. 23.)

A. Seelosii Leybold.

II. Blätter ein- bis mehrfach gefiedert.

Sect. **Euasplenium.**

A. Blätter einfach-, nur ausnahmsweise zweifach gefiedert.

a) Blattstiel und Rachis ohne Flügelsaum.

4. Rhizom kriechend bis aufsteigend, verzweigt, seine schwärzlichen Spreuschuppen meist ohne Scheinnnerv. Blätter bis 20 cm lang, hell-gelblich-grün, weich, kahl, höchstens der Stiel und die Mittelrippe spärlich mit haarartigen Schüppchen versehen, nur ausnahmsweise an geschützten Standorten überwinternd. Blattstiel bis 6 cm lang, grün, nur an der Basis, seltener bis zur Spreite oder noch darüber hinaus glänzend rotbraun, weich, oberseits tiefrinnig, wulstig gerändert. Spreite bis 15 cm lang, 1—2 cm breit, schmallineal-lanzettlich, stumpf zugespitzt, nach der Basis allmählich ein wenig verschmälert, einfach gefiedert. Fiedern jederseits bis 30, kurz gestielt, aus keilförmigem, ganzrandigem Grunde rundlich bis rhombisch-eiförmig mit gekerbtem bis eingeschnittenem Rande, sich im Alter nicht von der Mittelrippe lösend; die unteren etwas weiter auseinandergestellt und kleiner. Sori dem Mittelnerven genähert, jederseits 2—3, mit ganzrandigem oder gezähneltem, meist bald verschrumpfendem Schleier.

An feuchten, schattigen Felsen, in Mauerritzen; Kalk bevorzugend. Häufig in den Alpen und Karpathen, bis 2500 m ansteigend. Seltener im mitteldeutschen Berglande und im Hohen Venn; nur ganz vereinzelt in der norddeutschen Ebene. — Juli, Aug.

A. viride Hudson.

Die Länge der Blätter zeigt je nach dem Standort Schwankungen zwischen 3—20 cm. Je trockener und je höher gelegen die Standorte sind, desto kleiner sind auch die Blätter. Ändert hauptsächlich in der Tiefe der Randeinschnitte von der typisch einfach bis fast doppelt gekerbten, gewöhnlichen Form ab.

1. Fiedern bis zu $1/3$ oder $1/2$ der Fiederhälfte eingeschnitten.
   f. **incisum.**
2. Fiedern noch tiefer eingeschnitten, gelappt bis gefiedert.
   f. **bipinnatum.**
3. Fieder länglich-oval, zugespitzt, mit wenigen, aufrechten, lanzettlichen, zugespitzten Zähnen.
   f. **oblongum.**
4. Fiedern entfernt stehend, sehr klein, 3—4 mm im Durchmesser, sitzend, rundlich, kaum gekerbt.
   var. **microphyllum** Christ.
5. Höhere Alpenform mit niederliegenden, nur etwa 3 cm langen, fast lederigen Blättern, deren Fiedern (6—10 jederseits) rund, schwach gekerbt und dachziegelig angeordnet sind.
   var. **alpinum** Schleich.

Mißbildungen: Gabelungen der Blätter in verschiedener Höhe. (Seite 111.)

5. Rhizom wie bei voriger Art, aber Spreuschuppen meist mit Scheinnerv. Blätter steif aufrecht, bis 22 cm lang, meist dunkelgrün, überwinternd. Blattstiel kräftig, steif, meist nur $1/3$ so lang als die Spreite, glänzend kastanienbraun wie die größere untere Hälfte der im übrigen grünen weichen Rachis; in der Jugend sparsam mit Gliederhärchen besetzt, später kahl, oberseits wie die Rachis mit einer flachen Furche versehen. Spreite schmal-lineal-lanzettlich, an der Basis gar nicht oder wenig verschmälert, einfach gefiedert. Fiedern kurz, grün gestielt, gewölbt, nach der Spreitenbasis zu etwas weiter auseinander, horizontal gestellt, aus ganzrandiger, keiliger oder gestutzter Basis rundlich bis rhombisch- oder keiliglänglich, einfach, seltener doppelt gekerbt, die unteren kaum kleiner, alle im Alter von der Rachis abgliedernd. Sori dem Mittelnerven genähert, mit ganzrandigem oder schwach gezähneltem Schleier. — Mittelform zwischen A. viride und A. trichomanes, aber selbständige Art.

Nur auf Serpentin; selten. Fichtelgebirge, Erzgebirge, Zobten-, Eulen-, Glatzer Gebirge, Mährische Sudeten, Steiermärkische Alpen und westl. Ungarn (Eisenburger Komitat). Nach Christ auch bei Davos in der Schweiz. — Juli, Aug.

A. adulterinum Milde.

Bastard.

Spreuschuppen meist mit Scheinnerv. Blätter bis 15 cm lang, gelbgrün. Blattstiel und etwa die halbe steif-elastische Rachis braun, oberseits ziemlich tiefrinnig mit wulstigen Rändern. Rinne mit einem wenig vorragenden Kiel. Fiedern wie bei A. adulterinum parallel zueinander (treppenartig) gestellt, nicht abfallend. In der Tracht A. adulterinum näher stehend. — Serpentinhalden bei Zöblitz, Freistaat Sachsen. — Sporangien Juli, Aug.

(A. Poscharskyanum Dörfler.)

A. adulterinum × **viride** Ascherson.

b) Blattstiel und Rachis schmal geflügelt.

6. Rhizom kriechend, verzweigt; Spreuschuppen meist mit Scheinnerv. Blätter derb, überwinternd, oberseits kahl, unterseits spärlich mit kurzen, weißlichen, angedrückten Gliederhärchen besetzt, bis 32 cm lang. Blattstiel bis 6,5 cm lang, stets viel kürzer als die Spreite; wie die Rachis glänzend rot- bis schwarzbraun, in der Jugend mit Gliederhaaren versehen, später kahl, elastisch gebogen, ebenso wie die Rachis mit einem zarten, durchscheinenden Saum geflügelt. Spreite schmal-lineal-lanzettlich, in eine längliche, stumpfe, eingeschnittene Scheitelfieder ausgehend, nach der Basis hin wenig verschmälert. Fiedern 15—40paarig, kurz gestielt, aus ganzrandiger, meist ungleichseitiger Basis eiförmig oder rundlich, am häufig etwas umgebogenen Rande gekerbt bis eingeschnitten; die abfallenden Fiedern lassen ihre Stiele an der Rachis sprossenartig zurück. Sori auf dem unteren Gabelast, von dem Mittelnerven bis nahe an den Fiederrand reichend, schließlich zusammenfließend. Schleier weißlich, ganzrandig oder unregelmäßig gekerbt.

In den gebirgigen Teilen des Gebietes nicht selten, bis 1600 m ansteigend, seltener in der Ebene, streckenweise ganz fehlend. An feuchten, schattigen Standorten, Felsen, Mauern, Baumstümpfen, in Hohlwegen. — Juli, Aug. (Fig. 24.)

(Mauerfeder.) **A. trichomanes** L.

Ändert wenig ab:

1. Blätter schlaff, fast niederliegend, mit länglichen, grob gekerbten Fiedern mit wenigen kurzen, oft rundlichen Sori.

   var. **umbrosum** Milde.

2. Fiedern am Grunde ober- und unterseits mit großen, oft rückwärts abstehenden und so die Rachis deckenden Öhrchen. Fiedern und Öhrchen oval, oft ganzrandig.

   var. **hastatum** Christ.

3. Pflanze bis 22 cm hoch. Fiedern rundlich, vorne 6—7, hinten 5—6 Sekundärnerven.

   var. **rotundatum** Milde.

4. Fiedern sehr klein, länglich-oval, jederseits mit 3 Sekundärnerven.

   var. **microphyllum** Milde.

Formen:

a) Fiedern teilweise an der oberen Hälfte der Basis geöhrt.
f. **auriculatum.**

b) Fiedern lappig gekerbt bis fiederspaltig; einzelne Lappen 2—3kerbig.
f. **lobato-crenatum.**

c) Fiedern eiförmig, stumpf, meist eingeschnitten gekerbt, an der Basis spießförmig.
f. **Harovii.**

d) Fiedern fiederspaltig bis fast gefiedert; Abschnitte unregelmäßig gekerbt oder 2—4lappig.
f. **incisum.**

Mißbildungen: Gabelungen der Blattspitze, der Rachis und der Fiedern; Verkümmerungen der Fiedern, Anordnung der Sori. (Seite 111.)

Bastarde.

1. Rhizom kriechend bis aufsteigend, aber Spreuschuppen zuweilen mit Scheinnerv. Blattstiel wie bei A. trichomanes elastisch gebogen, etwa so lang oder länger als die Spreite, kastanienbraun wie die halbe Rachis. Spreite mit jederseits 3—7 Fiedern. Abschnitte aus keiligem Grunde verkehrt-eiförmig bis rhombisch, in der vorderen Hälfte gekerbt bis kerbig gezähnt. Schleier unregelmäßig gekerbt bis ganzrandig.

A. per-trichomanes × **septentrionale** Aschers.

Fiedern entweder einfach gefiedert, fast gleichbreit linealisch, unterste Fiedern rhombisch, oft mit einem vorderen Seitenlappen.
var. **Heufleri** Reichardt,

oder am Grunde 2fach gefiedert, schmal-lanzettlich, untere 1—2 Fiederpaare gefiedert-3zählig oder 3teilig.
var. **Baumgartneri** Dörfler.

Erstere Form (A. Heufleri) aus der Rheinprovinz (Ahrtal, 1859), Harz, Sachsen, Mähren, Tirol, Schweiz bekannt; die zweite (A. Baumgartneri) nur von Thüringen (Suhl), südl. Tirol, südl. Schweiz, Niederösterreich. — Sporangien Juli, Aug.

2. Rhizom und Spreuschuppen wie bei 1. Blätter bis 15 cm lang, mit etwa 9 cm langem grünem, nur im unteren Drittel glänzendbraunem Stiel, einfach gefiedert. Spreite lanzettlich. Fiedern jederseits 2—3, unterste bis 2 cm lang, aus keiligem Grunde lineal, ebenso wie die keilförmige, zuweilen mit den obersten 1—2 Seitenfiedern verbundene Scheitelfieder, an der Spitze in 2—6 längliche, spitze Zähne ausgehend. — Selten. Bei Zittau (Freistaat Sachsen), Vogesen, südl. Schweiz. — Sporangien Juli, Aug.

A. trichomanes × **per-septentrionale** Aschers.

(A. trichomanes × cuneifolium. S. 66); × **ruta muraria** S. 60.)

B. Blätter 2—4fach gefiedert. Unterste Fiedern die längsten oder nicht viel kürzer als die folgenden.

a) Blätter überwinternd. Schleier nicht ganzrandig.

α) Blätter 2—3fach gefiedert. Spreite mehr oder weniger dreieckig, mit aus keilförmigem Grunde verkehrt-eiförmigen oder länglichen Abschnitten. Rhizomschuppen ohne Scheinnerv.

7. Rhizom kurz, kriechend, mit dicht gebüschelten, zarten, durchscheinenden, überall mit drüsigen Härchen besetzten, 4—9 cm langen Blättern. Stiel dünn, grün, nur am Grunde bräunlich, etwa so lang oder länger als die bis 5 cm lange, 3 cm breite Spreite. Fiedern jederseits 3—5, obere genähert, fast sitzend, die übrigen allmählich weiter auseinander gestellt und länger gestielt; unterste und längste eiförmig, 1—2fach gefiedert. Fiedern II bzw. Fiederabschnitte aus geschweift-keiligem Grunde rundlich, 3lappig, der Mittellappen vorragend, stumpf- bis eingeschnitten gekerbt. Sori zu 2—6, dem Mittelnerven unter sehr spitzem Winkel mehr oder weniger genähert, schmal-lineal. Schleier unregelmäßig gezähnt-gewimpert, zuletzt zurückgeschlagen.

Nur auf Kalk. Dringt, dem Süden Europas angehörig, nur vereinzelt bis in das südlichste Tirol und die südlichen Karpathen vor. — Juli, Aug. (Fig. 25.)

A. lepidum Presl.

8. Rhizom unter dichtem Wurzelfilz kriechend. Blätter dicht gebüschelt, derbkrautig bis dünnlederig, graugrün, etwa 25 cm lang, in der Jugend mit Spreuschuppen und kurz gestielten, blasigen Drüsen mehr oder minder dicht besetzt, später kahl. Blattstiel so lang oder länger als die Spreite, grün, nur am Grunde dunkel, auf der Oberseite gefurcht. Spreite bis 8 cm lang, 5 cm breit, dreieckig bis eiförmig, in eine stumpfe bis gestutzte Scheitelfieder ausgehend, 2fach-, sehr selten am Grunde bis 4fach gefiedert. Fiedern jederseits 2—5, gestielt, ziemlich weit auseinander gestellt, unterste meist einfach gefiedert, oberste ungeteilt. Fiedern II gestielt, aus keilförmigem Grunde rhombisch-verkehrt-eiförmig bis keilförmig, mit rundlichem oder gestutztem, gekerbtem oder gezähntem, durchscheinend gesäumtem Scheitel. Sori in den Abschnitten zu 2—6, spitzwinklig zum Mittelnerven, unterste bisweilen diplazoid, zuletzt ineinanderfließend, die ganze Unterseite einnehmend.

In den engsten Spalten an Felsen und Mauern; Kalk bevorzugend; meist gesellig, im Schatten wie an freien, sonnigen Orten. Häufig in den Gebirgen des mittleren und südl. Gebietes, bis über 2350 m ansteigend, seltener im nördl. Flachlande. — Sporenreife das ganze Jahr. (Fig. 26.)

(Mauerraute.) **A. ruta muraria** L.

Eine in der Größe, der Form und Zerteilung der Spreite sehr veränderliche Art mit vielen nahen Übergangsformen zueinander, so daß eine sichere Scheidung oft kaum möglich ist. — Hauptsächlichste Formen:

A. Blätter bis etwa 6 cm lang; Spreite kurz dreieckig.

a) Fiedern II bzw. Abschnitte oben gerundet.

1. Abschnitte breitrhombisch, fast so breit als lang, gekerbt. Sehr verbreitet.

var. **Brunfelsii** Heufl.

2. Abschnitte sehr breit, ganz schwach gekerbt, fast ganzrandig.

var. **Matthioli** Heufler.

3. Blatt sehr klein und zart. Abschnitte bis 1,5 mm lang und 1 mm breit. — Keine Kümmerform; im Süden wohl häufiger.

var. **Rossii** Hayek.

b) Fiedern II bzw. Abschnitte oben gestutzt, kammförmig gezähnt.

f. **brevifolium** Heufl.

B. Blätter meist 10 cm und darüber lang, meist 3fach gefiedert.

a) Fiedern locker gestellt.

1. Blätter mit bis 5 cm langer und breiter, 2—3fach gefiederter Spreite; Abschnitte schmal-rhombisch bis keilförmig, bisweilen schwach gekrümmt, mehr oder weniger tief eingeschnitten-gezähnt.

var. **pseudo-germanicum** Heufler.

2. Blätter 8—16 cm lang, eiförmig, 2fach gefiedert; Abschnitte sehr locker gestellt, 12 mm lang, 6 mm breit, aus keilförmigem Grunde rhombisch bis verkehrt eiförmig, der vordere, häufig abgerundete Rand unregelmäßig gezähnt.

var. **mucronulatum** Waisbecker.

b) Fiedern genähert.

1. Blätter bis 12 cm lang, meist lang gestielt. Spreite eiförmig-dreieckig bis ei-lanzettlich, 3fach gefiedert. Abschnitte kurz gestielt, schmal rhombisch, schwach bis deutlich gekerbt.

var. **leptophyllum** Wallr.

2. Blätter bis 25 cm lang. Stiel bis über doppelt so lang (bis 18 cm) als die eilanzettliche, dünnkrautige, hellgrüne, 3- bis 4fach gefiederte Spreite. Abschnitte aus keilförmigem Grunde rhombisch, bisweilen gestutzt und dann keilförmig, grob und ungleich gezähnt bis fingerig gelappt; Lappen gezähnt.

(A. germanicum Weiss.) var. **elatum** Láng.

3. Blätter bis 17 cm lang, 3—4fach gefiedert. Abschnitte sehr klein, keilförmig bis lineal-keilförmig, gestutzt oder schwach gerundet, kerbig gezähnt.

var. **tenuifolium** Milde.

4. Blätter lang gestielt (bis 15 cm); Spreite ovallänglich, 3- bis 4fach gefiedert. Abschnitte breitkeilig-oval, vorn abgerundet, tief und oft abstehend spitz gezähnt.
f. **praemorsum** Christ.

5. Blätter über 15 cm lang, 3fach gefiedert. Abschnitte keilförmig, etwas verlängert, eingeschnitten gezähnt.
f. **pseudo-nigrum** Heufler.

6. Abschnitte linealisch-keilförmig, bis 1 cm lang.
var. **stenophyllum** Christ.

Mißbildungen: Gabelungen der Blätter und des Blattstieles, Schwinden der Blattfläche, Blätter ausgefressen gezähnelt. (Seite 111.)

Bastarde.

1. Blätter bis 13 cm lang, überwinternd. Blattstiel etwa doppelt so lang (bis 8 cm) als die Spreite, grün, am Grunde etwa 3 cm hoch, glänzend schwarzbraun. Spreite klein, eiförmig, oder eiförmig-dreieckig, 3—4 cm lang, 2 cm breit, graugrün, 2fach gefiedert. Fiedern I jederseits meist 2, die beiden untersten gestielt. Fiedern II aufrecht, gestielt, schmal-keilig, zuweilen gegabelt, seitlich sehr kurz gezähnt, an der Spitze scharf gezähnt. Letzte Abschnitte schmal keilig, seltener verkehrt-eiförmig, am Scheitel eingeschnitten- schmal- und spitzgezähnt. Rhizomschuppen ohne Scheinnerv. Sori längs des Mittelnervs der Abschnitte, jederseits 1—3, mit bleibendem, ganzrandigem Schleier. — A. ruta muraria näher stehend. — Vogesen, Tirol, Schweiz. — Sporangien Juli, Aug. (A. Murbeckii Dörfler.)
A. septentrionale × **ruta muraria** Aschers.

2. Rhizomschuppen ohne Scheinnerv. Blätter dicht-rasig, überwinternd, bis 10 cm lang. Blattstiel ½ bis nahezu ebenso lang als die Spreite, mindestens zum größten Teil oder bis in die Rachis hinein glänzend rotbraun, elastisch gebogen, ungeflügelt, oberseits rinnig, anfangs wie die Spreite drüsig, später kahl. Spreite länglich-lanzettlich, bis über die Mitte fast gleichbreit, dann sehr allmählich stumpflich zugespitzt, einfach gefiedert, derbkrautig, glanzlos. Fiedern 8—11paarig, untere entfernter stehend, die untersten tief dreilappig bis dreiteilig, mit verkehrt-eiförmigen Seiten- und keilig-rhombischen Mittelabschnitten; mittlere Fiedern oft spießförmig 3lappig, oberste länglich oder verkehrt-eiförmig. Alle Abschnitte klein gezähnelt, durchscheinend gesäumt. Sori länglich-lineal, schräg zum Mittelnerven gestellt, jederseits 1—3, mit dünnem, blassem, ausgebissen gefranstem Schleier. — Tracht von A. trichomanes. — Zwischen den Eltern an Kalkfelsen und Mauern; sehr selten, nur in den Alpen und in der Rheinprovinz. — Sporangien Juli, Aug. (A. Preissmanni Asch. et Luerss.)
A. trichomanes × **ruta muraria** Aschers.

1.
2.
3.
4.
5.
6.
7.
8.
9.
10.

(A. r. m. × nigrum, S. 66; × cuneifolium, S. 66.)

β) Rhizomschuppen mit Scheinnerv. Blätter 2—3fach gefiedert. Spreite länglich bis lanzettlich. Der erst ganzrandige Schleier später unregelmäßig gekerbt.

9. Rhizom lang kriechend. Blätter bis 26 cm lang, dünnkrautig, aber nicht durchscheinend, zerbrechlich, zuletzt kahl (überwinternd?). Stiel etwa ebensolang oder länger, selten kürzer als die Spreite, an der Basis oder bis zur Hälfte, selten höher hinauf glänzend rotbraun, oberseits gefurcht. Spreite bis 13 cm lang, 5 cm breit, meist 3fach gefiedert. Rachis im oberen Teil hin- und hergebogen. Fiedern I jederseits 5—12, gestielt, nach oben gerichtet bis horizontal abstehend, untere etwas weiter auseinander, bis 4 cm lang, mit jederseits 3—6 doppelt gefiederten Fiedern II. Letzte Abschnitte keilförmig, 2—3spaltig, mit etwas größerem Mittellappen; die linealen Lappen an dem stumpfen oder gestutzten Scheitel 2—3mal stumpf- bis eingeschnitten-gekerbt. Sori länglich-lineal, zuletzt ihren Abschnitt zu beiden Seiten polsterartig überragend; der weißliche Schleier zurückgeschlagen.

Nur auf Kalk, in den Alpen in Felsenspalten und Geröll, bis 2000 m ansteigend. Selten. Oberbayern: Ruhpolding, am Watzmann (?). In Ober- und Niederösterreich, Steiermark, Krain bis zu den Balkanländern. — Juli—Sept. (Fig. 27.)

A. fissum Kitaibel.

b) Schleier ganzrandig, selten schwach gekerbt. Blätter nur zum Teil überwinternd. Kein Scheinnerv.

10. Rhizom kriechend bis aufsteigend, meist reich verzweigt. Blätter dicht büschelig bis rasig, meist steif aufrecht, bis 45 cm lang, derbkrautig bis lederig, unterseits meist blasser. Stiel glänzend dunkelbraun, selten gegen die Spreite hin grün, meist so lang oder länger, selten kürzer als die Spreite, oberseits flachrinnig. Spreite sehr veränderlich in der Form, bis 27 cm lang, 12 cm (selten bis 17 cm) breit, am Grunde 2—4fach gefiedert. Fiedern I jederseits bis 15, obere sitzend, mittlere und untere gestielt. Größere Fiedern II gestielt. Letzte Abschnitte eiförmig bis lineal-keilförmig, in der vorderen Hälfte oder gegen die Spitze hin stumpf- bis stachelspitzig gezähnt. Sori auf den vorderen Ästen der Sekundärnerven, meist nur zu 2—3 Paaren, der Mitte der Abschnitte genähert, die basalen zuweilen diplazoid oder athyrioid. — Außerordentlich veränderliche Art. (Fig. 28.)

A. adiantum nigrum L.

Zerfällt in 3 Unterarten:

A. Fiedern I meist gerade gestreckt abstehend, selten bogig aufwärts gekrümmt.

a) Blätter überwinternd, mehr oder weniger lederig, silberglänzend.

I. Spreite schmal-lanzettlich bis breit-eiförmig. Letzte Abschnitte eiförmig bis breit- oder verkehrt-eiförmig, aufrecht abstehend bis häufig am Grunde schwach aufwärts gekrümmt.

An kieselhaltigen Felsen und Mauern, sehr selten auf Kalk. Nur im westl. und südl. Teil des Gebietes. im nördl. und östl. fehlend, Rheinprovinz, Westfalen, südl. Hannover, Harz, Freist. Sachsen, Schlesien, Mähren. Nur ausnahmsweise über die montane Region ansteigend. — Juli, Aug.

Subspecies **A. nigrum** (Lam.) Heufler.

Ändert ab:

α) Blattstiel so lang oder länger als die Spreite.

1. Spreite schmal- bis länglich-lanzettlich, 2—3fach gefiedert. Letzte Abschnitte aus deutlich verschmälertem Grunde länglich bis eiförmig, spitz gezähnt. — Häufig.

var. **lancifolium** Heufler.

2. Spreite eiförmig-lanzettlich, meist 3fach gefiedert, dünnhäutiger. Letzte Abschnitte meist breit-eiförmig, mit zugespitzten bis stachelspitzigen Zähnen. — Seltener. Harz, südl. Hannover, Rheinprovinz, Thüringen, Freistaat Sachsen, Schlesien.

var. **argutum** Heufler.

3. Spreite breit-eilanzettlich bis breit-eiförmig, 2—3fach gefiedert. Letzte Abschnitte verkehrt-eiförmig, kurz und stumpflich gezähnt. — Selten; Thüringen, Schlesien, Baden, Tirol.

var. **obtusum** Milde.

β) Blattstiel kürzer als die Spreite.

Spreite 2fach gefiedert. Letzte Abschnitte breit-eiförmig, stumpf gezähnt. — Selten. Böhmen.

var. **melan** Heufler.

b) Blätter krautig, glanzlos, meist nicht überwinternd.

II. Blattstiel in seinem oberen Teil auf der Oberseite, bisweilen auch unterseits grün. Spreite dreieckig-eiförmig, selten lanzettlich, meist kurz zugespitzt bis stumpflich, 3—4fach gefiedert. Fiedern I zuweilen aufwärts gebogen. Letzte Abschnitte keilförmig bis keilig-verkehrt-eiförmig oder selten bis fast lineal, oben abgerundet oder gestutzt, die Ränder der keiligen Basis gerade oder konkav, ganzrandig; der obere Abschnittsrand stumpflich bis spitz gezähnt, oder eingeschnitten- bis fast handförmig-gezähnt, oder die Abschnitte eingeschnitten-dreilappig mit mehr oder weniger vorgezogenem Mittellappen.

Fast ausschließlich auf Serpentin. Oberfranken, Erzgebirge, Schlesien (Zobten-, Eulengebirge), Mähren, südl. Böhmen, Nieder-Österreich, Steiermark, Schweiz: Davos. — Juli. Aug.

(A. cuneifolium Viv.)

Subspecies **A. serpentini** (Tausch) Heufler.

Ändert ab:

α) Spreite dreieckig-eiförmig.

1. Letzte Abschnitte aus keiligem Grunde verkehrt-eiförmig, gestutzt oder abgerundet, meist 3lappig mit mehr oder minder vorgezogenem Mittellappen, meist nur kerbig- oder kurzgezähnt. — Häufigste Form in Bayern, Freistaat Sachsen, Schlesien, Mähren, Böhmen.
var. **genuinum** Aschers.

2. Letzte Abschnitte meist rhombisch, eingeschnitten gezähnt, bis lappig eingeschnitten, die langen, meist linealen Zähne häufig auswärts gebogen. — Seltener. Oberfranken, Freistaat Sachsen, Schlesien.
var. **incisum** Aschers.

β) Spreite lanzettlich.

Blätter lederig, gelblich, 3—4fach gefiedert. Fiedern I unter sehr spitzem Winkel aufrecht abstehend. Letzte Abschnitte klein, schmal, eingeschnitten 2—3lappig, mit mehr oder minder vorgezogenem Mittellappen, kurz- oder kerbiggezähnt. — Selten. An sonnigen Standorten. Freistaat Sachsen, Schlesien.
var. **anthriscifolium** Aschers.

B. Fiedern I mit der Spitze aufwärts gekrümmt und gegeneinandergeneigt. Blätter lederig, silberglänzend, überwinternd.

III. Spreite 3—4fach gefiedert. Fiedern I breit-dreieckig-lanzettlich bis lanzettlich. Letzte Abschnitte länglich bis schmal länglich, selten eiförmig.

Im Mittelmeergebiet zu Hause, mit der nördl. Grenze im südl. Tirol und südl. Schweiz. Teile versprengt in Schlesien am Zobten.
Subspecies **A. onopteris** (L.) Heufl.

Ändert ab:

α) Blattstiel kürzer als die Spreite.

Spreite eiförmig. Fiedern I gedrängt, unterste stark verlängert, stumpflich. Letzte Abschnitte aus verschmälertem Grunde eiförmig, stumpflich, lang und sparsam gezähnt. — Bei uns nur in Schlesien am Zobten.
f. **davallioides** Heufl.

β) Blattstiel so lang oder länger als die Spreite.

1. Spreite dicklederig, breit-eiförmig, stumpf zugespitzt wie die Fiedern I und II und alle Abschnitte. Fiedern I locker gestellt. Letzte Abschnitte klein, aus verschmälertem, ganzrandigem Grunde schmal-länglich bis oval, eingeschnitten-gezähnt, obere Zähne spitz, untere kürzer, stumpflich. — Nur am Zobten.
f. **silesiacum** Milde.

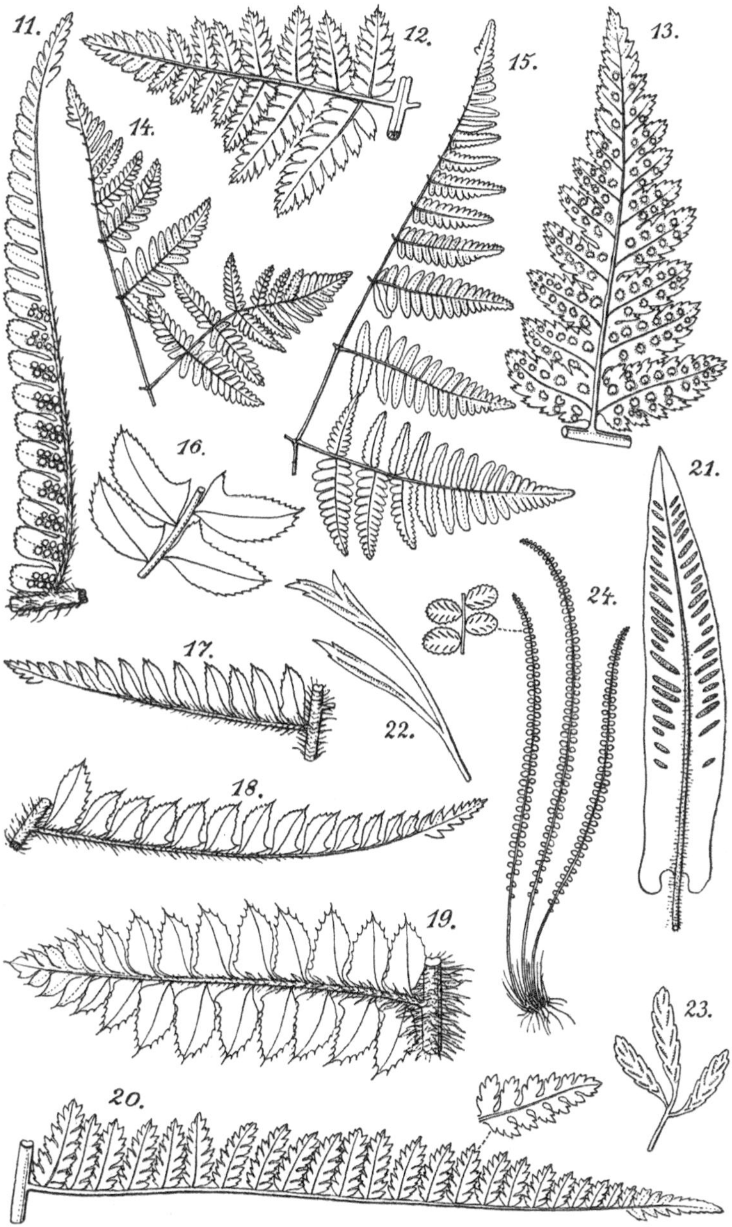
11.
12.
13.
14.
15.
16.
17.
18.
19.
20.
21.
22.
23.
24.

2. Blätter bis 45 cm lang. Spreite dünnlederig, lang und scharf zugespitzt wie Fiedern I. Letzte Abschnitte länglich bis fast linealisch, stachelgrannig zugespitzt, eingeschnitten-gezähnt oder am Grunde fiederspaltig mit 2—4zähnigen Läppchen, die mehr oder weniger verlängerten Zähne allmählich zugespitzt, in eine kurze Stachelgranne ausgehend. — Nur im Mittelmeergebiet, mit den äußersten Spitzen im südl. Tirol bei Bozen (Mai—Juli).

var. **acutum** Heufl.

Bastarde.

A. adiantum nigrum bildet in seinen Unterarten nigrum und cuneifolium Bastarde mit A. ruta muraria und A. trichomanes; in seiner Unterarten cuneifolium noch mit A. viride.

1. Blätter bis 10 cm lang mit verschieden gefärbtem, meist nur am Grunde dunkelbraunem, etwas kürzerem Blattstiel als die derbe, glanzlose, graugrüne, ovale bis oval-dreieckige, 2fach gefiederte Spreite. Abschnitte breit, keilig, gestutzt, am Außenrande gekerbt-gezähnt. Sori fächerig, schmal, blaß, mit meist ganzrandigem Schleier. Bisher nur in der Schweiz und Schlesien (Zobten).

(A. Perardii De Litard.)

A. ruta muraria × **nigrum** Aschers.

2. Blätter bis 11 cm lang, Blattstiel 4—6 cm lang, dunkelbraun; Rachis unterseits meist heller braun. Spreite länglich-eiförmig, 2fach gefiedert, mit etwa 3 Paar locker gestellten Fiedern, von denen die unteren, etwa 1,6 cm lang, aufrecht stehend, am Grunde stielartig verschmälert sind, 2—3 aus keilförmigem Grunde verkehrt-eiförmige, am oberen, gerundeten Rande unregelmäßig gekerbt-gesägte bis lappig eingeschnittene Abschnitte haben. Schleier ganzrandig, Sori ziemlich groß. — Freistaat Sachsen (Zöblitz); Ungarn.

(A. murariaeformis Waisbecker.)

A. ruta muraria × **cuneifolium** Aschers.

3. Blätter etwa 30 cm lang, dünnhäutig, lebhaft grün. Blattstiel etwa so lang als die Spreite, dunkelbraun wie die halbe Rachis. Spreite nur 4 cm breit, lineal-lanzettlich, am Grunde kaum verbreitert, 2fach gefiedert. Fiedern jederseits etwa 12, 2,5 cm lang, 1,5 cm breit, sitzend, nur die untersten kurz gestielt. Abschnitte jederseits 3—4, aus keiligem Grunde abgerundet stumpf, tief geschlitzt-gezähnt. — Niederösterreich.

(A. Wachaviense A. u. G.)

A. trichomanes × **cuneifolium** Aschers.

Die Bastarde A. trichomanes × nigrum Aschers. (A. dolosum Milde) und A. viride × cuneifolium Woynar (A. Woynarianum

A. u. G.) sind bisher nur je einmal im südl. Tirol bzw. in Steiermark gefunden worden.

C. Blätter 10—20 cm lang, meist lanzettlich, krautig, selten etwas lederig, überwinternd. Sori zuweilen athyrioid oder diplazoid.

I. Unterste Fiedern wenig verkürzt.

11. Rhizom kriechend. Blätter büschelig, bei uns bis 20 cm (südlicher bis 40 cm) lang, dunkelgrün. Stiel glänzend rotbraun, nur selten im oberen Teil grün, schwach gekielt-berandet, etwas kürzer als die eiförmig- bis länglich-lanzettliche, lang zugespitzte, 2fach gefiederte Spreite. Rachis im unteren Teil rotbraun wie der Stiel, im übrigen grün. Fiedern I jederseits bis 18, sehr kurz gestielt, obere dicht stehend, nach oben gerichtet, die folgenden allmählich entfernter gestellt und mehr horizontal, länglich-eiförmig, stumpflich. Fiedern II bzw. Abschnitte genähert, aus schiefkeiligem Grunde rundlich bis verkehrt-eiförmig, die größeren fiederspaltig bis fiederteilig, ihre Abschnitte breit und scharf dornig-gesägt. Sori kurz, bis eiförmig, dem Abschnittsrande genähert, zuweilen einer der unteren athyrioid.

An schattigen, geschützten Felsen (Sandstein, Granit, Schiefer). Im Mittelmeergebiet zu Hause und an das Seeklima gebunden, geht es nur ganz vereinzelt landeinwärts. Die einzigen Standorte in unserem Gebiet sind im Unterelsaß bei Zabern und die nördl. Ausläufer der Vogesen bis Fischbach in der Rheinpfalz. — Juli—Sept. (Fig. 29.)

A. lanceolatum Hudson.

II. Unterste Fiedern stark verkürzt.

12. Rhizom aufsteigend, mit büscheligen, dunkelgrünen, 12 bis 22 cm langen Blättern. Blattstiel am Grunde schwarzbraun, dann heller rotbraun gefärbt, schließlich grün, selten der ganze Stiel oder auch noch ein Teil der Rachis braun, viel kürzer als die lanzettliche, 2fach gefiederte Spreite. Rachis schmal-flügelig gerandet. Fiedern I jederseits bis 24, sehr kurz gestielt, die oberen genähert, die übrigen allmählich weiter auseinander gestellt, länglich-eiförmig; unterste immer kürzer werdend, schließlich eiförmig, 3teilig. Fiederabschnitte bzw. Fiedern II jederseits 2—4 (forma typica), aus keilförmiger, ganzrandiger Basis verkehrt-eiförmig bis fast rundlich, am Scheitel mit 3—5 großen, breiten, eckigen, feindornig-gespitzten Zähnen. Sori kurz, dem Mittelnerven genähert, einer der basalen öfters athyrioid oder seltener diplazioid. — An feuchten, schattigen Felsen (besonders auf Kalk) höherer Gebirge. Häufig im Schweizer Jura und in den Alpen der Kantone Wallis und Waadt, sonst in den Alpen nur sehr zerstreut, nördlich nur bei Marburg (Hessen). — Juli bis Sept. (Fig. 30.)

A. fontanum (L.) Bernh.

Wenig veränderlich, nur in der Größe der Blätter und ihrer Abschnitte schwankend. Die extreme Form zu der oben angegebenen forma typica ist:

Fiedern II bzw. Abschnitte jederseits 4—7, eiförmig oder eiförmig-länglich, fiederspaltig bis fiederteilig, ihre meist 2paarigen Lappen eiförmig-dreieckig bis länglich, stachelspitzig oder die untersten 2—3zähnig.

f. **Halleri.**

Gattung: **Ceterach** (Gars.) Adans.

Kleine, sonneliebende, fleischig-lederige Farne mit aufsteigendem bis aufrechtem Rhizom, kurz gestielten, bei unserer einzigen Art fiederteiligen, an der Unterseite und an dem nicht gegliederten Stiel dachziegelig mit gegitterten Schuppen besetzten, überwinternden Blättern. Sori lineal, dem Mittelnerven des Fiederabschnittes zugekehrt, mit rudimentärem oder ganz fehlendem Schleier. Sporen bilateral.

Blätter büschelig, bis 20 cm lang. Stiel 1—6 cm lang, am Grunde schwarzbraun, sonst grün, mit den dunkleren Rhizomschuppen und den helleren der Spreite durcheinander besetzt. Spreite lineal-lanzettlich mit stumpflichem Scheitel, gegen die Basis hin etwas verschmälert, meist nur bis 8 cm lang, 1,5 cm breit, oberseits dunkelgrün, glanzlos, kahl, nur die Mittelrippe und bei jüngeren Blättern auch die Sekundärnerven spärlich mit Schüppchen besetzt; unterseits mit jung silberweißen, später rostbraun werdenden gestielten, herzeiförmigen, buchtig gezähnten Schuppen, welche den Rand der Abschnitte überragen, bedeckt. Fiederabschnitte wechselständig, stumpf-kegelig oder länglich bis fast halbkreisrund, ganzrandig, buchtig voneinander gesondert, nur die verkürzten unteren zuweilen etwas entfernter stehend bis ganz getrennt. Nerv. Neuropteridis mit gegen den Rand des Fiederabschnittes hin mehr oder minder anastomosierenden, den Abschnittsrand nicht erreichenden Sekundärnerven. Sori zunächst von dem Schuppenbesatz ganz zugedeckt, später die Decke durchbrechend, schräg zur Mittelrippe gestellt.

An sonnigen Felsen und Mauern. In unserem Gebiet nur spärlich im Bereiche des Rheines. Vereinzelt im Oberelsaß, Baden, Württemberg, Hessen, Thüringen, Böhmen; im nördl. Flachlande kaum vorkommend. Häufiger in den West- und Südalpen, bis über 2000 m ansteigend. — Bei uns Juli, Aug., im Süden Mai, Juni. (Fig. 31.)

(Schuppenfarn.) **C. officinarum** De Candolle.

Abänderungen:

1. Abschnitte schmal und lang, etwa 4—5 mm breit und doppelt so lang.

var. **stenolobum** Geisenh.

2. Abschnitte kurz, nur wenig länger als breit.

var. **platylobum** Geisenh.

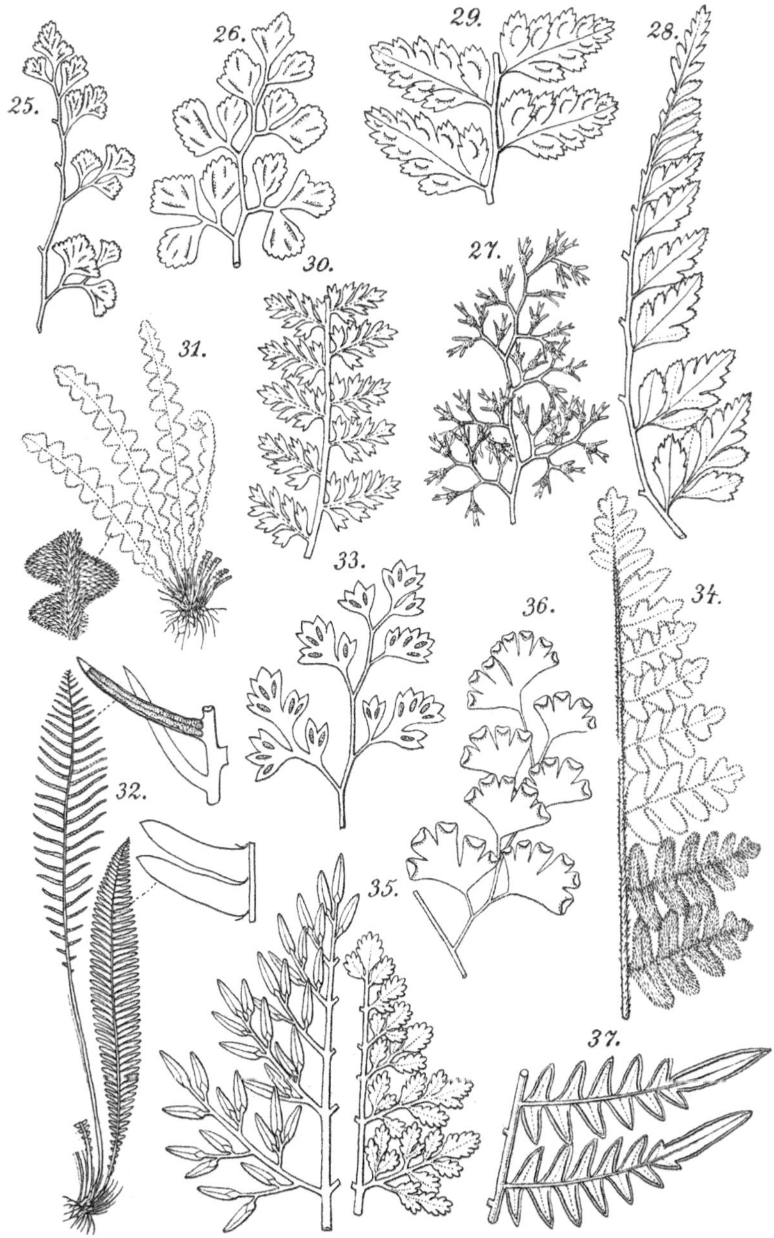
25.
26.
29.
28.
30.
27.
31.
33.
36.
34.
32.
35.
37.

3. Blätter groß, Abschnitte groß und breit, am Rande gezähnt bis grob eingeschnitten.
var. **crenatum** Moore.

Mißbildungen: Gabelungen der Blätter, ungleichmäßige Ausbildung der Fiedern, ein- bis mehrfache Gabelung der Blattspitze und Fiedern, Verdoppelung der Blätter, Übergreifen der Spreublätter und Sori auf die Blattoberseite. (Seite 111.)

Gattung: **Blechnum** L.

Kleinere bis mittelgroße Farne mit aufsteigendem bis aufrechtem Rhizom und gebüschelten Blättern. Nerven der Laubblätter meist frei. Laub- und Sporenblätter bei unserer einzigen Art stark verschieden. Sporen bilateral.

Rhizom aufsteigend, fast hornartig hart. Sporenblätter starr aufrecht, nicht überwinternd; Laubblätter strahlig um sie herum auf dem Boden liegend, überwinternd; erstere bis 75 cm, letztere bis 50 cm lang. Laubblätter sehr verschieden lang gestielt. Stiel meist kurz, bis 15 cm lang, braun, an der Basis dicht, sonst spärlich mit Schuppen besetzt, stumpfkantig, oberseits tiefrinnig. Spreite lanzettlich, nach dem Scheitel zu meist kürzer zugespitzt als nach der Basis, kahl, oberseits dunkelgrün, matt glänzend, unterseits etwas heller, glanzlos, bis beinahe an die oft in ihrer unteren Hälfte braune Mittelrippe eingeschnitten. Fiederabschnitte jederseits 30 bis 60, kammartig dichtstehend, mit breitem Grunde sitzend, lineallänglich oder lineal-lanzettlich, oft sichelförmig, meist kurz zugespitzt bis fast stachelspitzig, ganzrandig. Nerv. Eupteridis, die Äste der gegabelten Sekundärnerven mit kolbiger Verdickung vor dem Abschnittsrande endigend. Sporenblätter länger (bis 30 cm) gestielt. Stiel und die ganze Mittelrippe braun. Abschnitte mit breitem Grunde sitzend, plötzlich schmal-linealisch, zugespitzt, die obersten genähert, die übrigen allmählich weiter auseinanderstehend; unterste nur noch aus kleinen, dreieckigen Läppchen bestehend. Sori auf einer von den Zweigen der Sekundärnerven ausgehenden Anastomose, parallel zum Mittelnerven, etwa in der Mitte zwischen Mittelnerv und Abschnittsrand; mit etwas gewölbtem Schleier.

An schattigen, feuchten Orten, besonders in der Waldregion der Gebirge, bis 1900 m ansteigend, gesellig, in der Ebene nur zerstreut, aber durch den größten Teil des Gebietes verbreitet. — Juli—Sept. (Fig. 32.)
(Rippenfarn.) **B. spicant** (L.) Sm.

Wenig veränderlich. Abänderungen mannigfach, aber durchweg nicht sehr wesentlich.

1. Sterile Abschnitte 6 mm breit; Nerven oft wiederholt gegabelt. — Sächs. Schweiz, Riesengebirge, Rheinprovinz, Westfalen, Hessen-Nassau.
f. **latifolium** Milde.

2. Untere Hälfte des Blattes 6 cm breit, über der Mitte rasch bis auf 3 cm verschmälert. — Mähr. Gesenke, Rheinprovinz.
f. **angustatum** Milde.

3. Abschnitte der Laubblätter sehr gedrängt; in der unteren Hälfte des Blattes ihre nach abwärts gekehrte Hälfte am Grunde stark abgerundet-zusammengezogen, so daß der so entstandene Lappen über den oberen Rand des nächstunteren Abschnittes übergreift. — Thüring. Wald, Riesengebirge, Rheinprovinz, Hessen-Nassau.
f. **imbricatum** Moore.

4. Untere Abschnitte groß, über 1 cm lang.
f. **latipes** Moore.

5. Mittelrippe der Laubblätter in ihrem oberen Teil breit geflügelt.
f. **alatum** F. Wirtgen.

6. Abschnitte unregelmäßig gesägt.
f. **serratum** Wollaston.

7. Abschnitte derblederig, am Rande stark eingerollt.
var. **involutum** Luerssen.

8. Blätter mit Sporen- und Laubabschnitten.
f. **anomalum** Moore.

Mißbildungen: Einfache und wiederholte Gabelungen der Blattspitze, des Stieles und der Abschnitte; unregelmäßige Verkürzung, Verlängerung, Verbreiterung oder Einschnürung der Abschnitte, verschiedenartige Zerteilung der Blätter und Abschnitte. (Seite 111.)

4. Unterfamilie: **Pterideae.**

1. Sori ohne Schleier, die Nerven in ihrer ganzen Länge (evtl. mit Ausnahme der Vorderenden) besetzend.
P.-Gymnogramminae.

Bei uns nur eine Gattung: Sporen- und Laubblätter gleichgestaltet, kahl, ohne Paraphysen, Aderung der Segmente fächerig oder wenigstens mehrmals dichotom.
Anogramme.

2. Sori nur den Vorderteil der Adern einnehmend, von dort zuweilen zusammenfließend oder sich rückwärts ausbreitend. Blattstiel oft schwarz poliert.
P.-Cheilanthinae.

a) Sporen und Laubblätter gleichgestaltet.
Notholaena.

b) Sporen und Laubblätter verschieden gestaltet.

Allosorus.

3. Sori das Ende der Nerven innerhalb der umgeschlagenen Randlappen einnehmend. Blattstiel schwarz poliert.

P.-Adiantinae.

Nur eine Gattung: Sporentragende und sporenlose Blatteile gleich gestaltet, meist langgestielt. Blattstiel schwarz poliert.

Adiantum.

4. Sori auf intramarginalem Verbindungsstrang der Nervenenden.

P.-Pteridinae.

Bei uns nur eine Gattung: Sori randständig auf einer nur den sporentragenden Blattabschnitten eigenen Nervenanastomose, von 2 Schleiern eingehüllt, von denen der äußere, aus Epidermiszellen der Blattoberseite entstehende, eingerollt und derber ist als der zarte, in Wimpern ausgehende innere.

Pteridium.

Gattung: **Anogramme** Link.

Bei uns nur eine Art.

Einjährige, aber durch Adventivsprosse ausdauernde Pflanze. Rhizom aufrecht, sehr kurz, dicht mit Blättern besetzt. Blätter bei uns höchstens 12 cm (im Süden bis 25 cm) lang. Blattstiel so lang oder länger als die Spreite, am Grunde dunkelbraun, mit Gliederhaaren besetzt, nach oben heller werdend, schließlich gelblich oder grün. Spreite zart, kahl, je nach ihrem Alter von verschiedener Form und Teilung; die ausgewachsene Spreite ist eiförmig bis länglich-lanzettlich, 3fach gefiedert, stumpf, mit abwechselnd und ziemlich entfernt stehenden ei- bis dreieckig-eiförmigen, stumpfen, jederseits bis 7 Fiedern I. Letzte Abschnitte aus keilförmigem Grunde verkehrt-eiförmig, verschieden tief eingeschnitten bis gezähnt. Die Sporen keimen bei Meran schon im Oktober, so daß im Januar bereits Pflänzchen mit reifen Sporen vorhanden sind, während die allgemeine Sporenreife in die Mitte des April fällt und Ende Mai die Pflanzen bereits abgestorben sind.

An feuchten, geschützten Orten, in Hohlwegen, kleinen Erdhöhlen. Im Mittelmeergebiet zu Hause, kommt mit seinen äußersten Ausläufern bis Meran. — (Fig. 33.)

(Gymnogramme leptophylla Desv.)

A. leptophylla (L.) Link.

Gattung: **Notholaena** R. Brown.

Bei uns nur eine Art.

Rhizom kriechend. Blätter zweizeilig, dicht gestellt, bis 35, selten 50 cm lang, lederig, überwinternd. Blattstiel etwa ebenso lang als die Spreite oder länger, glänzend dunkelbraun wie die Rachis, elastisch gebogen, sparsam mit sparrigen Spreuschuppen besetzt. Spreite schmal-länglich oder länglich-lanzettlich, zugespitzt, an der Basis meist wenig verschmälert, 2fach gefiedert, oberseits kahl, dunkelgrün, unterseits dicht mit gegitterten, erst weißlichen, später rostbraunen Schuppen bedeckt. Fiedern I bis 20paarig, eiförmig bis schmal-länglich, oberste sitzend, dicht gestellt, die folgenden kurz gestielt, etwas entfernter, nach oben gerichtet bis horizontal abstehend. Fiedern II bzw. Abschnitte länglich bis lineal-länglich, sitzend, unterste fiederlappig bis geöhrt. Nerv. Neuropteridis. Sori je nach dem Grade der Entwicklung einen mehr oder minder großen Teil der Nerven einnehmend, schleierlos, zunächst von den dichten Spreuschuppen der Blattunterseite vollständig überdeckt, später dieselben durchbrechend.

Wärmeliebender, Serpentin bevorzugender Felsenfarn, an sonnigen, dürren Hängen, hauptsächlich in den südlichen Alpen, bis Bozen und Meran vordringend; nördlichster Standort bei Mohelno in Mähren. — Juni, Juli. (Fig. 34.)

(Pelzfarn.) **N. marantae** (L.) R. Br.

Gattung: **Allosorus** Bernh.

Bei uns nur eine Art.

Rhizom kriechend bis aufsteigend, verzweigt. Blätter dicht spiralig stehend, bis 35 cm hohe Büschel bildend, in denen die niedrigeren Laubblätter die höheren Sporenblätter umgeben. Laubblätter bis 25 cm lang, kürzer gestielt; Stiel mindestens so lang als die ei- bis dreieckig-eiförmige, stumpflich zugespitzte, 2—4fach gefiederte, hellgrüne Spreite. Fiedern I jederseits 5—9, obere sitzend, die übrigen gestielt, alle nach oben gerichtet, eiförmig, stumpf. Letzte Abschnitte aus keilförmigem Grunde verkehrt-eiförmig, stumpf bis fast gestutzt, am oberen Rande 3—4mal eingeschnitten-gekerbt, mit stumpflichen Zipfeln. Sporenblätter bis 35 cm lang, länger gestielt. Spreite durch die steiler nach oben gerichteten Fiedern I schmäler erscheinend als die der Laubblätter. Fiedern I meist etwas weiter auseinander gestellt. Letzte Abschnitte lineal-länglich, mit bis zum Mittelnerven eingerollten Rändern, so daß sie halb walzenförmig und meist schwach-wellig-eingeschnürt erscheinen. Erst bei der Reife der Sori rollen sich die Abschnitte auf, werden flach ausgebreitet und legen die Sori frei. Nerv. Eupteridis mit dem nicht verdickten Nervenende den Abschnittsrand nicht erreichend. — Auch bei dieser Art kommen Annäherungsformen zwischen den Laub- und Sporenblättern vor.

Zwischen Felsgeröll in der alpinen und subalpinen Region der Alpen und Karpathen, bis 2700 m ansteigend, selten unter 1000 m herabgehend; nie auf Kalk. Vereinzelt in den südl. Vogesen, im

Schwarzwald, Bayrischen Wald, Riesengebirge, Harz, Hohen Venn. — Aug., Sept. (Fig. 35.) (Cryptogramme crispa R. Br.)
Rollfarn **A. crispus** (L.) Bernh.

Mißbildungen: verschiedenartige Teilung der Wedel (S. 111).

Gattung: **Adiantum** L.

Bei uns nur eine Art.

Rhizom kriechend, mit zweiteilig dicht gestellten, bis 50 cm langen, fast kahlen, zarten aber doch häufig überwinternden Blättern. Blattstiel bis 20 cm lang, dünn, zerbrechlich, wie die Rachis und ihre Verzweigungen glänzend schwarzbraun, nur am Grunde mit Spreuschuppen besetzt, nicht abgliedernd. Spreite eiförmig oder eiförmig-länglich, bis 4fach gefiedert. Die aufrecht abstehenden Abschnitte jeder Ordnung lang und zart gestielt. Letzte Abschnitte aus schiefkeiligem Grunde rhombisch-verkehrt-eiförmig, seltener fast rhombisch, am oberen Rande mehr oder minder tief eingeschnitten bis handförmig gelappt; die sporenlosen kerbig-gezähnt. Nerv. Cyclopteridis, Nerven unmittelbar vor der Zahnspitze endigend. Sporentragende Läppchen fast quadratisch bis nieren- oder halbmondförmig und eingebuchtet. Schleier später dunkelbraun mit hellerem, unregelmäßig ausgezacktem bis fast ganzrandigem Saum. — Eine in der Größe und dem Grade der Zerteilung ihrer Blätter sowie in der Form und Zerteilung ihrer Abschnitte sehr veränderliche Art.

An feuchten Orten, in Nischen, unter Gebüsch; gesellig; besonders auf von Tropfwasser beständig befeuchtetem Kalkboden; bis 1300 m ansteigend. Aus dem Mittelmeergebiet bis Meran, in der Schweiz bis an den Neuenburger See und in den Kanton Tessin vordringend. — Juni—Sept., je nach Lage des Standortes. (Fig. 36.)
(Frauenhaar.) **A. capillus veneris** L.

Gattung: **Pteridium** Gleditsch.

Bei uns nur eine Art.

Rhizom unterirdisch weit kriechend, verzweigt, bis 1,2 cm dick. Blätter rückenständig und dadurch, daß das Rhizom wie jeder seiner Zweige jährlich nur ein Blatt treibt, ziemlich weit auseinander gestellt, bis 2 m hoch. Blattstiel so lang oder länger, selten kürzer als die Spreite, gelblich, kahl, nur an der verdickten Basis mit braunen Haaren umgeben, von 8—20 Leitbündeln durchzogen, welche bei einem etwas schief durch die Basis geführten Querschnitt mehr oder minder die Figur eines Doppeladlers ergeben. Spreite dreieckig-eiförmig, gelblichgrün, derbkrautig, glänzend, kahl, 2—3fach gefiedert, meist übergebogen bis fast horizontal. Fiedern I genähert, seltener die untersten weiter abgestellt, nach oben gerichtet, meist gegenständig, eiförmig bis länglich, zugespitzt, obere sitzend, unterste gestielt. Fiedern II schmal- oder lineal-lanzettlich, zugespitzt, mit dicht gedrängten, am Grunde zusammenfließenden, länglichen, stumpflichen, ganzrandigen, selten schwach gekerbten Abschnitten. Nerv. Neuropteridis. Sori auf einem wulstigen Rezeptakel über der längs des Randes sporentragender Abschnitte sich bildenden Nervenanastomose, von 2 gewimperten Schleiern eingehüllt. Nicht überwinternd. — Über das Wachstum sagt Luerssen (Farnpfl. 105): „Während die Keimpflanze im 1. Jahr bis zu 12 Blätter entwickelt, sendet jeder Rhizomast der erwachsenen Pflanze in der Regel jährlich nur ein Blatt über den Boden, welches zu seiner Entwicklung 3 Jahre beansprucht. Im 1. Jahre bildet sich das gegen Ende der Vegetationsperiode auftretende Blatt nur als ein niedriger Gewebehöcker im Grunde einer von der Sproßspitze höchstens 2 mm entfernten Einsenkung der Sproßoberfläche. In der zweiten Vegetationsperiode vergrößert sich die Blattanlage zu einem senkrecht aufgerichteten, 2—4 cm langen, walzenförmigen Stiel, der an seinem Ende unter dichter Haarbedeckung die scharf umgebogene, bis 2 mm lange und die Anlagen von 10—12 Primärsegmenten zeigende Spreite trägt. Die weitere Ausbildung erfolgt dann sehr rasch im Frühling des 3. Jahres, so daß das junge Blatt im Mai aus dem Boden heraustritt." — Ziemlich häufig sieht man die ganze Unterseite der Spreite mit zahlreichen, kurzen, schwarzen Strichen ziemlich regelmäßig bedeckt, welche den Eindruck von Sori machen; diese längs der Tertiärnerven verlaufenden Striche sind Pilze: Cryptomyces Pteridis. — Häufig, meist gesellig, zuweilen weite Strecken überziehend. In der Ebene wie im Gebirge, bis 1800 m ansteigend; an trockenen oder mäßig feuchten, lichten Waldstellen. Durch das ganze Gebiet verbreitet. — Juli—Sept. (Fig. 37.)

(Adlerfarn.) **P. aquilinum** (L.) Kuhn.

Veränderlich in dem Grade der Zerteilung der Fiedern I und schwankend in der Behaarung der Unterseite, sonst wenig belangreiche Abweichungen:

1. Spreite dünnhäutig, länglich-lanzettlich, das 2. und 3. Paar der entfernt gestellten Fiedern die längsten.
   var. **gracile** Beck.

2. Blätter nur 60 cm, Spreite 30 cm lang. Fiedern I nicht oder kaum gestielt. Fiedern II in der unteren Hälfte mit breiten, stumpfen (0,5 cm breiten, 2 cm langen) Abschnitten, in der oberen Hälfte fast ungelappt, sehr stumpf.
   var. **osmundaceum** Christ.

3. Blätter klein, sehr kurz gestielt, Spreite dem Boden fast aufsitzend.
   var. **brevipes** Luerss.

4. Blätter krautig und weich, bisweilen fast häutig, zerstreut behaart.
   f. **umbrosum** Luerss.

5. Abschnitte aus breitem Grunde länglich, bis 1,5 cm lang, 1 cm breit, unregelmäßig gekerbt-gelappt.
f. **rotundatum** Laubenb.

6. Rachis mit starren, borstlichen Spreuhaaren besetzt.
var. **asperum** Kaulf.

7. Blatt unterseits dicht kurzhaarig bis seidig-wollig.
var. **lanuginosum** Luerss.

Mißbildungen: Gabelungen der Rachis, der Fiedern I und II, Verkürzung der Fiedern, ungleiche Ausbildung der Blatthälften. (Seite 111.) — Ferner:

Textur dünn. Letzte Abschnitte sehr zahlreich, schmal etwas geöhrelt, die Ränder tief wellig-gekerbt und gekräuselt.
m. **crispum.**

5. Unterfamilie: **Polypodieae.**

Sori rund bis länglich, ohne auf besonderer Anastomose entwickeltem Rezeptakulum.
P.-Polypodiinae.

Bei uns nur

Gattung: **Polypodium** L.

Bei uns nur eine Art.

Rhizom unter- und oberirdisch weit kriechend. Blätter zweizeilig, entfernt stehend, bis 50 cm lang, lederartig, kahl, unterseits blasser. Blattstiel grünlich, meist kürzer als die Spreite, bis zum Grunde schmal geflügelt. Spreite meist ei- oder länglich-lanzettlich, an der Basis wenig oder gar nicht verschmälert, allmählich oder ziemlich plötzlich in einen beinahe linealen, gekerbten Scheitel zugespitzt, meist bis an die Mittelrippe heran fiederteilig. Fiederabschnitte sitzend, ineinanderfließend, aus ziemlich stark verbreitertem Grunde lineal-länglich oder lineal-lanzettlich, stumpflich zugespitzt, fast ganzrandig oder klein gesägt; obere meist schwach nach oben gerichtet, die übrigen horizontal, unterste bisweilen zurückgebogen, jederseits bis 28 Sori rundlich auf dem verdickten Kopf des unteren vorderen Astes der Sekundärnerven in je einer Reihe zu beiden Seiten des Mittelnerven. Keine Paraphysen. — Eine sowohl in der ganzen Tracht wie in der Form und Berandung der einzelnen Fiederabschnitte sehr veränderliche Art, so daß selbst auf demselben Rhizom verschiedene Formen, ja sogar bei demselben Blatt solche vorkommen. — (Fig. 38.)
(Engelsüß.) **P. vulgare** L.

Es werden 2 Hauptunterarten mit einer großen Anzahl Zwischenformen unterschieden.

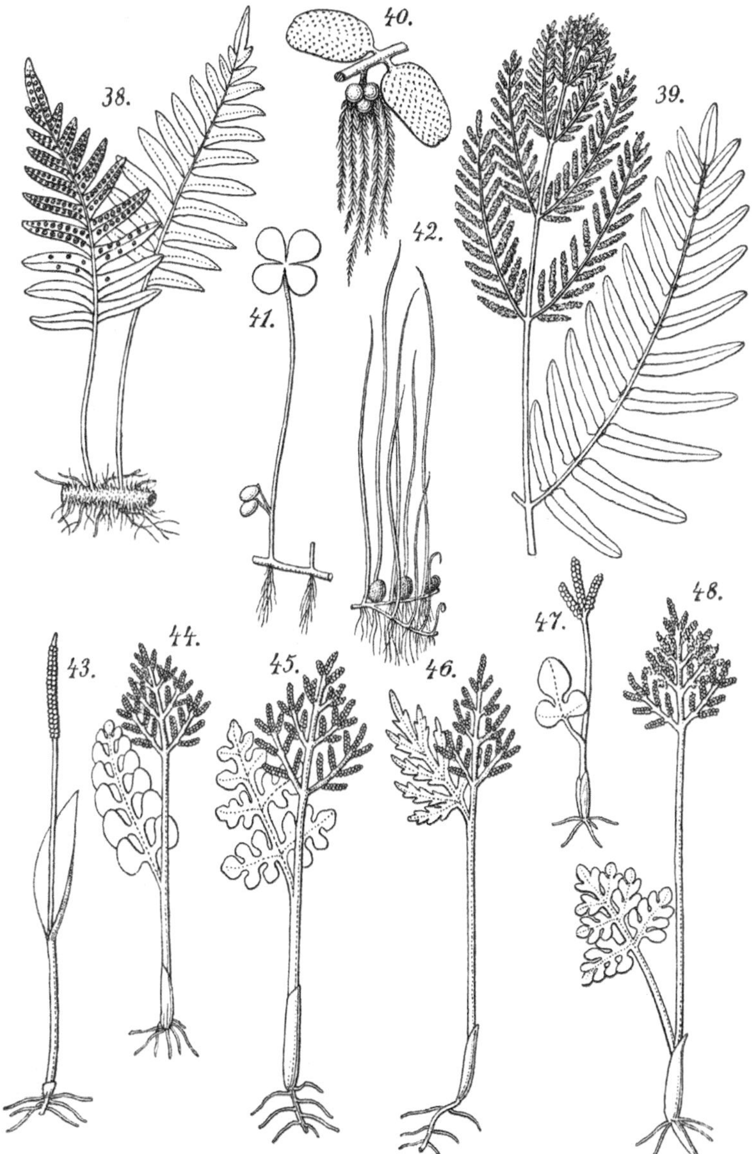
38.
40.
39.
41.
42.
43.
44.
45.
46.
47.
48.

A. Blätter meist länglich-lanzettlich, seltener länglich bis eiförmig, plötzlich zugespitzt, immergrün. Abschnitte bei der gewöhnlichsten Form (commune) linealisch, plötzlich kurz zugespitzt, gegen den Scheitel hin gesägt. Sekundärnerven meist 2mal gegabelt.

Diese nördlichen Formen finden sich durch unser ganzes Gebiet; im Gebirge häufiger als in der Ebene, bis über 2000 m ansteigend, in schattigen Wäldern an Baumwurzeln und Stümpfen, in Hohlwegen, Felsspalten, an alten Mauern, in Astlöchern und sogar auf Ästen alter Bäume. — Aug., Sept.

Subspecies **boreale** Beck.

Ändert ab:

I. Sekundärnerven 2, selten 3mal gegabelt.

a) Abschnitte bis gegen den Scheitel hin ziemlich gleichbreit.

1. Abschnitte vorn abgerundet, fast ganzrandig. — Selten.
var. **rotundatum** Milde.

2. Abschnitte plötzlich zugespitzt, gesägt, namentlich an der Spitze. — Sehr verbreitet und häufig.
var. **commune** Milde.

a) Buchten zwischen den Fiedern breit, doppelt bis mehr als doppelt so breit als die Abschnitte.
f. **sinuosum** Christ.

3. Blätter breit-oval, an der Spreitenbasis bis 9 cm breit. Die meist nicht zahlreichen Abschnitte etwa 1 cm breit, mit stumpf-ovaler Spitze; untere oft geöhrt. Nerven bis 3mal gegabelt. — Zerstreut.
var. **murale** Schur.

4. Abschnitte sehr zahlreich, auffallend schmal, lineal, fast ganzrandig. — Selten.
var. **stenolobum** Christ.

b) Abschnitte vom Grunde aus verschmälert, spitz.

5. Abschnitte am ganzen Rande gesägt. — Ziemlich häufig.
var. **attenuatum** Milde.

II. Sekundärnerven meist nur einmal gegabelt.

Blätter lang gestielt, im Verhältnis zu ihrer Länge auffallend schmal. — Selten.
var. **angustum** Hausm.

Das Blatt ist mitunter großen Umgestaltungen unterworfen. Die wichtigsten sind:

a) Fiedern (in der Regel der unteren) am Grunde ein- oder beiderseits geöhrt.
f. **auritum** Wallr.

b) Blatt breit-dreieckig; Abschnitte (namentlich die unteren) tief eingeschnitten bis fiederspaltig.
f. **pinnatifidum** Wallr.

c) Blatt am Rande nur gelappt, Abschnitte oft verlängert.
f. **subintegrifolium** Luerss.

d) Blatt bis 12 cm lang, Spreite länglich-lanzettlich, ungeteilt, selten am Rande mit unregelmäßigen Lappen.
f. **integrifolium** Geisenh.

Mißbildungen sind sehr häufig: einfache und wiederholte Gabelungen der Blattspitze, Verdoppelung der Blätter, verschiedenartige Teilung der Abschnitte, blattähnliche Umbildung der beiden untersten Abschnitte, Verlängerung, Verkürzung oder Unterdrückung von Abschnitten, ungleiche Gestaltung der Abschnitte, Austritt der Mittelnerven aus den Fiedern, Fleckung der Blätter. (Seite 111.)

B. Südliche Formen mit wintergrünen, im Hochsommer absterbenden Blättern. Blätter eiförmig-dreieckig, allmählich spitz auslaufend. Spreite bis 25 cm lang, am Grunde bis 15 cm breit, mit meist schmallanzettlichen, etwa vom oberen Drittel oder von der Mitte an zugespitzten, grob- oder gekerbt-gesägten Abschnitten. Sekundärnerven meist 3—4 mal gegabelt. Sori groß, zuweilen länglich.

Die südliche Form gehört dem Mittelmeergebiet an und reicht nördlich bis Brixen (Tirol), Lugano, Aigle (Schweiz). — Februar —Mai.

Subspezies **P. serratum** (Willd.) Christ.

Ändert ab:

1. Blätter nur bis 4 cm lang. Spreite breit dreieckig, mit wenigen Fiederabschnitten.
var. **pumilum** Hausmann.

2. Blätter bis 12 cm lang. Spreite länglich, fast parallelrandig, mit zahlreichen, breitlinealen, stumpfen, dicht aneinanderschließenden Abschnitten.
var. **pectinatum** Christ.

3. Blätter groß, breit-dreieckig (bis 20 cm breit). Abschnitte scharf geschweift-zugespitzt, gezähnt bis fast ganzrandig.
var. **acutum** Christ.

4. Blätter verlängert-oval, bis 60 cm lang, mit zahlreichen Ab schnitten.
var. **umbrosum** Christ.

5. Blätter breit dreieckig; unterste Abschnitte bis 17 cm lang, schwach gesägt, schlaff. Sekundärnerven 3—4 mal gegabelt. Sporen Anfang Oktober noch in der Ausbildung begriffen. — Wahrscheinlich ein Mischling zwischen der südlichen und nödlichen Form, worauf sein Standort an der Grenze der beiden Formen bei Bozen hinweist.
var. **intermedium** Rosenstock.

Mißbildungen ähnlich der nördlichen Abart. (Seite 111.)

5. Familie: **Marsiliaceae.**

1. Blätter lang gestielt, mit 4teiliger, kleeblattähnlicher Spreite. Sporenkapseln bohnenförmig, dickwandig, gestielt, eine oder mehrere am Grunde des Blattstieles oder etwas höher am Blattstiel hinauf, zwei- bis mehrfächerig, in jedem der horizontal gestellten Fächer ein Sorus mit Mikro- und Makrosporangien. Kapseln 2-klappig aufspringend und einen Gallertring ausscheidend, an welchem die Sori seitlich haften.

Marsilia.

2. Blätter binsenförmig, stielrundlich, ohne Spreite. Sporenkapseln einzeln am Grunde des Blattes, kugelig, mit 2—4 aufrecht gestellten Fächern; in jedem Fach ein Sorus, welcher in seiner unteren Hälfte Makrosporangien, in seiner oberen Mikrosporangien führt. Kapseln der Fächerzahl entsprechend 2—4-klappig aufspringend und die in einem quellenden Gallerttropfen eingebetteten Sporangien heraustretend.

Pilularia.

Gattung: **Marsilia** L.

Kleine, an sumpfigen oder zeitweise überschwemmten Orten vegetierende, ausdauernde Pflanzen. Stengel in der Jugend behaart, später oft kahl, kriechend, zylindrisch, ziemlich dünn, mehr oder minder verzweigt. Blätter 2-zeilig auf dem Rücken des Stengels, mehr oder minder dicht gestellt, ihre 4-teilige Spreite in der Knospe nach oben zusammengelegt, so daß das untere Fiederpaar das obere deckt. Die Gattung entwickelt Luft- oder Landblätter mit Spaltöffnungen auf der Ober- und Unterseite und für erhöhten Wasserstand sehr lang gestielte Schwimmblätter, deren etwas umfangreichere Spreite nur auf der Oberseite Spaltöffnungen, auf der Unterseite goldbraun gefärbte Interstitialstreifen hat. Eine Eigentümlichkeit der Landblätter ist ihre Empfänglichkeit für Lichteinwirkungen; sie legen des Abends mit schwindendem Licht ihre Fiedern in die Knospenlage zusammen und breiten dieselben erst wieder am Morgen mit wiederkehrendem Licht aus (Schlafbewegung). — Bei uns nur eine Art.

Stengel meist ziemlich spärlich verzweigt, bis 50 cm lang, bei Wasserformen über 1 m lang, bis 1,5 mm dick. Blätter bis 12 cm (bei Wasserformen bis 50 cm) lang gestielt. Fiedern breit-keilförmig, vorn abgerundet, ganzrandig, im Alter kahl. Sporenkapseln gestielt, meist zu 2—3 etwas über der Basis des Blattstieles entspringend; Stiele der Kapseln häufig bis zu halber Länge miteinander verwachsen, aufrecht abstehend, bis 1,2 cm lang. Kapseln bohnenförmig, in der Jugend dicht behaart, später kahl, schwarzbraun, etwa 6 mm lang, 4 mm breit, am Grunde des Rückens mit 2 fast gleichgroßen, stumpfen Zähnen versehen, am Scheitel abgerundet. Fiedern ohne Mittelnerven, mit wiederholt gabelig verzweigten, seitlich anastomosierenden, langgezogene Netzmaschen bildenden, am Vorderrand der Fieder entlang durch Bogen verbundenen Nerven.

Nur in der Ebene; an Sümpfen, Teichen, nassen Gräben; gesellig. Sehr zerstreut. In Deutschland nur den Rhein entlang vom südl. Baden und Elsaß an bis Mainz und in Oberschlesien bei Rybnik. Häufiger im südl. Europa (Schweiz?). — Sept., Okt. (Fig. 41.)

(Kleefarn.) **M. quadrifolia** L.

Gattung: **Pilularia** L.

Blätter ohne Spreite, sonst die Ausbildung der Vegetationsorgane im wesentlichen wie bei Marsilia. — Bei uns nur eine Art.

Stengel kriechend, bis 50 cm lang, 1,5 mm dick, wenig verzweigt. Blätter mehr oder minder gedrängt stehend, bis 10 cm (bei Wasserformen bis 20 cm und darüber) lang, kaum 1 mm dick, zylindrisch-fadenförmig, pfriemlich zugespitzt, kahl, dunkelgrün. Sporenkapseln bis 3,5 mm dick, kugelig, mit 0,5—1 mm langem, radiär angefügtem Stiel, sehr dicht und anliegend behaart, nur die Haarspitzen abstehend, zuletzt schwarzbraun, 4fächerig.

Auf moorigem Boden, in Torfstichen, an Rändern von nassen Gräben und Teichen; gesellig. Sehr zerstreut. Pommern, Mecklenburg, Schleswig-Holstein, Oldenburg, Hannover, Westfalen, Rheinprovinz, Elsaß, Rheinpfalz, Hessen, Baden, Unterfranken und Algäu, Thüringen, Freistaat Sachsen, Brandenburg, Niederschlesien bis Bunzlau. In der Schweiz nur im Berner Jura (?). In Österreich-Ungarn nur im Küstenlande, sonst ganz fehlend. — Juli—Sept. (Fig. 42.)

(Pillenkraut.) **P. globulifera** L.

6. Familie: **Salviniaceae.**

Pflanze ohne Wurzeln. Stengel zylindrisch, gliederhaarig, mit Luftgängen. Luftblätter dicht gedrängt, sich deckend, mit fiedrig verzweigtem Mittelnerv. Sporenhüllen gleichgroß, zartwandig, zuletzt verwesend. Mikrosporangien an verzweigten Stielen, Makrosporangien gestielt, bis zu 25. Weiblicher Vorkeim in zwei lang herabhängende Lappen auswachsend.

Nur

Gattung: **Salvinia** Micheli.

Bei uns nur eine Art.

Stengel zylindrisch, etwa 1 mm dick, fast durchscheinend, meist kurz, nur ganz ausnahmsweise bis 20 cm lang. Luftblätter aus schwach-herzförmigem Grunde elliptisch, am Scheitel stumpf bis schwach ausgerandet, 6—13 mm lang, 5—8 mm breit, sich deckend, unterseits behaart, oberseits in schrägen Reihen mit büschelig behaarten Wärzchen besetzt, sehr kurz gestielt. Wasserblätter kurz gestielt, in 9—13 sehr dünne, dicht behaarte, bis 6 cm lange Zipfel geteilt, an der Basis zwischen den Zipfeln die behaarten Sporenkapseln (3—8) geknäuelt tragend. Die Luftblätter zeigen einen deutlichen Mittelnerven und fiederige, durch kurze, ein mehr oder minder regelmäßiges Netz bildende Anastomosen verbundene Seitennerven. Basale, älteste Sporenkapseln (1—2) die Makrosporangien (15—25), die übrigen Mikrosporangien in größerer Anzahl, bis 100, enthaltend.

Auf Teichen, Seen und langsam fließenden Gewässern zwischen Rohr und Floßholz, unbeständig. In Westpreußen, Pommern, Rügen, Mecklenburg, Prov. Sachsen, Anhalt, Brandenburg, Hannover, Schlesien, Posen, Mähren, Galizien, Polen, Baden, Pfalz. — Aug. bis Oktober, worauf die Pflanze meist rasch abstirbt und verwest. Die untersinkenden Sporenkapseln überwintern auf dem Grunde des Wassers, wo die Kapselwand im Laufe des Winters verwittert. Im Frühling steigen die nunmehr hüllenlosen Sporangienknäuel an die Oberfläche empor, die Sporangien trennen sich von dem Rezeptakulum und lassen die Sporen im Mai keimen (Luerssen, Farnpfl. 604). — (Fig. 40.)

S. natans (L.) All.

7. Familie: **Azollaceae.**

Pflanze mit Wurzeln. Stengel zart. Oberer Blattabschnitt eine nach unten geöffnete (von Anabaena bewohnte) Höhle. Sporenhüllen unter sich verschieden, im Scheitel verholzend und diesen bei der Keimung als Deckel absprengend. Weiblicher Vorkeim dreilappig.

Nur

Gattung: **Azolla** Lam.

Bei uns:

1. Zarte, sehr kleine Pflänzchen. Stengel gabelig verzweigt. Wurzeln einzeln, mit abstehenden Haaren versehen. Blätter sehr klein, bis 0,5 mm lang, besonders an den Zweigspitzen gedrängt, grün, oberseits oft rötlich; obere Lappen derselben länglich-rhombisch, stumpf, mit zweizelligen Haaren besetzt. Kapseln der Mikrosporangien kugelig, der Makrosporangien eiförmig, kleiner. Makrosporen mit einem aus 3 birnenförmigen Körpern bestehenden, sich mit Luft füllenden Schwimmapparat versehen.

Aus Amerika eingeführt und verwildert. Auf stehenden und langsam fließenden Gewässern. Sie vermehrt sich außerordentlich rasch und bildet stellenweise eine dicke Decke über die ganze Wasserfläche, alles andere erstickend. Scheint wie Salvinia unbeständig zu sein. In Europa jetzt schon in manchen Teilen eingebürgert: Süd-Deutschland, Rheinprovinz, Mähren, Böhmen. — Aug., Sept.

A. caroliniana Wild.

2. Von voriger Art verschieden durch die fiederig verzweigten Stengel, obere Lappen stumpf, mit einzelligen Haaren. — Aus dem warmen Amerika eingeführt und verwildert. Ostpreußen, Rheinprovinz. — Aug., Sept.

A. filiculoides Lam.

8. Familie: **Equisetaceae.**

Nur

Gattung: **Equisetum** Tourn.

Ausdauernde, mittelgroße, krautige, durch hohen Kieselsäuregehalt ausgezeichnete Pflanzen mit kriechendem, sehr tief liegendem (bis über 1 m), mehr oder minder verzweigtem Rhizom, welches allein ausdauert, während die alljährlich entsendeten oberirdischen Sprosse meist zu Ende der Vegetationsperiode vergehen. Äste des Rhizoms fast senkrecht stehend, meist erst nahe der Bodenfläche mehr oder weniger zahlreiche oberirdische Stengel treibend. Wurzeln einzeln an der Basis der Seitensprosse entstehend, aber an den oberirdischen Stengelteilen nicht zur Ausbildung gelangend. Oberirdische Sprosse meist hohl, mit scharf gegliederten Internodien, welche an ihrem oberen Ende in einen Blattquirl übergehen, dessen Scheiden zu einer einzigen Scheide verwachsen sind. Die Außenfläche der Internodien von parallelen Längsleisten oder Riefen (carinae) und ihnen entsprechenden Vertiefungen, Rillen (valleculae), durchzogen, welche mit denen der benachbarten Internodien alternieren. Die von den Zahneinschnitten zu den Rillen des folgenden Internodiums senkrecht herablaufenden Furchen heißen Kommissuralfurchen, die Furchen auf dem Rücken der Riefen Karinalfurchen. In den Rillen liegen die Spaltöffnungen. Verzweigte Stengel entwickeln ihre Äste quirlartig aus den Rillen des Scheidengrundes. Äste ähnlich gebaut, nur in allen Teilen verkleinert. Unterste Astscheide (Asthülle) verschieden von den übrigen Astscheiden. Sporangienähre meist die letzte Blattscheide überragend, selten in derselben sitzend; bisweilen am Grunde, unter dem die Sporangien tragenden Ährenteile, mit 1—2 verkümmerten, ringartigen Scheiden versehen. Ähre mit dicht gedrängten, quirlartig angelegten Blättern, deren oberer Rand sich zu schildförmigen, durch gegenseitigen Druck meist eckigen Sporangienträgern entwickelt hat. Letztere auf der Außenfläche mit Spaltöffnungen versehen, auf der Innenseite dicht gedrängt im Kreise 5—10 aus je einer Gruppe Oberflächenzellen hervorgehende Sporangien tragend. Sporangien in der Reife längliche Säckchen bildend, durch einen Längsriß sich öffnend. Sporen von 2 spiralig um sie gerollten, schmalen, an ihren beiden Enden verbreiterten Bändern (Elateren) als äußerster Haut umgeben. — Die oberirdischen Sprosse werden bereits in der voraufgehenden Vegetationsperiode angelegt und unterirdisch so weit entwickelt, daß sie bei Beginn der fälligen

Vegetationsperiode ihre bis dahin sehr kurz gehaltenen Glieder (Internodien) nur zu strecken brauchen, um an die Oberfläche herauszutreten.

I. Die Nebenzellen der Spaltöffnungen liegen in gleicher Höhe mit den Oberhautzellen, die Spalten münden unmittelbar nach außen. Stengel glatt oder weniger rauh; Ähren meist stumpf.

E. phaneropora Milde.

A. Sporenlose und sporentragende Stengel verschieden; sporentragende gelblich-weiß oder bräunlich, von den sporenlosen durch das Fehlen von Chlorophyll, Sklerenchym und Spaltöffnungen unterschieden; sporenlose stets mit Ästen.

E. heterophyadica A. Braun.

a) Sporentragende Stengel früher erscheinend, in der Regel ungefurcht, nach der Sporenreife absterbend.

E. ametabola (vernalia) A. Braun.

1. Sporentragende Stengel erscheinen bereits im März oder April, meist bis 20 cm hoch, 3—5 mm dick, saftig und weich, fleischrot bis rötlich-braun, mit ungefurchten, nach der Stengelbasis zu allmählich kürzer werdenden Internodien. Scheiden bis 2 cm lang, nach oben allmählich sich erweiternd, im unteren Teil weißlich, im oberen oft bräunlich, mit 8—12 mit einer Karinalfurche versehenen Zähnen. Zähne so lang als die Scheidenröhre, schmutzigbraun und dunkler punktiert oder gestreift, lanzettlich zugespitzt. Ähre meist lang gestielt, bis 3,5 cm lang, meist stumpf, mit markiger Achse. Sporenlose Stengel sehr verschieden lang und veränderlich, mit 6—19 breiten Riefen, schmalen Rillen, hellgrün, sehr verschieden mit Ästen versehen. Scheiden 5—12 mm lang, gegen den oberen Rand hin etwas erweitert, mit etwas undeutlichen Kommissuralfurchen. Zähne halb so lang als die Scheidenröhre, dreieckig-lanzettlich, im Alter schwärzlich mit sehr schmalem, weißlichem Rande. Äste meist in dichten Quirlen, verschieden lang, meist aufrecht abstehend, zuweilen wieder vereinigt, 4—6rippig, durch kleine zahnartige Auftreibungen rauh. Asthüllen becherförmig, grünlich oder bräunlich, mit breiteiförmigen bis dreieckigen, spitzen Zähnen. Astscheiden bis 5 mm lang, allmählich nach oben etwas erweitert, mit abstehenden oder etwas nach außen gebogenen, dreieckigen, lang zugespitzten Zähnen.

Auf feuchtem Lehm- und Sandboden, auf Wiesen, seltener in Wäldern. Meist gemein, in der Ebene wie im Gebirge, in Tirol bis 2500 m ansteigend. — März, April. (Abweichungen hiervon siehe unter 3 und 4 der Abänderungen des Sporenblattes.) (Fig. 49, 50.)

(Zinnkraut, Kannenkraut.) **F. arvense** L.

Sehr vielgestaltig, besonders in seinen sporenlosen Stengeln.

I. Formen des Laubstengels.

A. Formen sonniger Standorte. Stengel und die meist straffen Äste gleichmäßig hellgrün.

1. Stengel kräftig, aufrecht, 9—13rippig, im unteren Drittel bzw. der Hälfte astlos. Äste 4rippig, steif, meist aufrecht abstehend, zuweilen im Bogen aufsteigend, 5—12 cm, seltener bis 20 cm lang, unverzweigt. — Gemein.

var. **agreste** Klinge.

Äste steil aufwärtsgerichtet, fast angedrückt, obere kürzer werdend, so daß der astlose Stengelscheitel überragt wird. — Häufig.

subvar. **compactum** Klinge.

Stengel dünn, bis 70 cm hoch. Äste 3rippig, 5—10 cm lang. — Selten.

subvar. **boreale** Milde.

2. Stengel kräftig, aufrecht bis liegend, 9—19rippig. Äste verzweigt.

var. **ramulosum** Rupr.

Stengel meist vom Grunde an verzweigt. Äste steif, 4rippig, bis 30 cm lang; sekundäre Äste bald kurz, bald bis 13 cm lang; bisweilen tertiär verzweigt. — Häufig.

subvar. **erectum** Klinge.

Stengel bogig aufsteigend, vom Grunde an ästig. Untere Äste oft verzweigt.

subvar. **ascendens** Klinge.

Stengel niederliegend, vom Grunde an verzweigt, Äste einseitig aufsteigend, zuweilen bis tertiär verzweigt.

subvar. **decumbens** G. F. W. Meyer.

B. Schattenformen. Stengel hoch, kräftig, bleichgrün bis elfenbeinweiß, blasser als die mehr schlaffen Äste, meist in der unteren Hälfte oder selbst höher hinauf astlos.

1. Stengel bis 1 m hoch, mit 12—16 schwachen Riefen. Äste nur schwach verzweigt, 4rippig, 10—30 cm lang, horizontal abstehend oder bogig überhängend. — Zerstreut.

var. **nemorosum** A. Br.

2. Stengel bis 75 cm hoch. Äste 5rippig, horizontal abstehend, bis 22 cm lang, mit regelmäßigen 2—4zähligen Quirlen sekundärer Äste. — Selten.

var. **pseudosilvaticum** Milde.

Durch die Farbe auffallende Formen der Laubblätter sind:

1. Stengel meist dünn, bis 50 cm hoch. Internodien in ihrem unteren Teile grün, im oberen ziegelrot; auch die Stengelscheiden bisweilen rötlich. Äste meist kurz, unverzweigt. — Zerstreut.
f. **varium.**

2. Ganzer Stengel rot überlaufen.
f. **sanguineum.**

3. Astscheiden rotbraun.
f. **rubrivaginatum.**

II. Formen des sporentragenden Stengels.

1. Stengel 6—8 cm hoch. Scheiden 4—6zähnig. Dazu gehörige Laubstengel zart, 4—6rippig.
var. **nanum** A. Br.

2. Stengel nach der Sporenreife nicht absterbend, ergrünend, im unteren oder mittleren Teil kurze, bisweilen kleine, meist durchwachsene Ähren tragende Äste entwickelnd.
var. **irriguum** Milde.

3. Stengel im Spätsommer erscheinend, im unteren Teil grün, ästig, im oberen einem normalen Sporenstengel entsprechend. Sporenreife September.
var. **rivulare** Huth.

4. Sporentragende Stengel den sporenlosen gleich (mit Ästen und einer Ähre), gleichzeitig erscheinend, nach der Sporenausstreuung bis zum Sporangienstande erhalten bleibend. Sporen reife Juni, Juli. — Nicht häufig, aber vielgestaltig.
var. **campestre** Milde.

Auch die Seitenäste tragen Ährchen.
f. **polystachyum.**

Durch die Farbe auffallende Formen:

1. Stengelscheiden schwarzbraun bis schwarz.
f. **nigricans.**

2. Scheiden bis auf die Zähne grün.
f. **viridans.**

3. Scheiden fast ganz purpurbraun.
f. **fagetinum.**

Mißbildungen: Ring unter der Ähre verdoppelt, mit Sporangien besetzt, scheidenartig; Ähre kugelig, zu zweien neben- oder übereinander, durchwachsen, gegabelt; Stengelspitze oder Astspitzen ein- bis mehrfach gegabelt, Stengel vom Grunde an gegabelt, Stengelscheiden wenigstens teilweise in ein Spiralband umgewandelt; Stengelglieder hin- und hergebogen. (Seite 111.)

2. Sporenstengel 15—25 cm, seltener bis 50 cm hoch, 6—13 mm dick, elfenbeinweiß bis schwach grünlich. Scheiden anfangs zylindrisch, später trichterförmig erweitert, etwa 4 cm lang, mit 20—35 flachen Riefen und schmalen, scharfen Kommissuralfurchen, am Grunde hell-, im übrigen dunkelbraun; Zähne 20—35, lanzettlich-pfriemenförmig, $\frac{1}{3}$—$\frac{1}{2}$ so lang als die Scheidenröhre. Ähre spindelförmig mit hohler Achse. Laubstengel meist 50—120 cm (bis 2,50 m) hoch, elfenbeinweiß, schwach gerieft, vom Grunde aus (f. typicum) oder erst auf $\frac{3}{4}$—$\frac{2}{3}$ Stengelhöhe mit in dichten Quirlen meist wagerecht abstehenden Ästen versehen. Scheiden 1,5—2,5 cm lang, mit 20—40 breiten flachen Riefen und schmalen, scharfen Kommissuralfurchen. Zähne so lang als die Scheidenröhre, mit dunkelbraunem Mittelstreif und hellerem, dunkel gestricheltem Rande, die haarartig vorgezogene Spitze leicht abbrechend. Äste grün, meist unverzweigt, von feinen Zähnchen rauh, 4—5riefig; Asthüllen bis 2 mm lang, hellbraun, am Grunde glänzend schwarzbraun. Astscheiden bis 6 mm lang, mit lanzettlich-pfriemenförmigen, bald abbrechenden Zähnen.

Auf feuchtem, quelligem Lehm- und Mergelboden; besonders gern an Hängen; an Bächen und Gräben, in Waldsümpfen; meist gesellig. Zerstreut; auf weite Strecken ganz fehlend. Nach Norden nur bis etwa zum 55. Breitegrad, südlich bis in das Mittelmeergebiet gehend. Aus der Ebene bis 1360 m ansteigend. — April, Mai, ja bis Okt. (Fig. 51.) (E. Telmateia Ehrh.)

E. maximum Lam.

Ändert vielfach ab und läßt sich in drei Formenkreise gliedern.

1. Stengel kräftig, bis 50 cm hoch (der zugehörige Laubstengel bis 2,50 m hoch und bis 1,5 cm dick). Scheiden groß, bis 6 cm lang, trichterförmig, braun, die Stengelglieder zwischen den Scheiden sichtbar. Ähre bis 10 cm lang und bis 1,5 cm dick. Glieder des Laubstengels elfenbeinweiß, im unteren Teile häufig glänzend schwarz. Stengelscheiden zylindrisch, 25—40zähnig, 1,5—2,5 cm hoch, blaß, oft bräunlich.

var. **legitimum** F. Wirtgen.

2. Stengel bis 20 cm hoch und 0,5 cm dick. Stengelglieder gelblich gefärbt, 2—4 cm lang. Scheiden bis 2,7 cm lang, braun. Ähren bis 5 cm lang und 1 cm dick. Laubstengel bis 50 cm hoch und 0,8 cm dick. Scheiden bis 15zähnig.

var. **minus** Lange.

3. Stengel bis 40 cm hoch und 0,2—0,8 cm dick. Scheiden bis 3,5 cm lang, die unter Wasser mehr bauchig. Stengelglieder braun, die untersten oft grünlich. Ähre bis 3, selten 5 cm lang und 0,5 bis 1,5 cm dick. Laubstengel lang und schlank, bis 0,6 cm dick. Scheiden bis 1,2 cm hoch, zylindrisch. Untere Stengelglieder rotbraun bis

schwarz, obere heller, am Grunde oft grünlich. Stengel in eine lange, überhängende Spitze ausgezogen. (Form des stehenden Wassers.)
var. **aquaticum** F. Wirtgen.

Weiter lassen sich bei allen drei Varietäten unterscheiden:

I. Formen der Laubstengel.

a) Ohne Spaltöffnungen.

1. Stengel in der größeren unteren Hälfte astlos; Äste aufrecht abstehend. — Selten.
f. **comosum.**

2. Stengel meist vom Grunde an ästig. Äste oft mit 3—4-riefigen Sekundärästen besetzt. — Nicht häufig.
f. **ramulosum.**

b) Mit Spaltöffnungen.

1. Stengel nur 18—30 cm hoch. Internodien verkürzt. Meist vom Grunde an ästig.
f. **breve.**

2. Stengel zu 4—7 zusammen hervorsprossend, bleichgrün, mit 6—7 breit und flach gefurchten Riefen; vom Grunde an ästig. — Selten.
f. **gracile.**

3. Stengel etwa 30 cm (bis 70 cm) hoch, vom Grunde an ästig. Äste aufrecht, die der unteren Quirle stengelartig (nur schwächer), so lang als der Hauptstengel. dicht quirlig verzweigt.
f. **compositum.**

4. Stengel niederliegend. 16—30 cm lang, am Grunde (etwa 4 Internodien) mit stengelähnlichen, elfenbeinweißen, 7 bis 12-riefigen Ästen besetzt; letztere mit bis 16 cm langen, weißen, in den Riefen breit und flach gefurchten Ästen. — Sehr selten.
f. **caespitosum.**

II. Formen der Sporenstengel.

1. Stengel mit der Ähre etwa 13,5 cm hoch. Die sonst normalen Scheiden dicht übereinander sitzend, einander größtenteils deckend. — Spätform, Aug.—Okt.
f. **humile.**

2. Stengel schlank, bis 46 cm hoch, auch getrocknet weiß bleibend. Untere Scheiden denen des Laubstengels völlig gleich, obere nur in der Farbe, sonst trichterförmig. — Selten.
f. **elatius.**

3. Der bisher normale Sporenstengel entwickelt nach der Sporenreife an seinem mittleren Teil unter den unveränderten Scheiden kurze, grüne Äste, während der ährentragende Teil verwelkt.
f. **frondescens.**

4. Der normale oder nur in den obersten Scheiden veränderte Laubstengel trägt eine Ähre; zuweilen auch die Äste kleinere, häufig durchwachsene Ähren (polystachyum).

f. **conforme.**

Mißbildungen: Einfache und wiederholte Gabelungen des Stengels, der Äste und der Ähren usw. wie bei der vorigen Art. (Seite 111.)

b) Sporenstengel gleichzeitig mit den Laubstengeln oder wenig früher erscheinend, anfangs astlos, rötlich, glatt, nach der Sporenreife die Ähre abwerfend, ergrünend, Spaltöffnungen und Sklerenchym entwickelnd, etwas rauh werdend, Äste bildend. Spaltöffnungen an beiden Seiten der Rillen in je einer aus 1—2 Linien gebildeten Reihe, die beiden Reihen durch Oberhautzellen getrennt. Achse der Ähre markig.

E. metabola (subvernalia) A. Braun.

3. Sporenstengel kurz vor den Laubstengeln im April erscheinend, meist gelbbraun, weich, glatt. Scheiden etwa 1,5 cm lang, allmählich trichterförmig erweitert, graugrün oder rötlich, mit sehr schmalen, scharfen Kommissuralfurchen; Zähne etwa ½ so lang als die Scheidenröhre, breit-lanzettlich, spitz, mit dunklerem Mittelstreifen. Laubstengel bis 50 cm hoch, 1,5—3 mm dick, graugrün, mit 8—20 gewölbten, durch Kiesellappen rauhen Riefen. Scheiden bläulichgrün, zylindrisch-becherförmig, mit schwach gewölbten Riefen und schmalen, scharfen Kommissuralfurchen; Zähne so lang oder kürzer als die Scheidenröhre, breit-lanzettlich, ziemlich kurz zugespitzt, untereinander verwachsen, nur an den Spitzen frei, hellbraun mit dunklerem Mittelstück. Äste meist erst von der Mitte, seltener vom Grunde des Stengels beginnend, bis 15 cm lang, kaum 1 mm dick, meist 3riefig, selten verzweigt, horizontal abstehend oder bogig überhängend. Asthülle helbraun, glockig, mit sehr kurzen, stumpflichen Zähnen. Astscheiden grün, mit spitzen, weißhäutig gerandeten Zähnen.

An schattigen, feuchten, aber auch an sonnigen Standorten (dann niedriger, gelbgrün): Waldwiesen, Ufer, Gebüsche, Dämme. Am häufigsten im östl. Deutschland, nach Westen rasch abnehmend, erreicht in der Eifel seine westl. Grenze; im südwestl. Deutschland (Württemberg, Baden, Elsaß-Lothringen) ganz fehlend. In Bayern nur in Oberfranken. Zerstreut in Mähren, Böhmen, Karpathengebiet, Tirol, Salzburg und den östl. Alpen, bis 1800 m ansteigend. — April, Mai. (Fig. 52.)

E. pratense Ehrh.

Ändert nur wenig ab:

I. Abänderungen der Laubstengel.

1. Äste sämtlich unverzweigt (häufigste Form).

var. **vulgare** Klinge.

a) Äste ziemlich kurz, starr, gerade oder schwach gekrümmt.
f. **campestre** Klinge.

b) Äste verlängert, schlaff, in der Regel überhängend.
f. **umbrosum** Klinge.

2. Äste zum Teil mit kurzen, bis 2,5 cm langen Ästchen, zu 2—4 im Quirl, versehen.
var. **ramulosum** Rupr.

3. Stengel vom Grunde an ästig. Äste 4—7 riefig; die untersten, längsten meist verzweigt, folgende an Länge allmählich abnehmend.
f. **pyramidale** Milde.

4. Stengel nur 5—12 cm hoch, 9 riefig. Untere Äste zuweilen verzweigt. Kümmerform.
f. **nanum** Milde.

II. Abänderungen der Sporenstengel.

1. Stengel meist schön grün, gerieft, rauh, mit den Astanlagen erscheinend und diese vor der Sporenreife weiterentwickelnd, nur der untere Stengelteil astlos bleibend. Ähre klein, 0,5 bis 1,5 cm lang, oval bis fast kugelig.
var. **serotinum** Milde.

2. Wie vorige gleich grün erscheinend, 13—20 cm hoch, vom Grunde aus ästig. Äste in der Stengelmitte am längsten (bis 3 cm) oder von hier bis zur Stengelspitze gleich lang, bisweilen mit Anlagen sekundärer Ästchen. Ähre sehr klein (2—4½ mm), grün.
var. **ramosissimum** Milde.

Mißbildungen an den Laubblättern: ein- und zweifache Gabelungen des Stengels, Verkümmerung einzelner Äste und m. spirale. An den Sporenblättern: Vermehrung der Zahl der Ringe, zwei oder drei Ähren übereinander, gegabelte Spitzen und durchwachsene Ähren (Seite 111).

4. Sporenstengel wie bei E. pratense in 2 Formen erscheinend, entweder blaßbräunlich, fast glatt, weich, die Äste erst nach der Sporenreife entwickelnd, oder gleich grün, rauh (serotinum). Stengelscheiden 2—2,5 cm lang, bauchig, im unteren Teil blaßgrün bis bräunlich, im oberen fuchsrot bis braun; die mit dunklerem Mittelstreifen versehenen Zähne zu 2—7 in ihrer ganzen Länge zusammengewachsen, 3—4 breite Lappen bildend. Laubstengel meist 30 bis 60 cm, seltener bis 80 cm hoch, mit 10—18 flachen, zweikantigen, an den Kanten durch Zähnchen rauhen Riefen versehen. Stengelscheiden bis 1,5 cm lang, wie die der Sporenblätter gefärbt; Zähne etwa so lang als die Scheidenröhre, mit dunklerem Mittelstreifen, zu 2—5 in lanzettliche, stumpfliche Abschnitte verbunden. Äste

dicht quirlig, bis 15 cm lang, horizontal oder bogig ansteigend und an der Spitze überhängend, 4—5riefig, an den ersten Internodien rauh, sonst glatt, sehr dünn, zuletzt haarartig fein, verzweigt, mit 3-riefigen, öfters noch einmal verzweigten Ästchen. Asthüllen fuchsrot. Astscheiden meist nur 2—2,5 mm lang, mit lanzettlichen, fein zugespitzten Zähnen.

Schattige, feuchte Wälder, in Acker umgewandelter Waldboden; meist gesellig. Im nördl. Teil des Gebietes ziemlich häufig, im mittleren und besonders im südl. Teil, in Tirol und der Schweiz, fast ganz auf die Gebirge beschränkt, bis 1800 m ansteigend. — Mai. (Fig. 53.)

E. silvaticum L.

Ändert wenig und ähnlich wie vorige Art ab.

I. Abänderungen der Sporenstengel.

Die sehr früh erscheinende Form, deren Stengel ohne Äste, weich und glatt ist, heißt

f. **praecox** Milde;

die später erscheinende, hübsch grüne und rauhe Form, deren oberste Scheiden weit auseinander stehen und Äste tragen

f. **serotinum** Milde.

1. Stengel spät erscheinend, hübsch grün, dünn. Ähre nur bis 4 mm lang.

var. **microstachyum** Kaulf.

2. Stengel bis 50 cm hoch, nur im oberen Teil spärlich ästig. Äste steil emporgerichtet, die Ähre weit überragend; oft noch einmal verzweigt.

var. **robustum** Milde.

3. Äste kleinere Ähren tragend. — Sehr selten.

f. **polystachyum.**

II. Abänderungen des Laubstengels.

1. Stengel grün bis gelblichgrün, in der Regel erst vom untersten Viertel oder der Mitte ab beästet. Astquirle sehr dicht, Äste bis 10 cm lang, abstehend oder etwas überhängend, die mittleren am längsten.

var. **vulgare** Klinge.

2. Stengel bis 80 cm hoch, vom unteren Drittel oder der Mitte an reich verzweigt. Äste auffallend dünn bis haarfein, noch einmal verzweigt, horizontal abstehend, nicht herabgebogen.

var. **capillare** Milde.

3. Siehe E. pratense unter I, 2.

var. **pyramidale** Milde.

4. Stengel 15—35 cm hoch, nur 1,2—2 mm dick, mit 5—8 stachelig-rauhen Riefen, vom Grunde an ästig; Äste bis zur Mitte oder dem oberen Drittel des Stengels an Länge zu-, dann wieder abnehmend, alle bogig bis stark spitzwinklig aufsteigend. — Selten.

var. **gracile** Luerss.

Mißbildungen ähnlich wie bei E. pratense. (Seite 111.)

B. Sporen- und Laubstengel einander gleich, zu gleicher Zeit erscheinend, von Anfang an grün. Spaltöffnungen in den Rillen in einem einzigen breiten, durch zahlreiche Linien gebildeten Längsbande. Ähre schwarz.

E. homophyadica (**aestivalia**) A. Braun.

5. Rhizom in großer Tiefe (bis 1,5 m) kriechend. Stengel 20 bis 50 cm hoch, 3—5 mm dick, mit 4—12 stark gewölbten, querrunzeligen oder feinhöckerigen Riefen, welche in die etwas breiteren, fein querrunzeligen Rillen allmählich übergehen. Stengelscheiden 6—12 mm lang, zylindrisch, in ihrem oberen Teil allmählich mehr oder weniger erweitert, mit schwach gewölbten Riefen, deren schwache Karinalfurchen in die Zähne hinein verflachen; grün; Zähne etwa $^2/_3$ so lang als die Scheidenröhre, dreieckig-lanzettlich, zugespitzt, grün, gegen die Spitze hin schwarzbraun mit breitem weißen Hautrande. Äste oft ganz fehlend oder nur spärlich vorhanden bis dicht quirlig, meist 5riefig, aufrecht abstehend, selten bogig überhängend, meist unverzweigt. Asthüllen meist glänzend schwarz. Astscheiden den Stengelscheiden ähnlich; Zähne breit-eilanzettlich, aufrecht, mit schwacher Karinalfurche und langer, bald abbrechender Spitze. Ähre mit hohler oder markiger Achse. — Sehr veränderliche und in ihren Formen so allmählich ineinander übergehende Art, daß scharfe Grenzen kaum zu ziehen sind.

Häufig im ganzen Gebiet; sumpfige Wiesen, feuchte Äcker, nasse Gräben, Ufer; im Gebirge bis 2400 m ansteigend. — Juni bis Sept. (Fig. 54.)

(Duwock.) **E. palustre** L.

Nach der Entwicklung der Äste, ihrer Verzweigung und Richtung werden (Ascherson u. Graebner, Syn. 201) 2 Formenreihen aufgestellt:

I. Stengel mit Ästen (verticillatum Milde).

A. Äste ohne Ähren.

1. Stengel aufrecht. Äste allseitig.

a) Äste aufrecht abstehend, meist unverzweigt.

α) Asthüllen glänzend schwarz.

1. Äste bis 5 cm lang.

f. **breviramosum** Klinge.

2. Äste bis 30 cm lang.

f. **longiramosum** Klinge.

3. Äste einzeln oder in unvollständigen Quirlen.
f. **pauciramosum** Bolle.

β) Asthüllen nur am Grunde schwarz, im übrigen braun oder bleich.
var. **fallax** Milde.

b) Äste schlaff überhängend.

1. Stengel vom Grunde an ästig. Unterste Äste die längsten, folgende allmählich kürzer werdend; alle unverzweigt.
var. **arcuatum** Milde.

2. Stengel 50 cm bis fast 1 m hoch, schlaff, meist nur in der oberen Hälfte ästig. Äste 5—7riefig, bis 35 cm lang, zuweilen mit vereinzelten kurzen Ästchen.
var. **ramulosum** Milde.

c) Untere Äste stengelähnlich.

1. Stengelähnliche Äste meist einfach; ab und zu mit einer Ähre.
f. **multiramosum** Münderlein.

2. Stengelähnliche Äste mit 1—4zähligen Astquirlen.
f. **compositum** Kaulfuß.

2. Stengel niederliegend. Äste einseitig aufrecht.
f. **decumbens** Klinge.

B. Äste mit einer Ähre. (polystachyum.)

1. Ährentragende Äste nach dem Stengelscheitel zu allmählich kürzer werdend, Ähren daher traubig angeordnet.
f. **racemosum** Milde.

2. Untere Äste sehr verlängert, alle ungefähr dieselbe Höhe erreichend, Ähren daher doldenartig angeordnet.
f. **corymbosum** Milde.

3. Stengel nur am Grunde meist einfache, ährentragende Äste entwickelnd; dazu häufig von einigen, meist astlosen Nebenstengeln umgeben. Äste, Nebenstengel und Hauptstengel gleich hoch oder letzterer wird überragt.
f. **multicaule** Baenitz.

II. Stengel meist astlos, seltener mit einzelnen Ästen oder am Grunde mit stengelähnlichen Ästen. (simplicissimum A. Br.)

1. Stengel aufrecht, 15—40 cm hoch, 8—11riefig. — Nicht selten.
f. **nudum** Duby.

2. Stengel aufrecht, 5—30 cm hoch, 5—8riefig. — Zerstreut.
f. **tenue** Döll.

3. Stengel niederliegend, 5—8riefig. — Selten.
f. **prostratum** Hoppe.

4. Stengel zu mehreren demselben Rhizom entspringend, liegend oder aufsteigend, bis 16 cm lang, dünn, 4—5 riefig, steril.
f. **nanum** Milde.

An Mißbildungen wurden beobachtet: Gabelung der Ähren und Stengel, Durchwachsung der Ähren, Vermehrung und Umbildung der Ringe, spiralige Stellung der Scheiden, schopfartige Anordnung der Stengelspitzen. (Seite 111.)

6. Stengel aufrecht, grün, zuweilen im unteren Teil braun, bis 1,5 m hoch, 8 mm dick, bis gegen den Scheitel hin nahezu gleichstark, nur ausnahmsweise verdünnt, mit sehr weiter Zentralhöhlung, glatt, durch 9—30, selten nur 6—8 schwach vortretende, mit weißen Längsstreifen versehene Riefen hellgestreift erscheinend. Scheiden dicht anliegend, nur die unter der Ähre sitzende bedeutend erweitert, bis 1 cm lang, glänzend grün, nur die untersten schwarz; Zähne frei, selten zu 2 zusammenhängend, lanzettlich bis dreieckig-pfriemlich, in ihrem oberen Teil schwarz, sehr schmal weiß gerandet, etwa $\frac{1}{3}$ so lang als die Scheidenröhre. Äste fehlend oder zerstreut vorhanden bis regelmäßig quirlig, stumpfkantig, die 4—11 sehr schwach gewölbten Riefen nur körnig uneben, nicht rauh. Asthüllen glänzend dunkelbraun mit breitdreieckigen, stumpfen Zähnen. Astscheiden locker anliegend, mit lanzettlich-pfriemenförmigen, meist nur an der Spitze dunkleren Zähnen. Ähre meist kurz gestielt, stumpf, mit hohler Achse.

An Teichen, Seen, Flüssen, Gräben, in Sümpfen, Morästen. Im ganzen Gebiet häufig, besonders in der Ebene, seltener im Gebirge, bis 1800 m ansteigend. — Mai, Juni. (Fig. 55.)
(E. fluviatile und limosum L.) **E. heleocharis** Ehrhart.

Wird ähnlich wie E. palustre in 2 Formenreihen geteilt:

I. Stengel ästig, ziemlich starr, dunkelgrün.
var. **fluviatile** Aschers.

A. Äste ohne Ähren.

a) Stengel unter der Ähre nicht verdünnt.

1. Äste nur am oberen Stengelteil, 1,5—3 cm lang, 6—11 riefig.
f. **brachycladon** Aschers.

2. Äste bis zur Mitte des Stengels herabgehend, bis 20 cm lang, 4—6 riefig, zuweilen spärlich verzweigt. Außerdem zuweilen an der unteren Stengelhälfte vereinzelte bis 30 cm lange stengelähnliche Äste, sowie am Grunde des Stengels dünnere Nebenstengel mit Sekundärästen.
f. **leptocladon** Aschers.

3. Stengel bis 1 m hoch, im unteren Teil astlos, mit 10—16 Quirlen aufrecht abstehender, bis 25 cm langer Äste.
f. **compositum** Aschers.

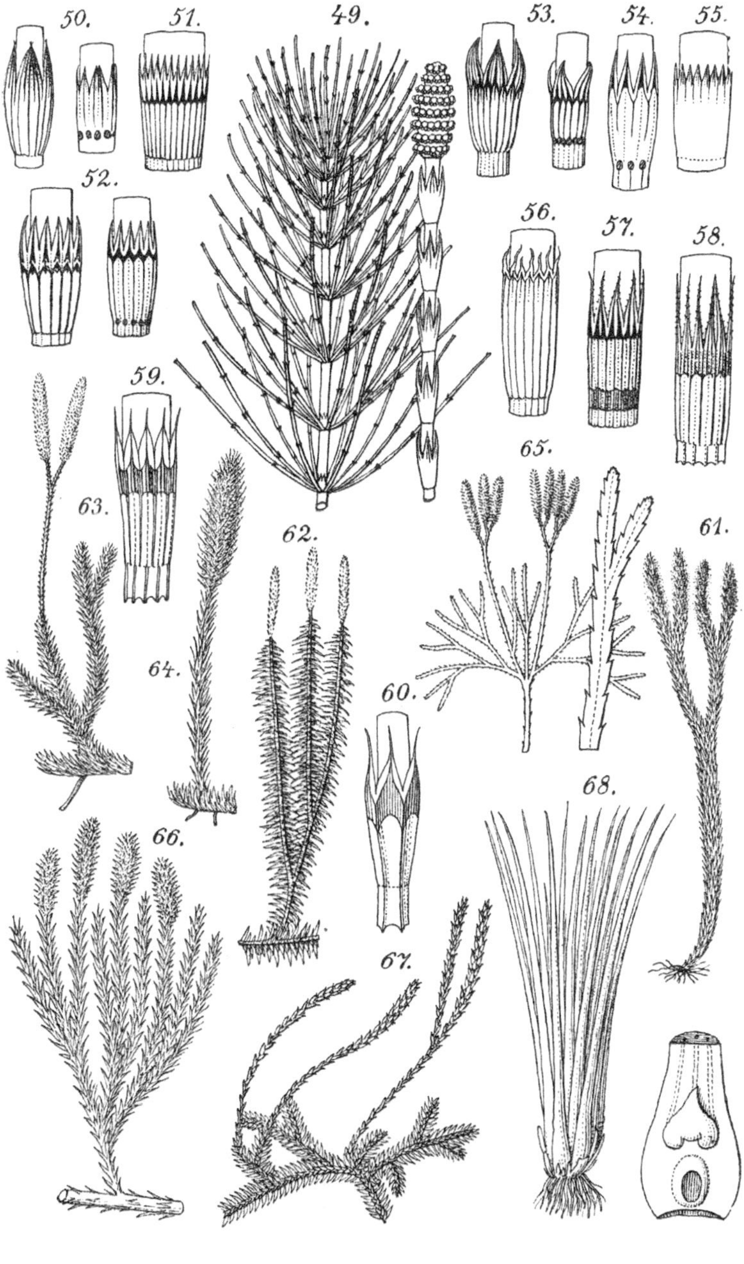
50.
51.
49.
53.
54.
55.
52.
56.
57.
58.
59.
65.
63.
62.
61.
64.
60.
68.
66.
67.

b) Stengel unter der Ähre verdünnt, bzw. rutenförmig spitz auslaufend.

Stengel bis 1,5 m hoch, meist nur an seinem mittleren oder unteren Teil mit einer geringen Zahl entwickelter, oft sehr verlängerter Astquirle. Ähre auffallend klein.

f. **attenuatum** Aschers.

B. Äste mit einer Ähre.

Wie bei E. palustre:

f. **racemosum** und **corymbosum.**

II. Stengel fast oder völlig astlos, gelblich oder hellgrün, weich.

var. **Linnaeanum** Döll.

1. Stengel kräftig, unter der Ähre nicht oder wenig verdünnt, sterile allmählich lang und spitz auslaufend.

var. **vulgare** Luerssen.

2. Stengel robust, bis 1 m lang, zur Spitze hin allmählich verdünnt, Ähre klein.

var. **virgatum** Sanio.

3. Stengel bis 50 cm hoch, meist niedriger, 1,5—2,5 mm dick, meist 9—11riefig. Kümmerform. (?)

var. **uliginosum** Aschers.

Mißbildungen: m. furcatum (s. E. palustre), proliferum, distachyum, spirale, tortuosum, bicephalum, spathaceum. (Seite 111.) — Ferner: Die kuglige Ähre auf der breiten, stumpfen Spitze mit zahlreichen einzelnen sporangientragenden Scheidenblättchen besetzt.

m. **comosum.**

Bastard.

Sporen- und Laubstengel gleichgestaltet, niederliegend oder aufsteigend bis aufrecht, 15—80 cm hoch, 2—5 mm dick, grün, schwach querrunzelig, wenig rauh, 5—16riefig, ästig oder astlos. Stengelscheiden grün, bis 12 mm lang, am unteren Stengelteil anliegend, die folgenden allmählich erweitert, trichterförmig, oberste glockig; Riefen gewölbt und nach abwärts kantig, meist ohne Karinalfurche; Zähne einzeln oder zu zweien verbunden, dreieckig-pfriemenförmig, etwa ⅓—½ so lang als die Scheidenröhre, nur an der Spitze oder fast ganz schwarzbraun, schmal weißhäutig berandet. Äste meist aufrecht abstehend, bis 15 cm lang, meist unverzweigt, 3 bis 7riefig, bei der gewöhnlichsten Form (vulgare) nur in der unteren Stengelhälfte vorhanden. Asthülle hell- bis dunkelbraun, mit breitdreieckigen, spitzen Zähnen. Astscheiden nur wenig erweitert, mit pfriemenförmigen, häufig etwas auswärts gebogenen Zähnen. Ähre meist lang und dünn gestielt, klein, 4,5—10, bisweilen nur 2 mm lang (selten bis 15 mm), eiförmig bis kugelig, gelblich, selten bronzefarben bis schwarz, mit sehr enger Höhlung. Sporangien geschlossen bleibend. Sporen klein, ohne Elateren und ohne Chlorophyll. — In der Mitte zwischen den Eltern stehend.

In der Nähe der Stammarten auf Torfboden, in Sümpfen, auf feuchten Äckern, feuchten, sandigen Ufern. Ziemlich verbreitet. — Sporangien Mai—Juli. (E. litorale Kühlewein.)

E. arvense × **heleocharis** Aschers.

Wie bei E. heleocharis werden nach der Entwicklung der Äste 2 Formenreihen unterschieden:

I. Stengel ästig (verticillatum).

a) Stengel nur in der unteren Hälfte ästig, Scheiden grün (vulgare).

1. Stengel am Grunde mit quirlig verzweigten, kräftigen Nebenstengeln.
f. **caespitosum** Kaulfuß.

2. Stengel niederliegend, nur an der Spitze aufsteigend, Äste einseitig aufwärts.
f. **decumbens** Kaulfuß.

3. Äste schlaff, überhängend, über 20 cm lang.
f. **laxum** Junge.

b) Stengel meist nur in der Mitte ästig. Scheiden im oberen Teil rotbraun (elatius).

1. Äste sämtlich oder zum Teil verzweigt; Ästchen kurz.
f. **ramulosum** Warnst.

2. Äste bogig aufwärtsgekrümmt.
f. **drepanocladon** Kaulfuß.

3. Äste gerade, aufrecht unter spitzem Winkel abstehend.
f. **orthocladon** Kaulfuß.

4. Äste wagerecht abstehend.
var. **patens** Kaulfuß.

II. Stengel fast oder völlig astlos (simplicissimum).

1. Stengel liegend oder aufsteigend, bis 32 cm hoch, kräftig, in der ganzen Länge gleich dick, am Grunde bisweilen mit vereinzelten Ästen. Scheiden im oberen Teil rotbraun.
f. **humile** Milde.

2. Stengel aufsteigend bis aufrecht, bis 32 cm hoch, sehr dünn, oft nur 5-riefig, oft gelblichgrün, selten rostbraun. Scheiden grün oder gelblich oder rötlich überlaufen.
f. **gracile** Milde.

Mißbildungen: m. distachyum, proliferum, spirale, tortuosum, wie bei E. arvense; comosum, (s. E. heleocharis). (Seite 111.)

II. Spaltöffnungen nicht unmittelbar nach außen, sondern in einen Vorhof mündend, von welchem aus eine unregelmäßig gestaltete, querlängliche Öffnung die Verbindung mit der atmosphärischen Luft herstellt. Stengel meist rauh. Ähren spitz.

E. cryptopora (Hippochaete) Milde.

A. Stengel einjährig, mit gewölbten, nicht kantigen Riefen. Stengelscheiden trichterförmig. Spaltöffnungen bei den europäischen Formen meist von einer, seltener von 2 Linien gebildet.

E. ambigua Milde.

7. Stengel niederliegend bis aufrecht, bis 4 m, meist nur bis 1,3 m hoch, 1—9 mm dick, gegen die Spitze nur wenig bis stark verjüngt, astlos bis dicht quirlig verzweigt, sattgrün (getrocknet meist graugrün), mit 6—26 durch kieselhöckerige Querbänder rauhen Riefen. Internodien 3—10 cm lang. Scheiden bis 22 mm lang, mit schmalen, aber tiefen Kommissuralfurchen und ein- oder dreifurchigen Riefen, grün; Zähne bei unseren Formen etwa $\frac{1}{3}$ so lang als die Scheidenröhre, aus dreieckigem Grunde pfriemenförmig, schwarzbraun, schmal weißhäutig berandet, die weiße, pfriemliche Spitze bald verschrumpft und meist abfallend. Äste meist unverzweigt, 5—9riefig, bis 26 cm lang. Asthüllen glänzend schwarz oder am Grunde grün mit meist braunen Saumlappen. Astscheiden stets verlängert, den Stengelscheiden ähnlich. Ähre meist nur kurz gestielt, bis 22 mm lang, schwärzlich bis bräunlich, mit markiger Achse.

Auf sandigem, etwas feuchtem Boden, in sandigen Wäldern oder auf solchen Äckern, an Dämmen, steinigen Abhängen, unter Gebüsch an Ufern, den Flußläufen folgend. Im nördl. Teil unseres Gebietes nur ganz vereinzelt, im mittleren im Westen und Osten nur spärlich, erst im südl. Teil häufiger, in Tirol bis 1400 m ansteigend. — Sporenreife im Süden schon im Mai, in unserem südl. Gebiet im Juni, im nördlichen im Juli. (Fig. 56.)

E. ramosissimum Desfontaines.

Die Art entwickelt ihren Formenreichtum hauptsächlich in außereuropäischen Gebieten und ändert bei uns weniger ab.

I. Stengel astlos oder spärlich mit Ästen besetzt. Scheiden grün.

1. Stengel bis 50 cm hoch, 1—2,5 mm dick, 5—11riefig, rauh, in den Rillen Kieselrosetten.

var. **virgatum** A. Br.

2. Stengel bis 35 cm hoch. Scheiden kurz und glockenförmig.

var. campanulatum Aschers.

3. Stengel bis fast 1 m hoch, mit 8—16 sehr rauhen Riefen.

f. **simplex** Milde.

II. Stengel mit regelmäßigen, mindestens 3zähligen Quirlen. Scheiden grün.

1. Stengel bis 50 cm hoch, 5—11riefig, in der unteren Hälfte oder in der Mitte ästig.

var. **gracile** Milde.

2. Stengel 40—80 cm hoch, 10—19- (meist 12-) riefig. Äste schon am Grunde oder erst in der Mitte des Stengels beginnend, ein langes oberes Ende frei lassend, in 3—8zähligen Quirlen. Spaltöffnungen zuweilen streckenweise aus 2 Linien bestehend.

var. **subverticillatum** Milde.

III. Untere Scheiden ganz, obere oberwärts fuchsrot. Stengel bis 2 m hoch und bis 6 mm dick, 14—16riefig, mit vielen Ästen. Scheidenzähne schwarz oder schwarzbraun, in der Regel abfallend.

var. **altissimum** A. Br.

Eine f. **polystachyum** kommt auch hier vor.

B. Stengel meist überwinternd, mit 2-kantigen Riefen, fast immer astlos. Spaltöffnungsreihen stets nur von einer Linie gebildet.

E. monosticha Milde.

a) Riefen schmal und flach oder wenig gefurcht. Rillen ohne Kieselrosetten oder diese nur undeutlich. Scheiden durch die meist abfallenden Zähne gestutzt erscheinend.

E. hiemalia Milde.

8. Stengel meist aufrecht, selten niederliegend, gewöhnlich 40 bis 70 cm (bis 1,5 m) hoch, bis 6 mm dick, sterile gegen den Scheitel hin verjüngt, fertile ebenso bis gleichdick bleibend. Stengel der Hauptform (genuinum) steil aufrecht, bis 70 cm hoch, 3—6 mm dick, dunkel- bis graugrün, mit 18—34 von 2 Reihen ab und zu zusammenfließender Kieselhöcker sehr rauhen Riefen und fast stets der Kieselrosetten entbehrenden Rillen; Scheiden zylindrisch, eng anliegend, bis 1,5 cm (einschl. Zähne) lang, mit flachen, schwach dreifurchigen Riefen und sehr schmalen Kommissuralfurchen, weißlich oder braunrot, an ihrem Grunde mit breiterer, schwarzbrauner Binde, am oberen, nach dem Abfallen der Zahnspitzen flach und stumpf gekerbt erscheinenden Rande mit schmalerem, schwarzem Saume. Zähne etwa so lang oder etwas länger als die Scheidenröhre, schmal-pfriemenförmig, mit sehr feiner, oft gekräuselter Spitze, meist zu 2—4 verwachsen, schwarzbraun, in ihrer unteren Hälfte weiß berandet. Bisweilen die unteren und ab und zu auch die mittleren Scheiden ganz schwarz. Ähre sehr kurz gestielt, am Grunde von der erweiterten obersten Stengelscheide eingeschlossen, mit sehr enghöhliger Achse.

An feuchten, sandigen, schattigen, aber auch an sonnigen Standorten, an Ufern, Hängen, auf Waldwiesen, in Gebüschen, oft gesellig. Zerstreut in unserem Gebiet; im südl. Teil sich mehr auf die Gebirge beschränkend, bis 2400 m ansteigend. — Juli, August. Die überwinterte Ähre streut die Sporen erst im Mai oder Juni des zweiten Jahres aus. (Fig. 57.)

Schachtelhalm. **E. hiemale** L.

Nach der Beschaffenheit der Stengelscheiden werden 2 Formenreihen unterschieden:

I. Scheiden zylindrisch, eng anliegend. Stengel überwinternd.

a) Zähne der Stengelscheiden früh abfallend.

1. Stengel 14- bis über 20-riefig.

f. **majus** Milde.

2. Stengel niederliegend bis aufsteigend, meist nur bis 25 cm lang, 11—15-riefig.

f. **minus** Milde.

α) Stengel bei abgebrochener Spitze an den obersten 1 bis 6 Scheiden mit einzeln oder zu 2—4 im Quirl stehenden, 6—8riefigen, meist sehr kurzen, ährchentragenden Ästen.

f. **polystachyum.**

3. Ähren im Oktober bis November erscheinend.

f. **serotinum** Junge.

4. Stengel 1—1,3 m hoch, 15—24-riefig, in der Mitte mit 2- bis 5zähligen Quirlen, ästig. Äste 8—10riefig, bis 24 cm lang; Zähne der Astscheiden bleibend.

var. **ramigerum** A. Br.

b) Zähne der Stengelscheiden meist bleibend.

1. Stengel bis 60 cm hoch, 13—16riefig. Riefen der Scheiden flach-3furchig. Unterste Scheiden ganz schwarz, die folgenden mit schwarzer, basaler Binde und schwarzem Saume, oberste mit bleibenden, glatten, schwarzbraunen, an der Spitze gekräuselten Zähnen.

var. **viride** Milde.

2. Stengel bis 80 cm hoch, mit 10—16 breiten, schwach gefurchten Riefen. Die etwas rauhen Zähne der mittleren und oberen Scheiden bleibend.

var. **Doellii** Milde.

II. Scheiden nach oben deutlich erweitert. Stengel nicht überwinternd.

1. Stengel bis 1 m hoch, bleich- bis schmutziggrün, 8—18riefig, mit meist glatten Rillen. Scheiden stets verlängert, gleichfarbig grün oder rot, mit schwarzer Binde und Saum; die

schwarzbraunen, weißhäutig gerandeten, glatten Zähne sämtlich oder zum Teil (besonders der oberen Scheiden) bleibend.

var. **Moorei** (Newm.) Hook.

2. Stengel aufsteigend, bis 30 cm hoch, bis 15riefig, mit deutlichen Kieselrosetten in den Rillen. Scheiden grün; Zähne bleibend, nur am Grunde braun, sonst weißhäutig, gekräuselt.

var. **Rabenhorstii** Milde.

3. Stengel aufsteigend, bis 38 cm hoch, mit 10—12 rauhen Riefen und glatten Rillen. Scheiden nur 5,5 mm lang, 4 mm weit, grün, nur die unterste Scheide mit schwarzer basaler Binde, zahnlos, mit 3furchigen Riefen.

var. **fallax** Milde.

Mißbildungen ähnlich E. arvense: Umbildung des Ährenringes zur Scheide, spiralige Anordnung der Scheiden, Durchwachsung der Ähre, Ring mit Sporangien; Verbiegung der Stengelglieder. Sporangienträger als flache, sehr stark genäherte Ringe entwickelt. (Seite 111.) m. sterile.

b) Riefen breit, deutlich gefurcht. Rillen mit Rosettenreihen besetzt. Zähne der Stengelscheiden wenigstens an denen der unteren Stengelhälfte bleibend, rauh.

E. trachyodonta Milde.

α) Stengelscheiden eng anliegend. Zähne lanzettlich-pfriemenförmig.

9. Stengel aufsteigend bis aufrecht, bei uns meist 22—45 cm hoch, bis 3 mm dick, bleich- oder meergrün, überwinternd, meist astlos, mit 7—14 mit einer Karinalfurche versehenen, durch eine regelmäßige Reihe von Kieselhöckern längs der beiden Kanten sehr rauhen Riefen. Rillen mit regelmäßigen Querreihen von Kieselrosetten besetzt. Stengelscheiden 5,5—8 mm lang, mit sehr schmalen Kommissuralfurchen und 3furchigen Riefen, die unteren oft ganz schwarz, mittlere und obere mit schwarzem Saum. Zähne etwa ebenso lang als die Scheidenröhre, schwarzbraun, in ihrer unteren Hälfte breit weißhäutig gerandet, in der oberen Hälfte an den Rändern fein gezähnelt, auf dem Rücken durch Kieselhöcker sehr rauh. Etwa vorhandene Äste 6—8riefig, mit glänzend schwarzer Asthülle. Ähre bis 1 cm lang, schwarz, sehr kurz gestielt, am Grunde von der obersten erweiterten Stengelscheide eingeschlossen, mit sehr enghöhliger Achse.—Zeigt, abgesehen von dem gelegentlichen Erscheinen einzelner Äste, keine wesentlichen Abänderungen.

Nur im Rheingebiet von Mainz bis Straßburg; meist nahe den Ufern, auf magerem, sandig-kiesigem Boden. — Juli, August; bei überwinterter Ähre im April des nächsten Jahres. (Fig. 58.)

E. trachyodon A. Braun.

Sehr selten mit ährentragenden Seitenästen.

β) Stengelscheiden am oberen Rande erweitert. Zähne aus breiterem Grunde plötzlich in eine grannen- oder pfriemenförmige, später meist abfallende Spitze ausgehend.

10. Stengel niederliegend bis aufsteigend, 10—30 cm hoch, bis 2 mm dick, am Grunde mit stengelähnlichen, ebenso dicken, bogig-aufsteigenden Ästen, am übrigen Teil meist astlos, grasgrün oder dunkel- bis graugrün, an geschützten Orten überwinternd. Internodien 1,5—3 cm lang, mit 4—12 (bei der gewöhnlichsten Form, caespitosum, meist 6—7 scharf zweikantigen) gefurchten, rauhen Riefen und etwa doppelt so breiten Rillen. Scheiden meist 3—6 mm lang, kurz-glockenförmig, seltener verlängert, mit schwarzer Binde am oberen Rande, zuweilen halb, sehr selten ganz schwarz; Riefen meist 3furchig. Zähne aus bleibendem eiförmigen bis länglich-lanzettlichen Grunde grannenartig zugespitzt, ganz weiß oder dunkelfleckig oder, wie meistens, von einem dunklen Mittelstreifen durchzogen. Etwaige Äste mit schwarzer Asthülle. Ähre am Grunde von der obersten Stengelscheide umschlossen, 8—10 mm lang, schwarz, stachelspitzig, mit hohler Achse.

Hauptsächlich in den Tälern der Alpen und Karpathen, bis 2500 m ansteigend, nur spärlich im mitteldeutschen Gebirge, selten im norddeutschen Flachlande. Ost- und Westpreußen, Brandenburg, Schlesien, Thüringen, Harz, Bayern, Württemberg, Lothringen, Tirol, Schweiz, Böhmen. — April—Aug. (Fig. 59.)

E. variegatum Schleicher.

Nach der Beschaffenheit der Riefen 2 Formenreihen:

I. Riefen scharf zweikantig, mit deutlicher bis kräftiger Karinalfurche. Scheiden kurz glockenförmig.

1. Stengel über dem Grunde oder selbst noch in der Mitte mit einzelnen aufrechten Ästen.
f. **virgatum** Döll.

2. Stengel bis 60 cm hoch, bis 3 mm dick, 9—12-riefig, am Grunde einzelne stengelähnliche Äste.
f. **elatum** Rabenhorst.

3. Stengel über 30 cm hoch, 8-riefig. Riefen der Scheiden 5-furchig.
f. **Heufleri** Milde.

4. Stengel nur 10—16 cm hoch, 6—9-riefig. Scheiden ganz schwarz. Internodien hin und hergebogen. Alpenform.
f. **alpestre** Milde.

II. Riefen stumpf zweikantig, mit schwacher Karinalfurche bis schwach gewölbt.

1. Stengel aufrecht, bis 1 m hoch, 8—12riefig, spärlich und unregelmäßig ästig. Riefen nur mit undeutlichen Kieselhöckern besetzt, beinahe glatt. Scheiden kreiselförmig, kurz,

mit schmalem, schwarzem Saum; Zähne fünffurchig, schwarzbraun, weißhäutig gerandet. — Selten.

var. **Wilsoni** Milde.

2. Stengel aufsteigend, bis 46 cm hoch, dünn, 6—9riefig. Scheiden verlängert, untere zur Hälfte schwarz, obere mit schwarzem Saum; Zähne länglich-pfriemenförmig, schwarzbraun, weiß gerandet.

f. **arenarium** Milde.

3. Stengel bis 32 cm hoch, blaßgrün, meist astlos, mit 8—9 bisweilen gewölbten durch Kieselknöpfchen oder breite quere Kieselbänder rauhen Riefen. Scheiden fast ganz schwarz, verlängert. Zähne 3furchig.

var. **affine** Milde.

4. Stengel bis 60 cm hoch, 6—9rippig, mit wenigen, kurzen Ästen. Scheiden gleichfarbig grün, Rippe mit zwei Nebenfurchen. Zähne schwarzbraun, weißberandet.

f. **concolor** Milde.

5. Stengel nicht überwinternd, bis 1 m hoch. Rippen 8 bis 12. Zähne meist weiß.

f. meridionale Milde.

Auch bei E. variegatum kommt selten eine f. polystachyum vor.

Mißbildungen: Stengel verbogen, an der Spitze gegabelt und mit vollkommenen Ähren, Ähre durchwachsen oder statt der Ähre ein Stengelstück. (Seite 111.)

11. Stengel rasig, niederliegend bis aufsteigend, 5—20 cm lang, nur 1—1,5 mm dick, meist astlos, grün, rauh, überwinternd, mit 3, seltener 4 breit und flach gefurchten, auf den Kanten der Karinalfurchen durch Kieselhöcker rauhen Riefen. Rillen mit Querreihen von Kieselrosetten versehen, nicht tiefer als die Karinalfurchen der Riefen, so daß der Stengel 6—8kantig erscheint. Scheiden kurz, allmählich erweitert, ganz schwarzbraun bis nur schwarz gesäumt, mit 3—4 dreifurchigen Riefen und 3—4 bleibenden, plötzlich lang pfriemenförmig zugespitzten, auf dem schwarzbraunen Mittelstreifen rauhen, breit weißberandeten Zähnen. Ähre von der obersten Stengelscheide am Grunde oder fast völlig umschlossen, meist 4—5 mm lang, eiförmig, meist schwärzlich. — Kleinste und dünnste der europäischen Arten. In feuchtem Sande, auf nassen Wiesen. In Kärnten gefunden, aber sehr zweifelhaft. Sonst in Europa nur von Island, Spitzbergen, Skandinavien und Rußland bekannt. — Mai—Juli. (Fig. 60.)

E. scirpoides Mich.

9. Familie: **Lycopodiaceae.**

Bei uns nur

Gattung: **Lycopodium** (L. pro parte) Brongn.

Unsere Lycopodien sind kleine, höchstens mittelgroße, immergrüne, meist kriechende, ausdauernde Krautgewächse mit kleinen, dicht spiralig oder quirlig gestellten Blättern. Sporangien einzeln auf dem Grunde unveränderter Blätter oder besonders gestalteter, zu Ähren vereinigter Sporenblätter (Sporophylle). Sporen tetraedrisch-kugelig.

I. Laubblätter an Stengel und Ästen gleich gestaltet.

A. Sporenblätter den Laubblättern gleich, an bestimmte Teile des Stengels gebunden, keine Ähre bildend. Stengel aufsteigend.

1. Stengel meist 10—20 cm hoch, wiederholt gabelig geteilt, mit fast gleich hohen, einen dichten Busch bildenden Ästen. Blätter derb, lineal-lanzettlich, zugespitzt, meist ganzrandig oder schwach gezähnelt, bis 9 mm lang, 1,5 mm breit, gewöhnlich 8reihig, meist aufrecht, sich deckend, dunkelgrün, matt glänzend, biegsam. An der Spitze der Zweige zuweilen bald abfallende Brutknospen vorhanden. Sporangien auf den mittleren Teil des Jahrestriebes beschränkt. — Ändert nur in der Länge und Stellung der Blätter ab, indem diese sämtlich oder teilweise dicht angepreßt oder abstehend, oder aufwärtsgekrümmt oder horizontal abstehend bis abwärtsgekrümmt sind.

An schattigen, feuchten Orten, in Brüchen, an alten Baumstümpfen, zwischen Felsblöcken. In der norddeutschen Ebene nur zerstreut, häufiger im Gebirge, bis 2000 m ansteigend. — Juli—Okt. (Fig. 61.)

Kolbenmoos. **L. selago** L.

B. Sporenblätter mehr oder minder abweichend von den Laubblättern gestaltet, zu endständigen Ähren vereinigt. Stengel über der Erde kriechend.

a) Sporenblätter kürzer als die Laubblätter. Sporangien öffnen sich mit einem der Blattfläche parallel verlaufenden Riß über ihren Scheitel.

2. Stengel weit kriechend, spärlich bewurzelt, mit aufrechten, locker gestellten, bis 30 cm hohen, einfachen bis wiederholt gegabelten Ästen. Laubblätter lineal-lanzettlich, stechend zugespitzt, bis 7 mm lang, fein gesägt bis fast ganzrandig, meist 5reihig und locker gestellt, horizontal abstehend bis zurückgekrümmt, mit unterseits hervortretendem Mittelnerven. Sporenblätter nur 3 mm lang und breit, rundlich-eiförmig, kurz zugespitzt, zuletzt gelbbraun mit weißhäutigem, ausgefressen-gezähneltem Rande und zurückgekrümmter Spitze, etwas über doppelt so lang als das nierenförmige, gelbliche

Sporangium. Ähren einzeln, ungestielt, bis 4 cm lang, etwa 3 mm dick, zylindrisch.

Auf schattigen, feuchten Waldplätzen, Baumwurzeln, moosigen Felsblöcken, in Brüchen. Gesellig und wie vorige Art häufiger im Gebirge, bis 2000 m ansteigend. — Aug., Sept. (Fig. 62.)

(Schlangenmoos.) **L. annotinum** L.

Wenig veränderlich.

Laubblätter kürzer, meist nur 5 mm lang, knorpelig zugespitzt, aufwärtsgekrümmt. Selten.

var. **pungens.**

3. Stengel weit kriechend, mit kriechenden Haupt- und meist zahlreichen, aufsteigenden bis aufrechten, meist 3—5 cm langen, einfachen oder unregelmäßig verzweigten Nebenästen. Laubblätter dicht vielzeilig, hell- bis gelblichgrün, lineal bis lineal-lanzettlich, in eine feine, zuletzt gekräuselte Borste ausgehend, 6—8 mm lang, an den kriechenden Achsen einseitswendig bogig aufwärtsgekrümmt, an den aufrechten mehr oder weniger abstehend und nach aufwärts gekrümmt, ganzrandig bis unregelmäßig fein gezähnelt. Sporenblätter 3—4 mm lang, bis 2 mm breit, eiförmig bis breit-eiförmig, ebenso wie die Laubblätter feinborstig auslaufend, ausgefressen gezähnelt, am Grunde des Rückens in eine häutige Leiste auslaufend, bei der Sporenreife strohgelb, abstehend, mehr als doppelt so lang als das Sporangium. Ähren meist zu 2—3, zylindrisch, bis 6 cm lang, getragen von einem mit gezähnelten Hochblättern (den Laubblättern ganz ähnlich) locker besetzten, bis 18 cm langen Achsenteil, welcher sich als ziemlich kahler Stiel scharf von dem reich beblätterten unteren Achsenteil abhebt.

Abänderungen kommen nur an den Ähren vor, indem die Anzahl derselben oder ihre Lage wechselt. — Mißbildungen: Seite 111.

Bei uns am häufigsten vorkommende Art. Auf buschigen Wiesen, trockneren Mooren, an sonnigen Hängen, in lichteren Wäldern (besonders Nadelwald), in der Ebene wie im Gebirge, bis über 2000 m ansteigend; gesellig. — Juli, Aug. (Fig. 63.)

(Bärlapp.) **L. clavatum** L.

b) Sporenblätter so lang oder etwas länger als die Laubblätter. Sporangien auf der dem Sporenblatt zugekehrten Seite etwa in halber Höhe sich öffnend.

4. Stengel kurz kriechend, durch zahlreiche Wurzeln am Boden haftend, jährlich meist nur einen sich aufrichtenden, kurzen Sproß treibend. Laubblätter bis 7 mm lang, lineal-pfriemlich, ganzrandig, am Rande durchsichtig; an dem kriechenden Stengel alle einseitig aufwärtsgebogen, bei dem aufgerichteten Sproß allseitig abstehend mit einwärts gebogener Spitze. Sporenblätter bis 8,5 mm lang, aus eiförmigem, gezähneltem Grunde schmal-lanzettlich, in eine sparrig abstehende Spitze ausgehend, das Sporangium weit überragend. Ähre undeutlich, als schopfige Anschwellung des Sproßendes erscheinend. Sporangien queroval. — Ändert kaum ab. — An Mißbildungen kommen verschiedengradige Teilungen des Ährensprosses sowie durchwachsene Ähren vor (S. 111).

Auf feuchtem moorigen Sandboden, im Schlamm an Ufern, Torfstichen, in der Ebene wie im Gebirge, bis 1500 m ansteigend; meist gesellig. Durch das ganze Gebiet zerstreut, im südl. Teil mehr auf die Gebirge beschränkt. — Aug.—Okt. (Fig. 64.)

L. inundatum L.

II. Laubblätter verschieden gestaltet. **Blätter der Stengel und der ährentragenden Hauptäste gleichgestaltet**, spiralig angeordnet; diejenigen der **flach zusammengedrückten** Nebenäste **gekreuzt-gegenständig, 4reihig**: 2 Reihen randständige, gekielte und 2 Reihen flächenständige, nicht gekielte, zum Teil fast bis zu ihrer Spitze angewachsene Blätter. Flächenblätter der Rückenseite etwas größer als die der Unterseite. Sporenblätter zu Ähren vereinigt. Sporangien über den Scheitel muschelförmig zweiklappig aufspringend.

5. Stengel unterirdisch, aber in geringer Tiefe, bis 5 cm, weit kriechend, zahlreiche oberirdische, bis 40 cm lange, wiederholt gabelig verzweigte, grüne Äste entwickelnd. Laubblätter der Stengel und Hauptäste lineal-lanzettlich, zugespitzt, ganzrandig, bis 3 mm lang, 1 mm breit, frei, ziemlich entfernt gestellt; diejenigen der Nebenäste bis 4 mm lang, lanzettlich, zugespitzt, zum nächstunteren herablaufend. Ähren zu 2—6, selten einzeln, 1—2,5 cm lang, 2,5—3 mm dick, zylindrisch, auf 1—12 cm langen, ein- oder mehrfach gegabelten, mit lineal-lanzettlichen, ziemlich lockerstehenden Hochblättern besetzten Stielen. Sporenblätter etwa 3 mm lang, 2 mm breit, eiförmig oder breit-eiförmig, plötzlich kurz zugespitzt, fein gezähnelt, zuletzt bräunlich mit blasserem Rande, die Sporangien nur mit dem zugespitzten Teil überragend. — Aug., Sept.

L. complanatum L.

Es werden 2 Hauptformen unterschieden:

A. Größere, kräftigere Form, grasgrün bis zuletzt gelblichgrün. Oberirdische Triebe mit fächerartig ausgebreiteten Seitenzweigen. Mitteltriebe ährenlos, unbeschlossen weiterwachsend, nur die Seitentriebe ährentragend. Sterile Zweige bis 3 mm breit, mit schwach gewölbter Ober- und entpsrechend gehöhlter Unterseite. Randständige Blätter mit den freien Spitzen abstehend und wieder einwärts gekrümmt, breiter als die angedrückten Flächenblätter, von denen die der Zweigunterseite wieder kleiner sind als die der Oberseite.

Nicht häufig. Vorherrschende Form im nordöstl. Teil unseres Gebietes, einschließlich Brandenburg, Sachsen, Schlesien, Mähren,

Böhmen. Weiter westlich sehr selten oder ganz fehlend (Baden, Elsaß-Lothringen). Meist gesellig, in mäßig feuchten, moosigen Wäldern (besonders Nadelw.), auf Heiden; im Gebirge bis 1600 m ansteigend. (Fig. 65.)

Subspecies **L. anceps** Wallroth.

Mißbildungen: S. 111.

B. Oberirdische Triebe meist niedriger und schlanker, graugrün, mit dicht büscheligen, nur 1,5 mm breiten, auf der Unterseite flachen oder etwas gewölbten, auf der Oberseite stärker gewölbten (bisweilen fast stumpf-dreiseitigen), aufrechten, mehr oder weniger gleichhohen Seitenzweigen. Der Mitteltrieb durch Ährenentwicklung abgeschlossen. Randblätter mit fast gerader Spitze, nicht auffallend breiter als die hier weniger wie bei der vorigen Form an Größe ungleichen Flächenblätter. — Im Nordwesten und Westen unseres Gebietes vorherrschend, nach Osten seltener werdend, in Mähren ganz fehlend.

Subspecies **L. chamaecyparissus** A. Braun.

Ändert ab:

1. Sterile Zweige reichlich 2 mm breit, deutlich flachgedrückt. Übergangsform zu L. anceps.

var. **subanceps.**

2. Ährenstiel und Ähren sehr verkürzt, letztere selten über 8 mm lang.

var. **brachystachyum.**

6. Stengel meist oberirdisch kriechend, mit aufrechten, vom Grunde aus wiederholt gabelig verzweigten Ästen. Die aufrechten, parallelen, ziemlich gleichhohen Zweige 2—8 cm hohe Büschel bildend. Hauptäste spiralig dicht beblättert, ihre obersten, ährentragenden Gabelungen meist mit 3gliederigen Quirlen von Laubblättern besetzt. Nebenzweige flachgedrückt, oberseits gewölbt, unterseits 2furchig mit 2gliederigen, locker anliegenden Blattquirlen, deren Randblätter scharf gekielt, lanzettlich, spitz, sichelförmig nach innen gekrümmt und nur wenig größer als die Flächenblätter sind, von denen diejenigen der Oberseite nur wenig größer als die fast ganz freien, angedrückten Blätter der Unterseite sind. Ähren einzeln an der Spitze etwas verlängerter, gegabelter Zweige, ungestielt, bis 1,5 cm lang; ährentragende Zweige etwas lockerer mit in abwechselnden 3zähligen Quirlen angeordneten Laubblättern versehen. Sporenblätter breit-eiförmig, allmählich stumpf zugespitzt, zuletzt mit der Spitze abstehend, gezähnelt, die Sporangien um das Doppelte überragend.

Aus kurzgrasigen Triften und moosigen Felsen der Alpen, Karpathen und Sudeten, von 1300—2800 m, nur vereinzelt in die Mittelgebirge: Vogesen, Schwarzwald, Sauerland, Rhön, Harz, Thüringer, Böhmer- und Bayrischer Wald hinabsteigend. — Aug., Sept. (Fig. 66).

L. alpinum L.

10. Familie: **Selaginellaceae.**

Nur die

Gattung: **Selaginella** Spring.

Kleine krautige immergrüne Gewächse mit schlankem, bei unseren Arten meist kriechendem, einfach oder wiederholt gabelig verzweigtem Stengel und kleinen, flachen Blättern. Blätter meist dicht angeordnet, ungeteilt, einnervig, unmittelbar über das Basis mit einem kleinen, meist frühzeitig vertrocknenden Blatthäutchen, der Ligula, versehen. Sporangien in Ähren, mit 2—3-schichtiger, ringloser Wand. Makrosporangien rundlich, 3—4-knöpfig ausgebaucht, 3—4-klappig sich öffnend, mit 4 Makrosporen. Mikrosporangien ± nierenförmig, sich 2-klappig öffnend, mit zahllosen, fast staubartig feinen Mikrosporen. Sporen tetraëdrisch kuglig.

Blätter alle gleich, allseitig abstehend, am Rande deutlich bewimpert.

1. **S. selaginoides.**

Blätter ungleich, Sprosse dorsiventral ausgebildet, mit 2 nebeneinanderstehenden Reihen kleiner, sog. Oberblätter auf der Stengeloberseite und seitlich abstehend zu beiden Seiten dieser je 1 Reihe beträchtlich größerer, sog. Unterblätter. Blätter am Rande glatt.

2. **S. helvetica.**

1. In lockeren Rasen. Stengel kurz kriechend, mit zarten, bis 6 cm langen, aufsteigenden Ästchen. Beblätterung licht, nur an den Sproßspitzen dichter. Blätter ± lanzettlich, spitz, zart, mit undeutlichem Mittelnerv, bis 3 mm lang, mit wimperartig gezähntem Rande, spiralig—quirlig angeordnet. Ähren einzeln an 3—12 cm langen Ährentrieben, ± zylindrisch, an der Spitze verjüngt, stumpf. Sporophylle wie die Laubblätter, doch größer (bis 5 mm lang) und kräftiger wimperig-gezähnt. Makrosporen schwefelgelb mit kleinen Warzen auf der Wandung. Mikrosporen schwefelgelb, mit kleinen, oft hakiggebogenen Zäpfchen auf der Wandung.

Auf (besonders moosigen) Wiesen und Hängen der Alpen, des Jura und der Voralpen in ca. 900 bis über 2500 m Höhe, zuweilen in die vorgelagerten Ebenen usw. hinabsteigend, so bis Augsburg und München; ferner im Schwarzwald, Böhmisch-Mährisches Gesenke, Tatra, Karpathen, im Riesengebirge und im Harz. (S. spinosa A. Br.)

S. selaginoides (L.) Link.

2. Pflanze dorsiventral, in dichteren Rasen oft große Flächen überziehend. Stengel ± niederliegend, weit kriechend, reichverzweigt, vielfach wurzelnd. Blätter in 2-zähligen, sich schief kreuzenden Quirlen. Oberblätter der Stengeloberseite anliegend, eiförmig-lanzettlich mit zuweilen eingekrümmter Spitze, bis 1,6 mm lang, am Grunde ganzrandig, sonst äußerst fein, kaum merkbar gezähnt. Unterblätter abstehend, länglich eiförmig, stumpf, am Rande kaum merk-

bar gezähnt, bis 2,5 mm lang und bis 1,5 mm breit. Ähren endständig, schmal-zylindrisch, bis ca. 3 cm lang, an aufsteigenden, einfachen oder gegabelten Trieben. Ährentriebe mit sich kreuzenden Paaren gleichartiger, länglich-eiförmiger Blätter besetzt. Sporophylle eiförmig, zugespitzt, gegen die Spitze der Ähre hin dichter gedrängt stehend. Makrosporangien fast stets nur im unteren, Mikrosporangien nur im oberen Teile der Ähren. Makrosporen schwefel-orangegelb, mit feinen papillenartigen Höckern auf der Wandung, Mikrosporen gelb, mit sehr feinen, zuweilen kaum sichtbaren Wärzchen auf der Wandung.

Alpen, Voralpen, südl. Karpathen. Auf feuchtem, moosigem Boden, in Hohlwegen, Schluchten, an Felsen und Mauern, auf Grasplätzen und Grabenrändern, bis über 2000 m ansteigend. Zuweilen auch in die vorgelagerten Ebenen usw. hinabreichend (z. B. bei Augsburg, Passau, Wien, Preßburg), im Fichtelgebirge und in Schlesien. (Fig. 67.)

S. helvetica (L.) Link.

11. Familie: **Isoëtaceae.**

Nur die

Gattung: **Isoëtes** L. (Brachsenkraut).

Die dicht spiralig dem Stamm angesetzten Blätter stets in 3 Formenkreisen: die im äußeren Ring stehenden haben nur Makrosporangien, weiter nach innen folgen solche mit Mikrosporangien; den inneren Ring nehmen kürzere, sporenlose Blätter, den Übergang zum nächsten Jahrgang vermittelnd, ein. — Die Arten dieser Gattung werden nach ihrer Lebensweise, je nachdem sie ganz untergetaucht, in flachen Gewässern, an periodisch austrocknenden Orten, oder an ganz trockenen Orten leben, eingeteilt. Unsere beiden Arten gehören zu der 1. Gruppe stets untergetauchter Isoëtes, mit geräumigen Luftkanälen, dicker Außenwand, ohne Spaltöffnungen, der Stamm von 2, sehr selten 3, unten sich vereinigenden Furchen durchzogen, 2-, bzw. 3lappig, niedergedrückt-kugelig. Immergrün.

1. Blätter zahlreich, an kräftigen Pflanzen bis über 70, nach dem Scheitel hin allmählich, zunächst nur sehr wenig, dann ziemlich plötzlich fast stielrund zugespitzt, auf der Bauchseite flachrinnig mit abgerundeten Rändern, etwa 3—16 cm (bis 47 cm) lang, 2,5 mm dick, steif, dunkelgrün, mit hellerem Scheidenteil. Scheidenteile sich nur locker deckend. Ligula herzförmig, so lang als breit. Segel nur das obere Drittel der Sporangiengrube deckend. Makrosporen mit höckerigen, ab und zu anastomosierenden, leistenartig verlängerten Erhöhungen, selten glatt. Mikrosporen glatt, nur mit deutlicher Bauchkante.

Auf dem sandigen Grund kleinerer Seen und Teiche in einer Wassertiefe bis zu 2 m, selten tiefer; oft gesellig. Hauptsächlich nur in den Küstenteilen Norddeutschlands: SchleswigHolstein, Lauenburg, Hannover, Mecklenburg, Pommern, Ost- und Westpreußen; nur vereinzelt im Riesengebirge, Böhmerwald, Schwarzwald, Vogesen, Oberbayern, Salzburg. — Juli—Sept. (Fig. 68.)

I. lacustre L.

Ändert in der Form der Blätter ab; man unterscheidet gerade, aufrechte, sichelförmig gekrümmte und solche, welche einen vollständigen Kreis und darüber bilden.

1. Blätter gerade, aufrecht stehend.
f. **rectifolium** Casp.

2. Blätter gekrümmt, nach außen gebogen.
f. **curvifolium** Casp.

3. Makrosporen mit feinhöckerigen Warzen bedeckt.
f. **vulgare** Casp.

4. Makrosporen glatt oder mit nur angedeuteten Warzen.
f. **liosporum** Klinggr.

2. Blätter weich, hellgrün, durchscheinend, dünner und weniger zahlreich als bei voriger Art, allmählich lang und fein zugespitzt, im Wasser trichterförmig auseinanderstehend, beim Herausnehmen in einzelnen Büscheln aneinanderhaftend. Makrosporen dicht mit ziemlich langen, dünnen, sehr zerbrechlichen Stacheln versehen; Mikrosporen glatt wie bei voriger Art.

Seltener als vorige Art, mehr vereinzelt und mehr auf torfigem, schlammigem Grunde, nur selten über 1 m tief. Zerstreut: Westpreußen, Pommern, Holstein, Böhmerwald, Schwarzwald, Vogesen, Schweiz (Kanton Tessin). — Juli—Sept.

I. echinosporum Durieu.

Übersicht der häufiger beobachteten Mißbildungen (Monstrositäten).

Fast alle unsere Pteridophyten neigen sehr zu Mißbildungen ihrer Blattorgane (sporenlose wie sporentragende), bei manchen Arten treten sie sogar recht häufig auf. Viele. dieser Monstrositäten sind konstant, und da sie immer etwas Auffallendes darstellen, interessant. Häufig wirken sie auch dekorativ, weshalb sich ihrer die Gartenkunst angenommen und sie mit Eifer und großem Erfolge kultiviert hat. Erinnert sei an die vielen Formen von Nephrodium-Arten, Athyrium filix femina, Phyllitis, Pteris, Polystichum setigerum und Polypodium vulgare. Bei manchen Arten ist das Formengewirr so groß geworden, daß man sich kaum noch durchfinden kann. Die in der Natur beobachteten kann man gruppieren:

I. Abnormitäten des Laubblattes oder sporenlosen Stengels (bei Equis., Lycopodium).

A. Das Blatt bzw. der Stengel (Equisetum, Lycopod.) ist:

1. an der Spitze einfach gegabelt. m. **furcatum.**
2. mehrfach gegabelt. m. **multifurcatum.**
3. an der Spitze mehrfach und tiefer geteilt. m. **multiceps.**
4. Teilung bis unter die Mitte, so daß von hier ab zwei Blattflächen bzw. Stengel vorhanden sind. m. **dichotomum.** (= furcans.)
5. Teilung bis unter das Blatt, so daß der Stiel (Stengel) schon geteilt ist und zwei vollständige Blätter (Stengel) nebeneinander stehen. m. **geminatum.**
6. Teilung bis zum Grunde gehend (zwei vollständige Pflanzen stehen nebeneinander). m. **duplex.**

B. Abnormitäten der Fiedern (bei Farnen) oder Seitenäste (Equis., Lycop.).

1. Fiedern oder Seitenäste (einzelne bis mehrere, selten alle) an der Spitze einfach gegabelt. m. **bifidum.**
2. mehrfach gegabelt, (dreifach = trifidum). m. **multifidum.**
3. Fiedern am Grunde geöhrt. m. **auritum.**
4. Fiedern mehr oder minder tief eingeschnitten oder grob gesägt, oft verkürzt. m. **laciniatum.**
5. Obere Fiedern (bzw. Fiederchen) plötzlich viel kürzer als die vorhergehenden. m. **diversilobum.**
6. Blattspitze und Fiedern sind geteilt:
   a) Mehrfach und mehr oder weniger tief geteilt (das ganze Blatt ringsum zerteilt). m. **cristatum.**
   b) Zerteilung weniger tief, aber sehr reich, fein und oft kraus. m. **polydactylon.**

Abschnitte der Spitze kopfartig gedrängt. m. **glomeratum.**

d) Blatt am Rande wellig kraus (Phyllitis) oder ringsum zerteilt und kraus. m. **crispum.**

C. Die Blattfläche (Polypodiaceae, Osmunda, Botrych.) ist

1. unregelmäßig ausgebildet, Rachis oft hin- und hergebogen (Phyllitis), die Abschnitte oft ungewöhnlich verlängert, verkürzt oder verbreitert, am Rande oft ungleich zerteilt. m. **daedalum.**
2. Abschnitte der Blattfläche sind ein- oder beiderseitig oder an verschiedenen Stellen unterdrückt (Blechn. Polyp., Nephrod., Osmunda). m. **interruptum.**
3. Eine Blattfläche größer als die andere. m. **impar** (= **inaequale**).
4. Mittlere Fiedern stark verkürzt. m. **mediificiens.**
5. Die Abschnitte (Fiedern u. Fiederchen) sind wie ausgefressen gezähnelt (Frostformen). m. **erosum.**
6. Die Abschnitte (Fiedern) sind verschieden lang und am Rande sehr unregelmäßig gezähnt oder gesägt. m. **sinuatum.**
7. Die Abschnitte schwinden bis auf den Nerv. m. **depauperatum.**
8. Die beiden untersten Fiedern (unterstes Fiederpaar) bedeutend verlängert und in der Form gleich dem ganzen Blatt (Polyp., Blechn. spic.). m. **tripartitum.**
9. Untere Abschnitte (Fiedern) doppelt so lang und breit als die normalen, tief fiederspaltig (Polyp., Blechn.). m. **subtripartitum.**
10. Ein Fiederpaar (in der Regel das unterste) so lang oder fast so lang als das Blatt (das Blatt also scheinbar dreiteilig), Stengel mit Seitenast (Equ.). m. **ramosum.**
11. Die normal geteilte Blattfläche ungeteilt, im unteren Teile tieffiederspaltig, oben nur gelappt. m. **subintegrifolium.**
12. Blattfläche ungeteilt, höchstens mit einigen kleinen, ungleichen Läppchen. m. **integrifolium.**

D. Die Sori sind:

1. sehr ungleich in der Form. m. **heterosorum.**
2. nur in den Buchten der Fiederchen (Pteridium). m. **stauropterum.**
3. sie greifen auf die Blattoberfläche über (Phyllitis, Ceterach, Polyp.). m. **suprasoriforme.**

E. Die Behaarung.

1. Die unterseitigen Blattschuppen greifen auf die Oberseite über (Ceterach). m. **suprasquamosum.**
2. auch die Sori greifen über. m. **suprasquamosoriforme.**

F. Der Mittelnerv

tritt kurz unter der Spitze der Fieder oder des Endabschnittes hornartig aus. m. **cornutum.**

G. Abnormitäten in der Färbung.

Die Blattfläche trägt auf der Oberseite weiße oder gelbe Flecken (Ceterach, Blechn., Phyllitis, Polypod.). **variegatum.**

II. Abnormitäten des Sporenblattes (Ähre), das anders gestaltet ist als das sporenlose Laubblatt (Struthiopteris, Ophioglossaceae, Equisetum, Lycopodiaceae u. Selaginellaceae.

a) der Ähre:

Ähre mehr oder weniger tief gegabelt (bei Lycopodium auch mit 2 oder 3 Spitzen, also biceps oder triceps). m. **furcatum.**

Ähre an der Spitze vielspaltig (4—14; Equis., Lycop.). m. **digitatum.**

Ähre bis zum Grunde geteilt. m. **dichotomum.**

Eine Ähre sehr weit abgerückt (Lycopodium). m. **remotum.**

Zwei (—drei) Ähren über- (Equiset.) oder nebeneinander (Lycop.). m. **di-tristachyum.**

Endähre oder alle Ährchen durchwachsen. m. **proliferum.**

Wie vor., aber das Stengelstück über der Ähre mit Astquirlen. m. **verticillatum.**

Zwei Ähren aus einer Scheide (Equis.). m. **bicephalum.**

Ähre teilweise ohne Sporangien. m. **semifertile.**

Ähre ganz ohne Sporangien (Lycop.) oder die Sporangienträger alle zu Ringen geworden. m. **sterile.**

Sporangienträger blatt- oder scheidenartig (Equis.). m. **comigerum.**

Sporenträger blattartig, ohne Sporen (Lycopod.). m. **foliosum.**

Ähre durch Laubsprosse ersetzt (Lycop.). m. **frondescens.**

b) Des Ährenstieles:

Gemeinsamer Ährenstiel etwa von der Mitte ab gegabelt (Ophiogl., Botrych., Lycop.), beide Ähren gleich groß. m. **fasciculatum.**

Ähren bedeutend ungleich. m. **adulterinum.**

Ährenstiel bis zum Grunde einfach gegabelt. m. **geminatum.**

Ährenstiel vielfach und mehr oder weniger tief geteilt (Ophiogl., Botr.) oder sonst ährenlose Stengelteile oder Äste mit Ährchen. m. **polystachyum.**

c) Der Ringe, Fiederchen oder Astquirle (Equiset.):

Zwei Ringe unter der Ähre. m. **annullatum.**

Ring scheidenartig. m. **spathaceum.**

Astquirle in einer Spirale um den Stengel. m. **spirale.**

d) Der Stengelglieder:

Stengelglieder hin- und hergebogen. m. **tortuosum.**

Oft finden sich auch mehrere Mißbildungen an einer Pflanze (Kombinationen), man bezeichnet sie durch Zusammenstellung ihrer Namen (z. B. m. polystachyum — verticillatum — spirale). Ohne weiteres ist ersichtlich, daß die Zahl der möglichen Abweichungen eine sehr große ist.

Übersicht zur leichteren Orientierung über die Familien unserer Farnpflanzen.

Die Mehrzahl unserer heimischen Farne gehört dem „kaltgemäßigten Waldgebiete“ unseres Erdteils an. Manche Arten zeigen eine weite Verbreitung auf, ja einige sind sogar Kosmopoliten, Allerweltsfarne, die sich auf geeigneter Bodenunterlage in allen Zonen finden (mit Ausnahme der Polarländer und Wüsten), wie z. B. der Adlerfarn. Wieder andere sind kosmopolitisch-zirkumpolar wie die Mauerfeder (Asplenium trichomanes), Cystopteris fragilis. Osmunda weist ebenfalls weite Verbreitung auf. Eine Reihe stellen aber auch Einstrahlungen aus anderen Florengebieten dar: Hymenophyllum aus dem atlantischen, Botrychium lanceolatum und Woodsia glabella aus dem borealen, Polypodium, Anogramme, Asplenium lepidum, A. ad. nigrum aus dem mediterranen, Cystopteris sudetica, regia, Allosorus, Polystichum lonchitis und Athyrium alpestre als arktisch-alpine Elemente seien als Beispiele herausgegriffen. Manche bewohnen nur das Tiefland, andere steigen im Gegensatz dazu in den Gebirgen bis fast an die Schneegrenze. Endemische Arten besitzt unser Gebiet keine (Asplen. adulterinum vielleicht ausgenommen), dagegen eine Reihe lokaler Rassen und Formen, sowie mehrere Kreuzungen, die bisher nur bei uns beobachtet wurden. Dagegen gehen mehrere Arten nicht über die Grenzen Europas hinaus (Phyllitis hybrida, Asplenium Seelosii, lepidum).

Unsere Farne tragen nicht wenig zur Physiognomie mancher Gegenden bei. Viele sind Charakterpflanzen unserer Wälder (Adlerfarn), der Sümpfe (Osmunda, Equisetum), der Felsen und Geröllfluren der Bergabhänge (Nephrodium und Polystichum-Arten), manche stellen hohe Ansprüche an die Feuchtigkeit, wie Isoëtes, Equisetum, die Schwimmfarne, andere an Licht und Wärme, wie Notholaena, Asplenium-Arten, andere wieder an Feuchtigkeit und Wärme, wie das zierliche Hymenophyllum. Eigenartig ist das Vorkommen bestimmter Formen auf Serpentingestein (Asplenium adulterinum, Aspl. serpentini). Marsilia quadrifolia, Salvinia natans und Pilularia globulifera sind Reste einer ehemaligen Steppenflora. Alle diese pflanzengeographischen Fragen finden eingehende Darstellung in dem klassischen Werke von H. Christ: „Die Geographie der Farne“, Jena 1910.

Nachstehender Schlüssel soll die Bestimmung der Hauptgruppen erleichtern.

Bem.: Tafel I (S. 61), mit Fig. 1—10; Taf. II (S. 65), mit Fig. 11 bis 24; Taf. III (S. 69), mit Fig. 25—37; Taf. IV (S. 77), mit Fig. 38 bis 48; Taf. V (S. 95) mit Fig. 49—68.

1. Grundachse und Stengel gegliedert, aus ineinander gesteckten (geschachtelten) Gliedern bestehend, einfach oder mit quirligen Ästen (Fig. 49). Blätter quirlig, am Grunde miteinander zu Scheiden verbunden (Fig. 50—59). Sporentragende Blätter schildförmig, zu einer endständigen Ähre vereinigt, auf der Innenseite Sporangien tragend.

Equisetaceae, S. 83.

Grundachse und Stengel nicht wie vorhin gegliedert. Blätter frei. Sporentragende Blätter nicht schildartig. 2.

2. Stengel dichotom verzweigt, gestreckt. Blätter klein, flach, schmal, zahlreich und dicht am Stengel. Fertile Blätter zu dichten Ähren vereinigt, mit den Sporangien in den Achseln. (Fig. 63, 66 oder 67.) 3.

Stengel nicht wie vorhin verzweigt, selten fiederig und dann Pflanze zart und freischwimmend. Blätter größer, verschieden an Zahl und Gestalt, oft sehr groß oder auch binsenartig. Sporenbehälter auf der Unterseite der Blätter in Gruppen oder in umgestalteten Blattabschnitten. 4.

3. Sumpf- oder Landpflanzen. Laubblätter am Grunde ohne Ligula. Alle Sporangien gleichgestaltet. (Fig. 61—66.)

Lycopodiaceae, S. 104.

Landpflanzen. Pflanzen moosähnlich. Blätter mit Ligula. Sporangien zweigestaltig. Makrosporangien 4-klappig, Mikrosporangien 2-klappig. (Fig. 67.)

Selaginellaceae, S. 108.

4. Blätter lineal, gras- oder binsenartig. 5.

Blätter nie gras- oder binsenartig. 6.

5. Grundachse kurz, knollig. Blätter lineal, fast stielrund und binsenartig (wie Fig. 68). Sporangien in Höhlungen am Blattgrund. Heimische Arten untergetauchte Wasserpflanzen.

Isoëtaceae, S. 109.

Grundachse lang, fadenförmig und im Schlamme wurzelnd. Sterile Blätter fadendünn, oft lang und flutend. Sporen in pillenförmigen Gebilden (Sporokarpien) am Grunde der sterilen Blätter (Fig. 41). Diese in der Knospenlage spiralig eingerollt.

Marsiliaceae, S. 80.

6. Pflanzen freischwimmend, ausgesprochene Wasserpflanzen. 7.

Sumpf- oder Landpflanzen, nie freischwimmend. 8.

7. Pflanze groß, ohne Wurzeln. Blätter zweigestaltig, die Wasserblätter wurzelähnlich, die schwimmenden groß, flach, rundlich, ungeteilt. (Fig. 40.)

Salviniaceae, S. 81.

Pflanze moosähnlich, sehr zart, mit Wurzeln. Stengel stark fiederig verzweigt. Oberer Blattabschnitt schwimmend, unterer untergetaucht.

Azollaceae, S. 82.

8. Sterile Blätter langgestielt. Spreite kleeblattartig, aus vier keilig-dreieckigen Blättchen bestehend (Fig. 41). Sporokarpien bohnenförmig.

Marsiliaceae, S. 80.

Blätter nicht kleeblattartig, keine Sporokarpien. 9.

9. Sporangien auf der Unterseite der Laubblätter, in punkt-, streifen- oder fleckenförmigen Häufchen (Sori). 10.

Sporangien in besonderen Gebilden, ähren- oder rispenförmig oder fiederig angeordnet. 11.

10. Pflanze sehr zart, lebermoosartig, häutig. Sori am Blattrande (Fig. 1). Blattfläche ohne Spaltöffnungen.

Hymenophyllaceae, S. 25.

Laubblätter mehr oder weniger derb, oft auch zart, aber nicht lebermoosartig. Sori auf der Unterseite der Blätter, an verschiedenen Stellen, oft die ganze Unterseite einnehmend. Blattfläche mit Spaltöffnungen.

Polypodiaceae, S. 26.

11. Sporangien am Ende des fruchtbaren Blattes in einer Rispe vereinigt. Sporenlose Blätter doppelt-gefiedert, 50—200 cm hoch. (Fig. 39.) Blatt in der Jugend eingerollt.

Osmundaceae, S. 23.

Sporangien in einer Rispe oder Ähre vereinigt, kugelig, lederig, einfächerig; steriler Blatteil zungenförmig (wie Fig. 43) oder gefiedert (Fig. 44—48). Blatt jung nicht eingerollt, wohl hakig gebogen oder gefalten.

Ophioglossaceae, S. 16.

Wichtigste Literatur.

Ascherson u. Graebner, Synopsis. Bd. I. 2. Aufl.

Bruchmann, H., Über das Prothallium und die Keimpflanze von Ophioglossum vulgatum, von Botrychium lunaria und von Lycopodien.

Christ, H., Die Farnkräuter der Schweiz.

— Geographie der Farne.

— Die Farnkräuter der Erde.

Dalla Torre u. v. Sarnthein, Flora von Tirol.

Engler u. Prantl, Die natürlichen Pflanzenfamilien. I. Teil, 4. Abteilung.

Fritsch, K., Exkursionsflora für Österreich u. die ehemals österreichischen Nachbargebiete. 3. Aufl.

Garcke, A., Flora von Deutschland. 20. Aufl.

Geisenheyner, L., Einige Beobachtungen an einheimischen Farnen.

Hayek, A. v., Flora von Steiermark.

Hergt, B., Die Farnpflanzen Thüringens.

Junge, P., Die Pteridophyten Schleswig-Holsteins.

Luerssen, Die Farnpflanzen (Dr. L. Rabenhorsts Kryptogamen-Flora, 3. Bd.).

Milde, J., Die höheren Sporenpflanzen Deutschlands und der Schweiz.

— Monographie der deutschen Ophioglossaceae.

— Monographia Equisetorum.

Sadebeck, Die Gefäßkryptogamen.

Schube, Th., Flora von Schlesien.

Seubert-Klein, Exkursionsflora für das Großherzogtum Baden. 6. Aufl.

Schinz u. Keller, Flora der Schweiz. 4. Aufl.

Vollmann, Flora von Bayern.

Wirtgen, F., Botrychium lunaria, Sw. (1925).

Woynar, H., Bemerkungen über Farnpflanzen Steiermarks.

Verzeichnis der Gattungen, Arten, Varietäten, Abbildungen und Synonyme des systematischen Teiles der Pteridophyten.

Die Varietäten und Formen haben den Namen der Art, zu welcher sie gehören, in Klammern hinter sich; v. = Varietät, f. = Form, m. = Monstrosität. Die in Klammern stehenden Zahlen geben die Figurennummern an, und zwar gibt die erste Zahl die Figur, die zweite die Seitenzahl an (also 34/69 = Fig. 34 Seite 69). Die Abbildungen sind meist Originalzeichnungen, von J. Pohl gezeichnet; bei den Scheiden der Schachtelhalme wurden als Anhalt die Zeichnungen aus „Die Farnpflanzen von Dr. Ch. Luerssen" benützt.

Verzeichnis der deutschen Pflanzennamen.

Verzeichnis der Abkürzungen der Autorennamen.

(Bei den Abänderungen geringeren Grades sind die Autoren in der Regel weggelassen.)

Adans. = Adanson.
All. = Allioni.
Angstr. = Ångström.
Aschers. = Ascherson.
Aschers. u. Graebn. = Ascherson u. Graebner.
A. Br. = Alexander Braun.
Bell. = Bellardi.
Bernh. = Bernhardi.
Casp. = Caspary.
Desv. = Desvaux.
Ehrh. = Ehrhardt.
Forsk. = Forskål.
Gars. = Garson.
Geisenh. = Geisenheyner.
Gmel. = Gmelin.
Hausm. = Hausmann.
Heufl. = Heufler.
Hoffm. = Hoffmann.
Hook. = Hooker.
Kaulf. = Kaulfuss.
L. = Linné.
Lam. = Lamarck.
Lbbg. = Laubenberg.
Luerss. = Luerssen.
Mett. = Mettenius.
Mich. = Michaux.
Murb. = Murbeck.
Newm. = Newman.
Retz. = Retzius.
Rich. = Richard.
Roep. = Roeper.
Rupr. = Ruprecht.
Schleich. = Schleicher.
Sm. = Smith.
Spenn. = Spenner.
Sw. = Swartz.
Tourn. = Tournefort.
Wallr. = Wallroth.
Warnst. = Warnstorf.
With. = Withering.
Willd. = Willdenow.
Ten. = Tenore.